U0161456

Le Goût du Vin

葡萄酒的 风味

（原著第5版）

（法）埃米耶·佩诺（Émile Peynaud）著
（法）雅克·布卢安（Jacques Blouin）
唐俊峰 译

化学工业出版社
·北 京·

Originally published in France as:

Le goût du vin. Le grand livre de la dégustation, By Emile PEYNAUD and Jacques BLOUIN

© Dunod, 2013 for the fifth edition, Paris

Simplified Chinese language translation rights arranged through Divas International, Paris 巴黎迪法国际版权代理 (www.divas-books.com)

本书中文简体字版由DUNOD通过巴黎迪法国际版权代理授权化学工业出版社独家出版发行。

本书可在全球销售，不得销往中国香港、澳门和台湾地区。未经许可，不得以任何方式复制或抄袭本书的任何部分，违者必究。

北京市版权局著作权合同登记号：01-2019-0389

图书在版编目（CIP）数据

　　葡萄酒的风味/（法）埃米耶·佩诺，（法）雅克·布卢安著；唐俊峰译. ——北京：化学工业出版社，2020.4（2024.4重印）
　　ISBN 978-7-122-36184-4

　　Ⅰ.①葡… Ⅱ.①埃…②雅…③唐… Ⅲ.①葡萄酒-基本知识 Ⅳ.①TS262.6

　　中国版本图书馆CIP数据核字（2020）第026702号

责任编辑：郑叶琳　张焕强　　　　　　　　　装帧设计：尹琳琳
责任校对：边　涛

出版发行：化学工业出版社（北京市东城区青年湖南街13号　邮政编码100011）
印　　装：盛大（天津）印刷有限公司
787mm×1092mm　1/16　印张20¾　字数451千字　2024年4月北京第1版第2次印刷

购书咨询：010-64518888　　　　　　　　　售后服务：010-64518899
网　　址：http://www.cip.com.cn
凡购买本书，如有缺损质量问题，本社销售中心负责调换。

定　　价：128.00元　　　　　　　　　　　版权所有　违者必究

第五版前言

自1980至今，已过去30余年。在这期间，葡萄酒的世界已经历万千变化。两代人的时光，不仅是一个个人电脑、手机、GPS定位仪等科技设备发展的时代，同时也是葡萄酒蓬勃发展的时代，比如在应对灰霉病、机械化葡萄采收运输、成熟稳定的发酵控温系统、具有活性的干酵母，以及水平式过滤等多方面都有着稳步的发展。即使不去统计那些葡萄酒相关的专业期刊、媒体专栏的数量，那些原本只在图书馆书架的某个角落仅占据方寸之地的葡萄酒书籍，现如今已不再孤单，如雨后春笋般地填满了一个个书柜。

世界葡萄酒市场也早已天翻地覆：全球葡萄酒出口量跃至葡萄酒总产量的32%；世界上葡萄园的总面积、葡萄酒产量以及葡萄酒消费量遭遇了明显的大幅度下跌。

葡萄酒消费市场虽然出现了明显的崩坏，但幸运的是，那些诸如"gros rouge""six étoiles"之流的粗制葡萄酒，在最近的三四十年里，变得越来越少，取而代之的是越来越多的以葡萄酒为主题的酒吧、文化场所等，来传播推广优秀的葡萄酒。

现阶段葡萄酒的价格体系受到种类繁多的法律法规的影响，比如在全世界广泛应用的原产地命名控制（AOC）、地域保护标志（IGP）以及相应的葡萄品种控制等等。同时，各类型的酒厂、酒庄、酒窖等的增多，也极大地丰富了葡萄酒的种类并能生产出富有个性化的产品。

本书的主旨是让人们了解葡萄酒的风味，并且记录了近年来葡萄酒行业发展的相关情况。近些年，关于葡萄酒技术和应用的书刊有了井喷式的发展，有的是洋洋洒洒的概括总结，有的则对相关技术应用、理化分析进行高度专业化分析。这些书刊几乎都可以通过互联网搜索到，但是想要掌握全部的信息是非常难办到的事情，要概括归纳所有这些文献几乎是一件不可能完成的任务。因此，我们在此进行了一步的取舍：因为要做到完全的客观是一件非常难的事情，不可避免地会受到个体倾向性的影响，所以它可能不是一本完美的书，但是我们也同时很期待每位读者对于本书内容进行思考之后提出相应的问题，以帮助我们在接下来的工作中进行改进。

本书第一版诞生于1980年，致力于构建葡萄酒品鉴的知识体系，被广大葡萄酒爱好者所接受，读者甚众。今天，我们已不再将这部作品当作一本启蒙或者完善品鉴技巧的教材。在葡萄酒忠实消费者看来,《葡萄酒的风味》这本书在今天很有必要在内容上做出相应的更新,以适应日新月异的葡萄酒新时代。我们可以根据新内容给本书添加一个副标题——一樽欢愉。

在埃米耶·佩诺(Émile Peynaud)先生逝世九周年之际,我谨希望我依旧能够遵从先生的初心,将先生所思、所想、所愿,通过此书讲述给各位读者。

雅克·布卢安(Jacques Blouin)

2013年

第四版前言

所有已经逝去的生命都值得我们致敬，尤其是那些具有优秀品质的人——埃米耶·佩诺先生，本书的作者之一，在这次重新修订的过程中离开了我们。

埃米耶·佩诺出生于马迪朗（Madiran）。1928年，十六岁的他，仅以初中文凭，便前往波尔多（Bordeaux）就职于著名的考维酒庄（Calvet），开启了自己的葡萄酒职业生涯。在此，他遇见了让·里贝罗-嘉永（Jean Ribéreau-Gayon），后者成为指导他葡萄酒学术论文的重要人物。这一份特别的关系，一持续就是五十余年。他一边学习如何操作实验室器材，一边努力解决葡萄酒稳定性方面的实质问题，并于1932年发表了第一篇有关铁元素污染引起的葡萄酒破败的文章。在还没有进入葡萄园之前，他已经在公司品尝到了不计其数的葡萄酒，积累了丰富的葡萄酒品鉴经验。之后，第二次世界大战开始时法国战败，因为被俘，他被迫中断了自己的工作。1946年，他又重新开始工作，并完成了他的论文《生物化学研究在葡萄果实成熟度及葡萄酒成分方面的贡献》，直到今天此文依然广泛被引用。通过其在波尔多、法国甚至全世界发表的三百多篇文章，开展的众多报告会及学术工作会议，佩诺先生学习

并阐述了关于葡萄酒酿造学相关的方方面面。在与葡萄酒相关的分析检测、生物化学、微生物、发酵、熟成以及品鉴等方面，他都为我们打开并建立了新的世界。如果一定要举个例子的话，不得不提的便是佩诺先生明确地提出了苹果酸乳酸发酵在葡萄酒酿造中的决定性作用，以及非常重要的关于葡萄酒酸、甜以及单宁的平衡的问题。经过半个世纪的洗礼，他的聪明才智、辛劳工作，以及对葡萄酒的热爱，让他成为世界葡萄酒酿造方面无比重要的导师，即使他刚入行时仅仅是初中学历，也不能掩盖佩诺先生在葡萄酒世界的光芒。毫无疑问，他的人生经历是令人敬佩的。

埃米耶·佩诺先生曾经是，并依然会是葡萄酒领域罕有的引导者之一。他并不是一个对教授、博士等头衔和名誉毫不感兴趣的清高的葡萄酒人士。聆听过他报告会的人，甚至与他有过交谈不足十分钟的人，都会以自称是他的学生而感到十分自豪。

埃米耶·佩诺在葡萄酒土壤学科方面可以说是有着创造性的贡献，他将这一学科进行了系统化。在那个时代，佩诺先生借助自行车、汽车、飞机等交通工具走过了一个又一个酒窖，给那里的葡萄酒酿造者带来他们所需要的知识，

并将其付诸实践。在任何情况下，他都会优先考虑预防性的葡萄酒酿造，并尽可能地了解有关早熟的情况，以及葡萄采收的时间，而这一切都发生在一个不会将化学因素作为最终影响葡萄酒品质好坏的因素考虑在内的年代。如果不是佩诺先生从七十年前就开始在追求真正品质卓越葡萄酒道路上的精耕细作，并让其开枝散叶，波尔多葡萄酒、法国葡萄酒，乃至世界葡萄酒将不会是今天我们所看到的这个样子。而这不仅仅影响了那些负有盛名的酒庄，同样深深地烙印在了那些广泛存在的酿酒合作社，以及各类不同条件的新葡萄园里。

埃米耶·佩诺构建了我们现如今所认识的广义上的葡萄酒学，将其进行整合，并考虑到每个公司自身的目标和掌握的知识，总结性地概括了其实用性。他创立了"波尔多葡萄酒酿造学"的基础，现如今被反复应用，在世界的各个角落创新。他建立并制定了这些必要的知识体系，通过葡萄酒发酵、检验分析及品鉴的手段将这些知识应用于从葡萄的成熟到葡萄酒的稳定生产整个过程中。

埃米耶·佩诺常组织并教授的有关葡萄酒品鉴的课程，内容清晰、高效并适用于任何背景的学员，但是其方式却是简单、朴实、易理解的。《葡萄酒的风味》，于1980年出版，向广大专业或非专业人士介绍了有关品鉴葡萄酒的严谨规则和葡萄酒的魅力。这本关于葡萄酒的书一直是一本个性化的书，主要是通过酒农及酒商向我们揭示他们在酿造

过程中了不起的丰富技术，而不是某一位具有个性的葡萄酒工艺学家或是某一个特殊时期的特殊酿法。

佩诺先生同样也是一位非常出色的导师，他培养了数十位优秀的博士生及富有经验的研究员。在研究思路上，他一直以引导的方式来帮助学生展开自己的思路，从不固守成见。对于这样的教学理念，我们深怀感激。

佩诺先生一方面作为一名教授完美地履行了自己的职责，另一方面也独到地诠释了"专家"及"老师"的角色。这也是为什么我们称他为"葡萄酒界的活字典"。因为要让这些来自国家酿酒师大学的学生们明白那些非常复杂的事情，仅仅从字面上看是很困难的，尽管他们本身都非常聪明。因此从那时开始，酒窖主管和葡萄园主管的角色便成为葡萄酒教学中不可缺少的一环。自从1947年开始，由佩诺先生和让·里贝罗-嘉永先生组成的葡萄酒研究所便发表了一系列关于葡萄酒学方面的各种研究成果。这些教学材料内容清晰、容易学习，并且以更口语化的方式来阐述操作原理等。现如今，这些资料被翻译成多种语言，广泛应用在世界各地的葡萄酒酒窖中。

他以一个清晰且富有条理的角度来阐述自己的思想，并将其完整记录了下来。毫无疑问，这是他认真工作的成果与智慧的结晶，同样又是其简单快乐的源泉。佩诺先生既是一个人文主义学者，同时又是一个人类学学者，他自己曾经最喜欢的一本著作，

可能就是那本《葡萄酒与生活》（Le vin et les jours），书中回忆了先生所认知的葡萄酒哲学以及那些趣味丰富的酿酒故事。

2006版的《葡萄酒的风味》，继承了原版的主要内容，并更新了一些章节。25年来，葡萄酒品鉴已经发生了变化。我们重新修订了新的有关生理学的知识、新的工具以及新技术的内容。专业的葡萄酒品鉴室在20世纪80年代还是非常少见的，现如今已广泛出现在许多酿酒企业，以及消费者的周围。专业或非专业的葡萄酒刊物填满了期刊商的陈列柜，关于葡萄酒与葡萄酒品鉴的书籍也挤满了图书馆的酒类书架。这些可见的改变反映了葡萄酒世界的变革，以及它现在的普及程度。不再是只有三十或四十个葡萄酒生产国，几乎已经不存在哪个国家不消费葡萄酒。从伦敦到北京，我们可以品尝四千甚至五千种的葡萄酒，并且每一个类别都有自己的原产地保护标识，它们可能来自传统或新兴葡萄酒生产国上万个不同的优秀葡萄园、品牌、酒庄，价格也从仅仅一欧元到甚至数千欧元一瓶。

本次修订的主旨是为了补充和扩展本书的内容，根据作者清晰且系统的葡萄酒方面的知识与经验，来更好地阐述现代葡萄酒生产及品鉴方式，并希望此书能够在葡萄酒历史长河中留下举足轻重的印记。"更好地了解是为了更好地懂得，更好地明白是为了更好地欣赏"，这正是此书的最终意图。我们希望可以通过这本书，帮助那些有需要的人建立自己的知识体系。在编写过程中，我们尽量避免使用行业内的术语以及还不确定的内容，希望能传递更准确的信息。波尔多葡萄酒学院的前任院长阿贝·杜巴克（Abbé Dubaquie）先生曾经说过："葡萄酒不是生来被做检验分析的，而是为了饮用，为了给饮用者带来乐趣的。"

雅克·布卢安

2006年

第一版前言

致葡萄酒爱好者

毫无疑问，您是这个产业链中最重要的一环，作为直接消费者，为葡萄酒买单，不但养活了一大批葡萄与葡萄酒从业者，还使得我们的整个产业变得充满活力。无论您是每年饮用上百升葡萄酒的消费者，或是普通的休闲消费者，抑或是我本人最欣赏的博闻多识的葡萄酒爱好者，我都期待您能在此书中寻找到对您有所帮助的思想或是内心深处的想法。

如果您来自一个传统的葡萄酒生产国，您自身已具有相关的葡萄酒知识，您可以就此投身于一个少有葡萄种植的国家。在这种情况下，您既是葡萄酒质量的负责人，又是葡萄酒质量的代表。某种意义下，您是葡萄酒质量的"创造者"。如果存在质量差的葡萄酒，那一定也同时存在差的饮酒者。法国有句古语："味觉能力就像是理解能力，是可以被训练的。"所以您喝的酒，您值得拥有。选择喝更好的葡萄酒，并考虑接受多支付那么一点的价格，因为现在它们的质量非常棒，并且还在不断完善。同时，这也可以迫使那些劣质葡萄酒的生产者改变自己的经营方式。

如果您是法国人，您或许是葡萄酒消费量方面的冠军，但您未必是一个优质的葡萄酒饮用者，未必是一个饮酒的行家。要知道，我们有60%的最好的葡萄酒都出口到了海外。

这些酒都是拥有国际地位的葡萄酒，而法国人作为一个当地的消费者，却被全世界的人这样看：在葡萄酒的领域内，法国人普遍的葡萄酒修养并不高于平均水准。

如果您是一位外国人，喜欢饮用法国葡萄酒并且乐于称道其优秀品质的爱好者，我在这里向您致以崇高的敬意。我们应该感激您的父辈给予我们的葡萄酒崇高的名望，感谢他更新、补充您的酒窖并将其遗留给后人。我们也在此向您保证我们优秀的葡萄酒质量一如既往的可靠。

我希望通过这本书，至少可以让葡萄酒爱好者学习到如何更好地认识葡萄酒，以及更好地去欣赏、品味葡萄酒。品鉴只是饮用葡萄酒的基础。通过学习系统的品鉴知识，可以帮我们找到正确掌握和使用我们感官的方法。即使是饮用一款好的葡萄酒，一个坏的饮用习惯也可能会让人对这款葡萄酒失去兴趣，还有可能会导致酗酒的恶习。减少葡萄酒的饮用，会让对葡萄酒的选择变得更困难。每当您选到一款质量与其价格不相称的葡萄酒，您的钱包就要为这款酒的错误选择买单。

我希望这本书同样也可以带给您畅聊葡萄酒的资本。饮用葡萄酒并不是一个人独自享受的事情，而是与亲朋好友间的交流。如果觉得它很棒，就用您喜欢的方式表述出来吧。很少有东西可以如葡萄酒那样，使饮用者变得健谈、思绪活跃。在这所"学校"，我们将带您深入地了解葡萄酒世界。

致葡萄酒生产者

在整个葡萄酒体系中，您是葡萄酒行业中最"美丽"的（人数规模上并不是最大的）组成部分。您作为参与者、种植者、酿造者、陈酿者、销售者，每一瓶葡萄酒都浸染了您的特性，具有了您的属性，您成为它们的创造者。这是出自您的土地并由您辛勤汗水浇灌而结出的果实。但是您有更大的责任提高其形象价值，而不仅仅是生产一瓶葡萄酒。将葡萄酒最终变成一瓶优雅出众、具有吸引力的琼浆玉液，还是一瓶平淡无奇、毫不出彩的饮料，这都取决于您。

葡萄园与葡萄酒在人工的需求上面十分巨大。您的每一次劳作都是复杂的，并且对于员工能力的要求也是多重的。葡萄种植是整个项目的基础，整体上也是受制于不可控的气候。葡萄采收时期的质量及数量并不能提前预知，就更谈不上什么收入。葡萄酒的酿造过程实质上就是一个农产品的转换过程。现代生产已具有一定工业性质，如果说这个词在某方面具有一定的贬义，那么葡萄酒的储存还保留着更多的手工艺的精神层面，就是我们常说的经验论。您每年按照既定的葡萄酒酿造流程来进行生产，并年复一年地精进自己的工作。贸易方面同样也是一个非常需要才能的方面，您根据您的需求雇佣相应的行政人员、公司经理、财务部门，并将其整合成一个完整的体系。

品鉴应该成为您的一种质量管控的手段。无论您的产品是哪一种类型，您都必须学会品鉴。我们需要一种自我完善、自我审查的机制。如果您只品尝自己的产品，这对于您在该领域的自我提升并不是一件好事。应该尽可能利用每次外出品酒的机会，走出您的酒窖、您的产区，甚至您的国家去感受不一样的风土，并从每一次的对比中，去发现其中的不同。

这本书致力于向您展示一种工作的方法。同时给您提供一些想法，以让您对于您的葡萄酒有新的认识。一个懂得品酒的人，一定会懂得酿造佳酿并做出您所喜欢的口感。奥利弗·德赛尔（Olivier de Serres）曾经说过："一个优秀的男人自然应该配一瓶美酒。"如果每一个生产商都懂得如何品鉴，该会有多少瓶平淡无奇的葡萄酒从市场中消失啊！

致葡萄酒商人

或许您的家族在一个世纪或者两个世纪之前就已经从事葡萄酒贸易，具体地说，您是您酒商家族的第三代或是第四代传人。您是我们葡萄酒拥有享誉世界地位的缔造者。通过您的努力，使得全世界了解并熟悉我们的葡萄酒品牌甚至产区。

由于时代变迁，我们已然遗忘，这不是一个能自我创造贸易渠道的产品，那些葡萄园也不能通过自我发展便能赢得市场份额。具有历史的酒庄的适应能力总是不够强，因为传统的观念在这样的酿酒家族中已经变得根深蒂固。

您已经培育了数代的葡萄酒服务者。就个人而言，是您首先教会了我品酒。您最先拥有原始的产品，甚至早于生产的那些传统的类型。对于您来说，这本书能提供的知识比较有限，但是它或许可以提供给您一些从丰富的古老酿造遗产中得到的一些现代工艺技术。

但是您可能会是拥有最现代贸易手段的商人之一。

您一直在寻找缩短熟成期及仓储迅速周转的办法。您钻研市场学并时刻更新分销渠道。或许您仍然是葡萄酒经纪人、中间商，奔波于生产商、贸易商以及葡萄酒顾问之间；或者是经纪人、代理人、零售商、杂货店，甚至是某个大型超市中酒水区的负责人、餐馆经营者、侍酒师，是产业链中最后一个与直接消费者进行接触的从业人员。无论您处于这个供应链的哪一个环节，不要忘记这瓶酒将会被那位支付酒钱的人饮用掉。所以，以您的角度，在售卖之前，你必须谨慎、诚实并对这款酒进行品鉴。这本书将在这方面对您有所帮助。它可以加强并丰富您的词汇，您将成为葡萄酒质量的保证，并只销售那些您喜欢饮用的葡萄酒，一旦品质有了保障，这必将会成为一种受欢迎的贸易形式。

致酿酒师

这是一位老葡萄酒从业者给您的建议。我从事葡萄酒研究旨在更好地解释葡萄酒的风味，以及了解更好的酿造工艺。我总是在思考，葡萄酒不应该成为一种简单的、一饮而下的饮品，而是一种享受和品味。你们之中的一些人，已经学了葡萄酒酿造学，但是却没有注重品鉴。葡萄酒酿造学位的授课大纲于1955年被一群戒酒人士建立。他们难道不知道我们应该通过品尝去酿造、储存、澄清、稳定、分析吗？有多少人都学习了酿造的生化知识，可能很多人都已经忘记了，但是却没有学习如何去品尝。对于他们来说，他们第一步就进入了一个专业品鉴的未知世界。那些"大概、似乎"，以及那些经验法使他们偏离了正确的道路。他们或多或少是有天分的，或多或少会有人成功，直到品鉴课程的内容丰富起来。1975年，波尔多葡萄酒学院设立了葡萄酒品鉴专业并颁发大学文凭，酿造学和品鉴学就此开始联系在了一起。对于这两类的受教育

者，我不太清楚我是更多地从品鉴方向做介绍引入酿造方面，还是从酿造方面做介绍引入品鉴方面。这应该是一个葡萄酒工艺学家应该头疼的事情。这些是他们所拥有的关于葡萄酒的知识。品鉴，这是他们的领域、他们的专业。

葡萄酒工艺学家应该组织葡萄酒酿造者工会、葡萄酒行业协会、政府部门以及酒商等作为品鉴者组织的一员。

这本书已被编译成多种语言。书中所用词汇皆为葡萄酒学常用词汇，但是所用句型多为简单易懂的。这本书受益于葡萄酒工艺学的知识，并从饮酒文化、酒杯文化中获取了大量的实践经验。

相信我：从今以后，这本书将成为所有葡萄酒工艺学家的品鉴参考书。普赛（Puisais）校长也推荐它作为葡萄酒品鉴者的必备图书。我们有理由相信，在下一代的葡萄酒工艺学家中会产生伟大的品酒学家。

埃米耶·佩诺

1980 年

目 录

第二章
评判的乐趣

第三章
表达与交流
的乐趣

第四章
酒杯中的乐趣

"那晚的夜空繁星满布，充满无尽的想象……而人类却只能局限在他们已经认识的事物中。"

——雅克·尼优（Jacques Ninio），
《感官烙印》（*L'empreinte des sens*），1989

导论

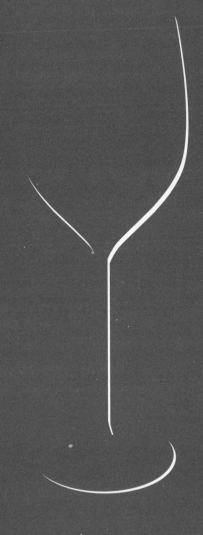

品鉴的应用
与科学研究

"嗯、哪、啊!"通常是一个葡萄酒品鉴者的品评三部曲,甚至应用于其他所有我们日常所接触到的饮料与食物中。我喜欢或者我不喜欢,就像茹尔丹(M. Jourdain,莫里哀剧本《贵人迷》中的主角)先生说的这样。这就是一场简单的饮酒享受,又何必一定要知道它的缘由呢?通常,我们就是这样表达我们的开心与厌恶。这种简单的自发行为事实上是可以通过化学分析和感官分析将其具象化的。简单地说,我们通过饮用自己喜爱的葡萄酒,从中获取了更多的愉悦。然而,这个过程究竟是如何运作的呢?

品尝(dégustation)这个单词来源于拉丁文degustare的名词形式(degustatio)。在法语中,它出现于1519年,但直到18世纪末都很少出现在日常用语中。它是指通过品尝这个行为专注地去感受食物或饮品的特质,仔细欣赏、分辨、确认并证实其所带来的愉悦。品尝有着非常繁多的表述:比如动词taster,来源于英文单词taste;西班牙语中probar既是尝试,又有品尝的意思;法语动词essayer(尝试)也衍生出了品尝的意思;还有像savourer(品味)、se régaler(享受美味)等,甚至连vérifier(确认)、analyser(分

析)这样的词汇,在特定的环境中也可以表达出"品尝"的意思。

"品尝"这个词虽说出现的时间并不是很长,但是这个行为却可以追溯到古老的年代。早在5000年前左右,在吉尔伽美什(Gilgamesh)统治下的苏美尔人就已经能够分辨产自美索不达米亚平原的大众型啤酒和出自扎格罗斯山(今伊朗以西)或是黎巴嫩的优秀葡萄酒。而在欧洲的记载中,最早出现的品尝记录是在大约2400年前。柏拉图(Platon)在他的研究中区别了主要的几种味觉以及一些气味的种类。紧接着,亚里士多德(Aristote)在四大元素(空气、水、火、土)的基础上提出了相应的感官机制理论。后来,卢克莱修(Lucrèce,公元前95—公元前55)又对其进行补充,并将其发扬光大。但是时至今日,对于我们来说,这类观点毫无疑问早已过时。18世纪时,林奈(Linné)、彭赛列(Poncelet)等人对感官的研究同样做出了卓越的贡献。2004年,诺贝尔生理学或医学奖获得者理查德·阿克塞尔(Richard Axel)和琳达·布朗·巴克(Linda B. Buck)也正式宣布他们在味觉及嗅觉领域的重大发现,进一步为我们解开了感官世界的谜题。

在葡萄酒的世界里对于术语的运用要求十分苛刻，非常讲究精确性和完整性。这些术语主要涵盖品尝这一行为的四个方面：感官方面的观察、感觉方面的描述、跟已知的风味标准进行的对比，以及理性的判断。

品鉴，是指从质量评估的角度专注地对某个产品进行品尝；而这完全依靠我们的感官，尤其是通过味觉和嗅觉，尝试着去找出并识别这些不同的缺陷与优点进而将其表达出来，这是一个研究、分析、描述、分析和分类的过程。

——让·里贝罗-嘉永

习惯上，我们把"尝"（gouter）这个动词看作是"品尝"的近义词；同理，将"尝味"（gustation）这个名词等同于"品鉴"，甚至将其衍生词"品味者"（gouteur）和"品鉴者"（dégustateur）划等号。我们常会碰到一些特别的词，学术感很强，却常常词不达意，认为"品尝"这个单词太过于平庸，所以琢磨出许多奇怪、复杂的词汇来代替它，比如"感官分析""感官评估""感官检验""感官计量""感官刺激检验""生理功能检验""感官刺激属性检测与分析"等。为了保证该项表述简单明了，我们统一用词"品鉴"，以及"品鉴者"。过多技术词汇的使用，往往会成为知识难以广泛传播的第一障碍。

感官分析首先是"分析"，其本质上是指分解、剖析，其目的是为了分辨物质的组成成分，如果可能的话再将其各个成分加以量化。品鉴是从整体的角度，综合每一部分的特性，尽可能完整地表述其物质组成成分的行为。而葡萄酒品鉴则是感官分析的一个扩展，根据全国消费研究所（Institut national de la consommation）德普乐迪（Depledt）的定义，"感官分析是指通过一系列的方法和技术使得感官在受到刺激时，能够合理地进行观察、区分，并评估该食物的相关风味。"总的来说，部分品鉴者是在并不了解这个词的含义的情况下来进行感官分析的。

品鉴既是一门复杂的科学，同时也是一门高深的艺术学科。它的词汇在外行人眼里很容易变得晦涩难懂。相对来说，葡萄酒品鉴者则是一名专业人员。在葡萄酒爱好者或是初学者的面前，无论他们对葡萄酒品鉴知识有多感兴趣，最终还是被那些艰深拗口的词汇与定义拒之门外，这足以说明品鉴葡萄酒是一项有关品尝的技能。由此，品鉴还有另一个定义：品酒是指在一个相对的时间长度里，从拿起酒杯开始算起，通过吞咽的过程，直到其在嘴巴中的味道变淡消散为止。饮用时间的长短是因人而异的，在他不知情的情况下，我们可以通过观察他喝一口酒所用的时间和每一口酒的量来衡量这个人对于这瓶酒的兴趣度，这个人的优雅度，以及其文化修养的程度等。展示给我看你是怎么喝酒的，我将会告诉你，你是一个什么样的人。这样的坦白方式，对于一些人来说，还是很有震撼力的。

品鉴本身只是一个饮用行为，是将人的本能行为转化为一个主动且经过思考的行为，通过特定的方法将自己对酒的印象有理有据地组织起来。咬文嚼字地说，这是一个品酒人的成长历程，从"喝酒的人"转变为"好酒的人"，最终成长为"评酒的人"的过程。品鉴实质上就是一个成体系的、系统化的美食活动。品鉴葡萄酒，需要格外专注、集中心思、静下心来感受才能做到。懂得分析才能成倍地感受到葡萄酒所带来的乐趣。粗心大意、漫不经心、思维愚拙则不容易感受到葡萄酒的细腻之处。

尽管已经给出了不少关于品鉴的定义，但下面这个定义更富有文学性。在平日的阅读中，我们整理出下面的几段文字，其对品鉴功能领域也有着一套新的解释：

"品鉴实现了人与环境，人与万物之间的一种最紧密的巧合，可以让人类去感受万物的生命。它构建了一个特殊的、人与自然和谐的生态关系。"

或者说：

"品鉴，是进入葡萄酒世界的引路人。"

品鉴是一门评估的艺术，一门依靠良好感官的技术。虚拟的饮用行为或是一个缓慢的饮用葡萄酒的前奏，可以很好地指导我们如何使用感官。通过内观自省、掌控感觉能力，最终达到思绪清明、审慎节制。勃艮第（Bourgogne）人皮埃尔·布彭（Pierre Poupon）将品鉴的定义扩展成一门立体的学科。品鉴是一门生活的艺术，所有我们尝过的东西都会在我们的感官中留下烙印：具体到一件艺术品、一个观察世界的角度、一段时空、一个存在的事实、一个生命、一段爱情，无所不至，皆可品味。在这样的角度下，品鉴是一种理解和学习外部世界的方式；需要不断地以一种自由的精神状态去感受这个世界。

在喝与品之间，是存在很大的差别的。对于那些好酒、伟大的葡萄酒，它们并不是让我们进行简单的吞咽行为；而是需要耐心的细细品味。这并不是一款用来解渴的饮料，不是让我们用来大口吞咽、浸润喉咙的饮料；也不是用来体验酒精摄入所带来的迷醉微醺的感觉。

事实上，依靠本能的饮酒者，他的饮酒行为及其意义在本质上和我们所说的品鉴并不一样。饮用的技巧是多样的，可以通过后天学习获得。而品酒带来的乐趣也是根据品评技术的差异而有所不同。另外，拿一款现有的葡萄酒与可以在市面上找到的口味单一的解渴饮料相比较，我们会发现葡萄酒所带来的是源源不断且表现自然的香气与风味。它的风味是复杂且多样的，并且从不是一成不变的。不同的配餐、不同的时机与不同的心情都会给饮酒人带来不同的感受。

葡萄酒是一项技术与耐心的产物，汇聚了很多人的劳动心血，尤其是一瓶美酒、一瓶伟大的葡萄酒，更是需要足够配得上它的品鉴者，有能力将隐藏在葡萄酒中的信息传递、表达出来，并将这份乐趣分享给他人。所以，品鉴就是一个解密葡萄酒信息并将其转译成品尝语言的过程。如果只是为了喝酒，那是为了肉体上的满足；而品鉴则需要更多的智慧和能力。因此，懂得品鉴可以从饮酒中获得更多的乐趣，而无须喝更多的酒。

"只有掌握好的学识才能更好地去欣赏"，这应该是葡萄酒爱好者的座右铭。一个喜欢葡萄酒的人，同时也应该是其坚定的支持者。怀抱信仰，具备品味和分辨的能力，这也是字典中给予我们"爱好者"的定义。在这里，西班牙语中的"afición"非常适合用于对葡萄酒爱好者的描述，但是很难找到相对应的确切的法语词汇，来指代"同时兼有爱慕、虔诚、热情且富有学识的一类人"。

品鉴的应用及角色

葡萄酒并不是日常生活所必需的，世界上有着数亿人对其根本不感兴趣，但这毫不影响葡萄酒本身所具有的好处。从某种角度来讲，葡萄酒可以算是用来点缀生活的无用之物。它的基本功能是给人带来乐趣，或短暂，或难忘，或隐秘，或强烈；无论是在什么水平或是什么形式，它都持续且恒定地影响着人类的感触。因此葡萄酒首先是一种生活的调味品、美味的饮品，然后才是一种用以解渴且富有营养的饮料。如果葡萄酒只是为了解渴（葡萄酒解渴的观点不是在任何情况下都成立的），就算它在日常饮食中提供的营养和热量很可观，这也只是其额外提供的内容。因此，葡萄酒的本质在于它所能带来的乐趣；而这乐趣只有通过品鉴，才能去勾勒、理解，从而实现其最终的价值。

品鉴是葡萄酒行业中最基础的技能，贯穿整个葡萄酒产业链，从土壤到餐桌。无论在哪个环节，品鉴都是一项必不可少的技能，它可以帮助我们以敏锐且高效的方式进行种类识别、品质管控、葡萄酒风味的享受等。

在葡萄酒生产和贸易方面，从葡萄藤到消费者手中的酒杯，品鉴扮演了评估葡萄酒质量的最基本的角色。品质既是一种表现形式，又是多种特性的合集，它决定了葡萄酒是否足够出色；而这又赋予了品鉴多面性的特点。这就是为什么当我们在网络上用各个国家的语言搜索"品鉴"时，总会有成千上万的相关资料。现代酿酒企业对于葡萄酒质量控制，以及可追溯性系统建设等质量管控的相关方面比以往更加重视。葡萄酒质量的评估主要是对于其本身的风味是否让人满意，是否有其他方面的质量影响等。此外，葡萄酒蕴含着一系列的品质特征以及一个复杂的质量分级，而这在其他生产加工的农产品中很少见。葡萄酒的这种复杂性使得品鉴成为一个最有效的品评方式，但是同时由于其复杂多样性，品鉴也是非常艰难的，要求有着细致入微的感官感受功底。

那么实际应用中，品鉴都涉及哪些方面呢？我们之前提到过的，品鉴是葡萄酒行业中最基础的技能，从葡萄种植到餐桌上的葡萄酒侍酒服务，尤其是葡萄酒的消费，这里面涉及的任何一个产业环节，以及葡萄和葡萄酒相关的产业活动，最终都有"品鉴"的参与。

在任何层面上，品鉴都是一项认识品质和控制质量所不可缺少的工具，是一个敏锐且富有效率的检测系统。

对于葡萄种植者、酒窖管理者，以及酿酒人来说，在葡萄成熟度的控制中、在酿造期间、在调配混酿的过程中，以及在质量评估和储存检测等过程中，品鉴是一项最迅速、有效的评估手段。化学分析检测也是一种非常重要的质量检测手段，但是它依旧无法代替感官更为迅速、有效的反馈。化学分析检测效率低，分析结果模块化；而感官分析迅速而且能对葡萄酒做出整体上的品质评估。这是一个体力与脑力互相协调合作的行为，并适用于任何场合环境。

葡萄酒经纪人，作为夹在生产商与贸易商之间的贸易中介，其本身的品鉴功底让他具有多重身份，比如葡萄酒专家、红酒顾问、酒评人、葡萄酒推广人等。根据其对葡萄酒品鉴后评定的等级，经纪人来负责确认购买的葡萄酒的品质，并予以担保。经纪人可以说比任何人都了解某个产区的葡萄酒，并且他们是葡萄酒行业中最具有品鉴实力的一类人。

酒商在采购葡萄酒时，对于葡萄酒的例行品鉴工作会充斥整个葡萄酒的调配、熟成、装瓶直至销售之前的每一个过程。而且在最后的贴标并印上自己的品牌之前，还会再进行一次葡萄酒品鉴以确认其最终的品质符合要求。

人们常常对酿酒师和酿酒技术人员抱有错误的想法，认为他们在负责葡萄酒的生产中，需要体现葡萄酒的风貌，保证葡萄酒品质稳定的同时，很难做好一个专业的葡萄酒品鉴师。实际上，与其他葡萄酒相关从业人员相比，酿酒师和技术人员本身就与葡萄酒有着更亲密的关系，因为他们负责了从葡萄变成葡萄酒直至装瓶的整个过程；在感官分析方面，他们比普通人研究得更深入透彻。他们有足够的能力去辨认葡萄酒的质量、引起缺陷的原因，既熟知它们的过去，也能预见它们的未来。

餐厅经营者、侍酒师，更擅长的应该是在葡萄酒侍酒服务方面，了解如何选购葡萄酒并做出相应的推荐。如果他们本身不具备品鉴能力的话，真不知该如何做好自己的本职工作了。

最后，在产业链的末端，是葡萄酒文化的组织者、推广者。他们是既懂得品鉴、欣赏葡萄酒，又擅长谈论、评述葡萄酒的人。在懂得品评一款优秀的葡萄酒的同时也能明白地告诉别人，这款好酒之所以是一款好酒的原因。为了使葡萄酒消费者有能力区别两款葡萄酒的不同之处，他们应该具有一定的相关质量等级的知识，以及品鉴概念。通过培养消费者的味蕾，是一种有效的促使生产商提升葡萄酒质量的方式。我们尽可能多地用简明且完整的方式讲解葡萄酒相关的品鉴知识，讨论的更多的是我们常喝到的葡萄酒，而不是那些用来"谈论的葡萄酒"，毕竟只讲不喝，徒生憾事。品鉴是认识和了解葡萄酒的一种方式，它让我们明白酿造、储存、控制、评估以及欣赏葡萄酒的每一个步骤。

品鉴在葡萄酒专业人士与消费者之间唯一也是最重要的一个区别就是，消费者品评葡萄酒是为了自我享受，而葡萄酒专业人士是在为他人而品酒。由于肩负着这个特别的责任，葡萄酒专业人士需要拥有相关资质认证，以及过硬的技术。对于酿酒师来说，更是如此。

品鉴与科学研究、葡萄酒工艺学的交集

我们已经花了大量篇幅来介绍，品鉴是一种认识葡萄酒的方式，其本身也是酿酒学科的一部分。品尝学也算是酿酒学中的一门入门学科。实质上，作为葡萄酒酿造学的一部分，它一方面解释了葡萄酒的风味，另一方面也给出了完善葡萄酒品质和风味的方法。

将品鉴作为酿酒学科的开端是一个很好的选择，而这是第一个要用到的工具则是葡萄酒杯。首先我们要知道的是，酿酒师的目的是为了提升葡萄酒品质，品鉴则是必要的手段。如果不具备一定的葡萄酒知识，也就难以组织一场可靠的品鉴会，因为在不具备葡萄酒知识的情况下是无法评估、判断一款葡萄酒的品质的；而葡萄酒知识则是酿酒学范畴的一部分。

掌握葡萄酒知识的观点看起来顺理成章，但是却是一个很新颖的观点。很多关于酿酒学的书籍对于品鉴部分几乎

只字不提，或是仅仅寥寥数笔带过，甚至连一些近期出版的书籍也不例外。部分观点认为，品鉴只是插入葡萄酒分析章节里面的一部分，然而事实并非如此。葡萄酒分析对于品鉴做了一定的阐述说明，但是分析并不是目的本身。这方面的创新来自让·里贝罗-嘉永，他在他的第一本著作《葡萄酒酿造学专论》（*Traité d'œnologie*，1947）中用了整整一个章节来介绍葡萄酒品鉴知识。很难想象，在很长一段时间内，葡萄酒品鉴学在论著史上是一片空白。酿酒学科的进步使得我们更深层次地学习到感官运作机制并对感官分析技术做出了相应的明文规定。

很少出现在酿酒学中的品鉴学却经常被放在葡萄酒地理学中，并且作为一个章节来介绍。而葡萄酒地理学则是一门关于产地和葡萄园命名的学科，涉及技术的部分几乎只有葡萄酒品种和土壤类型。政府主导类型的或商业类型的品鉴相对更谨慎、可靠性更高，这也是因为其品评人多具备酿酒学的知识。葡萄酒的风味十分依赖其化学组成成分，而这些成分来自于其本身的葡萄品种、酿造技术、储存过程等。如果酿酒学的课程应该以葡萄酒品鉴作为开端，那么葡萄酒品鉴的课程应该涵盖葡萄酒成分及葡萄酒酿造的相关知识。

通常，葡萄酒消费者和葡萄酒爱好者对于葡萄酒的品鉴和专业品鉴者之间有比较鲜明的差异。前者主要注重品鉴的乐趣，注重营造良好的品尝环境以展现葡萄酒的品质，比如合适的葡萄酒温

度，以及搭配所用的美食等。而后者，总是带着批评的精神去品鉴；他们会寻找葡萄酒中存在的缺陷，当然，这也是其职责所在，以便于最终满足消费者的需求，因为葡萄酒从其市场的源头起便已经通过数道感官检验的评估了。

专业葡萄酒品鉴者对于品鉴的严谨态度是普通消费者所不能比拟的。他们会尝试着去了解并解释葡萄酒。丰富的品鉴经验可以让他们比外行更深入地了解、评估一款葡萄酒的品质。

在专业葡萄酒品鉴领域里，我们依旧可以分辨出多种品评的方式。在一个常见的商业性质的品鉴评估中，常需要回答这样的问题，比如"这款葡萄酒的特点是什么？该品质的葡萄酒属于哪一类风格？是否很好地表现了它的产区的特性？这款葡萄酒的价值如何？和其他酒相比，这款好还是不好？"等问题。这是一个评判性质的品鉴。总结下来就是一个问题："这款酒的品质与价格相比，值还是不值？"

酿酒师的品鉴则更偏向于技术性和解释性。其倾向于根据葡萄酒的组成成分来解释葡萄酒的风味；葡萄酒的风味会被解构成为每个单独存在的味道；并将每一个味道和其对应存在的成分相联系，并从酿造期间和储存期间的变化来找出其产生原因；还要预估其在之后熟成过程中残余物质含量的变化。与前者的品鉴方式相比，酿酒师的偏向技术方面的品鉴方式具有更多的分析解构性质。诚然，每一个葡萄酒鉴赏者都可以在这些不同视角的品鉴方式中自由地转

换角色、选取角度，但是最终每个人不同的能力、知识储备、学识修养、思考方式等都会成为其品鉴过程中做出品评和判断时不可忽略的"包袱"。而这个"包袱"存在于每一个人的身上：我们更容易欣赏我们所熟知的事物。

品鉴与品鉴者

葡萄酒存在的价值就是被用来饮用和品评的，葡萄酒品鉴是最为有效的质量评估工具。事实上，品鉴也是揭开葡萄酒真面目、认识葡萄酒的唯一方式。任何一个人，无论他与葡萄酒之间的关系如何，都可以通过他自己的方式和品味来品鉴葡萄酒，也有成为一名葡萄酒鉴赏家的潜力。从日常普通的消费饮酒转变为鉴赏性的品酒，其实相差不远：需要多集中一些精力，加强对印象和记忆的学习。而其中最难学习的毫无疑问是对感官感受的描述，以及做出恰当的判断与评论。

在具有悠久的葡萄酒酿造历史传统的国家里，专业性质的葡萄酒品评通常是由具备丰富品评经验的葡萄酒专家来做。我们认为，对于某些农产品来说，专家的观点比爱好者团体的声音更具有参考价值，即使在某些国家，这些爱好者团体也是经过层层审核筛选的，依旧还是无法和专家的品评相提并论。为了使评语具有参考价值，品鉴者必须舍弃个人的偏好，并且对自己所做出的结果加以论证，给出合理的解释。

人们常说，葡萄酒品鉴既是一门技艺，也是一门科学。所以，这门技艺是可以通过后天学习而得到的。品鉴同样是一门职业，或者说是葡萄酒领域中的一个重要组成部分。通过相关课程和练习，可以获得品鉴所需的基础理论，接着在专业品酒师地带领下有规律地进行葡萄酒品尝练习，并有能力对自己所感受到的风味加以描述和解释。另外，还要加强对葡萄酒风味所产生的印象的记忆。这是一门真正关于味道和香气的教学。在展开学习之前，每个人都会遇见自己的启蒙导师，但是老师所能教授的内容却十分有限，品鉴实力的精进主要还是在于学生个人的努力，讲求集中精力，具有恒心。对于葡萄酒品鉴者，无论是专家还是学徒，最终都需要独自面对葡萄酒，独自去感受、体会风味的变化。每一个品酒人都应该根据自己的情况去发掘潜藏在葡萄酒中的难以言说的风味，并找到适合自己的表达方式。

为了成为一个优秀的品酒师，既要拥有敏锐精准的味觉和嗅觉，也需要掌握正确的品评技巧。对于葡萄酒品鉴初学者来说，兴趣是最好的老师，可以让他们对葡萄酒充满热情。所以，为了更好地进行品鉴，先要懂得爱葡萄酒，然后才能学习如何品酒，这是一个学习喜欢葡萄酒的过程。只要勤奋努力学习，并多在实践中进行练习，不出几年，每个人都可以成为优秀的葡萄酒品鉴师。大部分人都拥有良好的味觉感官和嗅觉感官，足够用于葡萄酒品尝；最缺少的反而是品尝足够多的、不同的葡萄酒的机会。优秀的味觉和嗅觉感官能力，是人类所拥有的最普遍、最常见的天赋能力。

这个世界上的确存在某些个体拥有极为敏锐的感官，但也很少会同时对所有的味觉和嗅觉都敏感。最优秀的能力通常都是需要从后天的学习中获得，从而具有准确的感官分辨能力。从生理上来讲，嗅觉丧失或味觉丧失的病例并不多。如果有人闻不到某些气味，有可能是他本身没有这个气味记忆，还无法识别；味觉也同样如此。然而对于一个味道或气味来说，每个个体之间存在着明显的敏感度差异。通常会用感官阈值1～5来描述个体的感官敏感度。对某一个味道的感官敏感度下降并不代表会丧失品鉴的能力；只是味觉平衡和嗅觉平衡的认知会在一定百分比范围内发生改变。比如在一个人群样本中，存在百分之三十的人对苦味不敏感，我们便认定总共存在三分之一的人对于葡萄酒中的苦味不敏感。这些人的观点固然有一定的参考价值，但是由于本身的敏感度不同，会导致他们有时无法理解大多数人的感官分析评价。对于专业品酒师来说，则应该具备高于普通人的感官敏感度。

很难界定一个人的感官敏感度是先天获得（遗传基因）的还是通过后天学习获得的。品酒师的天赋才能或许只是因为其在对感官感觉所怀有的好奇心的帮助下，不断学习、自我训练，才有所精进。

葡萄酒的品鉴有着一条似是而非的

诡论，它试图成为一个客观的方法，却采用的是主观的手段。在品鉴活动中，葡萄酒是客体，品酒师是主体，人类感官则作为品鉴活动中的测量工具。我们可以相应建立一套合理的运转规则，提高品鉴的精确度，避免可能出现的错误，但是品尝者并不仅仅是执行者、操作者，他还要做相应的解释说明和判断。他有介绍葡萄酒的能力，并根据品尝到的葡萄酒的味道描绘其风味的形象，而这并不是一台仪器就能完成的工作。一个人的性格特征也可以从他对葡萄酒风格的评论中探得一二。品鉴活动本身会存在浓重的个人色彩，也因此区别于实验分析，后者不存在主观差异。

葡萄酒品鉴者在进行感官分析时，需要沉着冷静，做出严谨的判断和精确的品评，但是在进行评论时应该充满热情。在表明自己态度的同时，避免影响到自己欣赏和享受葡萄酒所带来的乐趣。在持有批判性精神的同时，还要避免丧失葡萄酒的热情；要享受美酒所带来的每一丝感动。品鉴也是需要赞叹和欣赏的一面，而不是无动于衷的麻木。

专业品酒师以及那些撰写品酒文章的工作者，根据他们的所接受的教育情况，从属于不同的"学派"。确切地说，他们之中的大部分人士都没有接受葡萄酒品鉴相关的教育。很多人都是在偶然的情况下才开始与葡萄酒接触。另外，教授葡萄酒品鉴相关知识的学校或机构都是近期才开始出现并流行的。对于大多数的葡萄酒品鉴者来说，他们有的出身于葡萄酒贸易行业，有的出身于葡萄酒生产领域，他们的品鉴能力来源于在传统的葡萄酒产区中的常年练习；品鉴中比较重视葡萄酒整体的印象，有时会含糊不清，使人困惑。在他们眼中，葡萄酒被冠以高深莫测的头衔，波动起伏，难以捉摸，在葡萄酒杯中瞬息万变。然而也有人通过自学成为非常优秀的葡萄酒鉴赏家，这些人往往具备创造精神以及富有远见的洞察力，以优化其品酒方式。他们非常擅长葡萄酒专业领域里的某一个方面，也为他们赢得了声誉，培养了实力。尽管如此，他们仍然保持着谦逊，在葡萄酒行业中躬耕细作。

在葡萄酒品鉴师的另一极端，存在着一类恪守严规的品酒师，认为感觉器官就应像仪器一般，将接收到的信息准确地记录下来，品鉴工作被他们视为数学的分支。针对葡萄酒提出的问题总是简明而清晰，但是基本上一直在一个小的范围内；而回答也同样是条理清晰、方向明确的；就像是做一道选择题，在认定的格子里打钩即可；葡萄酒的质量通过冷冰冰的数字来体现。所有的文件都是以数据的形式编辑。通过计算的结果来决定两款葡萄酒之间是否有区别，即使可以明显通过感官来感受到两者之间的差别，但仍然还是要以最终的数字是否具有"显著性差异"来决定这两款酒是否存在不同。

在这两种品鉴葡萄酒的方式——"经验型"和"数据型"之间，还存在着另外一种更为完善的品鉴方式，同时具备分析能力和描述能力，兼顾逻辑和解释说明，并有着评估和判断的能力。

这种品鉴方式通过精确的词汇来描述葡萄酒的感官分析特征，舍弃冗长繁复的词汇，力求精简。同时也可以通过评语和评分来表述葡萄酒的品质。而且在使用感官分析结果的同时，在必要的情况下结合数据分析来获得最佳的结果。相比经验型品鉴方式，其结果更合理、严谨；相比数据型品鉴则增加了主观的影响因素，也显得更具体真实。而这更加贴合葡萄酒酿造学的精神。这也是我们这本书想要展现给读者的品鉴方式。它应该有一个更美丽的名字：人与葡萄酒的邂逅。

目前所流行的现代葡萄酒品鉴方法来自于两股互相渗透的品鉴风潮。其一来自博若莱与勃艮第学院风的结合，重视嗅觉感官的分析和描述；另一个则是来自波尔多学院的影响，更注重味觉上的平衡，以及口感的厚重度。前者多用在单一葡萄品种所酿制的葡萄酒上，香气风格较为简单，更注重嗅觉感受以及香气的持久度。后者多应用于混合酿制的葡萄酒中，单宁感是构成葡萄酒品质与风格的主要因素，注重酒体结构。上述解释为作者本人观点，但是这些观点也反映了波尔多学院派风格葡萄酒品鉴的发展与演变。我们也注意到勃艮第葡萄酒品鉴师也不再仅局限于只描述葡萄酒香气的做法，也开始谈论葡萄酒在口中的感受。

优秀读物

我们在前文中介绍了很多关于品酒技能的知识。知识必须以书面文字的形式才能源远流长。仅依靠品酒练习和钻研书本上的知识并不足以增进品酒的能力。一些关于酿酒的论著很少提到品酒的内容，就好像品酒的技艺是显而易见、与生俱来的天赋。在20世纪初期的1906年，克罗格（Cloquet）和文森斯（Vincens）便分别出版了关于葡萄酒品鉴的手册。但是直到20世纪50年代初，葡萄酒品鉴的概念才得以建立并开始传播。

雅克·勒玛念（J. Le Magnen）在其著作《气味与芳香》（*Odeurs et parfums*，1949）和《味觉与风味》（*Le gout et les saveurs*，1951）中从解剖学和生理学的角度阐述了感官感受的刺激机制及原理；可以说，这两本书将现代品尝学带上了有系统、有条理的道路。同时期，来自加利福尼亚大学戴维斯分校的阿梅林（Amerine）和她的同事们也做出了重要的贡献，例如将测试实验系统化，提高实验的精密度，并且将统计方法运用到葡萄酒质量品鉴中。肖维（Chauvet）在1950、1951及1956年出版了多本关于嗅觉感官机制的著作，其充沛的精力和源源不断的灵感将嗅觉分析研究推向了更高的层次。另外，戈特（Got）于1955年和1958年，让·里贝罗-嘉永于1961年都相应地出版了富有参考价值的著作。

自那时以来，关于品尝学的著作，以科学或技术的名义如潮水般涌现出来。一方面这些出版物的出现推动了品尝学的发展；但是另一方面，关于感受的主观性及相关专业词汇的混乱，使得葡萄酒品尝的研究进展缓慢，甚至停滞。

法国国家合理营养膳食调查和研究中心（Centre national de coordination des études et recherches sur la nutrition et l'alimentation）在1964年11月的科学周活动中发行了一份报告：《食品风味的主观与客观感官分析方法》（Méthodes subjectives et objective d'appréciation des caractères organoleptiques des denrées atimentaires）。其中雅克·勒玛念的感官质量分析基础理论和德普乐迪的味觉测试方法理论被视为品鉴研究与技术的原理。同时在报告中加入了与食品风味的感官特性相关的科学词汇表，其中涉及葡萄酒风味描述的词汇大约有140余个，这是葡萄酒品鉴行业迈出的具有历史意义的第一步。

阿梅林、潘伯恩（R. M. Pangborn）和罗斯勒（E. B. Roessler）的著作《食品感官分析原理》（*Principles of Sensory Evaluation of Food*，1965）是一部考据翔实的专著，详细研究了感官作用机制以及影响实验判定的因素；该书应用了严谨的统计方法处理了最终数据。

普赛、夏巴农（R. L. Chabanon）、古耶（A. Guiller）、拉科斯特（J. Lacoste）合著的《品鉴入门概论》（*Précis d'initiation à la* dégustation，1969）是面向专业品鉴者的一本著作，简要阐述了品鉴基础理论方面的研究进展，并详述了有关感官生理的基本概念。着重对感官刺激方面的分析，指明感官特性与分析特征之间的主要关系，并且涵盖了品鉴技巧、品酒会的组织与筹备，以及葡萄酒评分方法。

由维德尔（A. Vedel）、查尔斯（G. Charles）、夏尔内（P. Charnay）、杜尔莫（J. Tourmeau）所著的《葡萄酒品鉴论文》（Essai sur la dégustation des vins，1972）汇总了当时关于葡萄酒品评知识的各个方面，例如感知、产品、感官分析、品尝人员以及所涉及的专有词汇等多个层面。这部共同创作的作品，在创立一套科学的葡萄酒品评体系方面做了大量开创性的工作，可以说是现代葡萄酒科学品鉴的重要基础。

另外，不得不提到的皮埃尔·布彭先生的相关著作，在非学术的领域中，他用自己富有诗意和哲学的创作功底为我们将葡萄酒科学品鉴的精髓展现出来。通过其著作《一个品酒者的思考》（Pensées d'un dégustateur，1957）、《葡萄酒品鉴的乐趣》（Plaisir de la dégustation，1973），以及《一个品酒者的思考新编》（Pensées d'un dégustateur，1975），我们看到了一位杰出的葡萄酒品鉴家的自我审视。皮埃尔·布彭先生同时还开创了葡萄酒审美学，提出了品酒伦理学的独特见解。

在1975年，英国人迈克尔·布罗德本特（Michael Broadbent）出版的《葡萄酒品鉴：品鉴实用手册》（Wine Tasting, a Practical Handbook on Tasting and Tastings，1975），作为以伟大葡萄酒探索者自居的英国人，作者以其本国传统视角修订了葡萄酒贸易规则中对于葡萄酒的品鉴评估准则。这本书同时开创了葡萄酒品尝书籍持续数十年的出版盛况。紧接着第二年，麦克斯·雷格里兹（Max Léglise）出版了《顶级葡萄酒品鉴入门》（Une initiation à la dégustation des grands vins，1976）。这本小而精致的书，融入了其在葡萄酒侍酒方面的人文主义思想及丰富的专业知识。同年，美国人阿梅林和罗斯勒所著《葡萄酒及其感官评价》（Wines – Their Sensory Evaluation，1976），特别面向葡萄酒专业人士与业余爱好者，是一本十分全面的葡萄酒品评艺术指南。

自从1980年《葡萄酒的风味》第一版问世以来，葡萄酒爱好者的书架已经充斥着各类型的品评著作，我们大致可以将其分为以下几类。

首先是关于感官分析的一类的著作，主要针对所有餐饮品质的评估方法。这类书籍多由业内专业机构编纂而成，内容主要涉及葡萄酒品鉴的系统与规范。例如1991年由法国标准化协会所制定的一部有关标准化的合集。法国的雷奥德（Mac Leod）、佛利翁（Faurion）、索瓦热奥（Sauvageot）、霍利（Holley）等人的工作，以及2004年诺贝尔生理学或医学奖获得者理查德·阿克塞尔和琳达·布朗·巴克关于嗅觉的研究，丰富了我们对感官生理机制的认识。这些丰富的研究成果进一步解释并推动了传统葡萄酒酿造学科有序的发展。

第二种类型的著作主要面向广大的葡萄酒从业者及爱好者，是可以一边捧书阅读，一边品酒的入门资料。由于面向的多是葡萄酒初学者，此类读物涵盖大量基础知识以方便读者理解。雅克·布罗恩（Jacques Blouin）的《品酒入门指南》（*Guide d'initiation à la dégustation*）便是一本总结了发现优秀葡萄酒的方法的指南，是一部结合了三十多年优秀的波尔多葡萄酒专家与爱好者丰富品评经验的成果。另外还要指出的是由布凡（Buffin）所撰写的两本教科书，运用大量的图表来解释风味感受、葡萄酒专业术语、技术、原产地等，分别是《葡萄酒品鉴实践》（*Pratique de la dégustation*，1987）和《您的葡萄酒品评天赋》（*Votre talent de la dégustation*，1988）。

此外，还有值得指出的一类新颖的、以葡萄酒词汇和表达方式为主要探讨内容的书籍。这些书籍多以术语词典或是英法对照词典的形式出现，非常有用。例如玛蒂娜·查特莱兰（Martine Chatelain）的字典风格的《葡萄酒与微醺语录》（*Les mots du vin et de l'ivresse*，1984），内容充满热情与幽默，富有人文气息和对葡萄酒的热爱，展现了当时的葡萄酒与生活互相融入的状态。如果我们想要了解该如何讨论、描述葡萄酒，我们可以参考雅克·吕克塞（Jacques Luxey）的《著名评审团品鉴实录》（*Les dégustations du grand jury*，1975-1985）以及杜布尔迪厄（Dubourdieu）的《自1945年至今的波尔多伟大葡萄酒》（*Les Grands Vins de Bordeaux de 1945 à nos jours*）等。

尼优的《感官烙印》、文森特（Vincent）的《激情生物学》（*Biologie des passions*），霍利的《嗅觉赞歌》（*Éloge de l'odorat*），聚斯金德（Süskind）的《香水》（*Le Parfum*）以及塞尔（Serres）的《五感》（*Les Cinq Sens*），虽然这些并不是和葡萄酒品鉴相关的书籍，但是却从其他角度阐述了品评的相关要素。

还有《于勒·肖维，酒界天才》（*Jules Chauvet et le Talent du vin*，1997）、托雷斯（Torrés）的《骄傲的酿酒人》（*Vigneron, sois fier de l'être*，2004），如果错过就太遗憾了，热情洋溢的文字展现了行家里手风趣的另一面。

还有三本西班牙文的著作，可以扩展我们的专业知识：奥乔亚（Ochoa）的《葡萄酒与品鉴》（*El Vino y su Cata*，1996），鲁伊斯·埃尔南德斯（Ruiz Hernandez）的《品酒和葡萄酒知识》（*La cata y el Conocimiento de los vinos*，2003）和卡萨尔·巴罗雷（Casal del Rey Barreiro）的《感官分析和西班牙葡萄酒品鉴》

（*Analisis sensorial y cata de los vinos de España*，2003）。最后，还有不得不提的大仲马（Alexandre Dumas）的《我的烹饪词典》（*Mon dictionnaire de cuisine*，1870），在这本书中葡萄酒占据着重要的一席，就像《三个火枪手》之 于他，有着举足轻重的意味。

葡萄酒品尝者的学习就是这样，从一瓶酒到另一瓶，一本书到另一本，缓慢有序，稳步进行，从而扩展自己的知识面，加深对葡萄酒知识了解的深度。先学会感受、接收葡萄酒传达的信息，找到合适的表达方式，最终转化为自己的知识。这样才能让自己的听众理解。完整的一系列内容虽复杂，但可以被理解，其目的还是在于大家共享乐趣。这份快乐，可大可小，但却是人、葡萄酒和环境的相互融合。更好地了解是为了更好地懂得，更好地明白是为了更好地欣赏；这也是贯穿本书的主旨，并将伴随我们一起走完这段书中之旅。

重要的作者

古希腊罗马时代	中世纪	17世纪	19世纪	20世纪
柏拉图 427-348 B. C	阿维森纳（Avicenne）983-1037	彭赛列 1755	居由（Guyot）1861	亨尼格（Hennig）1916
亚里士多德 384-322 B. C		林奈 1751	费克（Fick）1864	科恩（Cohn）
卢克莱修 98-55 B. C			基佐（Kiesow）1894	池田（Ikeda）1911
			格里芬（Griffin）1872	蒙马耶（Montmayeur）2005
			德威特（Dwitt）1865 谢弗勒伊（Chevreuil）	佛利翁 1980

"如果为了获取知识，尤其是想沉浸在一门喜欢的学科中，没有什么会比书本来得痛快。"

——乔治·杜梅泽尔（Georges Dumézil）

第一章
感知的乐趣

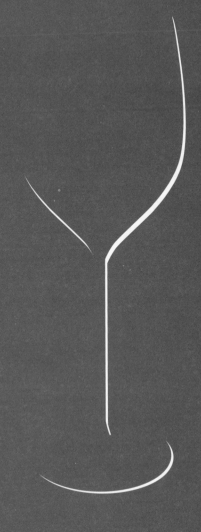

感官的信息
传递机制

一缕阳光、一份美食，追其根本，无非是些分子、光粒子，但其如何能够在人的意识中构建出图像、气味，又是如何进一步带入情感，使人身心感到愉快，抑或是痛苦？

这个问题影响着人类已久，同样也作用在动物们的身上，它们在寻找食物的过程中，感官功能赋予了它们避免进食有毒物质的能力，同时又享受到食物所带来的乐趣。早在2500年前，希腊的哲学家们便开始注意到感官的作用与功能，大胆地对其提出假设和解释，并在接下来数个世纪内，一直对其内容进行发展和完善。从1981年本书的第一次修订开始，我们的知识体系有了长足的发展与扩充。当然，事实上我们依旧可以在不了解感官机制运作机理的情况下，继续从事品鉴活动而不必有任何顾虑。但是，前人的总结使得我们更容易去理解品鉴，理解我们所从事的工作。我们欣赏巴赫、米开朗琪罗或是齐达内，但我们并不需要去搞明白乐理，去弄清构图配景，或是去掌握足球规则；但是一旦我们学习了这些原理，我们便可以从中获得更多的乐趣，拥有更完美的享受。所以，我们同样也希望可以在品鉴工作方面，尽可能清晰明了地阐述它的运作机理。

感官机制概述

高度概括起来，可以认为感官机制是一种刺激的转化，分子或光子依靠对敏感器官的刺激，通过物理或化学的方式，转化成感官信息，从而进一步被大脑识别。

葡萄糖分子在与味蕾（舌头上的微小乳头状凸起）接触时，会触发一连串的化学反应，并产生生物电流用以在大脑与舌头间建立相应的信号联系。这个信号就是感官信息，此时我们会意识到"有东西在嘴里"。通过将这个信号与其他的相同信号或是与已经存在于记忆中的某个似曾相识的信号相比较，进而我们会由衷地说："嗯，这是熟悉的味道。"再根据每个人的阅历和经验的不同，大脑经过详细的信息检索，有的品鉴者会说"微甜，应该是糖的味道，蔗糖，或是蜜糖，抑或是阿斯巴甜（甜味剂）的味道"。常常会有品鉴者说"甜的，我喜欢"或是"这个甜，这个好"。这时候我们就要分辨这个喜好，究竟是出于个人情感，还是真实感受。我们注意到，一样的物质最终得到的却是两个不同的表达方式。而且对于所有物质来说，它的成分越多样化，对于感官的刺激也就越复杂，感受区分也越困难。

这种复杂情况对于品鉴工作来说，并不是一个障碍。它需要我们拥有更多的知识、更多的注意力，以及更多的努力才能更好地感知和分析这个刺激源。感知记忆的重复性加强，也使得我们在下次感知中更容易理解和分辨。

就像我们所体验到的那样，每一个感觉器官都有它自己的运行机制，并整合在中枢神经的控制下。我们可以在每次品鉴过程中或多或少地用所熟悉的词汇描述我们的感官感受。

刺激是一个物理或化学因子所引起的在相应的感官接收器上的特殊冲动。例如光子作用于视觉，分子或离子作用于味觉和嗅觉，空气的压强差可以作用于耳膜，以及触碰的过程中受到相对压力作用时产生的触觉，感受细胞对温度变化刺激的感觉，等等。

这些感官细胞基本位于人体的眼、口、鼻、皮肤等，通过接收外部刺激信息将其转化成神经元可识别的生物信号。

神经元是一种神经细胞，它可以构建感官细胞与大脑神经之间的联系，同时它也是神经系统结构与功能的基本单位。人体的十二对脑神经保证了大脑与脊柱之间的信息交换，其中部分神经主管了人体听觉、视觉、味觉、嗅觉以及触觉。

感觉是一种反射现象，有意识或无意识地通过感受细胞对外部环境刺激做出信息传递、汇总。

知觉是对于感官意识的接收与处理，是对于感觉做出的一个解释。它是一种"复杂的心理活动，大脑通过对已有感官数据的分析处理，对于外界感知做出一个认知性的判断分析"。这是法语中常用的表达方式，脱离了物理化学范畴，主要应用在神经学和心理学中。

同样的，字典里给出的定义是"通过任何语言或行为来表达我们的所思、所想、所感受的一种行为"。这是思想和文学领域的定义。

人们常用"这款酒的单宁感厚重"这样的话阐述其特点，在很多情况下这样的表述是很恰当的，也是非常常见的答案；但它同时也几乎让人们忘记了这款酒实质上的复杂性与多样性。很多的不良习惯也是从这时开始逐渐积攒，让我们忽视了更大的潜在的财富资源。所以，我们强调从刺激源开始一直到最终表述过程中的每一个阶段都必须专心致志。

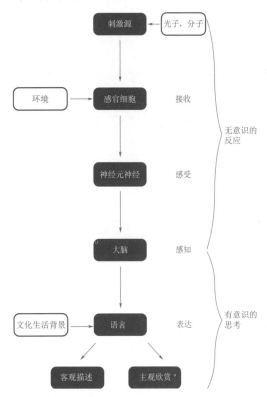

感官功能运作机制流程图

从感官到大脑

从薄荷醇分子的信号被大脑接收，到表达出愉悦的感受"这个闻起来好像薄荷"，这是一个复杂的逐渐演变的过程，涉及物理学、化学、生理学，通过心理活动、判断能力得出最终的结论，也就是"被感官所识别"的过程。不需要进入所有的大脑回路，但是我们却不能因此而忽视它的存在。品尝不仅是一个机械的、有形的行为，虽然在理论上它是一种主观并且普遍平庸的行为，但同时它也是一种客观的、心理上的基本行为，并且很大程度上是难以准确传达其具体信息的行为。我们从一个分子出发，通过所有人的描述来下结论，或是一个满足的表情，或是一段形象贴切的表述。

已经有不计其数的研究指出了这个"游戏"结果的多样性，它很大程度上都依靠着每个人对此的学习、训练、记忆、感官文化以及个体本身的特质。贯穿整个感官功能运作机制过程的气味分子从释放到接收的过程，毫无疑问是会受到环境、氛围、某一时刻，甚至是某些突发事件的影响，因此葡萄酒品鉴是发生在某一时刻的人与葡萄酒自然的碰撞。

大脑对于感官感受到的信息的处理，分布在大脑皮层不同的区域。这一点和我们的祖先非常相似，并没有左右脑之分。大体上所有的感受都是经过大脑如此的处理。因此，我们认为人体的感觉可以极其敏感地受到多种外界刺激的影响，并且对局部错乱等现象做出抵抗。但是，人体的感受机制在阿尔兹海默病或是帕金森病等原发性退行性脑部疾病的作用下，会迅速退化。因此，我们使用嗅觉测验用以诊断这类疾病的早期症状。感官机制自打胎儿时期便已经有所发育。胎儿味觉和嗅觉在妊娠的第三到第四个月时便已经开始发育，在第九个月的时候感官发育完善。刚出生的婴儿就已经懂得分辨甜味和苦味，也会"喜欢甜味和讨厌苦味"。尽管人类似乎并不像昆虫那样对于信息元素如此的敏感从而被吸引，但是在每个个体身上，都会被某一种特别的感官感觉所吸引。这种感觉可以被深深地埋藏在我们大脑中未知的地方，可以是一种气味，也可以是一种味道，它们会在某一天被刻在身体里的烙印所唤醒。

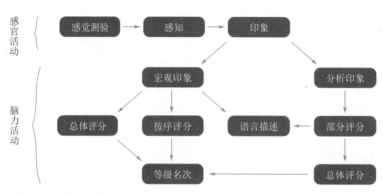

品评活动总体示意图

记忆，同样扮演着举足轻重的角色。我们可以根据不同的感觉器官将我们的记忆分为三大相关类型——视觉、嗅觉、味觉，同时还可以根据其特点进行细分，如自然发生或主动发生，片段式或整体式，即时性或是过去时段等。每一段记忆都有着它的潜在内容和涉及的范围。即时性的记忆是指在葡萄酒品评中和之前刚刚饮用过的葡萄酒进行对比，两者发生在同一场合、同一时间段；而过去时段的记忆则是指与我们曾经饮用过的葡萄酒进行类比，时间相对久远，记忆也自然模糊。在对一组葡萄酒进行品评时，最好是能够一起逐杯进行品鉴，这样可以更好地利用即时性记忆，更容易抓住这种瞬间的感觉。而这也是为什么"葡萄酒专家"相比"初学者"在品评方面表现得更出色，他们在日常的工作中便已经积累了大量的品酒记忆，在观、闻、尝等方面优于其他人，这也归功于多年间不断的训练。所谓"闻道有先后，术业有专攻"，就是如此。品评的目的不是要详细列出它们的不同点，而是要避免描述的过于简化，以免漏掉葡萄酒所表达的重要信息。

从出生时起，一个新生儿便开始了他的感官学习，或是母乳，或是动物类奶制品。感官记忆来源于生活，并在生活中不断完善，从而将自己塑造成独特的个体。尤其是味觉和嗅觉，被深深地打上了家庭文化的烙印。有研究明确指出，分别来自美国得克萨斯州、法国格勒诺布尔及越南的学生对于自己喜欢的气味等感官感受具有非常明显的差异性。

随着年龄的增长，感官感受到的记忆逐步丰富并开始定型，并且强化感官记忆对所感受到的信息的分辨能力。同样是花生，美国人会将其和黄油（花生酱）联系起来，而法国人却还会想到咸花生等等。因为对于每个个体来说，同样的东西（花生）有着不同的表现形式。这是一个潜藏着的、难以了解的世界。而这些不同颇有聪明人的文字游戏的意味，但是却非常感性，通常会和感受者本人当时的处境、情感息息相关；而且会因此被深深地记忆在脑海中，除非再也没有同样的引子来勾起他的回忆。这些记忆甚至可以在数十年后，因为某件事物或是某个环境被唤起。

也没有必要刻意去夸大每个个体之间的不同，因为通过良好的教育与训练是可以达到相互理解的。但是具体对照来看，两者之间存在着模棱两可的界限。比如让一些知识渊博的葡萄酒专家去品尝分别来自法国波亚克（Pauillac）、西班牙里奥哈（Rioja）及智利的赤霞珠（Cabernet Sauvignon）品种的葡萄酒：这其中的差别（语言此时显得苍白无力）是非常细微的！因为大家并没有一个共同的葡萄酒文化，即使是西班牙的大师和波尔多的研究学者也是如此。

感知和感官记忆是一个非常笼统的概念，还应该继续对其进行研究和探讨，尤其是在嗅觉和味觉体验上。味道是很难被孤立出来下定义的，更多地出现在某种情境下：薄荷味会出现在治疗嗓子和瘀斑的含有薄荷醇的药膏上。也存在一定的辨认错误的风险：比如薄荷精油不是绿色的，真的草莓也不是想象中草莓口味口香糖的味道。

感受测量

感官感受通常容易被定性，而对于感受强度来说，或多或少可以对其量化。首先，我们从划定阈值开始谈起。所谓阈值，指的是在一定强度的外界刺激下，所对应产生的感受强度。比如，我们让受试者分别体验尝试配好的不同浓度梯度的一种溶液。在实验过程中，如果超过50%的人可以明确地指出溶液浓度发生变化或是找到相对应的气味，我们便将其定为一个阈值，并且记录下它们之间的差异，由此得到不同的阈值。

感官阈值是一个非常有价值的数值，它可以在基于多数人感官阈值的标准下，帮助估算品鉴者的感官灵敏程度。同时，感官阈值也有助于计算嗅觉单位数，后者是该物质浓度与感知阈值的比例关系。尽管这些指标往往很大程度上因人而异，存在一定的外界干扰，物质之间也存在着协同或是拮抗的作用，感官阈值仍然是一套行之有效的工具，尤其有助于分析特定物质所存在的利与弊。

这些阈值并不能说明某一款酒就一定好于另一款，品质高低与阈值并不存在一定比例关系。而且我们的感官系统在感知的过程中也不会产生相应的倍数关系，比如10mg/L的某溶液并不会对5mg/L的该溶液产生好喝一倍的感觉。我们可以用多种方式以验证两者之间不存在线性关系，比如感觉印象，以及测量孤立的神经元及神经传递的电流强度等。关于外界刺激与感官感受之间的复杂关系的研究已经开展了有一个多世纪。

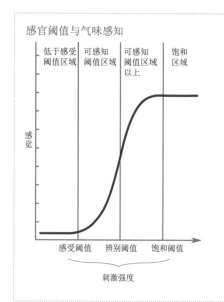

感官阈值与气味感知

| 低于感受阈值区域 | 可感知阈值区域 | 可感知阈值区域以上 | 饱和区域 |

感觉

感受阈值　辨别阈值　饱和阈值

刺激强度

感觉强度（包括气味）可以分为以下几类阈值：

感受阈值：外界的刺激构成感觉，外界刺激或浓度为引起感知的最低或最小值，仅能确认有气味存在。

感知阈值：外界刺激提供辨认信息，足以让人辨认出例如草莓、香蕉等气味的最低刺激浓度。

辨别阈值：感受气味浓度差异变化的最低或最小值，该值会随着起始浓度的增加而升高。

愉悦上限阈值：气味浓度让人感到愉悦时的最大值。

拒绝阈值：人所能接受的该刺激的最

大值，超过该值会产生厌恶的感觉。

饱和阈值：在这个强度的刺激下，我们可以感受到该刺激，比如闻到了玫瑰香气，却不能分辨出两款同样的香气的浓度差异。

上述的阈值在不同的因素影响下会有相应的浮动，比如温度、不同溶剂样本（水、掺酒精的水、葡萄酒的类型与浓郁度等），以及不同的个体。而我们选取的数值是在标准环境下，超过50%的受试者所得到的观测数据。

从感知阈值中，我们可以定义一些计量单位。香气指数（l'indice aromatique，IA），或者嗅觉单位数（nombre d'unité olfactives，UO）。香气指数等于葡萄酒中所研究物质浓度与感知阈值之比。

如果IA>1，则该物质非常可能与葡萄酒香气表现有关。

如果IA<1，则该物质和表现香气无关，但有可能隐藏其中。

另外，存在一种阈下知觉，低于阈限的刺激所引起的行为反应，也包括嗅觉和味觉感知。这种机制多被用在激发人们的购物欲望，或是使长途旅行的游客放松上。

我们在此必须要分清楚这三个概念：感知阈值、接受阈值（偏好阈值）以及拒绝阈值。对于不同的组成成分、不同的葡萄酒，和不同的品鉴人员来说，这些阈值存在着明显的差异。通过相应的感官训练和语义训练可以提高辨别力和对物质进行定性的能力。而且，人们对于不好的气味的拒绝阈值比较低；而对于好的气味则比较容易感知到，感受阈值相对较低。

现阶段对于四种基本味道的味觉敏锐度有深入的研究。通常，我们通过提供的鉴别阈值来确定个体对于某种味道的敏感度是否"正常"。

另外，我们也对刺激物质浓度和感觉强度之间的关系做了相应的研究。费希纳（Fechner）在1860年第一个提出了感觉与外界刺激元浓度存在对数关系。用S来表示感受，可以得到公式：$S=k \cdot \lg I+b$，k和b为实验常数，会根据刺激元的不同而有所变化。

一个世纪后，史蒂文森（Stevens）在1957年提出了一个更复杂的关于刺激元与感觉的对数关系：$S=k \cdot I^n$ 或 $\lg S=n \cdot \lg I+k$。这两个公式都指明两者之间不存在直接的线性比例关系。费希纳的公式指出感觉强度的增加速度要低于刺激物浓度增加的速度，而史蒂文森则指出两者之间变化速度的快慢是由系数n来决定的。而系数n是与物质本身的特性和溶液的浓度有关。至于在葡萄酒领域里如何应用，还有待实验来观察。

主要味道的感受阈值

味道	甜味	酸味	咸味	苦味
物质来源	蔗糖（g/L）	酒石酸（g/L）	食盐（g/L）	硫酸奎宁（g/L）
50%受试者达到感受阈值	1	0.1	0.2	1
90%受试者达到感受阈值	3.7	0.2	0.45	3.5

必须要强调的是，感官感受强度的增加远低于溶液中所含气味或味道浓度的增加。所以，从品尝角度来看，很难说明这款葡萄酒中的某种物质浓度两倍或三倍于另一款，我们自然更没有办法指出这款葡萄酒会两倍或三倍优于另一款。只能简单地形容某个特性相比较之下是否更加浓郁。因此，记住每个感觉强度所对应的分数，在给葡萄酒打分时是十分必要的。

感官的脆弱性

人体的感官能力会受到身体和精神状态的影响。通常身体疲劳的影响相对轻微，尽管在酒精、单宁及糖分不断累积的刺激和麻醉作用下，会让人得出这样的印象。索瓦热奥在1993年的文章便已经表明这些对感官灵敏度造成的损失是可以忽略不计的。但是我们通过观察了解到厌倦等负面情绪、热情的丧失，或是习惯某个气味的环境会降低一个人的专注程度，从而影响感官感受。对于这些因素所引起的问题可以通过短时间的暂停、改变品酒的节奏，以及漱口来缓解，这样葡萄酒品鉴者依旧能够抓住每款葡萄酒所提供的风味信息。当然，即使是长期工作在葡萄酒领域的专业人士也依旧会被这些现象所困扰。对于缺乏专业训练的业余爱好者来说，这种现象会来得更快。就餐过程中的品尝行为会因为生理或心理上的疲劳而受到影响，比如消化系统的状态、精神无法集中等。偶尔的注意力不集中也会让我们误以为是嗅觉减退，但是这种不经意间的走神出现的频率还挺高的。所以我们更应该用我们的感官来欣赏美酒、享受美味，而不是想着对全世界的伟大葡萄酒进行评论分级这样无趣的事情。

味觉和嗅觉的感应具有特异性，是短暂且连续的。曼恩（Mann）的研究指出有超过200万的美国人（不到人口的1%）具有感官敏感度障碍。我们可以依据这个比例类推到其他人群。这些问题的主要原因可以归结到基因遗传、传染病、创伤、内分泌、药物引起、环境、精神病等。根据不同情况，可以分为三类，感觉缺失、感觉损失、感觉偏差。这些生理疾病多数可以通过外界手术进行恢复治疗。对于轻微的病患，可以在其不注意的情况下进行相应的补偿性训

一些感官问题常见症状

	视觉	听觉	嗅觉	味觉
缺失	失明	失聪	嗅觉丧失	味觉丧失
功能不全有缺陷			嗅觉衰退	味觉衰退
失真扭曲	色盲	耳鸣	嗅幻觉	味幻觉
	屈光不正		恶臭幻觉	失味症

练以进行隐蔽性的恢复治疗。严重病患比较少见，比如完全失聪或失明等，而轻微病患通过眼镜或是听觉假体便可以恢复。

感官的感受能力会随着年龄的增长而快速下降，尤其是在80岁以后。

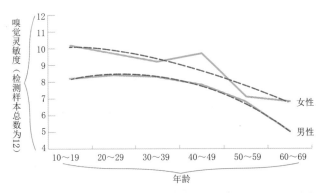

嗅觉灵敏度随着年龄的增加而降低[1]

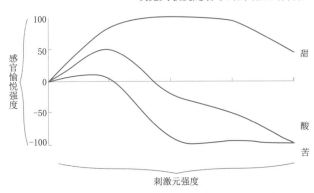

不同浓度下的味觉刺激元所产生的感官愉悦强度和差异[2]

我们也可以将感官感受能力的局限性，看作根据感受到的气味（味道甚至颜色）强度而进行分类：冷漠的、令人喜欢的以及令人讨厌的。举个例子，杜柏尔（Dubois）在1993年发表的文章称，实验表明，在乙酸乙酯（刺激性气味）溶液浓度低于50～75mg/L时难以

被受试者感受到，在75～120mg/L的范围内是讨喜的气味，而超过这个数值会让人产生厌恶感。乙基苯酚（马厩的气味）的气味在浓度低于1mg/L的溶液中难以被人嗅到，而在1～2.5mg/L的区间是令人喜欢的气味，超过这个数值会令人产生厌恶感。今天，很多专家通过大量实验证实这个物质在葡萄酒中的浓度低于0.4～0.8mg/L时的气味才会被接受。文森特也同样在其研究中发现，许多气味在超过一定浓度时均会使人产生厌恶的感觉。考虑到每个个体本身的不同，他解释道：味觉并不是简单的生理刺激性质，而是品鉴者整体品尝行为中不可缺少的一部分。所以，感官感知能力具有一定的局限性，但是也同样具有发掘、进步的可能。

通过上文的介绍，我们可以了解到嗅觉感知和味觉感知能力所产生的影响。尽管有着很多局限性存在，但是也希望大家因此对脆弱的感官感受能力有相应的了解。每个人可以自己动手做实验，在不看颜色的前提下，尝试去识别红葡萄酒与白葡萄酒的不同。布罗谢（Brochet）在2000年的文章中指出视觉对于嗅觉和味觉的影响十分严重，比如预先从颜色和标签获得潜在的信息。

这些详细的研究也增强了我们在正确的葡萄酒品鉴实践道路上的信心，比如品鉴的框架核心、主题以及如何适应主题找到并瞄准目标。

布罗谢在感官分析方面列出了相应

---

① 据乔杜里（Choubhury）等人2003年的研究数据。

② 据文森特1986年和普法夫曼（C·Pffafman）1982年的研究数据。

的几个公式，以方便我们记忆：

感知＝个人＋产品＋场合

或者是：

感知＝葡萄酒品鉴者＋葡萄酒＋环境

所有为了愉悦而进行的天马行空的想象都是有意义的，但只有严谨才可以让一个人的主张变得有血有肉，从而影响并改变他人。这样的人不会被假象所诱骗，也不会利用假象去诱骗别人。

颜色的"味道"（布罗谢，2000）

由50位测试人员组成的团队对实验用红白葡萄酒各一款，其中白葡萄酒又分为染红色（中性染色剂）的白葡萄酒和正常的白葡萄酒，做感官分析测试。

"真"白葡萄酒"真"红葡萄酒的感官分析描述用语出入相差比较大。

"真"红葡萄酒和"假"红葡萄酒的感官分析描述用语相似度较高。

统计结果具有显著性差异，如下表所示。在对葡萄酒进行感官分析表述中，表象的颜色对感官判断有较大影响。

被测试的葡萄酒种类	测试结果分布情况		总数
	红葡萄酒	白葡萄酒	
白葡萄酒	23%	77%	100%
红葡萄酒	74%	26%	100%
染上红色的白葡萄酒	74%	26%	100%

标签的"味道"（布罗谢，2000）

以57名酿酒师专业的学生作为受试对象，并选同一款质量优秀的红葡萄酒，分别贴上印有"餐酒"和"列级名庄"的标签。

评判标准为满分20分的打分系统，选择喜欢的一款，并写下或是"正面"或是"负面"的评语，得到如下表的结果：

	葡萄酒品质	
	标签"餐酒"	标签"列级名庄"
平均分数（20）	8.4	12.8
偏好比例（%）	9	91
正面评语（%）	12	88
负面评语（%）	83	17

"红葡萄酒就像阳光下璀璨夺目的红宝石，有着如血液般纯净的色彩。"

——西多尼·加布里埃·格莱特（Sidonie Gabrielle Colette）

视觉

人类是视觉动物，外观精美的食物不但会增加人们的食欲，还会影响人对食物的感受。从远古的拉斯科洞窟壁画到现在的电视，都是为了满足人们对视觉世界的享受。而在葡萄酒领域，用"眼睛来品尝"也是欣赏葡萄酒的一个方面，并不仅仅局限于颜色，还包含澄清度、气泡、"酒泪"等。

物体借助外界光线的反射或折射经过眼睛的瞳孔，投射在视网膜上，从而产生了视觉。眼球通过转动，像高速摄影机一样扫过并捕捉物体的每一个动态细节，而不是像照相机只能捕捉静态画面。视网膜上密布着上千万的视杆和视锥细胞，前者对光线强度较为敏感，而后者由三种不同的细胞组成，对颜色敏感。这些视觉细胞外段充满了由膜围成的扁囊状结构，在膜上镶嵌有数以百万计的视色素。这些膜的新陈代谢周期约为十天左右。

视锥细胞主要含有三种视色素，分别感受三种不同波长的光线。420nm波长光线对应蓝敏色素，530nm波长光线对应绿敏色素，560nm波长光线对应红敏色素。这三种视色素覆盖了380～780nm波长的光线，也就是可见光的波长区间。

低于这个区间的紫外线及高于这个区间的红外线都属于人类肉眼无法看见的不可见光。光子被视网膜上的视色素感应时，会产生微弱的生物电流，传导至视神经，多达80万根的视神经纤维通过超过10亿的光感受器接收信息并产生视神经信号，汇总传输到大脑视觉中枢，产生完整的视觉。对于颜色的判定取决于接触光线的视锥细胞色素性质，而光线强度取决于视锥细胞的数目。即使人类视力的最佳状态是在70～7001x[①]照度的环境下，人类依旧可以在不同的环境下，从细微的颜色和强度的差别中，分辨出大约100万种色差。从眼睛接收到光线刺激，直到信号传导至大脑形成图像，需要大约80毫秒的时间，在感官感觉上几乎是同时发生的。

葡萄酒颜色

光谱上的基本色经过组合可以得到几乎所有的色彩。而由基本色混合而成的颜色，我们称之为混合色。白色可以由其他所有颜色经过适当比例混合而成，或是由两种互补色混合获得。橙色

---

① 资料来源：麦克·劳德（Marc Leod）和索瓦热奥的《食品感官评价的神经生理学基础》：(Bases neurophysiologiques de l'é valuation sensorielle des produits alimentaires，1986)。"lx"（勒克斯）为照度单位，是反映光照强度的物理量，指照射到单位面积上的光通量，照度的单位是每平方米的流明（lm）数，其单位为勒克斯，符号为lx，1lx=1lm/m²。

则是由黄色和红色混合而成；绿色是由黄色和蓝色混合而成。白色可以对其他颜色起到增亮的效果。而黑色并不是传统意义上的颜色，而是"无色"，因为光线已经被物体完全吸收。下表为不同辐射波长所对应的吸收色和显示色，其中吸收色就是互补色。

可见光波长与颜色

波长	吸收色	显示色
400～435 nm	紫	黄绿
435～480 nm	蓝	黄
480～490 nm	青	橙
490～500 nm	靛	红
500～560 nm	绿	绛红
560～580 nm	黄绿	紫
580～595 nm	黄	蓝
595～605 nm	橙	青
605～750 nm	红	靛

可见光包含多种波长的光，葡萄酒吸收掉特定波长的光，将剩余的光反射出来。简单地说，就是红葡萄酒接收来自太阳或日光灯里白色的光之后，只有红色部分没有被吸收掉，通过光在液体中的折射和反射，被眼睛接收到，从而看起来是红色的。

葡萄酒的颜色取决于波长在 420～620nm 之间的光线被吸收和反射的情况，涵盖的光谱颜色从黄色到蓝色，中间包含橙色、红色、紫色等。这个颜色可以通过仪器进行精确测量。通过分光光度计来绘制特定颜色吸收光谱，来得知不同波长光线被吸收的情况。由计算波长420nm的紫光、520nm的绿光和620nm的红光的吸光度总和，可以得到颜色强度（l'intensité colorante, IC），也可以通过计算在 420～520nm波长范围内的吸光值来得出颜色之间的细微变化。葡萄酒在陈年期间，通常葡萄酒的颜色强度开始下降，同时色相增加，酒体颜色从最初的紫红色逐渐变成橘黄色、瓦红色。

日光（白光）

反射的红光

红色物体

被吸收的光

颜色视觉机制

葡萄酒颜色随着陈年时间变化

西班牙里奥哈葡萄酒	新酿葡萄酒	陈酿葡萄酒（Crianza）	多年陈酿葡萄酒（Reserva）
储存时间	少于18个月	陈酿18个月以上， 其中一年在橡木桶中储存	陈酿36个月以上， 其中一年在橡木桶储存
颜色强度	1.41	1.15	1.05
颜色	0.58（紫色）	0.92（宝石红色）	1.10（瓦红色）

国际照明委员会（CIE）以上述测量方法为基础，发展出一套可以用指数或图表来描述颜色的标准规范。在这个标准下，任何颜色都可以用下列三组指数来表示，绿—红、蓝—黄、黑—白。其中黑—白的指数与色彩饱和度有关，表示色彩明亮暗淡关系。

使用语言词汇来描述葡萄酒的颜色是每个品酒师多年以来的工作方式。但是这些专业词汇经常会出现模棱两可的情况，而且每个人对颜色理解的偏差，造成信息交流不对称。这个时候，我们可以使用根据每种颜色不同的物理特性而制定的相应数字的色号，来对颜色进行编号。这个色号系统通常被用于印刷行业、织物印染行业，以及汽车外观涂色等工业印染行业。举例说明，我们用编号BF30030来代表草莓色，编号A42424来代表浅草莓色：这样做的好处是能得到准确无误的色系，杜绝交流理解所产生的错误，便于规模化、工业化再生产，而这是传统文学词汇难以做到的，因为简单的富有诗意的抽象词汇所代表的是一种抽象的概念。西班牙的伊尼格斯（Mme Iñiguez）女士率先在葡萄酒领域使用了这项技术，尤其是在西班牙里奥哈葡萄酒中有着确切的应用，如下图所示。

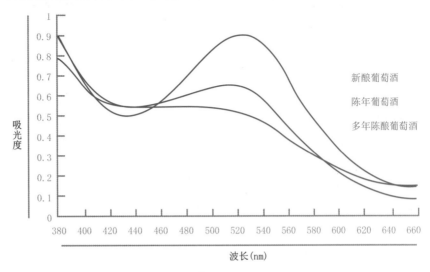

不同年份的西班牙里奥哈葡萄酒吸光度曲线图

为什么葡萄酒有颜色？

葡萄酒，无论颜色，它的组成成分主要是水（超过80%），其次是酒精（大约10%～15%），这些液体都是完全无色的，但是葡萄酒为什么都有颜色呢？

对于红葡萄酒和桃红葡萄酒，我们对其颜色的来源都比较清楚：几乎完全来自几种特定的多酚物质。在多酚族中，我们首先要标记出花青素类，因为它们是典型的红色，也有蓝色和紫色等略微差别。我们可以在大多数的花朵和红色水果中找到这类多酚物质（红菜头除外）。其他类的多酚物质，如单宁会带有轻微的棕黄色赭石颜色，但是在与空气（氧气）的接触下颜色会增强，另外，此类多酚物质形成的大分子聚合物也会使颜色加深。P. 里贝罗-嘉永（P. Ribéreau-Gayon）、斯通斯特里特（E. Stonestreet）、格洛列（Y. Glories）、布尔泽（M. Bourzeix）等人在葡萄酒复杂的多酚物质方面研究颇深。简单来说，就是红葡萄酒和桃红葡萄酒的颜色随着时间的增加，会从较浅的红紫色逐渐向橙色、棕色、瓦红色方面变化。

令人疑惑的是我们在白葡萄酒颜色方面的研究非常少。白葡萄酒除了含有微量的类胡萝卜素（呈黄色、橙色，含量约在0.01～0.5mg/L，通常橙汁中含量为0.3～0.8mg/L）和含量更低的类黄酮素（一种多酚物质）以外，并不含有其他特定的黄色色素。白葡萄酒通常呈现黄色、黄绿色、金黄色等，并随着时间的流逝颜色加深。一方面是因为葡萄酒在橡木桶中陈酿的过程中与空气接触进行缓慢的氧化作用，另一方面还会与来源于葡萄和橡木桶的醛类物质发生反应。利口酒等甜酒方面，由于葡萄本身富有贵腐霉菌，含有促进氧化作用的酶，而其中含有的少量的具有抗氧化作用的单宁也并不能影响颜色的最终结果。密封的酒瓶有效地限制了葡萄酒与外界空气的接触，一瓶数十年的老酒在开瓶后，会从最初的金色短时间内变成咖啡色，甚至巧克力色。

一些具有古老年份的白葡萄酿制的天然甜葡萄酒，如巴纽尔斯酒（Banyuls）、波特酒（Porto）、佩德罗-希梅内斯酒（Pedro-ximenez），甚至一些红葡萄酒，在强烈的氧化作用下，最终都会呈现琥珀色，甚至咖啡色、巧克力色。

在实践中，对于消费者来说，葡萄酒的颜色是选择葡萄酒的重要因素之一，甚至说是最重要的因素也不为过。和香气、口感不同的是，葡萄酒的外观是第一印象，而且我们的眼睛自我们出生以来就一直在接受下意识的训练，对颜色外观的辨别欣赏能力也比较高。

依靠颜色的强度和色调，我们可以得知一款葡萄酒的类型、大致年份以及相关的产地等信息。

是否含有气泡也能明显看出来。将葡萄酒倒入酒杯中时，葡萄酒已经直接或间接地发生氧化，同时游离的二氧化硫也或多或少释放出来，虽然量很少，但是的确是这样的。因此我们可以观察到颜色的强度上升，甚至发褐。如果这个变化很快，说明这款葡萄酒酒体较轻很脆弱。相反，如果变化很慢，12～24小时之后的变化如果可以忽略不计，这说明这款酒很"闭塞"。而这个指标并不是用来说明当时这款酒的质量情况，而是用来指导这款葡萄酒是否到了适饮年份，是否需要使用醒酒器，以及使用醒酒器多长时间等，这样便于我们安排我们酒窖中这款葡萄酒的保存、出售。也正是这些细节让我们确定哪一位是真正的葡萄酒专业人士，哪一位是葡萄酒爱好者，哪一位喜欢喝的只是葡萄酒的品牌。

葡萄酒的物理特征

从我们把酒倒入酒杯时，一场视觉考验便随之而来。酒液自身的流动方式，造就了其与酒杯撞击时特殊的声音。葡萄酒倾泻入杯时所产生的气泡比水多，且浮在表面的气泡也更大，存在时间更长久，更像是乳浊液。通常较为新的葡萄酒所产生的气泡具有颜色，相对而言老酒是没有颜色的。

在品鉴葡萄酒方面，经过视觉训练的人往往能从外观获得其相关的大量信息。首先，通过眼睛我们可以评估这款葡萄酒的黏稠度。葡萄酒通常含有10%～15%的酒精，对于大多数天然甜葡萄酒来说，酒精含量可达18%～20%，比较有代表性的如法国巴纽尔斯、莫利（Maury）等地的葡萄酒，葡萄牙的波特酒，西班牙雪利酒（Jerez），蒙蒂勒（Montilla）产区的白葡萄酒以及希腊萨摩斯（Samos）的葡萄酒等。酒精也是一种表面活性剂，可以使湿润液表面张力降低，这也是形成"酒泪"的主要原因。

用毛细滴管对水和葡萄酒进行实验，我们会发现葡萄酒的液滴要比水小很多；并且葡萄酒毛细现象更明显，上升得更高。我们也会利用这一原理来推测葡萄酒中酒精的大致含量。另外，由于葡萄酒的黏稠度比较高，在极细的试管中的流速相比水要慢很多，通过滤纸的速度也很慢。这一原理也被应用在评估葡萄酒酒精大致含量的工作中。比如墨西哥的龙舌兰酿酒师们就常常利用酒精的这一特性来估算从蒸馏器中馏出的液体的酒精含量。

葡萄酒缺乏流动性通常是不正常的，引起这一现象的原因有如下几个。在倒葡萄酒的时候，声音很小，外观有如油状黏稠厚重，这是因为外来的凝胶物质使葡萄酒液胶化、黏稠，如油一般。而这黏稠的主要原因来自于葡萄本身的污染或生产过程中乳酸菌及其代谢物和多糖物质相互裹挟。另外的情况可能是葡萄酒脂化病，严重时会出现拔丝的现象。现如今这些情况已经变得十分罕见，除非是一些长期缺乏管理的葡萄酒才会发生这样小规模的感染事件。

观察葡萄酒的外观时，最好是沿着杯子的上方往下看，杯壁所反射的光线同时照亮了液面。葡萄酒的液面可能会出现暗淡、不透明、虹彩等现象，但是总体来讲，葡萄酒液面应该是纯净而富有光泽的。然而，难以避免发生外界异物（灰尘、油脂、醋酸菌造成的斑点、酵母菌、植物霉菌等）污染葡萄酒液面的情况。

葡萄酒的浑浊与澄清

葡萄酒的浑浊与葡萄酒中悬浮着的细小微粒有关，它们的直径通常仅有数微米（酵母、细菌、酒石酸结晶、色素等），这些微粒将光线反射向四面八方，变得肉眼可见，使得葡萄酒整体显得浑浊不清。在借助浊度计或散光浊度计（可以忽略葡萄酒本身颜色深浅所造成的影响）的帮助下，测量葡萄酒中光线的吸收和偏光等情况，来估算葡萄酒中悬浮微粒的总数。浊度的单位又称为散射浊度单位（Nephelometric Turbidity Unit，NTU），根据其特性所制成不同浊度的溶液对照样本可以用肉眼来快速估算待测溶液浊度。非常清澈的葡萄酒和水的浊度通常在0.1～1NTU之间，轻微暗淡模糊的葡萄酒的浊度在2～4NTU之间，浑浊的葡萄酒在5～8NTU之间，而葡萄醪的浊度能达到200～4000NTU之间。对于专业的品鉴人员来说，无须借助仪器，只看一眼便能得知葡萄酒的大致浊度。

酒"泪"

当我们举起酒杯，以绕圈的形式来晃动时，会发现杯壁上有残留的酒液，这层酒液从最上层逐渐形成酒滴顺着内壁向下流淌，形成不规则的柱状痕迹。这些痕迹被称为酒"泪"：意味着葡萄酒在"哭泣"。我们对其还有其他称呼，比如酒"脚"、酒"腿"、酒"弧"、酒"弓"等。

对于这一现象，早在1851年詹姆斯·汤姆森（James Thomson）就做了详细的解释，而这现象被称为"马兰戈尼效应"。简单来说就是酒精比水更易挥发，留在杯壁表面的液体含水量相对较高，表面张力也较大。毛细现象使得酒液沿着葡萄酒酒杯的杯壁上升，而杯壁上液体的表面张力相对较高，使得液体形成水滴形状并在重力的影响下下落，其下落的痕迹和外观让人联想到眼泪从面颊流下的样子，因此称其为酒"泪"。葡萄酒酒精含量越高，其酒"泪"越是明显，并且通常来说是无色的。酒杯上的清洁剂残留会减少甚至消除酒"泪"现象。

这个唯一正确的解释已经存在一百多年了。但是令人惊讶的是，现如今仍然能够看到关于酒泪的错误解释，说这油腻的表象与葡萄酒中的醚类物质和甘油有关。我们经常会在相关书籍中看到这样的话："我们没有办法证明酒泪数量与葡萄酒品质两者之间有着密切的关系，但是在同一类型的葡萄酒中，能够看出两者之间呈现一定的相关关系。"

很难想象业内人士至今还有人同意这一说法。

曾经有一批来自加拿大的学生，在参观法国梅多克（Médoc）地区的一家酒窖时，看到杯壁上的酒泪便向酒窖管理人员询问这究竟是什么。

"这是葡萄酒中的脂肪，也就是甘油。"管理人员这样回答道。

"那这是分辨质量好的葡萄酒的必要条件吗？"

"是的。"

"如果有一款葡萄酒没有酒泪呢？"

"那就说明葡萄酒的品质不好。"

这一幕场景就发生在我们眼前，但是却不便插话或纠正酒窖管理人员的错误解释。当这群学生离开后，我们指出他在误导这些学生。而他却从心理学的角度这样回答我们："我的解释的确是错误的，但这样的答案却是最容易让人满意的，毕竟大多数的葡萄酒都会有酒泪……"人们更容易接受那些简单且略加修饰过的答案，即使它是错误的，而正确的答案往往更加复杂难懂，且缺乏神秘感。这也是错误理念总能长盛不衰的主要原因吧。但是如果那位酒窖管理人员能够用更漂亮的语言，即使离事实真相较远，也更加自然简洁："酒泪？那是凝结在酒杯上的葡萄酒的灵魂。"

葡萄酒中的气泡

酒杯中的起泡酒在不断地向外溢出二氧化碳气泡，就像是一场自导自演的舞台剧。气泡在葡萄酒倾泻的过程中大量地涌现出来，其产生的泡沫的细腻程度、气泡涌现和破灭的方式，都是葡萄酒品鉴者评估其品质特性的重要指标。气泡产生的数量、大小、持续时间的长短，都是非常重要的细节。产生的泡沫不能太厚重，不能奶油感太强，也不能太过于稳定持续，起泡酒在这方面的要求和啤酒相比还是不一样的。起泡酒的气泡品尝起来应该是细腻清爽的，并且消失得比较快，但是由于会从杯底持续地释放一连串的气泡，所以表面的泡沫看起来会比较持久。从杯底升到液面的气泡会随着高度的上升而变大，最终在液面逐个迸裂。喝起泡酒有专用的葡萄酒杯，常用的郁金香形杯，杯身狭长，杯口略微向内聚拢，便于观察气泡的变化，聚积葡萄酒香气。

气泡形成的首要条件与其接触面有关，例如杯壁上的微尘、晶核，甚至器皿上的划痕。在一个绝对干净、没有划痕的玻璃杯中，使用硫酸铬洗液（有效清除有机物质）清洁后，杯子中的起泡酒可以很好地保存其内部的二氧化碳。有些葡萄酒杯的底部会制造成些许毛糙的样子，以便于气泡发散得更加持久而规律。气泡从杯底升到液面，从中央以星状形式向着玻璃杯壁四散开来，宛如一条迷人的珍珠项链一般。因此，气泡的细腻程度与源源不断的持久程度都是评判一款起泡酒品质的重要因素。

起泡酒的泡沫结构与以下几点有关，首先，是所使用的基酒与其蛋白质的含量。其次，是瓶中发酵技术，"香槟法"是最常用也是最负盛名的发酵技术，这一术语来源于法国香槟——阿尔登区的香槟酒，因为原产地保护法的规定，也只有香槟省所产的起泡酒才能被称为香槟。还有连同瓶内发酵酵母的陈年时间、侍酒温度等。香槟的泡沫质量会随着陈年的时间而有所提升。有些起泡酒的气泡释放迅速，气泡体积也很大，就像汽水一般，这可能是由于酿造阶段的发酵过快所导致。另外，杯子上所残留的清洁剂、皮质或口红等物质则会加速气泡的消亡。

有时，所谓的平静型葡萄酒（无气泡）也会在葡萄酒的表面出现一层细腻的气泡，这是因为当酒中的二氧化碳含量达到 $1.5 \sim 2g/L$ 时会达到饱和，品尝时，舌头会感受到扎刺的感觉。我们描述这样的葡萄酒时会形容有气泡，有可能是其中还在进行轻微的发酵，不过多数情况是因为之前发酵所产生的二氧化碳被保存在葡萄酒中的缘故，或是在瓶中出现自发型发酵。只需要敞口通风，气体便会消散。也有很多情况是生产商刻意保留这样的口感，生产一种微起泡型葡萄酒，最常见的有法国加亚克（Gaillac）的嘎贡酒（Gascon），西班牙巴斯克（Basque）的查克利酒（Txakoli），意大利艾米利亚（Emilia）的蓝布鲁斯科酒（Lambrusco）以及葡萄牙的绿酒（Vinho Verdo）等。如果你不想要气泡的口感，只需要简单的摇晃便足以将这些酒中的气泡清除干净，但是从美食的角度来看，这并不是一个好主意。

"葡萄酒皆伟大，如太阳般光芒四射，演绎出一场场壮丽的景致！每一次真实的奉献，都让人们仿佛重获新生！"

——夏尔·波德莱尔（Charles Boudelaire）

嗅觉

嗅觉是人类一种很强的感官功能，生理机制十分复杂，也十分脆弱，其敏锐的机能同时引起人的联想和回忆。2004年诺贝尔生物学或医学奖获得者理查德·阿克塞尔和琳达·布朗·巴克在味觉及嗅觉领域的重大发现，为我们了解感官功能做出了重要贡献。他们这些研究学者的共同努力，为我们解开了众多谜团，但是这方面的探索依旧还在继续，我们期待将来还会有更深入的发现和认识。

法语odorat（嗅觉）指的是一种远程感知气味的感觉，odeur（气味）则指的是一种散发的化学物质、一个印象，或是一种感受等。odorant则是品质或性质的，表示有气味的、芬芳的，用来描述散发出来的气味，对品质的感知感受等。而odoreux（芬芳）这个词比较罕见，据《法语宝库》（Térsor de la langue française）记载，法国诗人克劳德（Claudel）使用过。odorophore这个科学新词是根据拉丁-希腊语所发明，专门用于代指构成气味的分子结构。用来表示嗅闻气味行为的词用名词odoration，表示闻味、产生嗅觉。虽然使用率不高，但是表达精准，和gustation（尝味，产生味觉）的用法类似。动词odorer不仅指感受、感知气味，同时也指散发气味。flairer也是同样的意思，表示散发气味，嗅闻气味，察觉、猜测气味等。这些词汇描述了人体在嗅觉方面从生理感觉到心理感觉不同的整个过程，比如从嗅闻动作等方面，到感官感知，最终到感官意识辨别气味。简单来说，odorat作为一种感觉机制是感受发现odeur的，而气味是由不同的odorant组成；odoration这个词比较老派，使用起来难免感觉有些矫揉造作；sentir（感受，嗅闻）这个动词有着丰富而广泛的含义；flairer（嗅闻）这个词多用于猎狗的身上，不过葡萄酒品鉴者在追寻葡萄酒中散发出的各种气味的痕迹时，难道不像搜寻猎物的猎犬一样吗？

	法语宝库（2006）	大拉鲁斯工具书（1997）	罗伯特法语历史词典（1992）	林奈词典（1877，1982）	其他
odorat 嗅觉	气味被感知的感觉	感知气味所产生的感觉	感知气味功能（odoratus：即嗅闻，散发气味）	感知气味所产生的感觉	
odoration 臭到，闻到	嗅觉机制的感知行为		气味感知的感官功能	主动感知气味的行为	
odeur 气味	能够被感知的散发出来的气味；一种感官功能	从物体中散发出来的可被感知的挥发性物质		某些物质所产生的气味对嗅觉感官留下特别印象的，这种印象可以是心理的，也可以是精神上的	
odorant 有气味的，芬芳的	被散发出来的某种物质，可以被感知的气味	芬芳的，令人愉悦的气味	前缀odor：散发的香味，气味；释放的气味所引起的嗅觉感受	散发的气味，气味类别好坏不区分	英文：气味分子[西卡尔（Sicard），1997]
odoreux 芬芳的	感知一种气味				
odorophore 气味的分子结构					一种分子结构的刺激对感受器的刺激[特洛蒂埃，（Trotier），2004]
odorisant 加味剂	加在某种气体内给予某种特性以便于识别	用来给予某种气味特性的物质			
odorer 感知散发气味	感知气味；散发释放气味		感知，闻到气味	具有嗅觉；散发，嗅闻气味	
odoriférant 芬芳的	具有一种气味（芬芳的），并散发出来	散发的气味；嗅闻，感知空气中的气味	释放的气味（令人愉悦的）	具有香气的	
sentir 嗅闻	从外界环境中通过生理感官具有感知，识别的感官感受；通过嗅觉感知、察觉；试图感受识别某种物质的气味；凭直觉感受；通过气味、味道、风味而展现出来	通过嗅觉识别某种事物	通过感觉、感官来感受察觉事物（10世纪末用语）；通过嗅得的气味来感知气味来源的事物	通过身体感官或是内心精神感知到外界事物的印象；特指通过嗅觉感知事物；心灵感受的不同情感；本能上对美好精致事物的欣赏	
senteur 香味，气味	可被感知的		强烈的气味	对嗅觉产生强烈刺激，可以被感知到	
flairer 感知散发气味	散发气味；通过嗅觉来识别事物；猜测，推测	通过嗅觉来辨别气味，通常指动物；嗅，闻气味；识别，辨别不可见的事物或秘密	（散发臭味或农田的气味）；通过嗅闻气味来寻找物品，通常指狗	通过运用感官小心专注地识别气味；预感，揣测	

嗅觉机制

　　每一次呼吸，都伴随着气味分子进入鼻腔，直达鼻腔高处的嗅区黏膜（位于头盖骨的下方）。这里含有丰富的嗅觉神经，嗅腺所产生的含有蛋白质的分泌物可以溶解到达嗅区的含气味颗粒并发生反应，刺激嗅毛产生一系列化学反应，以生物电流的方式传入大脑。只需要一瞬间，例如薄荷醇的分子信息便会被感知并传入大脑被识别。整个过程看似简单，却经历了一系列复杂的程序，其中涉及的学科包含解剖学、物理学、化学、酶学、生物电学、心理学。而这一系列的细节知识可以让我们了解到气味是如何被感知、识别，从而给出"薄荷味"这样的正确答案的。

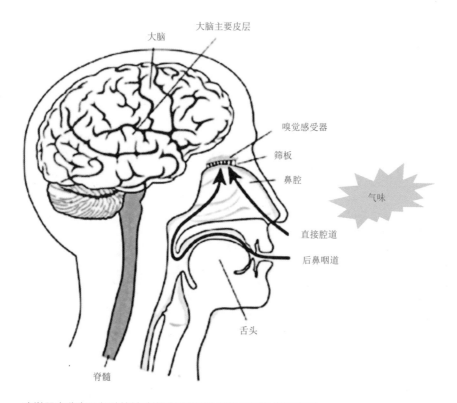

嗅觉器官分布及气味接触嗅觉感受器官的两种不同途径示意图

　　一般在常温环境下具有挥发性质是所有HT。的必要条件，并且分子量需要大小适当[分子质量要小于300～400Da（Da=道尔顿，1Da=1g/mol）]，并且具有疏水性。气味分子的化学性质是多种多样的，所产生的气味也是各种各样。尽管这些年来我们在这方面做了很多的工作，并且总结出了一些规律，比如大多数含硫化合物的气味具有一定的共性和识别特性，大多数的酯类化合物具有水果的香气等。在近年来的研究中，沙斯特雷特（Chastrette，1983）发现了麝香、檀香、树脂等香气和分子特殊结构之间的联系。对于嗅觉功能，只需一个分子结构的气味和嗅毛接触，便会被嗅觉感知功能察觉到。嗅觉感官功能可以在低于十亿分之一每升浓度的溶液中检测和识别其中所含有的气味分子，在体积为一立方厘米的空气中，即使仅仅含有数千个气味分子，也依旧能够通过呼吸被感知识别。嗅觉功能的灵敏度几乎要比味觉灵敏度高上千倍；而对于猫狗等多数哺乳动物而言，它们的嗅觉灵敏度又是人类的十倍到上千倍；某些鱼类的嗅觉灵敏度更是发达到难以想象。

气味循环指的是气味分子通过鼻腔抵达嗅觉感受器的整个过程。气味分子在鼻腔中的流量是每秒钟 0.1 ～ 1 立方厘米，而它们的流动速度为每秒钟 1 ～ 10 米，几乎与百米短跑的世界冠军有着同样的速度。而且气味分子还可以通过口腔的后鼻咽道抵达嗅觉感受区域，经由口腔，沿着上腭最终到达鼻腔。

通过后鼻咽道感受气味这一功能在葡萄酒品鉴中的应用非常重要，补足了直接腔道的某些不足，葡萄酒在经过口腔时会被口腔内的温度加热，同时保留并延长香气在口中停留的时间。

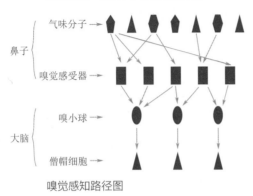

嗅觉感知路径图

嗅觉感官刺激是由位于两上颌窦之间的上皮组织来完成的，其面积仅有几平方厘米。作为嗅觉感受器，容纳有 500 万到 1500 万个嗅觉细胞，并且每个嗅觉细胞的末端有着五毫米的嗅毛，其分泌的黏液含有大量蛋白质。气味分子在与嗅觉感受器接触时，与一种被称为气味结合蛋白（Odorant Binding Protein, OBP）的特殊蛋白发生反应，它属于 G 蛋白的一种，具有七个跨膜结构域，细胞周围成锯齿形结构。今天，多亏阿克塞尔和琳达·布朗·巴克的研究成果，我们已经清楚地知道，一个气味分子可以与不同的嗅觉感受细胞发生反应，同时，每个嗅觉感受细胞可以与一到五个不同的气味分子起反应。而且嗅觉感受细胞有三百到上千种。另外，嗅觉感受细胞是可以再生的，生命周期为两至三个月，而嗅毛每隔几个小时便会重新生成。

嗅觉感知的刺激路径也就是嗅觉感受器感知气味的通路。在气味分子与感受器接触后在数毫秒内便会引发一系列的酶级联反应，细胞周围会发生变化并产生相应的去极化生物电流信号，电流强度约为十几微伏，电流频率约为每秒十次到一百次。这些生物电流信号通过神经细胞轴突实现互相传递。之后整合多个嗅觉细胞接收到的同一类型气味进行传递，通过筛板穿过颅骨后，到达嗅小球。数百万的嗅觉感受细胞最终汇聚到数千个嗅小球上用以加强气味刺激的信号。每一个嗅小球都对应着一个僧帽细胞，而僧帽细胞的另一端连接着大脑嗅觉中枢神经。

气味的强度和本质。需要再次强调的是，并不存在只针对某一种已知的气味发生反应的嗅觉细胞。嗅觉感知细胞所感知到的气味的信号是错综复杂的，而大脑嗅觉神经中枢需要对其进行重新组合排列，从而判断、识别气味。比如说，在1000个嗅觉感受器中仅仅3个一组便能感受识别一种气味，我们就有识别9.77亿种气味的潜力，而我们现在仅仅发现了10000多种不同的气味。每个嗅觉感受器都有对应的特定嗅觉基因：尽管有一些嗅觉基因已经很少起作用，其依然占据人体基因总数的2%～3%。气味的强度通常与嗅觉信号频率有关，感知阈值和饱和阈值之间的差别最高可达十倍，这也和嗅觉细胞兴奋数量有关。日常生活中所遇到的被大脑识别并命名的气味实际上是由多种不同的气味分子组成的，比方说薄荷香气并不完全归功于薄荷醇，香草气味也不仅仅只含有香草醛。

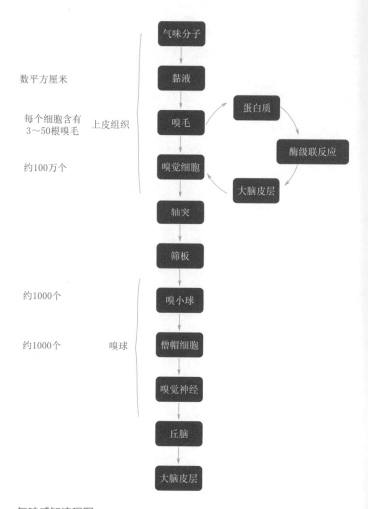

数平方厘米

每个细胞含有 上皮组织
3～50根嗅毛

约100万个

约1000个

约1000个 嗅球

气味感知流程图

百种气味

人类社会对四种基本味道的理论观点自古以来便达成共识，但是对于气味却各有各的观点。对此，柏拉图认为：

"感知气味是鼻孔的主要职责，但对所感知的味道并没有明确的定义。因为，对于所感知的气味来说，其本身只反映了事物本质的一部分，没有具体的外在形体，也无法知道其比例。剥去气味本身的名称不谈，我们根据种类将其分为两大类；而且气味本身的多元性也让人难以分类；所以，能体现气味唯一区别的就在于其属于令人喜欢的还是令人厌恶的二元性法则。"

后来，亚里士多德提出了更为详细的说明：

"气味可以分为酸的、甜的、尖锐的、涩的和油腻的，而对于恶臭的气味可以归类在苦味之中。"

自古以来，根据气味的本质来描述其味道，一直是一个令人头痛的难题。

我们在日常的生活用语中潜移默化地将其转述出来。比如我们会说"绿色"，而不是"牧场色"，我们会说"香蕉的气味"，而不是"香蕉味"。生活中，我们往往会通过使用熟悉或相类似的事物来描述、识别气味，而不是用其本质上产生气味的化学物质的名称。虽然我们在科研方面使用后者，但是两种形式都存在着巨大的问题。比方说，每根香蕉实际上的气味都是有区别的，比方说规定使用乙酸异戊酯来表示香蕉的气味，表面上乙酸异戊酯的确是香蕉的气味，但实际上，乙酸异戊酯同时又是指甲油、草莓等物质的气味，容易造成混淆。气味分子通常只能根据已知气味名称来定义其大致气味族谱的分类，这样做并不能够表达精准，而且还受限于每个个体本身的嗅觉文化差异，人与人之间对气味认知的交流也产生了障碍。

电子鼻和电子舌

随着科技的进步，在过去的五十多年来，人们发明创造了许多用来检测气味和味道的电子设备。金属氧化物型的半导体传感器普遍应用于这一领域，而这金属氧化物本身的材料可以是多样的，这有利于和不同化学结构的气味分子发生特定反应，通过集成的传感器来识别复杂的气味或味道。传感器和气味分子或味道分子发生反应时，会产生相应的电流信号，并将其放大、过滤并加以分析，进而和预先准备好的资料库进行对比后识别所检测到的物质信息。这些传感器元件需要同时具备高灵敏度、反应迅速、易于制造、重复利用、反应可逆、体积轻巧、坚固耐用等优点。现如今，这些设备多用于检测一些工业上出现的有毒有害气体，以及作用于食品工业中来监控食品生产质量。然而，在葡萄酒行业中的应用非常少见，操作性也比较低，因为葡萄酒中的酒精容易挥发，产生的气体会包裹电子传感器，因此电子传感器在葡萄酒界的使用受到了相当大的限制。

对于气味分类的研究从几个世纪之前便已经有了，并且留下了许多著作[1]，但是这些著作通常并不涉及葡萄酒，我们根据这些资料的数据，总结出了大概两百种气味，归纳出一百余种气味的专业术语，并将其命名为"百种气味"。这些专业术语的创立旨在避免使用富有个人色彩的气味描述词语（比如草莓、覆盆子、玫瑰、忍冬等），以便于对气味进行分类。我们主观上将这一百种气味分为八个组，每个组内的气味或多或少都有一定的共性。

这份气味名单并不能作为葡萄酒气味的模板概要，而是一个参考依据，便于我们在气味描述中使用更加谨慎周密的词汇，并毫无保留地表述出所感知到的气味，具体详见"葡萄酒术语"。

---

[1] 著作包含：林奈，1756；亨宁（Henning），1915；兹沃德梅克（Zwaardemaker），1925；克罗克-安德森（Crocker-Anderson），1927；阿莫尔（Amoore），1952；舒茨（Schutz），1964；赖特-米歇尔（Wright-Michels），1964；哈珀（Harper），1968；诺布尔（Noble），1987。

气味族谱示例

植物类	香辛料	动物类	化学类	味觉类
蔬菜	香脂	琥珀	化学物质	酸
草本	辛香料	琥珀苦	医药	甜
生青	杏仁	动物（羊脂酸）	乙酸己酯	金属
煮熟的蔬菜	茴香	公山羊	苯并噻唑	辛辣
韭葱	大蒜	辛酸	溴	刺激
霉菌	树脂	褐羊山酯（山羊，绵羊）	樟脑	甜
猫尿	涂料	羊油酸	樟脑（萘）	尖锐
泥土	橡木	鱼	苯酚（酚化）	生活类
腐殖质	肉桂	鱼腥味（氨）	酚类	无香气
花类	丁香	油质	醚（溶剂）	感情充沛
橙花	蜡质	麝香	水杨酸酯	田园乡土气息
花香	蜂蜜	血液	含硫物	特别的美味
茉莉	甜香草	汗水	硫化物	早餐
百合	胭脂	肉	内酯	芳香
玫瑰	焦	腐肉	微生物	香味芬芳
百里香	烘烤	腐烂	麻药	香气浓郁
紫罗兰	焦煳	粪便	氧化物	香气馥郁
水果类	焦煳（带烘烤味的）	臭虫	颜料	芬芳气味
果香	焦糖		精炼厂	令人厌恶
柠檬			哈喇味	油腻而令人生厌
橙皮			肥皂般的	恶心逆反
柑橘				散发恶臭
薄荷				令人恶心
榛子				肮脏污秽
				邋遢肮脏
				腐臭
				腐臭（带有硫化物味道）

　　"植物类""花类""水果类"这三大类别是我们日常生活中比较熟悉的香气类型。每个类型都含有多种类别的香气，有些香气的描述准确细微，比如茉莉、韭葱、薄荷；有些则笼统含蓄，比如生青味、土壤气味、柑果气味等；还有些描述则让人感觉突兀怪诞，比如煮熟的蔬菜味、猫尿味。仿佛有个声音不

停重复着一个亘古不变的道理：人们对气味的喜好与每个人的自身情感变化联系密切，而这是其他感觉器官所不具备的特点。

气味来源

法语中形容香气的词汇有"parfum""senteur"，而在葡萄酒领域里，我们更常用"arôme""bouquet"来表示葡萄酒所释放的优雅迷人的香气，并潜在地说明该香气的浓郁与复杂。而"fragrance"［芬芳，香味（书面语）］这个单词更常出现在诗歌之中。葡萄酒所具有的香气主要取决于其自身的葡萄品种、葡萄酒原产地、陈年时间以及保存状态等因素。而这也是区别伟大葡萄酒与普通葡萄酒的主要品评指标。

选择使用哪些常见词汇来形容所感受到的香气，一直以来都令人很纠结。专业的葡萄酒品鉴师在选择描述词汇时，往往更加小心谨慎，比如同样是用来表示香气的"arôme"和"bouquet"，在品酒师眼里的用法并不相同。比如说，通常白葡萄酒的香气是用"arôme"来表示，而红葡萄酒的香气是用"bouquet"来表示。这是建立在白葡萄酒在新酿状态下被饮用掉，红葡萄酒在陈年之后才被饮用的前提下。而事实上，对于所有的葡萄酒而言，结果并不总是这样的。比如，一款顶级的蒙哈榭白葡萄酒的适饮年份在十年以上，其香气形容须使用"bouquet"；而一款博若莱新酒所具备的典型香气则需要用"arôme"来表示。

另有一个说法，"bouquet"是指通过直接腔道而被感受到的香气；而"arôme"是通过后鼻咽管而感受的气味，即当葡萄酒被饮用时，在口腔内释放的气味。在这样的设定下，"arôme"这个词与"arôme de bouche"（口中香气）所表达的意思相同，显然，这并不符合"arôme"本身的定义。"arôme"一词的定义是指"动物或植物来源的不同物质所释放出的带有气味的物质成分"，因此，原则上讲，"arôme"是通过呼吸便可以感受到的气味。

在我们看来，"arôme"一词可以用来指代所有新酿葡萄酒所具备的香气，而"bouquet"用来代指那些陈年美酒的气味，香气持久绵长。在这个意义上，新酿的葡萄酒所具备的宜人香气特性上更多的是源于"arôme"；而陈年葡萄酒在经历岁月的打磨之后，所具备的香气特性应该是"bouquet"。需要承认的是两个单词之间的差异十分细微，如若架空背景，强行对其说文解字是毫无意义且没有必要的。

为了便于展开研究，我们将葡萄酒的气味分为两大类。首先是初级香气，也称为原始香气、品种香气。其香气主要来源于葡萄果实本身。在葡萄酒酿造期间，葡萄果实果肉在带皮浸渍的过程中所萃取出来的保存在葡萄醪中的气味物质，也就是水果类的香气，这取决于葡萄本身品种特性、葡萄植株株系繁殖特性、葡萄园密植程度、田间工作精细程度、葡萄成熟度，以及每株葡萄树的产量限制等因素。一些优秀的葡萄品种，如赤霞珠、品丽珠（Cabernet Franc）、黑比诺（Pinot Noir）、灰比诺（Pinot Gris）、白比诺（Pinot Blanc）、长相思（Sauvignon Blanc）、雷司令（Riesling）、玫瑰香（Muscat）等都以其浓郁、强劲、细腻的果香为人所熟知。二级香气，也被称为发酵香气，顾名思义，就是在葡萄酒发酵过程中产生的香气。在酿酒酵母的作用下，葡萄酒香会逐渐增强，由于其挥发性很强，在整个发酵期间的发酵罐、发酵车间会弥漫着浓郁的葡萄酒香。因为这一特殊现象，这一阶段又被命名为"香气发酵"。酒精发酵结束后便是乳酸菌发酵，也称为苹果酸乳酸发酵。这一过程使得葡萄酒的香气更加细腻，并改善葡萄酒风味，稳定葡萄酒质量，并且使这种香气在一些现代风格的白葡萄酒中成为主流香气，赋予白葡萄酒特殊的奶油气味。这是因为新酿葡萄酒的香气普遍为品种香气和发酵香气的混合产物；尽管发酵香气可能气息浓郁，讨人喜欢，但是和一些陈年葡萄酒的复杂平衡的香气比较就相形见绌了。

葡萄酒的初级香气强度会伴随时间的流逝而逐渐减弱。经过数年陈年之后，它的香气甚至会彻底消失，而被陈酿香气所代替。事实上，现代酿酒技术的发展早已具备了改善这一过程的能力，即使在葡萄酒达到成熟年份时，其最初的品种香气依然能够很好地保留在葡萄酒中。陈酿工艺的最终目的其实就

是尽可能长久地保留葡萄酒新酿时的优秀品质。在这一过程中，葡萄酒气味的强度和种类都发生了变化，并出现了新的气味物质。这也从另一方面印证了每瓶葡萄酒都会经历它生命中最光彩绚烂的巅峰时刻。尽管的确存在一个根据葡萄酒特性类别而划分的一个平均陈年时限，但是如果直接去判断哪款葡萄酒在其新酿时适饮，或是哪款葡萄酒的适饮期还需要推迟几年，还是未免有些过于草率。在实践中，优秀的葡萄酒随着时间的流逝，在陈年的过程中会展现并完善各自的优点和特色；而平庸的葡萄酒本身并不具备这样的潜力，时间只会使它们逐渐衰亡。

"bouquet"在法语中的原意为花束，而其又同样用来形容一款陈年美酒所释放的复杂、优雅的香气，毫无疑问，是用一束花浓郁芬芳的气息来比喻这款葡萄酒具有的陈年气息同花束一般，复杂、馥郁。由于这类陈年香气是在初级香气和二级香气的基础上衍生而来，所以又被称为三级香气。所以时间才是融合葡萄酒复杂、浓郁的香气并使之变得柔美、和谐、具有"内涵"的主要因素。只有品质优秀的葡萄酒才具备将香气从"arôme"转变为"bouquet"的潜力；其他普通葡萄酒不具备陈年能力，也不具备使香气发生质的改变的能力。

初级香气（品种香气）

尽管和水果类（柑橘、草莓）、鲜花类（百里香、玫瑰）的香气比，葡萄

自身所具备的香气浓度显得很微弱，但是葡萄果实本身所具有的香气种类十分丰富，并且特性鲜明。皮埃尔·加莱特（P. Galet, 2000）的研究表明，一部分香气特征是超过9600种葡萄所共有的，另外的香气则是某个品种或某个株系所特有的特征香气。葡萄品种所含有的香气也只有一部分可以通过果实直接展现出来，而其余的香气则需要通过发酵才能产生。

类胡萝卜素的衍生物

所有的葡萄都含有不同的类胡萝卜素（胡萝卜素、叶黄素等），而这种黄色色素普遍存在于植物中，葡萄中的含量在15～2000 μg/L。类胡萝卜素本身不溶于水，且没有气味，但是在葡萄醪的浸渍过程中，会发生降解反应，分解成为较小的有机分子。其中转化成的羟基结构为碳13降异戊二烯类物质对葡萄果实花香、果香的贡献最为重要，这类物质具有挥发性及呈香性的特点。其中比较有特色的由碳13降异戊二烯类物质所产生的香气如 β-紫罗酮，带有紫罗兰花香的气息，而陈酿期间所释放的 β-大马酮素，则带有明显的水果气味。

类胡萝卜素的衍生物存在于各类型的葡萄酒中，并且是西拉（Syrah）、玫瑰香、美乐（Merlot）、赤霞珠等葡萄品种水果香气的主要来源，而香气强度则和葡萄成熟度、气候条件以及酿造工艺等因素有关。

TDN（1,1,6-三甲基-1,2-二氢萘）物质在陈年雷司令葡萄酒的典型香气中演绎着至关重要的角色——"汽油味"。另外，在酿造时期的压榨阶段，由于压榨程度的不同，产生的TDN物质的浓度差异也比较大。比如在压榨的最后阶段，该物质浓度可以达到3000～4000 μg/L，μ而过高浓度会导致葡萄酒香气呈现明显的缺陷。

葡萄酒中类胡萝卜素衍生物

	气味描述	感受阈值（ng/L）	含量（ng/L）	
			白葡萄酒	红葡萄酒
β-大马酮	花香，热带水果，熟苹果，杏等	45	100/500	5/6500
B-紫罗酮	紫罗兰气味	800	0/60	0/2000
TDN	汽油味	20	50/100	3000/4000
Vitispirane	桉树，樟脑气味			

植物类香气化合物

当植物细胞破碎并暴露在空气中时，一些植物（香蕉、豌豆、茉莉等）会释放一种具有青草、蔬菜等植物特色的气味物质。这种气味并不十分讨喜，会带有些许苦涩。这类气味物质主要为源于脂肪酸的碳6化合物，紧接着还会产生由细胞壁脂质所转化而来的醇类物质。这类物质的感受阈值非常低，例如己醇的感受阈值的浓度为0.5mg/L。而且，它还会加强葡萄酒中原本的植物类香气的感受浓度，导致原本真实浓度并未达到感受阈值，却依旧具有明显的生青气味。通常这类物质产生的原因是由于葡萄原料本身的成熟度不足，或者在酿造期间的除梗工作不到位，导致果梗、叶子混入发酵罐。

具有植物类香气的碳6结构化合物

	描述	含量（mg/L）
醛类	正己醛	0.3～1.5
	反式-2-己烯醛	微量～1.3
	顺式-3-己烯醛	0.2～1.9
醇类	正己醇	0.5～4.8→30～50
	反式-2-己烯醇	
	顺式-3-己烯醇	0.3～3

麝香葡萄的香气

麝香葡萄品系可以作为初级香气，即品种香气表现最好的例子之一，本身具有十分明显的品质特性，不但葡萄香气十分浓郁，而且普遍受到葡萄酒消费者一致的欣赏。自古罗马时代以来，它就一直在酿酒业占据着重要地位。在法语中，这一香气也被称为"muscat"或者"muscaté"。与"musqué"具有同样的词源"musc"，但是其意思完全不同。前者代指葡萄品种特有的香气，虽然翻译为麝香香气，但是本质上源于亚洲麝科动物所分泌的麝香气味是完全不同的，即使它们拥有同一个词源。

该品种同样是我们现今研究最多、研究最透彻的葡萄品种香气，并且根据其化学组成成分，有能力人工合成同样气味的物质。

麝香葡萄品系古老，经过漫长的繁衍杂交，现在已知的品种已经多达150余种，尽管种类繁多，但是在香气表现上都具有共同的特色。麝香葡萄风味在过去的两千多年间为人所熟知，并深受人们的喜爱，而生成这一香气的主要物质成分实际上是萜烯类化合物。这类化合物的种类多达上千种，并且普遍存在于植物和动物世界中，柑橘、树脂、薄荷、桉树，甚至各种信息素、激素等都含有这类化合物。在葡萄方面，我们已经辨别出大概6种基本萜烯类化合物、几十种萜烯类衍生物。葡萄果实种所含有的萜烯类化合物主要分为以下几类，一类是以自由态存在的萜烯类化合物，具有香气；另一类是与糖分子相结合的结合态萜烯类化合物，没有气味；还有一些萜烯类的衍生物，或多或少会带有一些气味。相比自由态的萜烯类化合物，萜试扮演着最主要的角色，它在酿酒酵母的作用下，释放出多种具有气味的萜烯类化合物，并且不同的香气在彼此协同作用下可以强化气味本身的强度，增强气味的感受。

在整个欧洲酿酒葡萄种群中，种类繁多的麝香葡萄品系以其鲜明的香气特色为众人所知。尽管在酿酒方面使用非常广泛，在很多地区，人们还把它当作鲜食葡萄来享用。麝香葡萄在酿酒领域里，常常被用来制作天然甜葡萄酒，在法国比较知名的产区有里韦萨特（Rivesaltes）、芳蒂娜（Frontignan）、博姆-德-威尼斯（Beaumes de Venise）等，希腊有萨摩斯，意大利有潘泰莱里亚（Pantalleria），葡萄牙有塞图巴尔（Setubal），西班牙的麝香葡萄种类丰富，种植广泛。另外还有纳瓦拉（Navarre）所产的甜葡萄酒，以及阿尔萨斯（Alsace）地区所产的干型葡萄酒。根据酿造经验，麝香葡萄所酿造的葡萄酒在酿造结束后，最好保留一定量的残糖，这有助于减弱或掩盖葡萄酒中出现的苦味。

在麝香葡萄酒进行陈酿的过程中，我们通过对其中重要的萜烯类化合物所发生的变化进行观察，得出新酿的麝香葡萄酒和陈年的麝香葡萄酒在香气表现上有着巨大的差别的原因。比如，前者在香气上通常是花香、水果香，而后者则表现出更多的香辛料以及蜡质的气味。

我们在其他同样是芳香型酿酒葡萄品种中找到了一样的萜烯类化合物。比如，西万尼（Sylvaner）、米勒-图高（Mueller-Thurgau）、琼瑶浆（Gewurztraminer）、阿尔巴利诺（Albariño）等。虽然所含萜烯类化合物的浓度已经高于人体感知阈值，但是其浓度含量仍远远低于麝香类葡萄，甚至有一些无性繁殖系的霞多丽（Chardonnay）品种因为其含有过高的萜烯类化合物，被当地的法定产区管理系统所排除，并认定其香气无法代表当地葡萄酒的典型性气味，无法享受原产地命名保护制度所带来的好处。

"麝香香气"的麝香品系和非麝香品系之间所含萜烯类化合物含量差异对比

萜烯类化合物	气味描述	感知阈值（mg/L）	自由态的萜烯类化合物含量（mg/L）		嗅觉单位数/麝香葡萄品种
			麝香品系	非麝香品系	
芳樟醇	玫瑰	50	200/1000	5/100	4～20
橙花醇	玫瑰	400	20/100	5/100	0.05～0.25
牻牛儿醇	玫瑰	130	40/500	5/100	0.3～4
香茅醇	柠檬	18	3/100	2～10	0.1～5
松油醇	铃兰，樟脑	400	10/300	3～40	0～1
脱氢芳樟醇	椴花	110	0.5/5	25/150	
萜烯醇氧化物		1000/5000			
芳樟醇+橙花醇+牻牛儿醇			500/1500		

长相思葡萄的香气

长相思葡萄的品种香气同样十分出名，并且由于波尔多葡萄酒相关的各大学院机构在20世纪80年代到90年代期间的不懈努力研究，现如今，我们对于该品种的香气有了深入的了解。其典型的香气风格主要来源于硫醇类化合物，香气强度大，而这类化合物的含量极低，并且存在于多种水果中，比如葡萄柚、黑加仑、西番莲、番石榴等，并且含量往往比长相思葡萄更高。这类化合物的气味各不相同，根据其各自不同的比例，有时会是水果类香气，比如柑橘、柠檬类，有时又会是植物类香气，比如黄杨木、金雀花。令人惊讶的是，有时甚至还会有"猫尿味"的气息。对于这样的气味，我们只能说长相思真是个"奇怪"的葡萄品种。而且这几种气味主要出现在葡萄成熟度不足的情况下，从传统角度来看，这些气味应该归类于不良气味。但是近些年来，一些致力于智利、南非和新西兰葡萄酒推广的专家们，对该类香气的评价几近谄媚，盛赞之词不绝于耳，大力美化这些气味。而这些气候凉爽的产区所出产的长相思葡萄酒也是几乎普遍具有黄杨木、芦笋的气味。或许在这个世界上，品味本身就是一个多元化的主观感受，更何况是品鉴葡萄酒呢？

准确地说，这些硫醇类化合物在葡萄和葡萄醪中并不以此形式而存在，它们的前提是没有气味的。例如长相思葡萄果实本身也是没有此类典型香气，只有在将葡萄果皮咀嚼数秒之后，在唾液酶的作用下，才将其典型的气味成分释放出来。通过咀嚼葡萄果皮来判断葡萄香气成熟度是一项简单且实用的技术，并不仅仅应用于长相思，还包括其他葡萄品种。这一现象在葡萄酒精发酵过程中更为明显，并且根据不同的酵母株系所产生的酵母酶的功能也不相同，最终所产生的香气也有所不同。例如我们所筛选的用于酿造长相思葡萄酒的活性干酵母株系就有助于产生更多的该品种典型香气。而且，所选的酵母株系的特性、葡萄园种植状况、葡萄产量、天气、葡萄成熟度等因素也是影响长相思葡萄酒最终香气强度表现的重要原因。我们同样在其他品种的葡萄酒中找到了这些硫醇化合物，比如美乐、赤霞珠葡萄品种所酿制的葡萄酒，其所含的硫醇类化合物甚至高于人体的感知阈值，尤其是在一些桃红、浅桃红葡萄酒中更是如此。但是长相思葡萄酒的典型品种香气也是非常脆弱的，葡萄园的波尔多液处理（内含二价铜离子）、葡萄果实过于成熟、轻微氧化等都会破坏或减弱长相思葡萄品种香气强度和复杂性的最终表现。

见长相思香气风格的主要硫醇类化合物

	气味特点	感知阈值（ng/L）	葡萄酒中的含量（ng/L）			嗅觉单位数
			长相思	其他白色品种葡萄	桃红、浅桃红	
4-疏基-4-甲基-2-戊酮	黄杨木，金雀花	0.8	4～44	0～73		0～50
乙酸-3-疏基-1-己醇	黄杨木，葡萄柚，西番莲	4.2	0～726	0～51	微量～40	0～200
3-疏基-1-醇	葡萄柚，西番莲	60	600～13000	40～3300	68～2256	2～200
4-疏基-4-甲基-2-戊醇	柑橘	55	18～111	0～45		1～200
3-疏基-2-甲基-1-丁醇	熟韭葱	1500	78～128	1～1300		0～1

赤霞珠葡萄类的香气

法国著名葡萄品种学教授路易斯·勒瓦杜（L. Levadoux）提出了根据葡萄品系原产地的地域来将葡萄进行划组区分，并将种植在波尔多的红葡萄品种都归类于"Carmenet"的类别。路易斯·勒瓦杜本人曾是法国国家农业研究院（Institut National dela Recherche Agronomique，INRA）波尔多葡萄种植研究分院的院长，在葡萄品种学方面有多年的研究经历。赤霞珠则是"Carmenet"这个类别众多葡萄品种中的典型，另外还包括有品丽珠、味而多（Verdot）、美乐、佳美娜（Carmenère）等多种葡萄品种，并且它们之间形态相近，香气也明显类似。赤霞珠的香气范围属于少有的极为丰富的一类，并且在陈年的过程中，还会变得更加复杂多变。这些多变的香气特性在新酿的赤霞珠葡萄酒中会带有浓郁的、破碎的黑醋栗所带来的果香，或者更为细腻的黑醋栗利口酒的香气，并伴有香料、烟熏、雪松树脂气息，而陈年后的葡萄酒有时会带有金属味，更为常见的则是松露香气。在著名的波尔多左岸梅多克产区所产的葡萄酒中也会有植物香气浓郁、感觉像是经过揉搓的树叶所散发出的气味，掩盖掉了水果本身的香气。这种现象较多出现在气候过于温和、土壤肥沃的葡萄酒产区所种植的赤霞珠葡萄身上。

通过白诺福（Bayonove）和科多涅（Cordonnier）两位学者三十多年的潜心研究，以及贝特朗（Bertrand）和杜布尔迪厄的著作，现如今，我们对于赤霞珠葡萄自身香气的认识有了长足的进步。其品种香气与含氮的吡嗪类化合物之间的关系密不可分，它们是产生青椒、芦笋气味的主要原因。我们已知的气味浓烈的吡嗪类化合物有四种。

四种化合物中最为重要的是2-甲氧基-3-异丁基吡嗪，其含量最高可达50ng/L，几乎是拒绝阈值的2～4倍（超过15ng/L浓度会使人感到厌恶）。该浓度含量数值会根据葡萄品种本身，以及成熟度、天气状况等原因发生变化。在炎热的天气条件下，葡萄吸收了足够的日照温度，葡萄果实成熟度高，该化合物最终的含量便会降低。

因为红葡萄酒中的青椒味，和白葡萄酒中所产生的植物类香气，我们便有了这样的一套理论解释：过高的吡嗪类化合物浓度会产生类似青椒等植物类香气，特别是2-甲氧基-3-异丁基吡嗪，造成这一现象的原因往往是葡萄成熟度不足，并不能完全归结于葡萄品种本身特性。讽刺的是，青椒味长久以来被认作是赤霞珠葡萄自身的品种香气，而不是其本身葡萄成熟度不足的缺陷。其实在顶级的赤霞珠葡萄酒中，青椒味是绝对不会出现的。

赤霞珠葡萄现如今已经成为葡萄酒界风尚代表，在全球各地广泛种植，人们对其十分熟知，或者说主观上认为自己对其品种特性了然于心。然而，广泛的种植也给予了赤霞珠葡萄酒广泛的香气特色，比如希腊的波尔图卡拉斯（Porto Carras）所产葡萄酒代表香气是雪松树脂；墨西哥下加利福尼亚州的瓜达卢佩（Guadalupe）山谷为丁香花的香气；西班牙里奥哈产区则是甘草香气（尽管当地法规规定只能使用比例非常低的赤霞珠葡萄，但是依旧能感受到其带来的明显不同风格的香气）；法国利翁湾则赋予了葡萄酒褐藻的气味；法国朗格多克（Languedoc）产区具有明显的果梗气味；智利圣地亚哥（Santiago）所产赤霞珠葡萄酒的烟熏味又十分明显；匈牙利的埃格尔（Eger）地区的特色又是木炭、烟灰的气味。世界上也存在着和梅多克产区风格极为相近的葡萄酒产区，只不过，大多数使用赤霞珠葡萄酿酒的产区最终出产的葡萄酒风格与波尔多经典风格相左。所以，曾经其他产区的赤霞珠品种葡萄酒被认定为是比较严重的风格缺陷的特殊风味，例如青椒、绿橄榄、干草、杂酚油等让人联想到类似呦哒的气味，现如今我们反而应该给予它们尊重和理解，并认识到左岸梅多克产区虽是赤霞珠葡萄酒最负盛名的典型风格产区，但却并不是唯一风格。因此，植物类香气现如今也有可能作为赤霞珠葡萄酒的品质特征的一部分而存在。美乐品种的典型香气虽然也是这一类植物香气，但是其强度相较赤霞珠要低。无论如何，在确认葡萄品种香气风格前，辨认葡萄品种的真实身份是非常必要的。近些年来，曾有法国葡萄种植者和葡萄品种学专家参观智利产区的葡萄园时，发现很多标识着美乐葡萄品种的葡萄园事实上种植的是佳美娜葡萄品种，并且也属于波尔多Carmenet这个葡萄类别，但是在波尔多地区，这个品种已经消失三十多年了。同样，有些地方也将苏维浓纳斯（Sauvignonasse）葡萄品种和长相思葡萄品种搞混。两者外形相似，但是前者清爽度和芳香程度并不如长相思葡萄。

东霞珠葡萄品种香气风格的主要吡嗪类化合物

葡萄果实主要含有的吡嗪类化合物	气味描述	感知阈值（ng/L）		含量（ng/L）
		水	葡萄酒	
2-甲氧基-3-异丁基吡嗪	青椒	2	2～8/8～16	0.5/50
2-甲氧基-3-异丙基吡嗪	青椒，泥土	2		
2-甲氧基-3-仲丁基吡嗪	青椒	1		
2-甲氧基-3-乙基吡嗪	青椒，泥土	400		

其他葡萄的品种香气

法国东北部主要的酿酒葡萄种植产区在勒瓦杜的区域类别分类中，属于诺瓦尔恩（Noirien）类别。这个类别的葡萄品种风格较为细腻，主要包含黑比诺、白比诺、灰比诺、莫尼耶比诺（Pinot Meunier），霞多丽、佳美（Gamay），并且除佳美以外都是用来酿造香槟酒的葡萄品种。而佳美葡萄非常适应博若莱（Beaujolais）地区的气候，并在当地发展出自己的风格，拥有简单、奔放的红色浆果香气，如樱桃、草莓等；也有一些佳美酿制的葡萄酒风格内敛厚重，以浓郁的发酵香气为主。黑比诺的香气复杂程度相较赤霞珠不遑多让，其酿制的葡萄酒典型香气以黑色浆果香气为主，例如黑醋栗、覆盆子等，又更为浓郁、甘美，究其原因是因为黑比诺受到葡萄酒中单宁物质的干扰较少。勃艮第的夜丘（Côte-de-Nuits）和伯恩丘（Côte-de-Beaune）一级园所产的黑比诺葡萄酒可以说是世上独一无二，全世界再也找不到其他更合适的地方，其丰富柔美的水果类香气即使经过多年陈酿，依旧能保持其优秀的风味。

霞多丽葡萄品种所具有的香气非常强劲。在勃艮第地区常常会用霞多丽所衍生出来的Chardonner这个动词，表示气味强劲、浓郁。霞多丽葡萄的品种香气涵盖范围广泛，在香槟区的白丘（Côte-des-Blancs）地区风格更为清爽活泼；而在夏布利（Chablis）地区则更为坚实醇厚，并且往往需要花费四到五年的瓶中陈酿时间以便于其香气口感风格更好的熟成。科通-查理曼（Corton-Charlemagne）、蒙哈榭（Montrachet）、默尔索（Meursault）、普伊-富塞（Pouilly-Fuissé）这几个产区的霞多丽白葡萄酒在陈年过程中采用了类似红葡萄酒的做法，贮藏在橡木桶中进行苹果酸乳酸发酵。这在白葡萄酒的酿造工艺中非常少见，或许也只有霞多丽才会使用这样的酿造工艺。在勃艮第地区种植霞多丽的葡萄产区还有马贡（Mâconnais），甚至在当地还有一个名为霞多丽的小村庄。这里不得不指出还有一个受到霞多丽眷顾的产区——美国加利福尼亚州北部的纳帕山谷（Nopa Valley），其中一些坡地种植的霞多丽葡萄，酿造出的葡萄酒香气纯净、馥郁。这也是一个非常流行的葡萄品种，在全世界新老葡萄酒产区都有种植。但是，我们也偶尔会在市面上遇到有些由于酒精过高，橡木味太浓，甚至苹果酸乳酸发酵过度而导致葡萄本身的品种风味特性丧失殆尽的霞多丽葡萄酒。

雷司令葡萄品种几乎是在莱茵山谷及其支流河畔坡地等产区拥有着至高无上的地位。天然的地理优势让这片葡萄园区拥有能够抵抗大陆性气候所造成的天气状况频繁波动的能力。位于莱茵河右畔的雷司令葡萄的香气通常更为细腻，而左岸，也就是阿尔萨斯产区在好的年份也会拥有不亚于右岸水准的优质雷司令葡萄。在数代酿酒人的不懈努力经营下，这个品种已经成为当地负有盛名的品种之一，誉满天下。从18世纪起，以科隆（Cologne）作为集散地，当地的白葡萄酒便通过莱茵河水路出口全世界，就像波尔多的红葡萄酒是通过吉伦特（Gironde）河出口全世界一样。这两条负责运输出口葡萄酒的水路，在当时具有同样重要的意义，但两者在葡萄酒历史印记上却从未相遇过。奥地利和意大利两国在靠近阿尔卑斯山南麓地区，以及前南斯拉夫境内都种植有雷司令葡萄。盎格鲁－撒克逊人后来还将该葡萄品种带往了南非、澳大利亚及美国加利福尼亚地区，扩张了其种植区域。雷司令葡萄的风格既可以是柔和、甜美，也可以是清爽、活泼的，但是无论哪一种风格，其香气、酒体都显得轻柔、精致。而且由于它浓郁精致的香气风格，令其成为现代白葡萄酒的典范，其优雅芬芳的香气常常被人形容成为香水，经常会听到这样的形容，比如"雷司令葡萄酒是用来喷洒在手帕上的"，或是"一瓶雷司令就是一瓶香水"

等等。没有其他任何白葡萄品种具有如雷司令葡萄酒香气这样的可塑性，不同的土壤条件，会给予其丰富的香气变化。谈到金雀花的香气，常常会让人联想到这是雷司令葡萄酒的典型风格，清爽甜美；但是它又会有桃花、葡萄花等香气；在摩泽尔（Moselle）产区特有的板岩结构的土壤上，它又会呈现轻微的类似烟熏和沥青的气味。而且在雷司令葡萄酒中含有烃类化合物，虽然含量很低，气味很难被察觉到，但是它的存在会使葡萄酒原本整体的气味风格发生变化；前文所提到的葡萄中的萜烯类化合物也是属于这类烃类化物；贵人香（Riesling Italien）葡萄品种，其法文名称和雷司令非常接近，但是香气表现却远远不及雷司令葡萄。在意大利和奥地利，贵人香常常与琼瑶浆品种进行混合调配，琼瑶浆品种具有独特的香辛料香气，其香气浓郁到了极致，似乎害怕被人遗忘似的，非常容易辨别。

还有很多其他葡萄品种不仅仅展现了其原产地独有的香气风格，成就了一系列优秀的葡萄酒，在此简单带过。例如，波尔多地区的赛美容（Sémillon）、密斯卡岱（Muscadelle）；北罗纳（Rhône）河谷产区下的孔得里约（Condrieu）产区的维欧尼（Viognier）；卢瓦尔（Loire）河产区下的密斯卡岱（Muscadet）产区的香瓜（Melon），比较常见的名称为勃艮第香瓜（Bourgogne de Melon）；都兰（Touraine）产区和索米尔（Saumur）产区的白诗南

（Chenin blanc）；匈牙利产区的富尔民特（Furmint）；希腊阿提卡（Attique）地区的马尔瓦奇（Malvoisie）和洒瓦滴诺（Savatiano），希腊群岛的阿斯瑞（Athiri）；夏朗德（Charentes）地区的白玉霓（Ugni Blanc），当地又称其为圣爱美隆（Saint-Emillon），该品种在当地主要是被用来制作干邑葡萄蒸馏酒。以上所提到的十分具有地理特色的葡萄品种均为白葡萄，而其他著名的红葡萄品种种植地区有罗纳河谷产区下的埃米塔日（Hermitage）产区的西拉；卡奥尔（Cahors）产区和乌拉圭的马尔贝克（Malbec）；西班牙的歌海娜（Grenache）及丹魄（Tempranillo）、意大利的桑娇维塞（Sangiovese）和巴罗洛（Barolo）；南非的皮诺塔吉（Pinotage）；加利福尼亚州的仙粉黛（Zinfandel）等。还有数十种在各个地区非常知名的葡萄品种，但是由于地域性很强，传播并不是很广泛，就不一一加以描述了。但是每个品种都具有其独特的个性，有着非常吸引人的一面。希望我们能时刻去享受这些宝贵的品种资源，避免因为地域推广等不利因素使其逐渐淡出葡萄酒业。

美洲种和杂交种的香气

康科德（Concord）葡萄品种是众多美洲种葡萄中的一种，其香气十分有特点，令人印象深刻。秘鲁的夏日非常炎热，葡萄成熟后的香气，即使相隔数十米都能闻到。香气会被人形容为"狐臊"的气味，但是如果将其描述为覆盆子或者覆盆子果酱的气味会更加合适一些。可以说，大多数的美洲种葡萄都带有这种强烈的气味，并且该品种在乌拉圭、秘鲁以及美国东海岸都有广泛种植。早在1920年，葡萄酒研究人员便已经发现与这种气味息息相关的化学物质名为邻氨基苯甲酸甲酯，并在近年来的科学研究中再次证实这一观点，而且还发现了一些其他与该气味有关的化学分子。

引起这类气味的化学物质在大多数

不同葡萄种所含香气的化学成分

杂交种的一些气味成分	气味描述	感知阈值（mg/L）	含量（g/L）		
			美洲种	杂交种	欧洲种
邻氨基苯甲酸甲酯	狐臊味	300	>3000	100～200	微量
邻氨基苯甲酸乙酯	狐臊味				
2，3-甲基-硫醛丙烯酸酯	硫化味，介于臭鼬等动物和水果气息之间	200			
2-氨基苯乙酮					
N-（N-羟基-N-甲基-4-氨基丁酰基）甘氨酸	介于草莓和焦糖气味之间	2			
4-羟基-2，5-二甲基-3-呋喃（呋喃酮）		30～300		约10000	微量
4-羟基-2，5-二甲基-3-（呋喃酮）					

的美洲种葡萄及其杂交种葡萄中的含量非常高，并且早在六十年前，法国政府便已经禁止在法国境内栽种这类美洲酿酒葡萄。但是，我们现如今在许多欧洲种酿酒葡萄中也发现了这类化学物质。例如黑比诺葡萄，尽管其含量非常低，并不能达到人体的感知阈值，但是它对葡萄酒本身的香气表现有着一定的影响，在黑比诺葡萄酒中有时会感受到草莓、草莓酱，甚至煮熟的覆盆子的香气，而这些气味都与邻氨基苯甲酸甲酯有关。随着这种气味分子浓度的增高，气味也会变得浓烈异常，对于大多数欧洲消费者来说很难接受；然而对于该品种当地产区（美国东海岸、秘鲁等）的消费者来说，这种独特的香气正是他们所追求的优秀品质。

提到杂交葡萄品种，我们需要特别指出的是葡萄酒界是不允许出现任何杂交状况的，因为这会造成葡萄品种基因不纯正而影响葡萄酒的品质。现在酿酒业的主流葡萄品种里，有一些由欧洲种葡萄杂交而产生的品种，比如南非的皮诺塔吉、德国的丹菲特（Dornfelder），瑞士的米勒-图高。

二级香气（发酵香气）

除了酒精（乙醇）以外，葡萄在酒精发酵的过程中还会产生大量的酸、多元醇等非挥发性物质及一些挥发性物质，而这些物质都会成为葡萄酒香气的一部分。这些生成的物质是所有酵母类发酵（葡萄酒、啤酒、苹果酒、清酒等）所产生的构成和影响酒精饮料香气的物质成分，并且发酵酵母种类、发酵条件（温度、通风状况、含氮量、葡萄醪浊度）都会影响葡萄酒酒香的醇厚和浓烈程度。随着时间的流逝，这些酒香会在未来的几个月内逐渐散去。酒体的温度越高，酒香散发的速度越快；据实验结果显示，葡萄酒温度每升高7℃，香气的逸散速度便会加快一倍。

醇类物质

葡萄酒中的酒精含量通常在 $80 \sim 120g / L$，换算成酒精度数大概在 $10\% \sim 15\%$。除了乙醇，酵母菌还会生成超过二十种的次要醇类物质。所谓"次要"，是相对乙醇含量而言的，或者称其为高级醇，根据碳链相对长短的俗称，化学式中的碳原子数量超过两个以上，即比乙醇碳链长，不过这一说法现如今已经很少用了。这类醇类物质会给葡萄酒酒体带来丰满醇厚的风味，但是如果含量过高，则会让人产生厌恶的感觉。除了以上提到的醇类物质之外，还有具有玫瑰香气的色醇、具有菌类气息的1-辛烯-3-醇等令人愉悦的香气成分。

发酵产生的酸类物质

除了乳酸、乙酸、琥珀酸这三大类含量最高的葡萄酒酸类物质之外，酒精发酵过程中还会产生多种微量酸，这些酸类物质不但会直接影响葡萄酒的口感及香气，还会在陈酿过程中发生各种化学反应，对葡萄酒风味的最终表现产生重要影响。葡萄表皮、果霜所含的脂类物质，甚至是酵母自身分解都会产生相应的脂肪酸，而根据不同环境条件酵母和细菌在其中扮演着或是促进或是抑制酸类物质生成的角色。当葡萄酒中的脂肪酸含量升高时，即使仅仅只有数毫克每升的浓度，也会产生类似肥皂水的气味。

发酵产生的酯类物质

葡萄酒中的醇类物质和酸类物质之间的相互作用会产生酯类物质，酯类物质通常都具有挥发性，并且带有气味。葡萄酒所含的酯类物质中，含量最高的通常为乙酸乙酯，其风格特征形容起来比较偏向酸性物质，像是葡萄醋的风格。通常在所有的葡萄酒中，甚至所有的发酵饮料当中，都有它的身影。当乙酸乙酯在葡萄酒中的含量为50～60mg/L时，它会增强葡萄酒香气的复杂度；当其含量增加到80～100mg/L时，会增加葡萄酒口感的坚硬度；而当其浓度达到120～150mg/L时，会产生令人不悦的感觉。引起乙酸乙酯含量过高的原因可能是葡萄酒在酿造过程中受到醋酸菌感染，也可能是某些酵母菌的作用，这种现象有时甚至会在酒精发酵阶段开始之前便已经发生了。

乙酸乙酯能够形成葡萄酒发酵气味中花香气息的基本构架，也就是醚类物质。用产酯酵母对葡萄清汁进行低温发酵，既可以避免产生过多的乙酸乙酯，还有利于生成宜人的香气。这些香气会随着时间通过化学水解或是自然发生的酶水解的方式逐渐消散。储存温度的升高或是由于霉变所遗留的酯酶都会加快此类香气消失的速度。通常在酿造结束后的1～3年内，由乙酸乙酯所带来的花香风格就会消失殆尽。

发酵产生的其他香气

除了上述提到的各种与香气有关的类型产物之外，发酵阶段还会产生其他多种多样的物质，例如醛类、酮类以及醛缩醇（醇类物质与醛类物质的反应产物）等，比如二乙氧基乙烷就是一种醛缩醇，并带有花类香气。这类物质对于需要在有氧环境下陈酿的葡萄酒非常重要，比如西班牙的雪利酒。另外，我们也发现由酒精与酸类物质的内酯化反应所生成的多种内酯物质会带有坚果的香气，比如产自苏岱（Sauternes）和托卡伊（Tokay）地区的贵腐（Noble）葡萄酒，以及汝拉地区的"黄酒"（Vin Jaune），这两种类型的葡萄酒都会含有丁内酯或是糖内酯，含量通常在1mg/L左右。

酵母菌在发酵的过程中还会产生大量的硫化物，这类物质具有一定挥发性，其中硫的主要来源是葡萄果实中氨基酸的分解，以及酿造期间所添加的含硫添加剂。这些硫化物的气味非常浓烈，并且人体对该物质的感知阈值也非常低，仅仅需要每升数毫克甚至数纳克的浓度，硫化物的气味就已经十分明显。而这类气味通常并不讨喜，并且使得葡萄酒香气出现闭塞现象，瑞士人常常会用浓烈黑啤的风格来表示该现象。有些硫化物也会带来例如烘焙、蘑菇、橡胶、竹笋、甘蓝、木瓜、土豆，甚至动物味等。这些香气的风格表现差异很大，而这通常和葡萄酒各个组成物质的浓度及各个成分自身的性质有关。如果葡萄酒中含有大量酵母酒泥的沉淀物消耗了过多的氧气，形成了缺氧的环境，这类硫化物的含量也会相应增加。这也是造成许多白葡萄酒在陈年过程中质量下降，产生类似橡胶气味的真正原因。增加空气的接触面，加强氧化作用，有利于消除这类还原性气味。这类现象不仅仅出现在新酿的葡萄酒中，许多历经多年陈年的老酒也会出现气味封闭的现象。只需要将葡萄酒倒入酒杯中，让它充分与空气接触，不用多久这一不良现象便会自然消失。酒钥匙可以加快消除葡萄酒香气闭塞的这一现象，常见的酒钥匙主体是一个铜片，也有用银质金属片的，不过很罕见。

葡萄酒发酵香气的性质主要取决于所使用的酵母本身的特点，以及发酵过程中所需要注意和控制的各项条件。

现在已知的用于发酵的酵母种类大约有三十来种，这类单细胞真菌生物的发酵能力算得上是出类拔萃。其中占主要地位的名为葡萄酒酵母（Saccharomyces ellipsoideus）种类，顾名思义，就是指能够转化糖分（至酒精）的椭圆形酵母真菌。这也是酵母菌中唯一用于葡萄酒发酵的真菌，其他种类在该领域所扮演的角色十分有限。这个种类的酵母株系众多，从20世纪以来，葡萄酒酿造过程中对不同酵母株系的应用有了充分的经验，不同酵母株系所产生的不同代谢副产物，也导致了最终葡萄酒香气

上的差异。近年来，经过对各个产区葡萄酒酵母的筛选，并制造了相应的活性干酵母以保证葡萄酒品种的稳定。在具体的葡萄酒酿造应用中，还会对原生酵母进行抑制排除，尽量不让这种野生酵母对葡萄酒香气产生影响。人工培育选定的酵母能够使得葡萄酒香气更加浓郁，尤其是在新酿的葡萄酒中，其酿造香气的浓郁程度甚至会超过品种本身的香气。这就是现代葡萄酒酿造工业技术所带来的重大改变，但是总会有人对此项改变表示出不屑与嘲弄，认为其改变了葡萄酒自身独特的风味特性，减少了葡萄酒的多样性。但是科学技术的发展本身就是有利有弊的，葡萄酒业的发展方向也面临着重大的抉择。现实是残酷的，每个生产商都有自身的追求，但是在可预见的未来，葡萄酒自身风格的体现仍会是每个酿酒人最关注的事情。另外，科技进步的好处也是显而易见的，有一些经过筛选育种的酿酒酵母有助于葡萄品种风味的体现，但同时又不至于过度掩饰葡萄本身可能具有的品质缺陷。

酿酒酵母对其自身生存条件非常敏感，尤其是温度和通风状况。以白葡萄酒酿造为例，葡萄酒的硫处理、发酵之前的澄清与分离，以及低温发酵等操作，可以有效降低葡萄酒中高级醇的含量，而发酵过程中的浸渍、通风等行为则会使得高级醇含量升高。如果发酵温度控制在18～25℃之间，还会促进酯类物质的合成。值得欣慰的是，大多数

酿酒师在开展白葡萄酒酿造工作时，都会将上述这些操作考虑在内。在白葡萄酒酿造的过程中，设法降低高级醇含量、增高酯类物质含量的管理工艺可以有效增强葡萄酒的风味表现。对于酿酒师来说，诸多的影响条件给予了他们比较大的操作空间供其发挥。如何准确地利用这些控制手段将葡萄酒的风味最大化地表达出来，成为每一个酿酒师所面对的重大难题。

根据对葡萄酒发酵过程所进行的长期观察发现，如果葡萄酒中的残余糖分发生二次发酵反应，会产生额外的香气类型，使得葡萄酒的香气更加浓郁且变得更具有层次感。有很多酿酒技术的应用就是在二次发酵或者说再次发酵这样的原理上发展出来的，比如香槟和起泡酒的酿造，二次发酵技术的应用不但使得葡萄酒的香气变得更加细腻，同时还会生成气体形成泡沫。在意大利托斯卡纳地区所使用的名为"Governo"的酿造工艺便是利用了这样的原理。具体操作办法是葡萄农将采摘回来的葡萄分出一定比例保存下来，挂在网袋里并置于通风的环境中，葡萄果实中的糖分等物质逐渐浓缩，产生过熟的风味。直到来年的三月，对这些风干的葡萄进行筛选、压榨后，加到新酿制的葡萄酒中，进行二次发酵，这样的葡萄酒经过发酵后会有轻微的气泡口感，并增强了水果的香气，最后才将其罐装入一种意大利特有的长颈大肚瓶中。一些二次发酵所产生的香气散失较快，但是或多或少都会增加葡萄酒宜人的香气，比如酵母香气，分干燥酵母气息和新鲜酵母气息，会让人联想到维生素B_1的气味，还会让人联想到发酵的面团、小麦甚至面包的气息。

葡萄酒的苹果酸乳酸发酵是由乳酸菌所引起的，发酵过程同样会产生具有挥发性的物质，从而影响葡萄酒自身的风味表现。其主要产物为乳酸乙酯，含量一般在几十毫克每升，气味细腻、芬芳宜人。另外还会产生丙酸、丁酸乙酯，并对葡萄酒的风味影响十分严重，这也解释了为什么苹果酸乳酸发酵在葡萄酒酿造过程中很重要。对于那些品质优秀的葡萄酒来说，苹果酸乳酸发酵不仅仅是使酒体变得柔和的手段，还是使葡萄酒香气变得优美、细腻的必要过程。最重要的是，苹果酸乳酸发酵过程可以强化葡萄酒自身风格的表现能力。我们有理由认为，对于具有陈年潜力的葡萄酒而言，苹果酸乳酸发酵是其风味熟成的第一阶段。在各大学院与研究人员对这一发酵阶段所进行了数十年的研究与争论后，苹果酸乳酸发酵步骤逐渐确立并成为全世界各大葡萄酒产区中红葡萄酒生产所必须经历的过程。苹果酸乳酸发酵所生成的双乙酰物质成分具有宜人的新鲜奶油气味，在葡萄酒中的含量约为2mg/L，甚至更多。但是如果葡萄酒本身质量很平庸，其品种香气会表现得不够浓郁，导致乳制品的气味过于占主导地位，闻起来会有发酸的感觉，像是酸奶、新鲜奶酪，甚至羊乳干酪的气息，而这些气味并不是我们期待的葡萄酒所该具有的香气。

陈酿香气的形成

通常来说，葡萄酒的质量首先取决于其自身品种香气的品质，然后才是在陈酿过程中所发展出来的陈酿香气。在葡萄酒工艺学中，陈酿香气的形成给人留下了深刻的印象，但是同时也是最难搞明白的过程之一。从几个星期甚至到数个月的陈酿时间里，葡萄酒的品种香气和发酵香气在密封的储藏罐或是葡萄酒瓶中逐渐转变成陈酿香气；又或者在橡木桶中，通过橡木自身的孔隙和外界空气交换来进行陈酿，甚至放在大桶中以加大与空气接触的面积。典型的葡萄酒有法国的巴纽尔斯酒、葡萄牙的波特酒、西班牙的雪利酒、匈牙利的托卡伊等天然甜葡萄酒所使用的陈酿工艺。葡萄果实固有成分的转化，以及在发酵过程中所使用的容器都会影响陈酿香气的形成。尤其是使用橡木桶作为容器盛放葡萄酒时，橡木中的酚类物质和香气物质会带给葡萄酒不一样的香气风格。

根据葡萄酒储藏工艺的不同，可以得到两种完全不同风格的陈酿香气。

在第一种情况下，会形成具有氧化风格的陈酿香气。多发生在葡萄酒天然酒精含量较高或是添加过蒸馏酒的情况下，并且原产地的气候炎热高温。葡萄酒中所含的酒精量对于葡萄酒的储藏有着重要的影响，高含量的酒精浓度有利于阻止细菌的繁殖，防止葡萄酒的腐败。在葡萄酒酒精度数达到16～18度时，便具有了杀菌作用，并且也不再需要特别担心葡萄酒的氧化现象，甚至橡木桶中的葡萄酒没有添满，导致液面与大量空气接触也是可以的。

这种储存葡萄酒的陈酿方式又被称为"有氧陈酿"。葡萄酒的陈酿香气会具有氧化风格，并且主要来源于醛类物质，带有苹果、干果、哈喇味。用巴斯德（Pasteur）的话来形容这种类型的陈酿风格就是"氧气成就了一瓶葡萄酒"。这类陈酿方式多应用于一些天然甜葡萄酒，如巴纽尔斯酒、味美思（Vermouth）酒的基酒、利口酒，用作开胃酒的混有酒精但并未发酵的葡萄汁（Mistelle）、波特酒、阿蒙蒂亚（Amontillado）雪利酒、欧罗索（Oloroso）雪利酒、马德拉酒（Madère）、意大利的马沙拉葡萄酒（Marsala）和圣酒（vino santo），以及希腊帕特雷（Patras）产区的马弗罗达夫尼酒（Mavrodaphne）等等。这些葡萄酒的陈酿都是暴露在空气中进行的，它们对于氧气已经失去了"知觉"。装瓶之后，葡萄酒的品质并不会因为继续陈酿而有所变化，但是好处是，即使你将其开瓶放置好几天，它的品质也不会发生任何变化。

另一类则是更常见的具有还原风格的陈酿香气，原产地的气候通常较为温和，陈酿的过程也是尽可能避免过度和氧气接触。橡木桶和不锈钢储酒罐中所盛放的葡萄酒都需要灌满，即酒的液面要与容器顶部非常接近。但是在对葡萄酒进行倒灌、滗清等操作时，难以避免葡萄酒和空气的接触，通常这种情况下我们会使用一种抗氧化剂——亚硫酸

（即二氧化硫水溶液），来保护葡萄酒。这种类型的葡萄酒在装瓶后，会使用一种较长的软木塞，以确保葡萄酒在储存的未来二十年里处于良好的密封状态。通常来说，具有一定年份的红葡萄陈年老酒、质量卓越的干白葡萄酒，以及利口酒都会具有这种还原风格的风味。类似汝拉地区黄酒的陈酿工艺"Sous Voile"（在陈酿的过程中不进行添桶，并且葡萄酒表面会生成一层类似膜状的酵母花，这层薄膜保护了葡萄酒免受氧化）会产生并增强这类香气风格。同样类似的还有菲诺雪利酒（Fino de Jerez）、桑卢卡尔-德巴拉梅达（San lucar de Barrameda）地区的曼萨尼亚雪利酒（Manzanilla）等。葡萄酒中的酵母会消耗内部的氧气，并将葡萄酒变成一种还原性很强的溶液，也就是说抗氧化能力比较强，并出现独特的香气风格。这类葡萄酒对于空气中的氧气十分敏感，并且在开瓶后无法继续保存，否则葡萄酒质量便会受到严重影响。我曾有幸与一位著名的里奥哈酿酒师一起品尝一款打开过的菲诺雪利酒，当时的经历让我想到了贝特洛（Berthelot）的至理名言："氧气是葡萄酒最大的敌人。"

据我们的观察，在葡萄酒陈酿的最初几年内，所使用的容器应严格限制和外界空气接触，也就是说所使用的容器密封性能非常好，这样有利于促进陈酿香气的生成与发展。在橡木桶或是不锈钢储酒罐中的葡萄酒陈酿香气可以发展到一定的强度，但是在进行装瓶之后，

一个相对来说密封性更好的环境中，陈酿香气才有机会将其所有潜力展现出来。从酒窖管理人员的角度来讲，这是因为葡萄酒在橡木桶中陈酿时，依旧可以通过橡木和外界空气接触，葡萄酒依旧有着呼吸作用，而使用玻璃瓶和状态良好的软木塞的瓶装构造几乎可以确保空气被有效隔绝。因为软木塞底部和葡萄酒接触会膨胀，与瓶颈形成有效的密闭结构，导致渗入酒瓶中的氧气几乎可以忽略不计。新型的合成塞以及螺旋瓶盖的密封效果更好，可以保证五年甚至十年以上的密封效果。葡萄酒在这种环境中所发展出来的香气类型被称为"还原风格香气"。从化学角度来讲，还原与氧化之间是相对的。

亚硫酸的抗氧化功能，可以赋予葡萄酒酒液还原性属性，避免葡萄酒被氧化。尽管这一做法依然会受到争议，但是它带给葡萄酒的品质方面的提升却是毋庸置疑的。重点在于，如何控制合适的添加量。正确剂量的亚硫酸可以通过消除酒中的醛类物质，从而使得新酿葡萄酒的初级香气得以释放，并变得更加优雅、精致。在浸渍阶段的葡萄醪中，如果加入的二氧化硫气体浓度达到数十毫克每升时，有助于加强成熟葡萄果皮香气的释放。

过量的还原风格香气会给一些葡萄酒带来不好的气味。通常会被描述为还原味、瓶内味、光味、太阳味等。这样的命名也是因为光化学反应会加强这一风味缺陷。还原味严重时，闻起来会给人一种不纯净的感觉，类似大蒜的轻微

臭味，有时还会像汗臭味。这些气味是由葡萄酒中具有还原性的硫醇类衍生物造成的，例如乙硫醇，就是这些气味的罪魁祸首。然而，在其他正常的还原风格的葡萄酒中，这类物质也普遍存在，只不过含量非常低。通常来讲，即使这类具有挥发性的硫醇类衍生物在葡萄酒中的浓度不到1mg/L，它所产生的还原味也是令人不愉快的。

葡萄酒中出现氧化风格的陈酿香气的原因则和之前所描述的出现还原风格香气的原因正好相反。对于一些葡萄酒，从酿造的最初阶段开始，葡萄酒本身便并没有采取保护葡萄酒免受氧化的措施，葡萄醪发生氧化反应并生成大量乙醛及类似的具有挥发性的产物，使得葡萄酒原本所具有的风格被完全遮盖，呈现出苹果、木瓜、杏仁、坚果等气味，而葡萄本身所具有的品种香气，甚至发酵香气均被掩盖、取代。这也是在酿造这类风格葡萄酒时所选取的葡萄品种风味都属于平淡类型的原因，比如酿造雪利酒时所使用的是帕洛米诺（Palomino）葡萄品种。

麝香类葡萄品种是个比较特别的例子，为了保证葡萄品种自身的香气特点，在酿造过程中我们尽量避免葡萄醪与空气的接触，甚至采取减少发酵时间、添加酒精终止发酵等手段，直到装瓶为止。只有在少数气候较为炎热的麝香葡萄产区，葡萄自身萜烯类化合物含量丰富，具有抗氧化能力，甚至能够承受轻微的马德拉化。

在之前的文章中提到过，在葡萄酒陈酿过程中，影响其风味品质的主要是酯类物质的合成。在葡萄酒酒精发酵过程中，所形成的酯类物质在新酿葡萄酒的香气中起着重要作用。之后，由于酯类物质会自发地发生缓慢的化学水解，其自身香气也会在接下来的时间中缓慢消散，当温度升高时，消散的速度会加快。陈酿阶段所形成的酯类物质是由葡萄酒中的酸类和醇类之间发生作用而形成的，我们称这种现象为酯化反应，只会产生气味较弱的化合产物，例如乳酸乙酯。而一些陈酿香气的物质成分反而是由本身没有气味的物质释放出来的，例如糖苷的水解、单宁的转化等。有必要了解区分葡萄酒陈酿香气是在橡木桶或不锈钢储酒罐中熟成，还是在葡萄酒瓶中熟成的，这样我们才能知道该气味水平的受限制程度，以及在瓶中陈年多长时间，葡萄酒的香气强度才会达到最大。如果一款葡萄酒年份过于久远，陈酿香气往往会有蘑菇的气味，并且变得迟钝；这是葡萄酒寿命达到第三节阶段的信号。

葡萄酒的蒸发现象对葡萄酒酿造、陈年的影响重大。蒸发现象在发酵期间伴随着酵母菌释放出二氧化碳同时进行，大约每升葡萄酒会释放出50L二氧化碳气体。之后每次对葡萄酒进行的管理操作，由于葡萄酒暴露在空气中，也会加快葡萄酒的蒸发。红葡萄酒中的二氧化碳含量过高并不好，对于单宁感强劲的葡萄酒更是如此。葡萄酒在刚发酵结束时，其酒体中所含的二氧化碳浓度约为2g/L，直到葡萄酒进行装瓶时，其浓度会下降到200～500mg/L之间。降低葡萄酒中的二氧化碳浓度是非常有必要的，二氧化碳气体在释放的过程中会同时带有饱和的酒精气体，以及相对容易挥发的香气物质。我们曾经尝试通过回收空气中的酒精蒸气及香气，并将其重新注入葡萄酒中，以挽回这些损失掉的物质。通过设置一个冷循环管道，将挥发到空气中的主要香气物质和酒精凝结吸附在零下20℃的管道中，这便是我们的具体尝试方法。不过最终的结果却无法让人满意，得到的气味物质非常强烈，但是却并不好闻，鼻腔会感到非常刺激，有着灼烧呛鼻的感觉。这类刺激性的挥发气体通常在葡萄酒和蒸馏酒中的残留很少，而在新酿制的葡萄酒中的含量会偏高，需要将其清除。这类蒸发现象在最初几次的换桶过程中，由于葡萄酒与空气接触面及接触频率的增加，蒸发现象也愈加明显，而这会导致发酵香气和品种香气出现一定损失。

新酿的白葡萄酒以及经过在发酵罐中熟成的红葡萄酒所呈现的香气通常比较强烈，识别度也比较高。而在类似自然甜葡萄酒以及利口酒等种类的葡萄酒中，香气则表现得较为内敛，并且不容易分辨其香气种类和类型。现阶段我们已经对各类葡萄酒在陈酿中所产生的相同的香气有了深入的了解。葡萄酒在橡木桶中进行陈酿的过程中，会产生一种名为糠基硫醇的含硫化合物，具有类似烘焙咖啡的香气，但是这种香气并不是直接来源于橡木桶的。该物质在葡萄酒中的香气指数可以达到50～100，也

就是说达到最低感知阈值的50～100倍，如果使用的是新橡木桶，其香气浓度可以再增强5～10倍。

乙基苯酚和乙烯基苯酚几乎普遍存在于所有的葡萄酒中，会有皮革、马等动物性气味，也被化学家们称为酚化气味。对于该气味的鉴别阈值和愉悦上限阈值通常会根据葡萄酒自身特点、品尝人员的不同，以及品酒人员所接受过的专业训练程度不同，而产生较大的差异。这种气味并不受酿酒技术人员待见，因为他们非常了解造成这种气味的物质和来源。反而近年来越来越多的葡萄酒消费者对适宜浓度的这种气味表现出了极大的兴趣和喜好。这两种酚类物质在葡萄果实中的含量寥寥无几，葡萄酒中的这些物质其中一部分来源于橡木，而其余大部分都来源于酿酒酵母的副产物，这些酵母使得原本没有气味的酚类物质，转化成为具有气味的乙基苯酚和乙烯基苯酚，并且产生这类物质的机制在白葡萄酒和红葡萄酒中也并不相同。通常在红葡萄酒中，乙基苯酚的含量较多，而白葡萄酒中乙烯基苯酚的含量会占主导地位。一种名为"Brettanomyces"的酒香酵母在生成这类气味物质时起着主导性的作用，我们又将这种动物性气味称为"Brett"，这样听起来带有一种神秘感，但在葡萄酒领域这个词的应用还是很频繁。

葡萄酒香气在陈酿过程中的变化非常依赖葡萄酒培养环境的氧化还原状况，也就是说与氧气接触的程度和频率，以及葡萄酒中所含二氧化硫的比

例。而且由于葡萄酒类型的不同，所要求的二氧化硫含量差异也非常大，二氧化硫使用过量或不足，都会导致葡萄酒香气出现问题。尤其是对于一些品质顶尖的葡萄酒，不论它们属于哪种类型，酿酒师都需要在拿捏、平衡葡萄酒培养环境，以及所要添加的二氧化硫含量等方面做出莫大的努力，才能保证其品质风味。酿酒师酒像是培养孩子的父母，努力发掘隐藏在孩子基因中的优点和潜力。

葡萄酒在橡木桶中的陈酿

传统观念中认为橡木桶是高卢人的杰作。两千年以来，橡木桶不仅仅是简单的盛放葡萄酒的容器，而且还被用来作为运输葡萄酒的重要工具而存在。直到近些年来，具体来讲大约就在三四十年以前，酿酒师们集结众人的智慧与努力，还在努力试图减弱甚至消除葡萄酒中的木头味，并采取了下胶、烫煮、浸滤等手段，以期望能突出葡萄酒的果香味。而当橡木桶曾经所承载的容器和运输功能被金属罐和玻璃瓶所代替之后，人们对于橡木桶所带来的"木头味"重新燃起了莫大的兴趣，仿佛这是优质葡萄酒所不可缺的风味特点。然而葡萄酒整体品质的表现和这一"木头味"或者说是否经过橡木桶陈酿并没有丝毫联系，许多品质卓越的葡萄酒在酿造的过程中，甚至完全没有接触过木头。而且，全球葡萄酒的年产量约为250亿升，橡木桶每年的产量约为50万个，总容积大约1亿多升，两者之间相差非常远。近年来葡萄酒工艺的发展，使得一些葡萄酒生产国家逐渐开始允许使用橡木片、橡木屑，甚至单宁来增加葡萄酒中的"木头味"，这一做法逐渐成为一种发展趋势。对于酿酒师的考验则是需要区别何种类型的葡萄酒需要添加何种类型的橡木添加剂，以及所需要添加的量，以便获得酿酒师心目中所希望达到的香气风格。

微氧处理

微氧处理是一项特殊的葡萄酒处理工艺，这一工艺最初的目的是用来柔化一些单宁感特别坚硬、生涩的葡萄品种，最典型的葡萄品种便是丹娜（Tannat）。这类葡萄品种无论是在橡木桶还是不锈钢储酒罐进行陈酿的时候，酿酒师都会通入微量的氧气，这一操作可以补充甚至有时会替代换桶的操作，使其成为葡萄酒接触氧气的主要手段。这一处理方法有助于葡萄酒中单宁的熟成，与传统陈酿给葡萄酒香气风味带来的改变相比，这一技术使得陈酿时间大大缩短。对于很多刚刚酿造结束的葡萄酒而言，这一工艺使得其风格成熟得更快，也更加讨喜。另外，添加的氧气也会促进葡萄酒中挥发性物质的氧化，比如麝香葡萄品种中所含的萜烯类化合物，长相思、美乐等葡萄品种中的硫醇类化合物。但是这一处理技术在慢慢普及后，导致葡萄酒风格标准化、平庸化，大量的葡萄酒在酿造的过程中萃取了过量的单宁，如果不进行柔化处理，葡萄酒的风味将变得十分粗糙。事实上，现如今的酿酒师们如果能够在葡萄酒酿造方面更多追求平衡的风味口感，保留其品种香气特性方面多做工作，便会发现这并不难。而且对于消费者而言，葡萄酒的口感也会变得更加讨喜。

葡萄酒在与橡木接触时，会从橡木中溶解出许多不同种类的化合物质，通常使用的橡木桶的容积为225 L，并且每三到五年需要更新一次。从橡木桶中溶解出来的单宁物质含量非常少，溶解到葡萄酒中的浓度大约只有100～200mg/L，而从葡萄皮上萃取出来的单宁可以达到4～5g/L。葡萄酒还会从橡木桶中溶解出带有香气的挥发性物质，这些物质根据橡木桶的种类、木材原产地、制作成桶之前木材的干燥和成熟的状况，以及烘烤工艺不同而导致其性质和含量有所不同。这里提到的烘烤工艺指的是传统制桶时所采用的通过加热橡木板使其弯曲，进而达到定形的方法。如今我们使用的橡木桶多是采用的欧洲品种的橡木，比如卢浮橡（Quercus sessilis）和夏栎（Quercus robur），还有一种美洲品种的白栎（Quercus alba）使用的相对来说比较少。在我们看来，欧洲种橡木和美洲种橡木之所以会给葡萄酒带来不同风格的原因，主要在两个方面，一是木材本质上有所不同，二是烘烤程度。对于葡萄酒的陈酿而言，不会选择其他品种的木材来制作酒桶；而像是意大利艾米莉亚-罗马涅（Emilie-Romagne）地区所产的香醋（Aceto balsamico）则会采用栗子树、洋槐以及一些果树木材所制作的木桶，来进行陈酿培养。我们现在已知的从橡木中溶解释放出来的带有挥发性的物质大约有数十种，这些物质通常会带有烧烤、烘焙、香草、焦糖、香辛料的气息，并且这些香气在浓

度和强度方面也有着较大的差异。有时橡木也会对葡萄酒风味产生不好的影响，比如橡木味强度过高，掩盖了葡萄酒品种以及原产地风土所带来的香气特性。新橡木桶所带来的香气和新酿葡萄酒本身的香气差异非常大，但是随着时间的慢慢流逝，两者之间的风味差异会渐渐变小。许多伟大的葡萄酒在陈酿时会使用百分之百的全新橡木桶，在经过数年的陈酿后，葡萄酒的陈酿香气会带有轻微的木质香气；这些品质卓越的葡萄酒保留了自身原本的风味特性，并将其展现出来，没有被外来的香气所掩盖。橡木桶所带来的气味属于人为对葡萄酒进行添加改变的气味，在本质上不应该被称为葡萄酒香气的主体，不但不能取代葡萄酒中的其他风味，更不能成为葡萄酒唯一的香气表现。葡萄酒也不应该在经历岁月雕琢，果香味逐渐散去后，成为一瓶在木头中浸泡过的酒精饮料。橡木在葡萄酒中的使用应该像是厨房中的调味品一样，仅仅是用来增强食材原本的风味。葡萄酒经由橡木桶陈酿的初衷，是希望能够借助橡木桶来增强和改善葡萄酒自身的风味和香气，而不是为了去表现橡木所带来的气味，应该以低调含蓄的风格站在葡萄酒原本风味的背后来衬托、体现其品质，否则就真的是舍本逐末了。事实上，每个国家的消费者对于葡萄酒的口味和风味需求都有着非常大的区别，例如西班牙某些地区的消费者就比较偏好橡木味浓郁的葡萄酒，不论是红葡萄酒还是白葡萄酒，都一样偏好；根据产区产品的特性，还

能观察到有同样嗜好追求的来自美国加利福尼亚州、澳大利亚、南非和智利等地的消费者。另外，像是北欧地区一些非葡萄酒生产国家，或者生产量非常少的国家，却拥有非常好的葡萄酒市场，这些国家的葡萄酒消费倾向也很明显地偏向于橡木味重的葡萄酒。按照对葡萄酒中橡木味浓郁程度的喜好由低到高排列，首先便是比利时，一路向北到达英国、芬兰，转而是加拿大及美国等。相反的，像是德国、奥地利、瑞士，甚至是意大利等国家的消费者对于葡萄酒的需求更偏向新酿、果香味浓郁等特点，而不是橡木所带来的香气。

天然甜葡萄酒

如果以产量来分类的话，天然甜葡萄酒是一个比较小的类别，但是它所呈现的香气类型、陈酿香气却是不同寻常的。根据葡萄品种、产地、陈酿工艺（有氧或者无氧）以及陈酿时长等不同条件的差异，它们所体现的风味也是千变万化。在这个类别的葡萄酒中，我们将麝香葡萄所酿制的葡萄酒先放在一边不提，而是先来了解一下近年来才发现的这类葡萄酒中的一些化合物质特性。最重要的化合物之一糖内酯，一种带有咖喱气味的物质；呋喃酮，具有焦糖的香气。这两种物质结合在一起赋予了葡萄酒非常多变的香气类型，从新酿的新鲜果香到陈年老酒的复杂淡雅的风格，无一不囊括在内。在许多其他类型的葡萄酒中，我们也可以找到糖内酯和呋喃酮这类化合物质，但是含量相对很低，这些物质增加了葡萄酒香气的厚实程度，以一种阈下知觉的方式，也就是说，这类物质在葡萄酒中的含量并没有达到人体的感知阈值，事实上是无法被人体所感知到的，但是有意思的是，它们的存在对与葡萄酒风味的提升却是实实在在的。

作为具有香气的化学物质成分

葡萄酒爱好者及葡萄酒专业人士一方面常常会对葡萄酒中复杂多样的香气与口感到迷惑，另一方面葡萄酒中已知的物质成分也会造成这样的错觉。到目前为止，除了少数例外，我们并不能非常准确地将一些气味分子和感官所感受到的气味对应起来。比如薄荷醇物质是薄荷气味中的一部分，但是薄荷气味中的气味分子却不仅仅是薄荷醇。什么样的化学分子在感官感受中所起着什么样的作用，其化学组成成分是什么等，都会成为非常重要的难题。每一次感官感知到的气味都是在许多气味分子共同作用下完成的，并且这些气味分子还在持续不断地发生着变化，在昏暗的不锈钢储酒罐、橡木桶、葡萄酒瓶、甚至在阳光下摇晃的葡萄酒杯中默默地影响着葡萄酒的风味，或快或慢。意外的是，这一现象也让葡萄酒爱好者们非常形象地联想到哲学家莱布尼茨（Leibniz）在其《人类理智新论》（*Nouveaux essais sur l'entendement humain*，1765）中提的："大海的声音是成千上万水滴无声呐喊的汇聚。"

葡萄酒中的多酚与单宁物质在陈酿过程中所发生的变化，是葡萄酒陈酿香气的主要来源之一，至少对于那些含有优质单宁的葡萄酒来说是这样的。葡萄酒中的单宁物质是陈酿过程中所发生的变化的重要产物之一。赤霞珠葡萄品种的葡萄酒便是最典型的例子之一，在其陈酿之后，葡萄酒中的单宁衍生物也会因为带有香气而成为葡萄酒风味的一部分，而不仅仅只是在葡萄酒口感上发生改变，虽然陈酿后的葡萄酒口感会变得更加柔和细腻，一改新酿时的坚硬、收敛。

葡萄酒的缺陷：香气缺陷

许多葡萄酒酿造方面的书籍和文章都为我们描绘了数十种葡萄酒风味方面的缺陷，而大多数类型的缺陷都可以归属到香气方面。不久前的一个葡萄酒法定产区品鉴会上，有一位葡萄酒品鉴师，不知道是否有意想给同行留下深刻的印象，给出了大量类似吡嗪类化合物、乙基苯酚、氯苯甲醚、硫醇类化合物的专业词汇。不过，这样生硬的词汇也同样可以帮助我们系统性地认识这些气味缺陷物质的本质，相较于过去所使用的用来精确描绘气味的词汇而言，这些词汇更注重于了解气味的共性。而且这些物质的出现频率非常高，它们在葡萄酒中的含量通常以微克甚至纳克计。通常是采用"Sniffing"这种科学仪器来进行检测，比现有的其他仪器的灵敏度高出许多。

这份包含有数十种气味缺陷的名单现在变得越来越长。我们对其所表现的化学性质、对感官感受等特点进行总结分类，颇有成效，并且似乎成为一种比较容易掌握的简化后的分类技巧。

谨慎起见，我们将这些气味缺陷分为正常现象与成分出现的偏差和偶然出现的气味缺陷两类。

异常偏差

许多组织和企业提出了各种各样的方法、工具，甚至培训用以检测、识别这类香气缺陷。多方面的学习和训练可以增强对其的敏感性，但仅仅是针对训练时接触过的气味物质。而且个体与个体之间的差异很大，某些人非常敏感的气味特性或许会被大多数人所忽略掉。具有超级敏感的感知特性的品酒师可以在某些情况下成为特定的鉴别专家，但是这种超乎正常的能力也会给人带来烦恼，因为这种过于挑剔的感官特性会将某些葡萄酒中几乎可以被忽略的缺陷指出来，未免有些吹毛求疵，反而会让一个原本优秀的品酒师陷入错误的葡萄酒品尝怪圈。因为对一个可能存在的细微的、还难以下定论的感知差异进行争论是非常多余的，应该把品鉴的重心放在那些真正存在的严重缺陷上，这才能体现品酒师公正、严谨的态度。因此我们对于优秀品质的葡萄酒都抱有这样的品评态度：着重综合表现，而不是某项特长。所有受到认可的葡萄酒，就像受到耳聋困扰的贝多芬一样，并不影响他继续创作出伟大的音乐作品；跟断臂维纳斯也一样，尽管她没有双臂，但是又有谁不欣赏她的美呢？

接下来，简单举几个产生葡萄酒缺陷气味的物质及其相关来源。

健康的葡萄果实，但是由于没有很好的成熟度，甚至被过度破碎等，会释放出非常强烈的草本香气，甚至是猫尿味等不讨喜的气味。不同霉菌的生长会带来霉味、蘑菇味、醋酸味以及泥土味。不久前，我们发现、识别了一种亚洲种的瓢虫，十分罕见，会带给葡萄酒竹笋味、口水味、生土豆味等不良气味。

在葡萄酒进行酒精发酵和苹果酸乳酸发酵时会产生大量不同种类的衍生物质，其中高级醇占大多数，还有酯类以及相当数量的硫化物等。葡萄酒会带有口水、指甲油、甘蓝甚至大蒜等的不良气息，比较少见的是辛辣味。如果葡萄酒中的双乙酰含量过度，会产生过量的黄油味，甚至会有鼠臭味。近年来，许多葡萄酒专家对乙烯基苯酚所产生的酚化现象的香气产生了极大兴趣，这种类型的香气几乎在所有的红葡萄酒中都存在，尤其是在使用"Brettanomyces"酒香酵母来发酵的葡萄酒中，所生成的衍生物具有"Brette"气味。有人对这类酚化香气风格做了相应的定量分析。1989年，埃蒂耶旺（Etievant）的实验数据表明，博若莱（Beaujolais）葡萄酒中所含有的乙烯基苯酚含量在低于1.2mg/L时，香气风格讨喜；而当其含量超过2.4mg/L时，所产生的气味却令人厌恶。今天，一些经过训练的葡萄酒品酒师表示当乙烯基苯酚在葡萄酒中的浓度达到0.6～0.8mg/L时，所产生的气味已经足以令人感到不愉快了，这一数值几乎是普通消费者的感官感受敏感度的两倍，而对于普通消费者而言，这个浓度的气味能够使他们感到愉悦；这个数值同样远远高于埃蒂耶旺所得到的实验数据。在事先不告知的情况下，有

些知名的葡萄酒品尝专家将这类气味描述为享受到的野味，如野猪肉、炖鹿肉、俄罗斯或摩洛哥的皮革，又或是熟肉店里散发出来的兔肉味等。国家地域的不同，也赋予每个人品味喜好的不同。学会谦逊，并了解与尊重每个人的口味与爱好，摒弃所有偏见，是在品鉴葡萄酒的漫长道路上所应坚守的基础与原则。

有些葡萄酒在橡木桶或是不锈钢储酒罐中进行陈酿时，产生的陈酿香气有时会过于明显。在这种情况下，所产生的反常气味物质或者是过量物质，主要是由于陈酿管理缺失或不得当所造成的提前或过度熟成的后果。还有一些情况则是熟成过程中所产生的问题。比如严重的氧化或还原气味的缺陷，也就是说过量或者过少地与氧气接触所导致的问题。这类观察到的问题主要是由于质量管控方面出现了问题。根据我们的取样调查显示，这些产品多销售在饭店和超市，多产自葡萄酒酿造的农业合作社组织。这种风味上的喜好同样也和葡萄酒的种类、消费者的喜好以及当时的葡萄酒饮用潮流相关。除了少数例外，一款十分"年轻"的葡萄酒不可能表现得十分"老成"，而一款陈年葡萄酒也无法表现得像是新酿的葡萄酒那样富有活力。显而易见的是，学会品鉴葡萄酒的首要方式就是学会欣赏葡萄酒一生中最美妙的时刻。

现如今，葡萄酒最主要的缺陷风味是木塞味，来源于葡萄酒的软木塞，或是葡萄酒工艺处理等问题。

葡萄酒自身具有一定的抵抗能力，或者说"自愈"能力，保障其在陈酿的过程中逐渐熟成。但是它的脆弱程度也令人咋舌：所处环境的空气、温度以及大量的不规范处理都会让其品质受到影响。想要在短时间内获得一个非常棒的品尝体验几乎是不可能的。克服成千上万的艰险，最终能够以其最完美的状态呈现在消费者酒杯中，就可以称得上是奇迹了。今天，用来描述葡萄酒相关的感官感受缺陷的词汇非常多。为了方便了解，我们将先介绍和氧化作用有关的香气缺陷，之后是与还原作用密不可分的气味，当然还存在其他类型的香气缺陷。

我们曾经提到过，氧气是葡萄酒的敌人。无论什么情况，当氧气过度与葡萄酒接触时，我们便会产生这样的偏见。葡萄酒的氧化过程包含两个阶段：首先是氧气的快速溶解，主要发生在葡萄酒处理工艺或是在某些葡萄酒暴露在空气中的酿造阶段，只需要几分钟，氧气便会溶解在葡萄酒中；紧接着便是葡萄酒的缓慢融合，这一过程要持续数周甚至数月，并成为葡萄酒组成成分的一部分。只要葡萄酒中含有氧气，其氧化作用便会一直存在，葡萄酒中的香气物质也会一直发生变化，直到葡萄酒中的氧气降低到无法继续发生反应，达成新的平衡。葡萄酒中的亚硫酸和单宁会加速葡萄酒中所含氧气消失的速度。

对于葡萄酒氧化过程的不同状态，法语中对其有着相应的词汇来描述。在葡萄酒澄清、过滤、运输等过程结束之后，葡萄酒会进入疲劳状态，葡萄酒香气的强度会减少，变得粗糙，缺少果香味。我们会将其称作"battu"、"aplati"，是眩晕、昏厥的意思，也就是受到氧化。只需要经过"休息"，也就是静置一段时间，葡萄酒便能够恢复往日的活力。

当葡萄酒因为和空气过多的接触导致产生大量的自由醛物质，会发生轻微变味（mâché）的现象，导致这种现象发生的原因有很多，比如说葡萄酒在泵的作用下发生剧烈的搅拌，或者在装瓶时的操作过于粗鲁等。这种变味和葡萄果实受到挤压破碎，甚至压烂时的味道比较相似。我们也常常会遇到这样的葡萄酒，带有非常浓郁的苦杏仁味。这种风格的气味比上文提到的疲劳状态的葡萄酒氧化程度更重，但是相较于变质走味（eventé）的葡萄酒而言，要轻很多。这类葡萄酒不仅仅氧化程度很重，甚至一部分酒液已经被蒸发掉。葡萄酒的氧化气味并不会因为葡萄酒与空气接触便立刻产生，通常在数天之后才能够被察觉。

如果新酿制的葡萄酒所采用的葡萄果实多多少少出现了发霉的状况（这类葡萄酒对于空气非常敏感），就非常容易产生变质的气味。葡萄酒中的多酚物质在氧化酶的作用下，会使葡萄酒变浑浊，并产生苯醌的气味，让人很容易联想到变质的啤酒所散发的气味。如果散装的葡萄酒由于外界环境因素而经历低温甚至结冰等现象，也会产生"霜冻"的现象，这也是一种氧化现象所造成的风味缺陷。

硫化气味

时常会看到用硫磺来表示葡萄酒中的硫化气味，然而这种表达方式事实上是不正确的，而且葡萄酒中也不含有硫磺的气味。从化学的角度来说，二氧化硫或者硫磺酸酐这类物质，存在于大多数葡萄酒中，并且气味十分强烈，在葡萄酒中主要具有抗氧化和杀菌的作用，避免葡萄酒产生意外的气味缺陷，不但为葡萄酒在橡木桶、不锈钢发酵罐或是酒瓶中的酿造和陈酿阶段创造了良好的条件，甚至还省去了添加其他添加剂的麻烦。几乎所有的葡萄酒都含有二氧化硫，并且在酵母的作用下会合成带有气味的化合物。现如今，不含二氧化硫的葡萄酒很少，似乎成了一种奢望。葡萄酒中的二氧化硫主要起还原性作用，可以保护葡萄酒香气长达数十年之久。正常含量的二氧化硫有助于保持葡萄酒口感质量，而含量过高时，会导致葡萄酒香气发生闭塞现象，这时候只要将其通风放置一会儿便会恢复正常。在极端的情况下，葡萄酒中的硫化味会非常浓烈，这种气味非常难闻，唯一的好处或许就是提醒酿酒师不要将其在市场上出售吧。如果葡萄酒中不含有二氧化硫，则会有氧化风险，导致葡萄酒本身的香气受到损失，甚至变质。并且令人感到惊讶的是，通过众多实验的详细观察得知，葡萄酒大多数的香气缺陷都出现在缺少二氧化硫的葡萄酒中，而在含有"过量的"二氧化硫的葡萄酒中出现的概率则非常低。这"过量"的含量也是相对而言的，对哮喘病人会产生危害，而哮喘的患病率大约在2%～3%。二氧化硫的存在会引起哮喘病发作，但其并不是哮喘的过敏原。

当我们形容一瓶葡萄酒被氧化时，说明这瓶葡萄酒所经历的氧化反应和时间过长，导致风味无法恢复原来的样子，就像是染上了一种无法治愈的慢性疾病。根据葡萄酒品质和香气强度的不同，这种过度氧化的风味也会有不同的表现形式。在酸度较低的葡萄酒中，会出现类似煮熟过的难闻气味；而在酸度较高的葡萄酒中，则会出现烧焦甚至老化的气味。长期和空气接触的葡萄酒会发生醛化反应，但是葡萄酒中所含有的自由醛并不总是氧化作用的产物。比如菲诺雪利酒所具有的特殊香气，含有大量的醛类化合物，但这类醛类物质却并不是氧化反应的产物。因为菲诺雪利酒在陈酿的过程中，葡萄酒液面会产生一层酵母膜，降低了氧气与酒体接触的可能性，也就是说这些醛类物质是在还原作用下形成的。

马德拉化，或者说带有马德拉风格的葡萄酒，多是因为在陈酿过程中接触到了过多的空气，而发生的老化变质的现象，无论是在橡木桶中还是在密封性不好的玻璃瓶中都有可能发生。但是这些葡萄酒仅仅是在气味上闻起来有些类似马德拉葡萄酒，品质上根本不具备马德拉葡萄酒所应该具有的特点。而且葡萄酒的颜色也会出现发黄的现象，甚至表现出棕色，口感干涩，毫无品质可言。有的人根据其外观以及口感特色将其和汝拉地区的黄酒联系起来，但是无论从香气还是口感的丰富程度上，这种氧化过度的变质口感和汝拉的黄酒的口感相差甚远。

"rancio"一词的本意是古老、陈旧的意思，通常具有贬义的意思，比如说对于原本应该表现出新鲜风味的葡萄酒，事实上却显得老化、闭塞。只有在针对一些特殊的葡萄酒时，所表达的意思是褒义的，是陈年美酒的意思。比如一些酒精强化葡萄酒，在陈酿阶段会故意将其暴露在空气中，加强与空气中的氧气的反应，通常使用橡木桶或者短颈大腹的玻璃瓶来盛放，露天放置，不分昼夜，任凭风吹日晒。橡木桶的使用有助于加强这种风格的表现能力。在干邑和雅文邑等蒸馏酒领域里，陈年美酒这个字眼，通常形容这种烈酒在橡木桶中长期培养所呈现的令人愉悦的香气风格。

从化学的角度来看，氧化现象的另一面是还原现象，与葡萄酒的缺氧程度有关。通过检测葡萄酒中的氧气所呈现的压力状况，可以推断葡萄酒发生氧化或还原反应的可能性。在氧化反应可能性较低的情况下，葡萄酒的陈酿香气更容易变得浓郁、讨喜。我们称之为瓶中香气，这是因为葡萄酒瓶在软木塞的帮助下，可以非常有效地将葡萄酒密闭在玻璃瓶的环境中，而这一密闭条件有助于葡萄酒香气的形成与发展。

但是如果密闭性能太好，也会导致葡萄酒产生不好闻的还原性气味，甚至可以用臭味来形容。如果葡萄酒过早地与空气隔绝，或者被置于还原性比较强的环境下，它的气味在发展的过程中会出现闭塞的现象。

装在无色透明的玻璃酒瓶中的白葡萄酒受到阳光、白炽灯、荧光灯、紫外线灯光的照射，会产生"光味"。这种变质的气味现象同样也出现在相同储存条件的啤酒中。这种还原性气味的主要来源化合物为含硫的衍生物。现如今，我们已经掌握了超过五十种此类化合物，虽然它们在葡萄酒中的含量非常低，每升只有不到数微克，但是由于人体对该类化合物的感受阈值非常低，即使其含量很低，也会非常明显地显现出来，并且，这类化合物所产生的气味几乎普遍不讨喜。

用来描绘这类物质所产生的令人厌恶的气味的词汇有很多，例如，硫化味、蛋腥味、臭鸡蛋味等。由于这种气味产生的主要原因，归根结底是在酿造葡萄酒时期，葡萄酒与发酵之后所残留的酵母沉淀存放在一起过久，我们又根据其成因，将其命名为酵母沉淀的气味。对于新酿制的葡萄酒来说，香气类型表现有的是果香味浓郁，有的却是香气闭塞，还有的会带有强烈的硫化物气味，而造成这一不同的原因常常可以归结为葡萄酒不同的储存条件。对葡萄酒进行适当的倒灌、通风等操作有助于使这些气味缺陷从葡萄酒中消散殆尽。

葡萄酒的还原现象有时会产生非常严重的气味缺陷，导致葡萄酒品质严重下降，甚至难以饮用，比如蒜臭味、腐败恶臭等，让人无法接受。

葡萄酒的储存管理是一项非常依赖专业素养的工作，需要长期坚持不懈地通过品评进行品质跟踪和介入。不能抱着放任不管、任由其自由发展的态度来管理葡萄酒，因为不论是氧化作用还是还原作用所导致的气味缺陷，基本上都是由于酒窖管理人员的疏忽大意和管理缺失造成的，这对葡萄酒造成了无法忽视的巨大损失。

偶然出现的气味缺陷

想必很多人都听过这样的一个小故事，两个葡萄酒爱好人士在喝同一款葡萄酒时，其中一位表示自己闻到了轻微的皮革气息，另一位说自己尝到了铁的味道，并且为此争论不休。看似答案相差甚远，然而事实上两个人的说法都是对的，因为最后在装葡萄酒的瓮的底部发现了一个用皮套包裹着的铁钥匙。这则小故事在《堂吉诃德》（Don Quichotte）中便有记载，很明显，这是在向品酒师表达敬意。

葡萄树、葡萄果实及葡萄酒所具有的将外界环境中的香气吸收并在酒杯中呈现出来的能力，十分令人惊奇。葡萄酒中的难闻气味，常常与葡萄酒中霉菌所产生的霉味脱不了干系。很多情况下，这些气味缺陷的挥发性较弱，所产生的嗅觉刺激并不十分明显，只有通过饮用，当葡萄酒通过口腔之时，这些气味缺陷才会比较明显地显现出来。

葡萄酒中的霉菌来源可能是葡萄果实本身受到了霉菌的侵染，也可能是酿造设备及容器没有清理干净，导致在酿酒操作或者陈酿过程中受到污染。由于霉菌的种类及其生成产物的不同，导致这类气味的特性也不尽相同。为了便于识别，我们将这些风味缺陷按照其性质做出以下分类。

霉味：在对制作橡木桶的材料进行处理时，我们常常使用到含氯物质，甚至比较罕见的溴酚物质用以保护橡木桶框架、板材免受虫蛀、发霉等影响。在潮湿通风情况较差的环境中，霉菌会将

这些物质转化成气味强烈的氯苯甲醚和溴苯甲醚等化合物，这些物质带有明显的霉味。这些情况多发生在对葡萄酒进行换桶的过程中，通过葡萄酒软木塞而受到霉菌的感染情况相对来说比较罕见，而人体对其感知阈值很低，大约只需要十亿分之一克每升的浓度。因此，葡萄酒酒窖的通风状况成为酒窖管理中必须要重点注意的地方，如果情况严重到难以改善，有必要对其拆除重新建设。这种霉味和之前提到的"软木塞污染"的香气缺陷十分相似，只有通过色谱仪的检验分析才能找出两者之间的细微差别。

软木塞污染：这是一种很典型的霉味表现，大约2%～5%的葡萄酒会出现这样的现象，主要由橡木桶木材处理或是储藏过程中所产生的三氯苯甲醚所引起。预防和去除这种气味缺陷的工艺非常复杂烦琐。

软木塞味：这种气味直接来源于健康的软木，气味不太引人注意，是一种自然现象，但是比较罕见。

蘑菇味：这类气味的来源众多，已知的有1-辛烯-3-醇，还有很多物质成分尚未研究清楚。在发霉的葡萄果实中会出现这种气味，被称为碘化或是酚化的气味，会让人产生厌恶的感觉，也常常被称为化学风味。不过这个说法有些过于模糊，应当尽量避免使用这种词汇来描述此风味特征。

泥土味：葡萄酒中的泥土味存在已久，并且得到广泛认知。据研究得知，这种风味来源于放线菌所释放的一种被

称为土臭素（géosmine）的挥发性物质，在葡萄果实事先受到霉菌污染的情况下，会导致这种风味缺陷的产生。

坏掉的木头及软木塞味：这两种不同的气味缺陷时常会被人混淆。受到污染的葡萄酒常常会有木头味、软木塞味，口感方面显得干瘦，酒体不够圆润饱满。

老化、潮湿的霉味：这种气味缺陷是葡萄酒所有气味缺陷中最令人无法接受的一类。

艾蒿般的霉味：这种霉味非常顽固，持续时间很久，闻起来类似艾蒿的气味。

在葡萄酒业一直流传着一些比较有趣的传闻，比如松脂类香气的来源是因为葡萄酒中添加了松木木片；沥青味则是因为葡萄采收前夕，附近正在铺设柏油马路的气味所导致等。将葡萄酒中可能出现的气味缺陷及其形成原因列出一份名单是一个非常无聊的行为，而且这里面的某些风味缺陷本身就十分罕见，也没有必要用这些几乎很少出现的气味缺陷来打击葡萄酒爱好者们的积极性。

从数百年前，我们便已经能够识别、描述并掌握相当数量的香气缺陷，无论这些缺陷是否属于偶然出现的缺陷类型。现如今，葡萄酒行业的工艺技术已经能够将这些大多数的缺陷出现的频率降低很多。只有令人头疼的软木塞污染这一问题依然还在困扰着葡萄酒业的酿酒人士。

> "品味造就智慧，野兽只懂得狼吞虎咽，只有聪慧如人，才懂得细细品味。"
>
> ——米歇尔·塞尔（Michel Serres），1985

味觉

法语中"goût"这个单词既有品尝滋味的意思，同时也指辨别接收到的滋味好坏的能力。

我们通常将葡萄酒在口中引起的各种感官感受统称为"形成味觉的各种风味"。从化学的角度来理解，这是由可溶解在水中的化学分子所引发的感官感受，并且能够引起某些生理感受，例如收敛性、生硬、干燥之类的触感。

人体大约含有700万到1000万个左右的味觉感觉细胞，分布在大约7000到10000个味蕾中，这些味蕾又分布在数百个乳状突起中。这些感觉味觉的乳状突起不仅大量分布在舌头表面，还在口腔壁、上颚、会厌，甚至喉头部位都会存在。

根据这些乳状突起的外观、分布位置，以及所连接的神经，可以大致分为四种类型，具体如下表所示。

四种乳突类型

乳突类型	乳突数量	分布位置	味蕾数量	神经类型	感觉类型
菌状乳突	数百个	舌尖	3~5	耳鼓神经、面部神经、舌神经、三叉神经	化学感觉、触感、温度感觉
轮廓乳突	7~12		1000个左右	舌咽神经	
叶状乳突		舌头边缘		舌咽神经、耳鼓神经、面部神经	
丝状乳突		分散分布			触感

含有味道的分子在与味觉细胞上的纤毛接触后，会与特殊的蛋白质（G蛋白）发生反应，在15～100ms的反应时间内产生大约50mV的生物电流通过一个收集和传递信息的感觉神经中枢系统传导至下丘脑部位的神经中枢（三叉神经Ⅴ、舌咽神经Ⅸ、面部神经Ⅶ、迷走神经Ⅹ）。感受味觉刺激的细胞数量会影响生物电流的频率，并传达味觉感受的强烈程度。味觉的感受状态就像是一张"生物放电图"，揭示着分布在口腔中感受细胞所受到的味觉刺激的实时状态。和人们长久以来对味觉细胞的认识有所出入的是，味觉细胞并不是只对

某些特定的味觉刺激有反应，而是将其所感应到的所有刺激传输到大脑中，再由大脑将感受到的所有刺激信息解读出来，形成具体的味觉感受。通过对各个独立运作的神经元所传导的生物电流信号的精准测量，这种复杂的运作机制模型已经能够被清晰地模拟出来。

虽然我们认为并不存在对特定味觉进行感知的味觉感受细胞，并且任意一个味觉刺激分子都可以对任意感受细胞起作用。然而，舌头上不同部位对于刺激的敏感性是确确实实存在差异的，比如舌头对于甜味和咸味的刺激感受最敏感，而酸味在舌头边缘和舌下部位的刺激最为强烈，而舌面的中央部位对于酸味的感受较弱，舌根部位更容易感受到苦味，这也是为什么我们在吞咽的时候更容易察觉苦味的存在。口腔中其他部位则主要承担触觉感受功能，而不是狭义上的味觉功能。

四十余种味道

传统的观点，至少从柏拉图时代讲起，我们所提到的基本味道主要包含四种：酸、甜、苦、咸。很久以前人们便懂得从享受的角度来对味觉感受的印象进行描述，并创造出相应的词汇，比如"有滋有味的"（savoureux），"淡而无味的"（douloureux）等。一个世纪以前，日本科学家池田教授在1911年提出了"鲜味"的概念后，佛利翁在1980年通过对老鼠进行的味觉实验，验证了"甘草味"（réglisse）和"脂肪味"（gras）的独特性，同样对于人类而言，这两种味道也和之前所提到的基本味道存在不同。至此，人们发现的基本味道已经从过去的四种增加到七种，还有由于不同味觉而在口腔内产生的丰富触感，法语中用"somesthésique"来表示这种触感，前缀"soma"有着"身体，躯干"的意思，而"aisthesis"则意味着"感觉"，泛指通过皮肤、肌肉、关节等部位感受到的物质的位置、温度、质地等感受信息。描述这些感官感受的词汇经过数百年的积累，极大地丰富了我们对味道的认知，我们总结出大约四十余种常用的基本味道词汇，如下表所示。

基本味觉及味觉触感

基本味道					口腔触感		
甜	咸	酸	苦	涩	质地	刺激	温度
香甜	皂咸	尖酸		呛涩	坚硬—柔软	尖刺	热
	苛性咸	酸咸		干涩	干瘪—黏稠	刺破	凉
	碱咸			苦涩	厚重—轻盈	灼烧	
	盐咸			收敛性	光滑—粗糙	伤痛	
				金属味		辛辣	

	次要味道		心理感受
鲜味	甘草味	脂肪味	滋味十足
			平淡无味
			难以下咽

基本味道

甜味

甜味的代表物质为蔗糖，普通家用蔗糖的纯度可以达到99% ～ 99.5%，甚至更高。

从化学的角度讲，许多糖类物质都具有甜味，比如葡萄糖、果糖、阿拉伯糖、木糖等；还有一些非糖类物质也具有甜味，例如酒精、三氯甲烷、含铅盐、含铍盐等。历史上，罗马人曾大量使用氧化铅作为食品饮料的增甜剂。由于氧化铅具有毒性，铅中毒也成为罗马帝国走向消亡的原因之一。另外还有其他天然甜味剂，如索马甜（Thaumati），一种从天然植物的坚果皮中提炼出来的超甜物质，属于一种天然蛋白质；人工甜味剂则如糖精、阿巴斯甜等等。这些甜味剂的化学结构非常多样，有的分子量要远远大于蔗糖。

酒精的甜味

人们常常会忽略葡萄酒中的酒精所带来的甜味，然而酒精的甜度却超乎很多人的想象。在酒精浓度为4%（相当于32g/L）时，便已经有明显的甜度；而当酒精度达到10% ～ 12%（约80 ～ 96g/L）时，会产生一定热度；当酒精度达到15% ～ 18%（约120 ～ 174g/L）时，会有灼热感。如果在20g/L浓度的蔗糖溶液中添加4%的酒精溶液，则会发现混合溶液的甜味比原来更重。

这种现象是所有葡萄酒口感平衡的基础，尽管酒精本身并不是糖。这也解释了为什么无醇葡萄酒的酿造难度很高，如果葡萄酒中缺乏酒精，便失去了平衡酸味和苦味的因素，从而导致酸味与苦味在葡萄酒中表现得过于强烈。

甘油的甜味

甘油是葡萄酒在酒精发酵过程中所产生的一种天然多元醇，在葡萄酒中所扮演的角色也多局限在甜味上。通常在5 ～ 8g/L这个浓度下的甘油对葡萄酒风味的影响有限；只有当浓度达到15 ～ 20 g/L的高浓度时，才会有明显的甜度提升。而这种浓度的甘油多出现在贵腐葡萄酒中，不过此时甘油的所带来的甜味已经被贵腐葡萄酒自身的高甜度所大大掩盖。

数年前曾出现过一次影响很大的仿冒事件，有一批仿冒的奥地利葡萄酒被检验出在葡萄酒中添加二甘醇这种有毒物质，用来强化葡萄酒圆润的口感。这样的行为不仅非法，而且十分危险。不过现如今通过严格监管，这种行为已经完全消失。葡萄酒中会存在天然的乙二醇，没有毒性，并且含量很低，通常低于50mg/L。

有一些氨基酸结构的甜味剂具有超大分子团，比较典型的便是索马甜。而阿巴斯甜这种人工合成的甜味剂则是由两个氨基酸所构成。这些甜味剂即使在葡萄酒中的含量很低，也足以影响葡萄酒的甜度。葡萄酒中一些没有甜味的分子，如麦芽醇、呋喃酮等物质强化了这些甜味分子的甜度，而像匙羹藤酸（Acide gymnémique）这类物质则会掩盖葡萄酒的甜度。遗憾的是，我们现阶段的研究工作还不足以了解这类化合物的影响机制和运作原理。

咸味

食用盐的主要成分氯化钠是咸味的典型代表。从化学的角度讲，盐是酸和碱中和的产物，因此存在很多其他形式的盐类。葡萄酒中的咸味通常很少，比较难以察觉，除非葡萄酒自身的酸度过低。葡萄酒中的盐分主要起提味的作用，就像是厨房中使用食盐的功能一样。盐分可以通过增强甜味的感受而使葡萄酒中的苦味及收敛性降低，就像有人会在咖啡中放盐来减少苦味，用以替代白糖或者糖精的作用。

我们用皂咸或者苛性咸来表示咸味，这种刺激性的咸味主要是由于氢氧化钠和氢氧化钾引起的。彭赛列在其1755年的著作中，用碱咸或者盐咸来描述这样的味道，不过这些用法都已经很老旧了。

葡萄酒中通常含有2～4g带有咸味的物质，这些物质通常以阴离子或者阳离子的形式存在。

葡萄酒中具有咸味的主要物质

阴离子	含量（g/L）	阳离子	含量（g/L）
硫酸盐	0.1～0.5（1.0）*	钾	0.4～2.0
氯化盐	0.01～0.1（0.8）*	钙	0.05～0.2
亚硫酸盐	0.05～0.2（0.4）*	镁	0.05～0.2
磷酸盐	0.1～0.8	钠	0.01～0.1
酒石酸盐	0.5～3（5）		
苹果酸盐	0～2（5）		
琥珀酸盐	0.2～0.6		

*表示该浓度较为罕见

酸味

葡萄酒是人们日常所饮用的天然饮料中酸度最高的，并且其含有的酸的种类也非常之多，约上百种。其中一些来源于葡萄果实，比如酒石酸、苹果酸、柠檬酸，有时还包括葡萄糖酸；另一些则来自发酵过程的产物，比如乳酸、琥珀酸、醋酸等。这些酸通过水解产生的氢离子直接产生酸味，然而酸味的感受则相对更为复杂。酸的分子在失去氢离子后形成的酸根阴离子也参与酸味感受机制。因此，酸味的感受和酸根离子的数量有着直接的关系，而氢离子的浓度则显得不那么重要。

不同类型的酸

酸	味道特征	含量（g/L）	酸味强度排行		酸的强度	pK值
			固定酸	pH值		
醋酸	尖酸	0.2～1.0			115～139	4.89
抗坏血酸		0～0.1			46～48	4.10～11.79
柠檬酸	清爽	0.1～0.5	3	3	100	3.32～4.93
富马酸		0			178～185	3.03～4.41
葡萄糖酸		0～15			28～35	4.00
乳酸	略带酸味	0～5	4	2	91～96	4.06
苹果酸	生青味	0～5	1	1	128～137	3.64～5.32
琥珀酸	咸涩	0.2～0.6			112～116	4.38～5.83
酒石酸	粗糙，坚硬	0.5～5	2	4	140～147	3.23～4.59

在葡萄酒酿造学方面，我们使用总酸来衡量葡萄酒中酸度的指标，葡萄酒中的碱基（主要是酒中的钾离子）并不能完全中和所有的酸和pH值（葡萄酒溶液中氢离子浓度的负对数）。葡萄酒中的酸的总量在2.5～8g/L，在法国通常将总酸说成硫酸总量，尽管葡萄酒中并不含有硫酸。葡萄酒的pH值通常在3～4之间，也就是说氢离子浓度差约为0.1～1mg/L，相对浓度几乎达到10倍。在同样类型（产地、颜色等）的葡萄酒中，pH值之间的差异相对较小，在0.2～0.4之间，氢离子浓度之间的差异依然很高，在58%～150%之间。

人体感受到的酸度依赖酸类物质自身的酸性强度，酸的强度通常用pK来表示，数值越大，相对酸的强度则越弱。而且酸在不同的溶液环境中所表现出来的强度也是不同的，因此酸的强度排行也常常会发生变化。在葡萄酒中，苹果酸会带来生青水果所具有的酸涩表现，就像青苹果一样；酒石酸的口感则较为坚硬；而柠

檬酸更加清爽，带有一丝水果气息，类似柠檬和柑橘的味道；乳酸所带来的酸度微弱、更柔和，比较像酸奶的酸度；琥珀酸的酸味较为复杂，酸中带涩、带咸，在大多数发酵型饮料中都会出现这种风味；醋酸则显得较为坚硬、刺激、尖锐，通常和葡萄酒酒醋的味道一样。

葡萄酒品尝者在严格意义上来讲是无法尝到葡萄酒自身的酸味的，事实上感受到的酸味是唾液和酒液混合后的味道，相比原来的酸味要弱许多。每个人所分泌的唾液质量是不同的，这和个体本身、生理健康状态、饮食结构有关。一个人每分钟的唾液分泌量大约0.1～1.5mL，而品酒时，葡萄酒在口中会刺激唾液分泌达到数毫升之多。人体口腔的pH值要比葡萄酒多出0.2～0.9个单位，相当于口腔中的氢离子浓度要比葡萄酒中的氢离子浓度低。因此，口腔中的pH值差异变化幅度，相对于葡萄酒中pH值变化幅度要大很多，这也解释了为什么不同个体在不同环境下对于酸

度的感受喜好差异会如此巨大。人体对酸度的感受机制很简单，也是最基本的感官运作原理，然而在很多情况下都没有受到人们应有的重视。

尖酸、酸咸等对酸味特征的描述则是酸味另一种角度的表现形式。

苦味

个体对于苦味感知的灵敏度差异很大。一般情况下，苦味被认为是令人不悦的味道，甚至可能是危险的信号，这可能是因为许多自然的有毒物质都带有苦味。苦味的传导途径通常和甜味、鲜味相仿，但是存在一些其他形式的苦味，以及一些只能对某几种类型苦味进行感知的感知细胞。这或许可以解释为什么个体之间对于不同物质所引起的苦味的敏感性差异巨大。苦味可以被甜味所掩盖，咸味可以削弱苦味带来的影响；而酒精则会放大苦味，使其愈加明显。

在葡萄酒中，呈现苦味的物质基本上来自多酚类物质，例如酚酸、单宁。苦味物质会给葡萄酒带来涩的口感，也就是常说的收敛性。葡萄酒在管理不当时，会出现"苦化病"，这主要是由于葡萄酒中存在的某些乳酸菌使得甘油分解形成苦味的产物造成的，不过这种意外现象如今已经相当罕见。

对于各种基本味道的不同敏感度

每个不同的个体对于主要的基本味道的敏感度或多或少都会有些不同。史密斯（Smith）和玛戈尔斯基（Margolskee）在2003年的实验研究中，将实验对象分为A、B、C三组，分别对应着甜味敏感、咸味敏感、酸味敏感，通过对受到味道刺激而产生的神经脉冲数量进行测量，也证实了上述事实。这些天生的、由基因而获得敏感度，本质上是可以通过后天的训练而发生改变的。

例如，我们从法国国家标准化协会（AFNOR）所描述的原理中吸取灵感，准备四种不同溶液来加强自身味觉灵敏度的训练。对于葡萄酒爱好者来说，也可以自己尝试训练。四种不同味道的溶液，溶剂本身使用纯净水，矿物质含量极低的水也可以。分别加入含量为2g/L的酒石酸、20mg/L的盐酸奎宁、6g/L的食用盐、32g/L的白砂糖。接下来将其分别稀释到原浓度的1/2、1/4、1/8，直到1/32倍。我们便可以进行品尝排序，需要以盲品的方式进行，最终得到一个浓度由低到高的排序。每个人经过品尝识别到的最低浓度则代表了这个受试者当时感官的敏感度。以此类推，我们也可以用这种方法来检测其他味道的敏感度，例如明矾（涩、收敛性），硫酸亚铁（金属味），甚至气味如柠檬味、香草味、百里香等。可以尝试的名单不仅仅止于上述几种，对于多数结构简单的气味或味道物质，这种方法都适用。

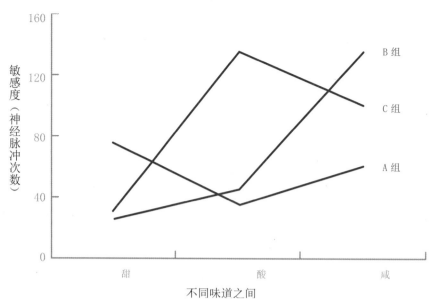

敏感度（神经脉冲次数）

160

120

80

40

0

甜　　　　　酸　　　　　咸

不同味道之间

B 组

C 组

A 组

不同味道的敏感度（史密斯，玛尔戈斯基，2003）

次要味道

鲜味

　　日本科学家池田菊苗先生率先对鲜味做了定义和解释，在日语中"Umami"就是代指鲜美、美味的意思，并且这种味觉感受在亚洲人的饮食中出现频率很高，比如越南餐饮中常常会使用到的鱼酱（Nuoc nam）就有着浓郁的鲜味。在西方的食品工业中，通常会使用谷氨酸钠（欧盟编号E621）这种食品添加剂来给所生产的食品提高风味，也就是常用的味精，它成为鲜味的主要来源。谷氨酸钠也存在于许多日常食材中，比如坚果、花椰菜、西红柿、竹笋、葡萄等。不过，还是海鲜水产品中所含有的谷氨酸钠更多。古罗马人所食用的"Garum"以及现代普罗旺斯地区人们食用的"Pissalat"都属于鱼酱的一种，被当作

调味品使用。这些鱼酱都属于发酵过后的产物，还有火锅、酵母萃取物，以及浓缩的块状高汤调料等也具有丰富的鲜味。不过对于这种味道在葡萄酒中所扮演的角色，我们还不甚了解，毕竟对于西方人的味蕾来说，这种微量的含氮化合物所具有的鲜味味道依旧比较陌生。

脂肪味

　　蒙马耶在2005年的研究成果中证实，在一些老鼠的味蕾中存在一种名为脂肪酸受体（Fatty Acid Receptor）的蛋白质，同时又被称为CD36，对于脂肪酸有亲和性，并且这种脂肪酸受体同时对于消化道有着强烈的促进作用。这种蛋白质还会造成肥胖症患者对于食物中油腻物质的摄取。同老鼠一样，人类的味蕾中也存在这类脂肪酸受体。

　　葡萄酒酒体中含有的脂肪酸含量非常低，仅仅只有数毫克每升，这些脂肪

酸主要来自于葡萄果皮上的果霜，还有酵母。

这里提到的"脂肪味"和我们用来描述葡萄酒酒体的油腻、圆润之间并没有直接联系，因为通常描述葡萄酒酒体圆润、香醇等多指葡萄酒在口中的感受。

甘草味

佛利翁提出的甘草味，是指由甘草中所含有的甘草酸物质所带来的味道。对于它在葡萄酒中所起的具体作用，我们暂时还不甚了解，尽管我们已经发现葡萄酒中甘草味道的具体来源。

味觉触感

口腔中的味觉感受并不全是化学性质的，除了之前提到的几种味觉以外，还有许多由口腔黏膜组织感受、感知的物质成分，而这些感知反应普遍为物理性质的味觉触感，并且通过三叉神经将感受到的刺激信号传输到大脑神经中枢。食物所产生的味觉影响并不仅仅局限于简单的味道上面，并且通过质地影响着口腔的感受，比如食物质地的坚实程度，软糯还是酥脆，圆润、甜美等，并没有固态食物或是液态食物之分。我们将葡萄酒通过口腔感受所带来的不同触感进行分类，得到以下几种类型。

涩感

法语中涩感（astringence）这一单词来源拉丁文中的"astringere"，意思是干涩、粗糙、缺乏润滑。葡萄酒中涩味的来源则和单宁的存在有着直接

的关系，这种物质会和口腔中的唾液及蛋白质起反应。丹娜葡萄品种的名称Tannat就来源于单宁（Tanin）。Tanin这个单词，顾名思义，这种葡萄品种的单宁含量非常高，并在法国西南部马迪朗产区和乌拉圭都有广泛种植。明矾（十二水合硫酸铝钾）也具有类似单宁的涩感，被称为化学单宁。咀嚼干燥的木头或者甘草梗也会有类似的口感。单宁的种类很多，并且具有不同的化学分子结构，而唾液中所含的蛋白质成分也有所不同，这些原因综合起来，导致描述这种收敛性带来的具体涩感特征变得十分困难。

通过图表我们得知，通常由单独一个或两个分子构成的多酚类物质，我们称之为小分子结构多酚，多具有苦味、酸味、生青味；而由五个到六个以上的基本分子构成的多酚物质，我们称之为大分子结构多酚，此类多酚物质惰性较强，很少与其他物质发生反应。构成单宁物质的多酚类分子团结构通常为中型，由数个基本分子进行氧化缩合形成，具有较强的收敛性。仅就葡萄酒酿造学科来说，近五十年来，在P. 里贝罗-嘉永、Y. 格洛列、M. 布尔泽，以及M. 穆杜奈（M. Moutounet）等研究学者的辛勤工作下，葡萄酒化学在单宁研究方面有了长足的进步，但是由于单宁的物质活性较强，实验室中所获取的高纯度单宁物质难以保持稳定，导致无法完全揭开单宁物质的神秘面纱。因此，对于单宁的研究仍旧任重道远。

葡萄酒中来自葡萄果梗与葡萄籽的

单宁相较于果皮中的单宁物质口感要更加粗糙，涩度更强。来自后者的单宁显得较为丰满、圆润，但是如果葡萄成熟度不足的话，葡萄果皮当中的单宁会呈现出草本植物风味。现如今，我们已经能够很容易地通过测量得出葡萄酒中所含的单宁总量及类型，这主要归功于对每种单宁物质的化学结构及其所对应的受体蛋白质的掌握。单宁强度指标常常被用来作为分辨单宁性质的重要指标。这套分析方法的确能够得到单宁之间的强度关系，但是现如今只有品尝手段才是准确辨别单宁质量唯一有效的办法。无论单宁在葡萄酒中的含量多与寡，或是与葡萄酒中的其他物质发生的反应，都只有通过专业性的品尝才能够得到准确的结果。

在连续不断的品尝中，发现对于单宁的感受会发生累积现象。当食物中pH值升高，或者存在糖类、甜味剂、果胶、蛋白质或者羧甲基纤维素物质时，涩味会减少。这也是为什么在冰淇淋和奶油食品行业的生产过程中会经常添加羧甲基纤维素这种稠化剂，来降低涩味对最终产品的影响。

我们通常会用收敛性来形容涩感，这个词的法语styptique来自希腊语中"stuptikos"，意为收紧、紧缩。涩感也会用金属味来形容，这是当葡萄酒出现了过量的铜离子（含量在5～10mg/L）和铁离子后出现的味道。这类感官触觉会被描述为呛涩、苦涩、甚至有些像墨水、墨汁的味道。对于这类味道的描述相较于感知来说要难得多，毕竟对于这种令人不快的口感，要察觉出来还是容易得多的。

结实与浓稠

consistance一词在描述固体食物时有着结实、坚实的意思，而在描述液体食物时，我们常常会使用浓稠、光滑、粗涩，又或者是结实、圆润、干瘦等一干词汇来形容葡萄酒中基本呈味物质所形成的酒体的综合感受。就像是厚重或者轻盈这样的词汇，前者用来形容葡萄酒酒体的浓郁、香气的丰富及强烈程度，后者则表示酒体风味寡淡、简单。

刺激性

从卢克莱修时代（约公元前一世纪）起，对于刺激味道的描述便已经出现了相应的记载，比如尖刺感、刺破感、灼烧感、辛辣感等用来描述口腔黏膜、肠道、鼻腔以及皮肤所受到的感官刺激感觉。比如说，法语中便常用brûlant来形容辣椒素所带来的灼烧感。而且由于这种物质广泛存在于辣椒、菜椒等蔬菜中，人们对其感受识别度很高。辣椒素造成的灼伤感类似于人的伤口或者受感染部分的疼痛感。我们通过斯科维尔指数（Indice Scovill）来对辣椒辣度进行评定测量，0度代表温和，通常在40度以上的辣度就已经足以令人印象深刻了，更别提安提列斯地区与泰国所产的辣椒了。葡萄酒中所存在的酸性物质、二氧化碳气体以及酒精可以加强辣椒素带来的刺激感觉，甚至在不存在辣椒素的情况下，这些物质也会造成类似灼烧的刺激感觉。

温度

舌头上的味蕾对于温度变化十分敏感，连微小的温度变化也能感受到。口腔自身带有的温度会增强挥发性物质的挥发性，从而增加其被感知的可能性。

我们对于一些物质带来的清凉感同样比较敏感。薄荷带来的冰凉感觉和酒精、辣椒素带来的灼热感，被统称为"假性温度"。这类物质会对位于口腔中味觉感受器旁的特异型感受器发生作用，从而使人产生这种温度幻觉。无论是真实的温度变化，抑或是这种假性温度感受，在品鉴活动中，都会对最终的品尝结果产生影响。

享乐视角的味觉感受

我们偶尔会使用平淡无味、没有滋味，甚至难以下咽等词汇来对所品尝的葡萄酒给予某种价值判断。这种评价描述既不关乎葡萄酒的风味，也不是个体味觉感受的具体表达，但是却经常出现在葡萄酒最终的品尝描述中，或许这是葡萄酒感官感受在我们大脑中所留下的一种深层次的心理反应。

前文所提到过基本味道、次要味道、口腔触感以及享乐视角的味觉感受等方面的细节描述目的，并不是要将葡萄酒品尝复杂化，而是想由此展示品尝学科的所涉及的丰富知识、细腻情感、敏锐的感知能力等特点。几乎所有的葡萄酒基本框架都是由四种基本味道及涩感构成的，其他味道则是作为这个葡萄酒框架上的修饰，使得葡萄酒最终的风味展现出完美的状态。

矿物质味道

葡萄酒中矿物质味道的概念在数年前还并不为人所知，只是对于这种风味特征提出的一个抽象概念。现如今，矿物质味这个词在葡萄酒专业评论人士品尝笔记中被频繁提及，而普通消费者很少使用，这也是因为这个词所描述的风格较为模糊，不能详细呈现物质风味，对于做事风格过于认真的人来说，还真有点吊人胃口。所以这种矿物质味的特性究竟是什么呢？我们又如何在葡萄酒中找到它呢？

一些可供参考的定义

无论是《法语宝典》还是常用的《拉鲁斯词典》对于矿物质化（minéralité）都没有详细的解释。在罗伯特（Ed.Robert）的《法语历史词典》中对于矿物质味是这样解释的：专业用词，多指水中所含有的矿物质盐所产生的风味特性。马丁·库提尔（Martine Coutier）在2007年出版的《葡萄酒语言词典》中对矿物质味的解释也是如此，认为矿物质味是新定义的词汇，现代词典暂时还未收录。

《法语宝典》电脑版中的解释，认为minéralité一词"和无机物有关"，"会带来矿物质味"，由minéral衍生而来；国家语言词汇编纂中心（Centre national de ressources textuelles et lexicales）给出的解释则为，"来自土壤内部或表面的所有无机物质"；《拉鲁斯词典》对其的描述则是"由无机物组成的物质"。

法国人常用的法语词典中，在化学基础方面，将含碳的化学成分归类为有机化学，不含碳的划归为无机化学。那么这些词真实的出现频率如何，并以何种方式出现呢？

伊夫·勒夫尔（Yves Le Fur）在2013年通过谷歌搜索引擎进行快速检索得到以下数据，搜索关键词"葡萄酒矿物质味"，总共出现20300条相关信息，与"白葡萄酒矿物质味"有关的信息共有62000条，与"葡萄酒中的矿物质"相关的信息有7730条。据统计，全年出现的与"葡萄酒矿物质味"相关的信息共计不超过677000次。

minéralité一词第一次出现是在玛格丽特·杜拉斯（Marguerite Duras）的文学作品中。而该词在葡萄酒相关著作中第一次出现的记录并不详细，但可以肯定的是，离现在并不远，大约就在十来年之前。马丁·库提尔在他的《葡萄酒语言词典》中所给的几种定义如下："给葡萄酒带来的如岩石等矿物类气味或味道"；"塞伏尔－曼恩密斯卡岱（Muscadet-Sevre et Maine）产区葡萄酒所带有的特别矿物风味"（1997）；"香气具有很强的矿物味，白色石头，石灰岩，香气细腻，结构紧实，酒体坚实"（2000）；"夏布利产区白葡萄酒所带有的特有的矿物质风味（燧石、打火石）"（2001）。

葡萄酒中的矿物质成分含量非常低，几乎不会高于2g/L，而葡萄酒中存在的有机物成分却通常在100～200g/L，所以，如何正确地使用这类词汇去描述葡萄酒的特殊风味，是值得我们仔细考量的。

矿物类词汇拓展

石头类别	石块，岩石，燧石，花岗石，鹅卵石，白垩，岩石味，石中水，干燥或潮湿的石头，摩擦鹅卵石的味道，石灰岩，打火石
矿物	滑石粉，石墨，石灰，碘
有机成分	汽油，石油，贝壳，新鲜牡蛎，硫醇，苯二甲硫醇
气味	烟熏，焦油，煎，花香，水果香，墨水，还原味，白胡椒，樱桃味
宏观印象	泥土香气，葡萄酒醇厚，纯净口感，清爽，有活力

特殊的含意

minéralité一词在使用时常会和一些固定词汇搭配使用，并且与葡萄酒所表现的风格类型息息相关。

这个单词由于意义繁多，常常会将不同的术语放在一起使用，有时会造成前后矛盾的状况，比如有机和无机，石灰岩和燧石，也就是碱和酸的意思。最常用的表达方式"打火石的味道"或者"鹅卵石的味道"这两种也会引起一些理解上的麻烦。打火石曾经最常出现在旧时的滑膛枪上，上一次大规模使用这种武器还是在1525年的帕维亚战役中，这种武器似乎从1700年就逐渐退出人们的视野了。所以，到底如何形容这种在鹅卵石、燧石、石灰岩中都存在的物质的味道呢？

相关用法

依据之前所提供对minéralité做解释说明的资料，我们可以根据葡萄酒类型和年份大致知道这个词在葡萄酒中的出现频率。

下表中提到的一系列随着时间的发展而发生的对于矿物风味描述频率的数据变化，其中产区、年份、数据来源都是重要的影响因素，特别是夏布利产区的数据很好地体现了该产区的葡萄酒的特殊风格。

白葡萄酒的相关统计数据

产区	年份	数量	提到矿物质风味的比例
夏布利*	1991	80	3%
	2009	135	25%
	2012	134	80%
桑塞尔*	1991	28	0%
	2009	62	16%
	2012	42	29%
西南*	2012	55	2%
西南**	2012	15	0%
法国东北**	2012	16	25%
卢瓦河山谷**	2012	53	28%
世界主要产区***	2009	4391	2%

*数据源于《哈榭特葡萄酒指南》（*Guide Hachette des vins*）

**数据源于国际烈酒品评赛（Vinalies）

***数据源于国际葡萄酒大赛（Citadelles du vin）

伊夫·勒夫尔和洛朗·戈蒂埃（Laurent Gautier）在2011年的著作中对于矿物质味和矿物化味的解释，认为这些物质风味是和活泼、清爽的风格联系在一起的，并且认为这种风格是矿物质风味的基础所在。顺便要提到的是，红葡萄酒中出现矿物质风味的概率很低，还有一些品鉴者对于这种风味的敏感度也非常低。每个人都有自己的用词习惯和描述所感受到的香气的方式，前提是要让非葡萄酒行业内人士能够理解所要表达的意思，只要做到这样就足够了。

葡萄酒"矿物质风味"机制

对于葡萄酒"矿物质风味"机制的描述，我们首先要提到的是葡萄酒中所含有的矿物质元素。经过相关研究分析，正常的葡萄酒中最主要的矿物元素为钾，含量通常在$1 \sim 2g/L$，其次是钙和镁，含量在$0.1 \sim 0.2mg/L$，少量钠元素，以及微量到几乎不会影响葡萄酒风味的铁和铜元素。还有一些硫酸盐、磷酸盐、氯化物，一部分来源于土壤，另一部分则来源于葡萄酒传统酿造工艺中的有关添加剂。在葡萄酒中的总含量约在 $1 \sim 2g/L$ 之间浮动，不同类型葡萄酒之间的差异很小。这类物质会使葡萄酒变得浑浊，而且会生成沉淀。直到今天，我们还没有找出该物质的浓度与矿物质风味、葡萄酒风味之间的关系，除了在葡萄酒发生质量问题的情况下，比如葡萄酒出现咸味。

我们认为土壤的构成成分是造成葡萄酒矿物质风味的主要原因，也可以说是唯一的因素。多年的实验观察让我们发现土壤中石灰石和硅石的含量并不能明显地体现在葡萄酒的组成成分中，只能说葡萄园土壤中石灰石成分含量越高，也就是说碱性越高，pH值越高，最终酿成的葡萄酒酸度也就越高。只有大量的钾离子会比较明显地使得葡萄酒酸度降低，但是过量的钾离子会在葡萄酒发酵结束后，和葡萄酒中的酒石酸结合形成沉淀。钾和镁两种矿物元素在不合理的浓度下会影响葡萄酒的正常陈年，导致葡萄酒出现沉淀物，并且往往会使葡萄酒出现较为强烈的草本植物气味。

2003年，富永（Tominaga）研究团队识别了一种具有挥发性的硫醇物质，名为苯二甲硫醇，并且认定"打火石味"主要来自该物质成分。感知阈值在 $0.3ng/L$，在葡萄酒中的感知阈值则会提高100倍，通常在以霞多丽葡萄品种酿制的葡萄酒中含量较多。

因此，葡萄酒中的矿物质风味既可能来自不同的矿物质盐，也可能是挥发性的硫醇类物质。在这样的基础上，我们至今还未能用科学的方式确认和证实葡萄酒中的矿物质风味，但是对于矿物质风味描述的研究脚步不会因此而放慢。

关于这个新词的总结

每个人都有根据个人习惯来使用词汇的权利，但是如果由于使用方法过于个人化，使得他人无法理解，或是产生误解，则背离了个性的初衷。在葡萄酒的世界里，minéralité一词似乎会和酸性、碱性、还原性、焦油味等物质风味都能挂上钩。这些传统词汇在词典中已经有充足的解释，但是如果细究起来，便会发现这些词的意思完全不同，甚至会出现矛盾的现象。

此外，也很难找到另一种风味来模拟甚至代替minéralité的风味，即使实验室来合成也几乎不可能产生这种和大多数口感香气都不同的风味。直到今天，我们对于葡萄酒组成成分和"矿物质风味"之间的关系仍然没有搞清楚。

我们期待有一天终将拥有足够的知识来了解这种风味，并给予其明确的定义。不过在今天，我们还是要承认这种只可意会、不可言传的风味特征，已经成为葡萄酒众多难以描述的风味之一。

"玫瑰人生般的锦绣前程，就好似欣赏一杯香贝丹地区的红葡萄酒。"

——大仲马

颜色、香气
与味觉的平衡

我们之前围绕视觉、嗅觉和味觉功能阐述了其在葡萄酒品鉴中的功能，接下来则是要回归葡萄酒这一真正的主角上来。毕竟所有的感官功能最终都是集中作用在葡萄酒上的。我们将这几种感官功能分开，是为了便于理解葡萄酒风味是否平衡，或是某一方面的特性是否过于明显。

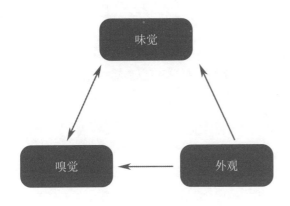

感官感受之间的基本关系

上图表明味觉与嗅觉之间存在相互关系，而外观方面对于味觉和嗅觉也有着细微影响。人们通过"眼睛"来选择食物这句话看似将问题简单化了，但不得不承认的的确确是这样的；最好的例子就是好的餐厅在食物的摆盘上都下了很大的功夫，外观上就让人充满食欲。

葡萄酒的构成
成分与品尝特性

葡萄酒的特性，比如它的优点及不足都与它自身的化学结构成分，与它本质上是一款由葡萄果实经过发酵而成的天然饮料有着必然的联系。

一方面，葡萄酒中含有固定酸、糖类、盐类以及酚类物质，每种物质都有自己特殊的风味，并且在葡萄酒中彼此之间会发生拮抗或者协同作用，产生风味加强或者减弱的效果。如果不考虑糖分的影响因素，上述物质在葡萄酒中的含量大约在 20～30g/L，所形成的酒体也会表现出极为"瘦削"的风貌。所以我们说葡萄酒的风味是由其中所含的各类不同的物质之间相互作用而产生的综合风味，构建了葡萄酒的基本"骨架"，使得葡萄酒整体风味变得和谐自然。现如今，我们对于葡萄酒中这些具有味道的大多数组成成分的物质来源已经十分了解，尽管在葡萄酒中的含量只有数克，甚至不到1g/L，但是它们毫无疑问是葡萄酒"骨架"最重要的组成基础。

另一方面，葡萄酒所含有的挥发性物质同样作为葡萄酒风味的一部分而存在，我们可以通过酒杯和嘴巴非常轻松地感知到这些物质的存在，只是存在的量有所不同。酒精就属于这类挥发性物质之一，在葡萄酒中的含量约为 $90 \sim 120$ g /L。同样的，葡萄酒中不同的挥发性物质之间也会发生类似协同或拮抗的作用，只需要大约一两克每升的含量便可以使得葡萄酒的香气发生强弱变化，掩盖或增强已经存在的香气，甚至还会产生新的气味。这类挥发性物质的种类多到令人惊讶，而且含量通常也很少，因此也不便于对其进行分析。尽管我们每年几乎可以发现一千多种挥发性物质，但这并没有帮助我们确定葡萄酒香气与挥发性物质浓度所存在的比例关系。然而，值得注意的是，相比其他物质，此类挥发性物质对于葡萄酒品质的典型特征起着更重要的作用，也是这些物质赋予了不同葡萄酒不同的特殊个性。

味道特征与口腔触感可以被认为是构成葡萄酒味觉感受的基础，除了味蕾所接收到的相关味觉刺激以外，还包含味道以外的其他口腔感觉感受，这些相关因素整体上构成了葡萄酒味觉感受方面的基本特征。概括来说，葡萄酒的物质组成由两部分构成，其中一部分属于可以刺激味蕾，从而产生味觉的物质；另一类则是产生嗅觉刺激，使人闻到香气的物质。味觉与嗅觉之间的关系密不可分，彼此之间相辅相成，错综复杂。味觉功能一方面体现在由于香气在嗅觉方面的表现而受到了强化，另一方面味觉功能也突出了香气功能的表现力。

在对葡萄酒展开品鉴、分析前，嗅觉与味觉方面的平衡是我们首先要接触、认识的重要部分。前者主要为葡萄酒的香气通过鼻腔和口腔的表现，后者则包括口腔触感与味道，属于广义上的味觉表现形式。在葡萄酒感官分析中所提到的"平衡"，在这里有两个意思，一是"不同事物之间，甚至物质特性相悖的事物之间，彼此和谐共生，达到协调一致的状态"，另一种解释则更为直接，"物质中不同的组成部分之间，彼此含量比例协调，使其能够发挥出各自最佳的特性"。对于那些品质优异的葡萄酒，所包含的味觉元素和嗅觉元素两者之间的关系表现得恰如其分，也使得葡萄酒感官感受的整体性更加突出。每一个部分所具有的和谐、适当的比例关系，使得葡萄酒中的各个物质部分之间能够融合起来，形成一个平衡的整体。如今，葡萄酒风味的平衡概念已经成为葡萄酒品鉴领域的共识，是对葡萄酒品质进行感官分析的基本条件。为了便于了解、认识葡萄酒风味表现失衡的现象，我们给出以下几个香气与味觉表现失衡的例子，希望能够更加清楚地说明这个问题。白葡萄酒酸度缺乏时，会导致葡萄酒的香气表现暗淡，清爽度下降，缺乏活力。甜度过于强劲的葡萄酒常常会缺少水果类香气，并且会使得酒体显得绵软，风味黯淡。如果红葡萄酒的单宁含量过高也会掩盖其所含的水果类香气。有些葡萄酒的香气浓郁饱满，然而酒体较轻、瘦弱，缺乏协调感。相反，一些葡萄酒酒体结实，口感醇厚，在香气的表现上却往往差强人意，稀疏淡薄。导致这种香气匮乏的原因很多，有可能是葡萄品种本身特性的缘故，也可能是单位亩产量过高，还有就是由于气候炎热导致葡萄成熟度过高等等。葡萄酒中含有的果香味和单宁之间存在着此消彼长的关系，这是我们都了解的事实，但是有时却会被人刻意忽略。葡萄酒酿造工艺中在澄清阶段所进行的下胶操作，有助于葡萄酒释放出新鲜的香气，而这些新鲜的香气在陈酿过程中则会慢慢熟化成为葡萄酒的陈酿香气类型。因此在酿造阶段，对于葡萄酒中的过量单宁所采取的降低手段，也是用来增加葡萄酒香气类型的明智之举。不得不说，现实中存在着许多的葡萄酒，其风格明显是为了追随一时的消费习惯，甚至是一时的潮流，而忽略了对葡萄酒风味感知特性所要求的永恒法则——平衡。这一风格的葡萄酒必不会改变葡萄酒的品评规则，终究会在时间的洗礼下逐渐消亡。

让·里贝罗-嘉永曾对于葡萄酒香气和味觉感受之间的平衡关系提出了相当有意义的见解：

"我们不妨构建这样的一幅图画，一瓶优秀的葡萄酒，其酒体所具有的浓稠程度和坚实感，或者确切地说是葡萄酒的质地，所包含的物质成分给予了葡萄酒展现其芬芳香气的机会。这方面和水果一样，其质地方面的表现对于品质的影响极其重要，且并不仅仅局限于物理方面的性质，同时水果自身的味道、香气表现会在口腔中，通过舌头、通过味蕾，从整体上给予感受信号，从而得到对该水果品质的综合评价。"

上述原理同时也是美食艺术领域的通则：一道美食，除了本身滋味上要达到和谐以外，在入口后所散发出的香气也应该显得协调融洽。如果饭菜中少放一些盐，即使香气上变化不大，但是食物整体上的风味却会因此和预期的风味表现相差甚远。

让·里贝罗-嘉永同时对于葡萄酒风味和谐的表现提出了自己的看法，并且将葡萄酒酒体结构的特征和挥发性物质的风味特征考虑在内：

"一款优秀的葡萄酒的风格特性会通过其强劲且细腻的口感及香气表现出来，整体结构完整，风味浓郁宜人。其所含有的具有风味的物质组成成分，不仅在含量上十分丰富，而且其中呈味物质与呈香物质之间的比例和谐，使得葡萄酒的风味个性得以完美的展现。"

在19世纪下半叶，人们对于葡萄酒的组成成分还停留在一知半解的程度上。人们认为葡萄酒中含有一种名为"œnanthine"的物质，葡萄酒品质的高低完全取决于该物质的含量，然而这种物质成分完全是由人们假想出来的，事实中并不存在。

后来，许多人又认为葡萄酒中的甘油物质才是影响葡萄酒品质的首要因素，因为它可以给葡萄酒带来圆润、柔软的口感。这一观点可谓矫饰，甚至还曾出现在一些著作中。而本书的写作宗旨之一就是说明，葡萄酒的风味特性并不是由某一种元素，甚至由某一种物质成分在葡萄酒中占据的比例多少来决定的，而是由葡萄酒中各个成分之间合理的比例及整体的综合表现来决定的。人们可能会认为，这种由葡萄果实而来的天然成分所成就的葡萄酒和谐的表现风格近乎自然而成。然而，葡萄酒最终风味和谐却是与现代葡萄酒酿造技术及熟成工艺密不可分的。葡萄果实成熟度状况固然重要，但唯有在成熟的酿造技术介入后，葡萄酒中的各个成分才会达到良好的平衡状态，葡萄酒的香气和口感之间也会形成彼此和谐的关系。

既然葡萄酒风味平衡那么重要，那么对于平衡与和谐等概念，我们又是否有量化评估的手段呢？或许将来我们有能力对葡萄酒中所含有的各个物质分别进行深入且完整的研究分析，并且了解、认识到每种物质对于感官感受产生的影响，但我们也无法透过此类数据对葡萄酒的风味表现进行评判，何况这种技术现如今我们还远远达不到。通过对于葡萄酒物质成分的化学分析可以了解葡萄酒的部分特性，尤其是在葡萄酒的风味缺陷方面。不过，随着酿酒工艺的进步，葡萄酒缺陷的出现概率也降低许多，而且这种化学分析方法的理论与实践还是有较大出入的。这是由于我们对葡萄酒中含有的物质成分的认知并不完善，许多物质成分不仅构成复杂，并且含量极低，但是对于葡萄酒风味的影响却

极为重要，也就是说，这种在品鉴过程中极为重要的物质，在实验室的化学分析检测过程中则是极难测量的，尤其是一些会给葡萄酒带来油腻质感及陈酿香气风格的物质成分。有些物质成分在理化结构、缩合程度，甚至在分子结构上的不同，都会对于葡萄酒最终的风味产生重要影响。

有意思的是，随着葡萄酒相关科学技术的发展，我们对于葡萄酒的了解、掌握似乎越来越深，而关于葡萄酒风味物质的一切研究也变得更加复杂。葡萄酒分析化学之父保罗·杰姆斯（Paul Jaulmes）在1956年曾估算葡萄酒中的已知物质大约有150种，并且在1965年成功收集到其中的125种含量较高的物质。P.黎贝候-嘉永在研究中指出："现如今要列出250种葡萄酒中的化学物质成分也不是什么难事，甚至可以轻松达到300种以上。"德拉韦特（Drawert）在他的研究中认为，如果将葡萄酒中已发现的物质以及推测可能存在的物质成分统计出一个名单的话，现如今已经上千种了。比如单就霞多丽葡萄品种酿制的葡萄酒所具有的挥发性物质种类来说，一个来自澳大利亚的团队已经识别了其中多达180种。有一份比较陈旧（1988年）的数据，记载了关于嗅觉刺激方面的挥发性物质种类，其中，碳氢化合物种类有111种，醇类物质有98种，羰基化合物91种，酸类87种，酯类316种，内酯类23种，碱类25种，含硫化合物21种，酚类物质29

种，呋喃类20种，氧化物31种，还有其他类型化合物22种。总而言之，随着对葡萄酒的认识的加深，我们对于葡萄所建立的知识体系也在不停地改写和完善。近来，我们将葡萄酒中的特别重要的气味物质重新整理出300余种，按香气特征的角度分为7大类，按化学角度则分为10大类。

以我们现在的知识体系而言，用来评判一款葡萄酒品质的最为简单有效的方式就是感官品鉴，并且相较于化学分析要稳定可靠得多。这并不是在否认化学分析技术在葡萄酒酿造过程中所扮演的角色的重要性：通过这类技术，我们才可以预知葡萄酒的发展趋势，结合分析结果来实施有效的管理控制手段，尽可能地发挥葡萄和葡萄酒自身的最大潜力。与感官品鉴手段相比较，化学分析技术所注重的并不是葡萄酒当下的风格品质表现，而是对于葡萄酒的潜质及其未来发展的预测，以便于在技术上加以引导、实现。

葡萄酒品鉴者应该学会利用自己所掌握的葡萄酒学方面的知识，将葡萄酒产生的风味感受和其相应的化学物质成分联系起来，并且能够从该风味特征中正确辨别所含的元素、品质特点及风味缺陷等。同时从化学的角度去思考带给葡萄酒风味的特殊物质，认识其特点产生的根源，也有助于对于葡萄酒未来的风味变化走向加以评估。也就是说，我们要学会将记忆中对于香气特征的印象和理论上的化学特征之间形成的固定关系牢牢记住，从而提升个人的感官品鉴能力。

对于葡萄酒中所含有的味道物质进行分析的方法通常为酒质分析，相对于葡萄酒香气成分分析而言，这种分析结果描述起来较为简单。主要是因为我们可以参考对味道物质进行化学分析的结果，来估算味道的强度与和谐程度。不过可以依靠化学分析数据来估算葡萄酒风味的物质毕竟只是少数，除了一些缺陷可以较为精准地估算之外，大多数香气的表现类型都无法通过数据分析来得到准确的结果。

葡萄酒中的胶体物质似乎并不会对于感官感受产生直接的影响，但是，在我们最近的一份研究中证实，酚类物质的分子构成与结构形态也会对葡萄酒的风味产生不同的影响，甚至一些多糖物质也与此有关。在新酿的甜白葡萄酒中，所存在的一些胶质物质会给葡萄酒带来更多的圆润、油滑的口感。

葡萄酒风味之间的影响与平衡

"葡萄酒的风味表现主要取决于三种基本味道，甜味、酸味、苦味之间的平衡。决定葡萄酒品质的主要因素之一也是这些味道之间所存在的和谐关系。所谓和谐，就是所存在的味道影响因素之间处于和谐均势的局面，从而保证不会使得其中某一种物质风味占主导地位。不论是对于含有还原糖的甜白葡萄酒、加强型葡萄酒，还是不含糖分的干白葡萄酒、红葡萄酒，这项平衡原则均成立。从葡萄酒品鉴的众多经验中得知，给予我们甜味感受的首要物质事实上是酒精。"

在过去的数十年里，波尔多地区学院通过诸多合理的实践经验，坚持不懈地宣扬着葡萄酒平衡的品评理念，并且由于这一主张的概念简洁明了、易于理解，很快便在葡萄酒行业从业人员之间达成共识，被人们默认为葡萄酒品评的基准。直到1949年，这个新颖的理论逐渐开始被广泛接受，成为和葡萄酒酒体构成成分不同的理念，并逐渐发展为葡萄酒品质鉴赏的新标准。而且幸运的是，在接下来的数十年里，这项新的理论学说影响了葡萄酒生产行业的走向，全世界的葡萄酒酿造工艺都因此发生了重大的变革。以葡萄酒中高含量固定酸作为储藏葡萄酒的第一要素的时代就此过去，转而到来的是葡萄酒总酸下降的时代，葡萄酒的品尝口感从此变得柔和、绵软。这或许称得上是自酒神巴克斯和诺亚时代以来，葡萄酒业真正唯一的重要技术变革。这一改变使得全世界葡萄酒的品质有了较为统一的评判标准，无论酿酒人是否明白、是否用心地掌控葡萄酒酿造工艺，葡萄酒最终的品质都无一例外证实了这一标准的广泛适用性。

或许很多人比较难接受酒精会带来甜的口感这一事实，并对这样的说法抱有怀疑的态度。这主要是因为酒精所带来的甜味感受和糖结晶所带来的甜味感受并不相同，酒精的甜味不够纯粹，和白糖相比也不够典型。乙醇溶液在较低的浓度含量时便可以感受到其带来的甜味感觉，而当其浓度和葡萄酒中的酒精浓度相当时，这种甜味感觉则更加明显。准确来讲，当酒精水溶液度数达到4度，即32g/L的浓度时，我们可以很轻易地感受到甜味，而乙醇的味道在这个浓度时却难以被人察觉。在法语中，我们使用"Douceâtre"和"Doucereux"这两个形容词形容这种似有似无、淡而无味的甜味，用在乙醇所带来的甜味感官感觉上十分贴切。当溶液中的酒精浓度升高时，会给口腔黏膜造成轻微灼烧的刺激感，并且对原本该有的甜味产生影响。通过一个简单的对比实验，我们可以很好地了解这种物质所对应的风味现象，首先是准备20g/L浓度的蔗糖溶液作为溶剂，并将其分为三份，第一份不加酒精，第二份和第三份添加酒精直到蔗糖溶液的酒精度数分别达到4度和10度。通过实验参与人员感官分析品尝之后得出这样的结论：含有酒精的蔗糖溶液中的甜感很明显地上升了，感官上甚至会觉得含有酒精的蔗糖溶液的甜味是纯蔗糖溶液的两倍。但是，20g/L的蔗糖溶液所带来的甜感无法掩盖10度酒精度所带来的灼热感。不难发现，酒精的存在对于甜度的影响是不可忽视的。当葡萄酒入口之时所带来的第一感觉通常为甜味，而这甜味刺激的来源则要归功于葡萄酒中的酒精。

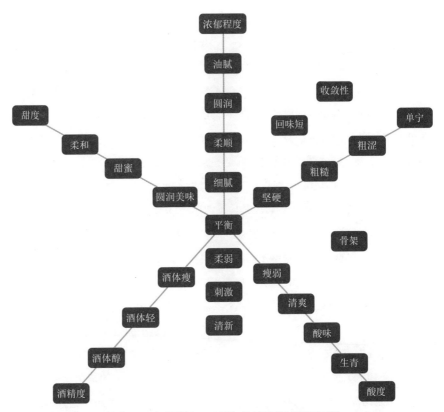

葡萄酒风味"平衡—支配"的关系描述词汇示例

　　甜味物质和苦味物质彼此之间会发生抵消的现象，甜味物质和咸味物质之间也会出现这样的现象。这是不同味道之间所产生的干涉、竞争或补偿现象。不同味道之间会发生一定的相互削弱现象，但是这并不意味着这些味道会被消除，因此我们也不可能通过混合两种味道来产生一种没有味道的物质。对于这种混合味道的溶液，我们会同时感到两种或以上的不同味道，只是相较于原来单一味道物质的强度有所减小而已。如果我们对一款甜的溶液加入酸味物质，会使得该溶液的甜度在感官感受中有所下降；而如果我们在酸味溶液中添加甜味物质，则会发现溶液酸度下降。然而只要我们集中精神，仔细感受，我们仍然能够分辨出混合物质溶液中共存的多种味道。法国人的饮食中，通常会在草莓、水果沙拉、鲜榨柠檬汁中添加糖，来使得水果中的酸味变得容易接受一些。酸度与甜度之间所存在的平衡浓度比例关系也有多种定义方式，比如在20g/L的蔗糖溶液中，通常需要0.8g/L的酒石酸，在这样酸甜比例的溶液中，两种味道之间的关系是平衡的。如果我们提高溶液中酸的浓度，酸味则会成为主导味道；反之，甜味成为溶液中的主导味道。现代食品工业中生产的果汁饮料也常常会使用柠檬酸等添加剂，增添果汁中的酸味，用以平衡饮料最终的风味口感。

由于个体之间的差异、饮食文化以及生活方式的不同，人们对酸味和甜味的敏感度也会不同，这导致风味平衡的定义在不同地区、不同人种之间会产生较大的差异。雷格里兹曾在他的文章中指出：

"日耳曼国家及斯堪的纳维亚地区（还包括美国人）的人们对于酸甜均衡之间的关系比例定义中，甜味会占据主导地位，并且女性和都市居民的味蕾也同样有如此偏好。而法国乡村地区消费者的偏好则正好相反，口味偏好更加耐酸。"

在葡萄酒方面，许多干型香槟事实上的含糖量都在15g/L左右，这是为了使这类北部产的葡萄酒中所含有的较为活泼的酸度变得柔和。而西班牙出产的Cava起泡酒中含有的酸度较低，相对应的残糖含量也相对较低。如果要用甜味来掩盖苦味物质的影响，两者之间的比例关系通常以20～40g/L浓度的蔗糖中和10mg/L的硫酸奎宁这一平衡关系为代表。人们在茶和咖啡中添加糖的行为也是同样的原因，为了缓和单宁和咖啡因所带来的苦味。

在餐前酒的例子中，我们也可以找到同样的平衡关系：典型的有味美思类型的苦艾酒，含糖量极高，主要目的在于缓和酒中金鸡纳霜及其他物质所带来的苦味。糖的存在并不能使存在的苦味物质消失，而是降低苦味物质的感官影响。另外，苦味物质还可以给甜味溶液增加风味，使其表现得更加有质感。

糖类物质对于单宁产生的收敛性，也就是涩感，同样会产生影响。糖分能够延缓苦味和涩味的出现，并且随着甜度的上升，这种现象越发明显。当我们品尝1g/L浓度的单宁溶液时，我们几乎可以在入口的瞬间立刻就能感受到单宁所带来的涩感；如果向该溶液添加糖分直到20g/L的浓度，我们对于涩感的感知则会延后两到三秒，不过涩感的强度并不会因为甜度的上升而发生改变；如果将该溶液中的糖含量增加到40g/L，我们感知涩感的时间则需要延迟五到六秒，同时涩感强度会出现明显的降低。然而酒精的存在不但不会缓和涩感，反而会突出涩感在尾味中的感受。现如今，有太多的红葡萄酒风格偏向厚重的单宁感与酒精强度，葡萄酒中会留有数克残糖，虽然感官上比较难以察觉这些残糖的存在，但是这些糖分会给葡萄酒带来较为明显的柔和口感。

少量的糖会使得盐的咸味降低；相反地，少量的盐又可以增强甜味感受，这一应用广为人知，尤其是在糕点行业。葡萄酒中的咸味物质是无法被忽视的，并且含量最多的咸味物质为酒石酸氢钾。酒石酸氢钾溶液在品尝中最初的感受似乎只有酸味，与非盐化的酒石酸溶液味道相比，口感并没有那么强烈、坚硬，之后会明显感受到咸味，并且这种咸味会增添葡萄酒的风味及清新度。

当我们品尝含有酸甜苦咸四种基本味道元素的溶液时，我们会认为只有甜味才是这些味道中最讨喜的、最吸引人的味道。事实上，我们自出生时便对于圆润、柔软的甜味物质心生欢喜，就像是人的本能一般。在法语中，我们会将对甜味的嗜好称为"Drogue douce"，意为"甜味瘾"。对于其他三种味道，我们并不像对待甜味一样无条件喜欢，只有在含量微弱或者在有甜味缓和的情况下才会被接受。然而，在味觉感官感受中，这三种味道都是构成味觉感受必不可少的元素之一。而且在有适量的甜味物质参与下，我们对于酸、咸、苦这三类味觉感受的接受度也大大提高。与之相对应的是一款只有甜味的溶液，其口感相对于混合味道的溶液来说失色不少，甚至毫无吸引力可言。人们通常更加偏好具有复杂风味表现的物质，过量的酸味和苦味都会让人感到厌恶，甜味在这里扮演着不可缺少的平衡作用。至于盐咸味，则可以使得原本甜腻的物质在味觉感受上显得更具有活力。

另一个值得一提的重要概念是：味觉感受的累加现象。这种现象通常会出现在让人感到不快的味道上。比如苦味和涩味会加强酸味的表现，使其显得过于强劲；酸味会减弱苦味在口中最开始的表现，然而却会加强苦味在后味中的表现能力；涩味则总是会被酸味加强；至于咸味，它会加强酸味、苦味及涩味在品尝中的味觉表现。这种味觉刺激累积的感受现象同样也会发生在反复品尝的过程中，当我们对于苦味和酸味溶液的品尝次数越多，便会发现味觉潜伏时间越短，这些味道的刺激强度也会越强。

帕斯卡·施利希（Pascal Schlich）在其2011年的研究著作《味觉感官感受的时间特点》（Dominante temporelle des sensations）中给我们提供了量化口中味觉变化的方法：时间性。这条理论所涉及的具体的实验方法就不多做论述，因为这和如何鉴赏葡萄酒的关系不大。不过，他在实验中得到的结论对于我们了解味觉感官感受到的味觉强度随时间发生的变化有着重要的意义。"时间性"这一概念对于解释葡萄酒构成有着重要的作用，简单来说，在品尝过程的前中后期，不同的味道感受强度在不同的时间阶段有着不同的强度变化。通常，人们感受甜味的速度是最快的，紧接着是酸味，最后才是涩感和苦味，并且最后这两种味道在口中消失的速度是最慢的。

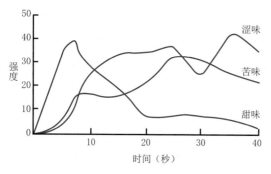

味道感受强度随时间的变化（施利希，2011）

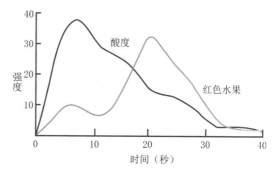

味觉感受强度随时间的变化（施利希，2011）

以上这些与味道感受平衡理论相关的知识概念，是解释葡萄酒风味的基础（准确地说，是关于葡萄酒结构、葡萄酒骨架的定义）。同时，这些理论知识还可以广泛应用在我们现今社会所有的食品饮料工业领域中。对于酸、甜、苦等味道之间的相互关系，我们可以通过以下几个式子，做出简洁明了的说明（双箭头代表相互作用关系）：

甜味 ↔ 酸味

甜味 ↔ 苦味

甜味 ↔ 酸味 + 苦味

上述味觉式子是理解所有葡萄酒的味觉平衡关系的基础。为了方便理解，我们在式子中忽略了咸味的影响。因为咸味物质并不是葡萄酒中的主要呈味物质，尽管在传统工艺中使用蛋白下胶澄清时，会添加食盐以促进澄清效果，但是盐分物质相较于其他有味道的物质而言，在葡萄酒中的含量极少，并且也不属于改良剂、添加剂的范畴。我们通过向葡萄酒中添加不同剂量食盐的实验观察到，葡萄酒中的含盐量达到一定程度时会改变其风味口感，最明显的是葡萄酒口感会变得更加坚硬、粗糙。

白葡萄酒的风味平衡

由于白葡萄酒中几乎不含有单宁物质，因此和红葡萄酒相比，其风味平衡关系更为简单。所以，决定白葡萄酒品质的味道物质主要是由酸味物质和甜味物质构成。之前提到的甜味与酸味之间的式子，简洁明了地陈述了白葡萄酒基础的味道结构模型。在干白葡萄酒中，酒精是主要的甜味物质，而在甜白葡萄酒中，酒精和其他还原性糖共同构成甜味物质，与葡萄酒中的酸味物质形成平衡关系。前文中所提到过的甘油物质，尽管传言它会给葡萄酒带来圆润、甘甜的口感，但是事实上，甘油对于葡萄酒甜味的影响几乎是可以忽略不计的。由于白葡萄酒较为简单的风味结构，对于葡萄酒品鉴初学者而言更容易入门，而红葡萄酒错综复杂的风味特征往往会使得初学者抓不住品鉴的重心。因此，我们建议葡萄酒品鉴的初学者应从白葡萄酒入手，从简单到复杂，循序渐进，才能更快地掌握品鉴的技巧。

干白葡萄酒

在白葡萄酒的类型中，尤其以干

白葡萄酒为典型，其酒体结构相较于红葡萄酒通常更为简单；一方面是因为白葡萄酒的风味元素中缺少苦味和涩味；另一方面，白葡萄酒的香气相对于红葡萄酒也更容易掌握，尤其是在尾味方面，不会像红葡萄酒一样，被持续的单宁感所笼罩，从而导致出现香气不明显的现象。

对于一些在酿造阶段通过减少带皮浸渍时间而酿造出来的桃红葡萄酒，其酒体结构也不如红葡萄酒复杂多样，更偏向于白葡萄酒，风味表现也如同白葡萄酒一样易于掌握。

对于白葡萄酒的品鉴而言，我们首先要做的工作便是区别白葡萄酒的甜度类型。通常，当含糖量低于4g/L时，我们称之为干型葡萄酒。如果葡萄酒的发酵过程被提前终止，酒体中会或多或少出现残留的葡萄果实的糖分，有时也会通过向葡萄酒中添加含糖的葡萄汁来使得葡萄酒获得多余的糖分，不过这种操作工艺比较少见。这些带有甜味的葡萄酒在市场销售时，会特别加上"半干型""甜型""利口型"等注释说明。而天然甜葡萄酒、利口酒、混合葡萄酒（在葡萄汁中加入烈酒的特殊工艺）这些类型的甜酒，多数是通过终止发酵，或是通过添加葡萄酒蒸馏酒来终止酒精发酵过程等工艺手段酿制而成。

对于干白类型的葡萄酒，其酒体的风味构成则非常简单，仅考虑两种物质之间的平衡关系，可以列出如下的式子：

酒精度 ↔ 酸度

在这里，酒精所具有的甘甜味道具有平衡酸味的功能。但是关于酒精度和酸度之间平衡的浓度比例关系，我们并没有办法用数字来精确地呈现出来，这两者之间并不存在线性关系。而且影响两者平衡的因素很多，每个个体对于味觉的认知差异，大大增加了量化两者平衡状态比例关系的难度。

酒精并不能像化学中和剂一样，对葡萄酒中的酸度物质起中和功能。但是酒精自身具有复杂的风味，同时具备浓烈和甜软两种完全对立的风味。当葡萄酒中的酒精度数偏高时，酒精特有的苛性感会产生灼热的口感，这种刺激性的感觉会阻碍对酒精甜味的感受；也就是说，酒精浓度的升高会强化酒精苛性感带来的刺激性感觉，而不是甜味。再者，葡萄酒中的可滴定酸度与酒精浓度几乎相当，葡萄酒中的酸味物质在多种碱类物质的作用下，所表现出的pH值也会发生变化。白葡萄酒的酸度是否容易被人接受，通常取决于酸类物质的种类、成分，苹果酸和酒石酸所带来的酸味感受并不相同。在酸度相等的情况下，如果一款白葡萄酒经过苹果酸乳酸发酵处理，与没有经过该工艺处理的白葡萄酒相比，口感上的酸味表现要柔和许多，这主要是因为苹果酸的酸味表现更为尖锐、强烈。

葡萄酒的类型与含糖量

根据欧盟法律及地方使用习惯对于葡萄酒不同含糖量命名加以规定，如下所示：

含糖量小于4g/L	干型
含糖量在4～12g/L之间	半干型
含糖量在12～45g/L之间	半甜型
含糖量在45～100g/L之间	甜型
含糖量大于100g/L	特甜

在苏岱、蒙巴兹雅克（Monbazillac）等著名的甜白葡萄酒产区，当地习惯使用 Moelleux（甜）和 Liquoreux（特甜）来描述不同含糖量的葡萄酒，这种表述方式并不是法律法规中所规定的。Doux（甜）这一词汇也表示甜型葡萄酒，但是在这两个产区的表达中，会带有轻微的贬义色彩。

波尔多白葡萄酒的酿造，在这50年来，正是根据这一平衡原则，通过无数的试验，探索葡萄酒中呈味物质的细微差别对于最终风味平衡的影响。在20世纪50年代时，波尔多地区使用赛美容葡萄品种酿制的白葡萄酒所含有的总酸浓度约为3.5g/L，酒体显得柔软无力，缺乏新鲜感，常常会被品尝者描述为具有甜味，尽管葡萄酒中并不含有多余糖分。之后，酿酒师们对于该葡萄品种的种植和酿造工艺加以调整，重新发现了长相思葡萄品种对于赛美容葡萄品种的意义，通过改进葡萄园施肥状况，提前采收时间，改变亚硫酸处理工艺，改善葡萄醪的静置澄清处理等多方面的手段，直到20世纪70年代初期，波尔多地区的赛美容葡萄品种酿制的葡萄酒总酸平均含量达到5～5.5g/L。也就是在最近十年左右，赛美容葡萄酒的总酸平均含量又回到了50年前的3.5～4g/L之间，甚至更低，葡萄酒风味口感变得更为柔软，但是依旧清爽。引发这种变化的原因主要有两方面，一个是由于消费者口味偏好引发的市场需求；另一个就是现代酿酒技术的进步，例如葡萄熟成控制、果皮的快速浸渍技术等等。这些用于改善葡萄酒风味平衡的技术，并不仅仅是波尔多地区独有的酿造工艺，在全世界范围都有广泛应用；这些酿酒工艺的变化对于白葡萄酒结构有着重要影响，使之体现了风味的多样性；对于红葡萄酒的影响则更为深远。葡萄酒酿造者和消费者的偏好常常会出现不一致的情况；白葡萄酒的风味平衡标准也因此一直在发生变动，等待下一次的变革。

对于葡萄酒平衡描述的解释繁多，或是通过口头阐述，或是通过图表解释。但是没有一种形式足够形象，以使我们容易理解这种平衡关系。虽然之前提到的几个公式解释了味道之间的影响关系，但是使用哪些恰当的词汇来描述这种平衡关系，则成为应用中的难题。对于我们来说：品酒首先是一个感官感受活动；其次，则是一场"智慧"的比拼。

勃艮第著名的白葡萄酒专家麦克斯·雷格里兹给予了我们新的思路，使得我们可以通过图表来展示支撑干白葡萄酒结构平衡要素的不同组成形式，如下图所示。

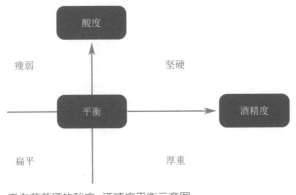

干白葡萄酒的酸度-酒精度平衡示意图

纵轴代表酸度，横轴代表酒精度，根据其浓度不同，分别对应着四种干白葡萄酒的风味类型：瘦弱、坚硬、扁平、厚重。每种类型根据浓度差异，在风味上会有一些细微差别。

我们利用这一示意图的构架，在不同的象限中，增添相应的葡萄酒风味描述词汇，多是葡萄酒品鉴中经常遇到并且容易理解的。

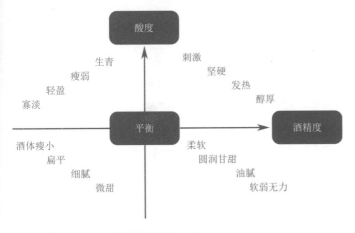

干白葡萄酒风味平衡的描述词汇分布图

甜白葡萄酒

甜白葡萄酒、甜型桃红葡萄酒，以及天然甜葡萄酒在甜味和酸味之间的平衡关系则略显复杂。

对于这类葡萄酒，酸味和甜味关系如下：

酒精度 + 甜度 ↔ 酸度

对于甜白葡萄酒的风味平衡而言，总共存在三种基本的呈味物质。除了酸味和甜味之间的平衡以外，还需要将酒精度与糖度之间的关系考虑在内。一款葡萄酒中的糖分含量越高，相应的酒精度数也应该越高，只有这样才能够形成和谐的风味表现。糖分带来的平庸甜味口感需要酒精的灼热感及醇厚口感加以抵消。最典型的例子就是品质平庸的甜白葡萄酒，由于甜度相对于酒精度数过高而显得过于甜腻，风味结构变得失衡，甜味在葡萄酒味觉感受中占主导地位，失去应有的滋味。在其他味道平衡关系中：由于干白葡萄酒中并不含单宁物质，少了加强酸度感受的作用，人们对于干白葡萄酒酸度的承受能力相较于红葡萄酒要高出许多；在某些具有微甜类型的白葡萄酒中，由于含糖量在 3～5g/L，口感会变得相对柔和，这种葡萄酒可以承受的酸味物质量相对于完全干型白葡萄酒要更高一些；由此可知，对于像利口酒等含糖量极高的甜白葡萄酒，则需要含量更高的酸味物质来平衡葡萄酒风味。例如苏岱产区的贵腐葡萄酒，通常总酸含量在4.5～5g/L。对于此类甜白葡萄酒，如果出现酸度不够或者含糖量过高的情况，都会使得葡萄酒的口感绵软无力，如糖浆般没有活力。

通常一款优秀的甜白葡萄酒在入口时的感觉，就像吃一粒葡萄时所带来的酸甜可口的感觉。甜味物质可以给酸味笼上一层朦胧的轻纱，缓和其尖酸、刺激的感觉，并将其转化为清爽的口感，适当活泼的酸味也可以改变甜味物质所带来的厚重、稠腻的感觉。当葡萄酒中的味道元素呈现平衡状态时，也会提升葡萄酒的香气表现。在这里我们需要再次强调葡萄酒的风味均衡在味觉和嗅觉感受两个层面之间存在着相互作用的关系。因此，葡萄酒完整的和谐风味，不仅仅需要和谐的酒体表现，还需要葡萄酒香气方面和谐均衡的表现来配合，才能称得上品质优秀。一款香气浓郁、细腻复杂的葡萄酒可以掩盖葡萄酒酒体上可能存在的缺陷；相反，如果一款葡萄酒的香气简单，甚至匮乏，那么它的酒体缺陷会因此变得特别明显。

在一些比较罕见的品质卓越的白葡萄酒中，它们的香气通常浓烈馥郁、和谐自然，尽管葡萄酒的酸度可能会出现极端现象，或是极高，或是极低，葡萄酒的风味表现依旧和谐均衡。一款香气浓郁的葡萄酒可以掩盖葡萄酒酒体结构上的差距。有些芳香型葡萄品种酿制的葡萄酒在香气上具有自己的独特性，但是常常由于自己先天的不足，会在葡萄酒酒体平衡方面出现缺陷。例如加拿大的冰酒，其口感十分甜腻，香气也非常浓郁，酸度有时也会很高，不同于传统的平衡标准，该地区的冰酒形成了自己独有的平衡风格特点。相反，一款平庸的白葡萄酒，香气单薄，甚至缺乏，尽

管酒体结构方面表现均衡，味道尚可，我们也无法认可这款葡萄酒的品质，因为缺少香气构成的葡萄酒，已经失去了风味平衡的先决要素。

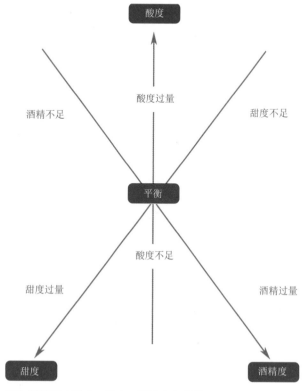

甜白葡萄酒（酸度－甜度－酒精度）的平衡示意图

红葡萄酒的风味平衡

红葡萄酒的红色色素主要来源于葡萄果皮及葡萄籽。在葡萄酒酿造过程中的浸渍发酵阶段，果皮和葡萄籽中的色素物质被葡萄醪萃取出来。这类特殊的可溶性固形物或多或少都带有苦味和涩味，这也是红葡萄酒的特殊之处。因此，影响口感平衡的物质不再仅仅来源于发酵的葡萄酒汁。与红葡萄酒中的甜

味物质形成对抗平衡的呈味物质除了酸味物质，还有苦味物质、涩味物质。我们就此得出下列公式：

甜味 ↔ 酸味 + 苦味

在葡萄酒相关教学中，我们为了向学生解释说明葡萄酒中风味物质平衡的关系，会准备下面这个实验，用以展示酒精在甜味中扮演的重要角色，这也是葡萄酒品鉴教学中重要的一环。

我们取一款在品鉴过程中被一致认为风味均衡的红葡萄酒来进行分馏实验。取适量酒液，将其倒入圆底烧瓶，并置于酒精灯上加热，或是使用水蒸气浴的方法来加热；另外，还可以使用低温真空分馏的方式。酒液在蒸发过程中产生的气体在经过冷凝管时会凝结成为液体；至此，我们收集到的液体成分包含蒸馏水、酒精及可挥发性气味物质等。残留在圆底烧瓶中的物质则由于水分和酒精挥发殆尽，成为葡萄酒遗留的残渣。收集到的物质冷凝之后，按照先前取样体积分别对两份液体加入纯净水稀释。最终我们获得的是两种液体，一种是蒸馏液，另一种则是蒸馏后的残余物。前者只含有蒸馏出来的酒精和水，并且和之前在葡萄酒中的成分比例一致。后者则含有固定酸、单宁等物质，同样与之前在葡萄酒中的比例相一致。在对这两种溶液进行感官分析品尝时，我们发现调配之后的溶液味道和之前葡萄酒的风味相差甚远，甚至是完全不同的两个方向。蒸馏液的味道微甜、滑润，带有酒精的灼热感，表现黯淡乏味。而残余物溶液的风味完全相反，具有明显的酸涩感、生青、尖酸，并且口感生硬难以下咽。该分馏实验操作简单、便捷，可以非常容易地将红葡萄酒中的酸、苦、涩味物质，以及一些甜味物质分离开来，便于清楚地掌握葡萄酒的平衡概念。由此，我们可以理解葡萄酒之所以受人喜爱，是因为其含有的酸味和苦味物质在酒精的作用下，整体风味变得均衡。这也从另一方面证明了无醇葡萄酒在风味上的天然缺陷的成因——缺乏酒精所带来的甜味。

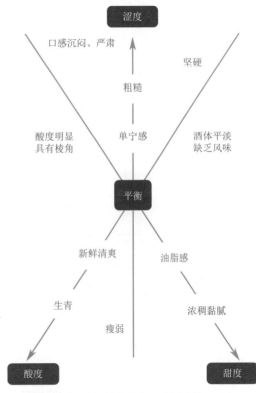

红葡萄酒（酸-甜-涩）平衡示意图（维德尔）

同样可以通过分馏干白葡萄酒的实验，来证实干白葡萄酒在失去酒精成分的平衡作用后，其自身酸味物质所呈现的尖酸、刺激、生青等不讨喜的味觉感受。

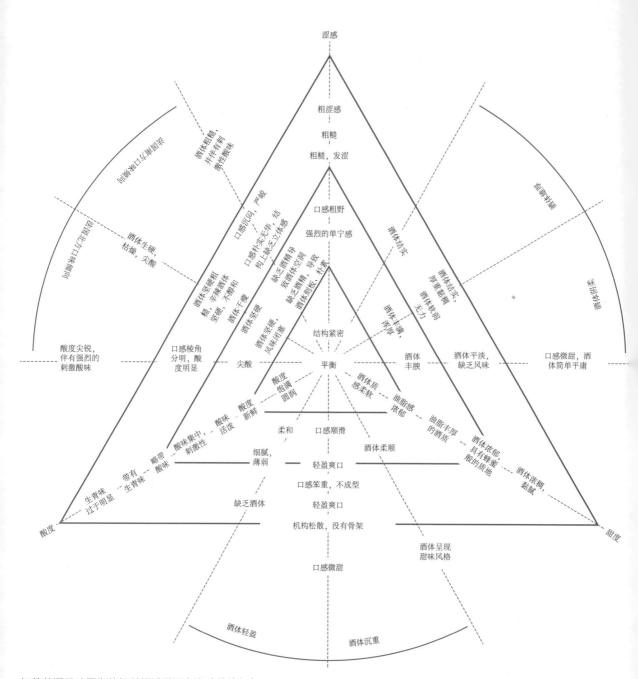

红葡萄酒风味平衡的相关描述词汇定义（维德尔）

　　如果在品尝红葡萄酒的过程中，发现酒精匮乏，酸味和苦味占据风味的主导地位，很容易让人联想到葡萄酒蒸馏后残余物的味道，坚硬、粗糙、干涩。相反，如果葡萄酒中的酸度与单宁强度较弱时，会有一股葡萄酒蒸馏液的味道，风格也会呈现为柔软油腻、厚重无力的样子。在红葡萄酒的品鉴中，我们可以根据其风味类型的偏向，也就是像实验中所提到的蒸馏液或残留液的风格特征，来判断葡萄酒结构是否平衡。如果葡萄酒口感瘦弱、刺激、酸涩，具有较强的收敛性，则偏向残留液；如果葡萄酒的口感圆润柔和、醇厚黏稠、厚重失衡，则偏向蒸馏液；抑或是葡萄酒酒体风味平衡和谐，和两者都不一样。对于喜欢葡萄酒、热爱葡萄酒的人士，都可以尝试自己来做这样的分馏实验，有利于重新正确认识葡萄酒酒体风味平衡这一概念。每一位参与过这个实验的人都不约而同地表达了自己对于味觉认知及味觉平衡关系的重新思索。我们强烈建议每一位葡萄酒评论员、每一位葡萄酒品尝人员在公共场所点评葡萄酒之前，都参与过此实验。这项实验成功地证明了，葡萄酒在失去酒精之后，其自身所含有的酸味物质和涩味物质表现出的风味有多么令人不悦——尖锐刺激性的酸味，以及强烈的收敛感觉带给人粗糙、艰涩的口感，让每一个人都铭记于心。

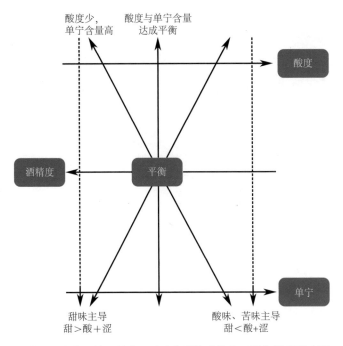

红葡萄酒中的酒精、单宁及酸味物质构成的多元平衡示意图（图中直线箭头代表平衡区域，虚线箭头代表失衡区域）

在这里我们会注意到葡萄酒的特点之一，就是其含有的酸度、单宁度和酒精度与其他饮料相比都名列前茅。通过之前的实验，我们很容易理解，葡萄酒为什么会成为适宜饮用并且也是受人喜爱的酒精饮品了，这都要归功于其相对于其他类型果酒酿制成品高出许多的酒精含量。

苹果酒作为法国布列塔尼大区特产的果酒，相比于葡萄酒，其酒体普遍较轻；只需要一点点糖分便可以均衡某些品种苹果的酸味，或者通过添加二氧化碳气体，增加苹果酒的清爽度。啤酒的酸度相比葡萄酒要低出很多，并且酒精浓度也低得多；啤酒中的酸味主要来源于碳酸，苦味则来源于啤酒花，含量并不高，这也解释了为什么啤酒的酒精度数较低，毕竟用来平衡甜味的酸味和苦味物质含量不高。在葡萄酒风味平衡方面，由于葡萄果实的含糖量过高，导致新鲜的葡萄汁无法成为常规果汁饮料，除非我们添加了足够平衡甜味的酸味物质；由于葡萄酒风味平衡的要求，导致其并不能像苹果酒、啤酒等酒精饮料一样具有清凉解渴的功效，甚至几乎所有的饮料在品尝中都遵循这套甜味、酸味和苦味之间的平衡原则。

相较于白葡萄酒，红葡萄酒的三元味觉要素结构不太容易通过图表展现出来。因此，红葡萄酒均衡示意图的表现形式也并不固定。问题的重点在于根据该葡萄酒的类型，如何准确地判断其在平衡结构关系图示中的位置。然后便可以通过该位置区域所分布的描述词汇，找到最佳的选择。其中，第二张风味平衡示意图告诉了我们葡萄酒达成味觉平衡的多种组成方式。在已知酒精含量的前提下，构成平衡的条件既可以是高含量的酸搭配低含量的单宁，也可以是高含量的单宁搭配低含量的酸。除了这两种葡萄酒中相对极端的物质含量以外，围绕平衡中心点，示意图中还存在许多介于两者之间的平衡关系。

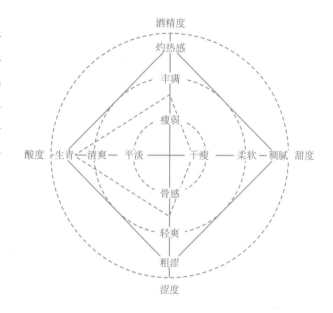

红葡萄酒风味平衡示意图例

葡萄酒的平衡关系和柔软指数

我们尝试着将葡萄酒平衡关系公式进行量化，酒精的单位体积浓度用TAV表示，单位为%vol；总酸则以葡萄酒中的硫酸含量表示，单位为g/L；单宁则通过多酚指数含量表示，单位为IPT/16[表示马斯魁单宁（Tanins Masqueliers），也就是来源于葡萄的单宁]。

需要提前声明的是，以下所列的公式在数学逻辑上并不严谨，但是这个公式却是现阶段最能够有效反映葡萄酒结构平衡关系的重要工具，里贝罗-嘉永和佩诺教授提出了以下柔软指数（IS）的计算公式：

柔软指数=酒精容积比－（总酸+单宁）

$$IS = TAV － (AT + Tanins)$$

当IS>5～6时，葡萄酒为柔软型风格；

当IS<4时，葡萄酒为坚硬型风格。

例如：

	酒精度（%vol）	总酸（g/L）	单宁（g/L）	柔软指数
A	11	2.8	2.2	6.0
B	12	3.2	2.8	6.0
C	13	3.6	3.4	6.0
D	14	4.0	4.0	6.0
E	12.5	3.6	2.8	6.1
F	12.5	3.2	3.2	6.1
G	12.5	2.8	3.8	6.0

以上示例中的七款葡萄酒，柔软指数均在6左右，全部归类在柔软风格类型葡萄酒中。

葡萄酒A的风格瘦小，酒体显得无力、扁平，而葡萄酒D则酒体强劲、粗糙、稠腻，B和C的结构平衡则倾向于传统风格的葡萄酒。

E，F和G三款葡萄酒向我们展示了柔软风格葡萄酒的多元变化，既可以是高酸低涩，也可以是低酸高涩这样的组合。

从以上平衡分析结果中可以得知，葡萄酒中构成平衡结构的三种味觉元素比例并不是唯一的。对于酿酒师而言，在葡萄酒风味平衡的基础上，对于酸味、甜味和涩味物质比例的掌控度非常大。需要注意的是，这三种味觉元素所构成的酒体风味平衡，很大程度上会受到葡萄酒中其他因素的影响，例如单宁的品质、二氧化碳、挥发酸、乙酸乙酯、二氧化硫及硫酸盐等，另外，葡萄酒香气表现通常也会对葡萄酒平衡的判断产生影响。也就是说，葡萄酒除了达到"口腔"中的平衡所包含的甜、酸、苦三种味道以外，还需要葡萄酒在香气表现上的补充，才能呈现出完整的平衡结构。如果一款单宁含量非常高的葡萄酒缺少了足够浓厚馥郁的香气作为补充，其口感就会像是熬过的中草药一般，毫无平衡可言。这种寄希望于品质中庸的葡萄来酿制优秀葡萄酒的做法，结果只会是南辕北辙。

通过对葡萄酒柔软指数的思考，有助于我们发现每一款葡萄酒最佳的平衡表现。甜、酸、涩三种味道元素在一款平衡的葡萄酒中，既可以扮演旗鼓相当的角色，又可以在不影响最终和谐平衡的前提下，突显其中之一，再利用其他两种味道来加以反制，从而达到最终目的。酿酒师在选择葡萄酒风味平衡的风格时，应该着重考虑如何才能更好地表现葡萄酒酒质的细腻与新鲜的果味。让·里贝罗-嘉永教授常常说："有什么样的酒，就会有什么样的葡萄。"所以，我们应该用什么样的美好画面来定义世界上种类多样的美酒呢？

通过以上图表的解释，我们知道，葡萄酒味道三要素之间存在的平衡比例关系的组合可以是多种多样的，这给予了每一位酿酒师创造展现自身特色的葡萄酒的机会。因此，如果想要酿造在新酿状态下便适宜饮用的新酒，其主导的味道风格应该是果香味及足够的清爽度，那么在酿造的过程中，便要通过缩短带皮浸渍的时间，来降低葡萄酒中的单宁含量，加强葡萄酒中的酸度表现，才能达到期望的风味平衡特点。

相反，如果我们要生产一款适宜陈年的葡萄酒，其首先应该经历长时间的橡木桶陈年及瓶中陈年等过程，从酿造工艺角度而言，应该通过加强浸渍时间来萃取丰厚的单宁物质。有些葡萄酒品种以其高品质、高含量的单宁著称，有助于延长葡萄酒的储存年限。而在酸度方面，为了达到味觉平衡的目的，其含量不能过高。在此，我们对于前文的内容可以做以下总结：

"红葡萄酒中的单宁含量越少，它所能承载的酸度含量就越高，因为酸度是保证红葡萄酒清爽口感的重要因素。如果红葡萄酒中的单宁含量越高（单宁的含量决定了葡萄酒的发展潜力和陈年年限），它所含有的酸度就应该越低。当红葡萄酒的单宁和酸度同时升高时，其口感会变得非常坚硬涩口，酒质粗糙，难以下咽。"

我们为了找到葡萄酒中柔软和油腻

两种风味元素之间的关系，尝试过许多种方法。为了找到一种可以对其品质特征加以量化的表达方式，我们提出了柔软指数这一概念。

这一概念的确立，也从另一个角度证实了之前我们提到的葡萄酒风味平衡理论。我们在这里不厌其烦地重复这一概念，主要是因为它是品尝行为的重要基础。对于一个专业的葡萄酒品鉴者而言，如果他对这一重要平衡理论置若罔闻，那么他在这一行业便难以有所进步。

葡萄酒中的酒精度含量足够高时，它所能承载的酸度也就越高；酸味、苦味及涩味三种味道之间具有互相加强、累积的效应；那些口感非常坚硬的葡萄酒酒体通常含有的酸度和单宁都非常高；如果一款葡萄酒在具有较高含量单宁的前提下，口感表现依然出众，那么只有一种情况，就是其具有较低的含酸量和较高的酒精度，因为只有在这样的情况下，这款葡萄酒的风味才会达到平衡。

葡萄酒平衡理论中还暗含着另一结论：就是高酒精度有助于葡萄酒的平衡。酒精度是葡萄酒重要的品质指标之一，原因并不在于酒精自身，而是在于酒精给葡萄酒风味平衡带来的影响。高酒精度意味着葡萄良好的成熟度，以及饱满的风味物质成分。传统上的加糖工艺，在现在来说已经非常过时，但是它可以增添葡萄酒的柔和度及醇香。对适合陈年的葡萄酒来说，加糖操作应该是为了修正葡萄品种风格缺陷产生的不足，扮演校正者的角色，而不是成为用于改善葡萄成熟度不足的工具。因为对于成熟度不足的葡萄，其风味上的缺陷并不仅仅是由糖分物质造成的。时至今日，还有很多人对这一观点认识不深，似乎觉得加糖可以挽救一切葡萄品质上的缺陷。另外，还有一种情况在这些年来频繁出现，葡萄酒中含有的酒精和单宁都非常高，以期两者之间能够达成平衡的风味，这种目的性过于明确的行为，忽略了平衡原理的本质，并不值得提倡。

"甜"型红葡萄酒

几乎绝大多数的红葡萄酒都是干型的，也就是说含糖量低于3～4g/L，通常来说这也是由产区法规所规定的。虽然甜型红葡萄酒在几个传统葡萄酒生产国家比较罕见，但是在一些新兴的葡萄酒产区，由于没有传统观念的束缚，因而会酿制一些甜型红葡萄酒。这些红葡萄酒多数是由于葡萄过度成熟，或者推迟采收等（又被称为自然浓缩法，Passerillage），导致葡萄含有非常高的糖分。和之前讨论甜白葡萄酒所描述的平衡结构一样，只需要加入单宁坐标轴，用以平衡葡萄酒中的甜味。还有一种类型的红葡萄酒，由于其含有5～10g/L的残糖，不属于干型，因此被一些爱好者称为"新红酒"。这种葡萄酒的单宁含量非常高，并且味道较短，品尝口感虽然没有明显的甜味，但是会变得较为黏腻、圆滑，不免让人觉得有些迎合奉承的意味。尽管这样的行为与他们所在产区的法律法规并不抵触，但是在我们的眼里，这种行为可以称得上是作弊了。

香气的平衡

优秀的葡萄酒，无论是在新酿，还是陈年阶段，其香气的复杂程度都非常高，难以掌握和描述。但是，一位经过严格训练的品酒师却可以从葡萄酒中闻到一连串的香气，并且能从这些花香果香中分辨出其特有的物质成分，比如油脂类、酸类、醚类以及香辛料等。就像香水有主导香气一样，葡萄酒的陈酿香气中也具有一个主导香气。但是在多种气味混合之后，会产生不同的气味感受。遗憾的是，现如今，我们对于气味之间所产生的影响关系知之甚少。

在混合气味实验中，我们发现其中的一些香气在混合之后仍然能够非常明显地展现自己的风味，就好像它们在混合气味中占据了主导地位。但是大多数气味在混合之后仿佛消失了一般，难以分辨出来。综合考虑具有以下两点原因，一是因为混合后的气味之间产生互相削弱、遮掩的现象，导致无法辨别；二是混合后的气味分子浓度低于感知阈值，导致无法嗅出。不同气味分子在混合之后会变得非常复杂，而且由于我们仅仅认识很少的一部分气味分子，导致其几乎无法通过理化分析手段来识别；此外，多种气味混合之后，会给人一种新的气味的感觉，有时会产生和混合前的气味完全不同的感官感受，这也增加了感官分析的难度。想要通过嗅觉感官分析来了解混合前气味的种类，几乎是不可能的，即使是从事感官分析的专家，包括香水调制师，也最多只能从混合气味中分辨出三到五种气味分子；如果要保证正确率，那几乎就不可能超过这个数量。

尽管气味之间存在着复杂的作用关系，我们在经历了多次气味物质混合实验后，还是总结出了一些结论。第一条，气味叠加。不同气味之间混合之后，其强度较单独气味更为强劲。最好的例子便是低于感知阈值的单一气味分子溶液在混合之前无法被人嗅到，而在混合之后会产生较为明显的气味；利口酒混合之后的香气会变得更为强烈、纯净。这便是气味叠加原则。第二条，气味协同，指的是气味之间产生增强现象。麝香葡萄中所含有的萜烯类化合物便是很好的例子。在葡萄汁为模型的糖分和酸类物质的混合溶液中，添加芳樟醇，当浓度达到$50 \sim 100 \mu g/L$时，会产生相应的花香；添加香叶醇直到$130 \mu g/L$浓度时才会有气味产生；添加橙花醇和松油醇至$400 \mu g/L$时才会出现香气；而芳樟醇氧化物需要$1 \sim 5 mg/L$时，人们才能感受到气味。当我们将以上五种刚刚达到感知阈值的气味物质混合之后，会发现感知阈值大幅度下降，并且按照芳樟醇的感知阈值呈对应百分比变化，$200 \sim 250 mg/L$的芳樟醇溶液便可以被感知到。所以，在同一族的气味化合物之间，不仅仅会出现气味叠加现象，还有协同现象。

除了上述的两个关于混合气味识别分辨的原则以外，我们还观察到另外一种存在关系，我们可以观察到两种完全相反的作用现象。第一种，当气味不同但强度相似的气味物质混合在一起时，我们可以在该混合液中依次感知到两种气味。也就是说，只要集中注意力在嗅觉感受上，便有足够能力分辨它们，唯一的前提是这些味道之间并不会发生融合现象。

另一种现象则恰恰相反，不同气味之间会发生抵消、遮蔽的现象。这主要取决于不同气味所存在的比例高低。一种气味在混合气味中的浓度偏高，或者浓度相同但其气味强度高于另一者，这些情况都会掩盖另一种气味的表现。我们通过大量实验得到这样的结论，在混合气味溶液中，一种气味的感知阈值会极大地受到其他气味物质地影响，使得我们对其无法正常地感知和分辨。

乙酸乙酯作为酯类物质，可以作为对嗅觉感受之间相互作用原理进行解释说明的最好例子。当葡萄酒出现醋酸化现象这一重要缺陷时，酒中便会出现这种物质。在水溶液中，只需要30mg/L的浓度，我们便可以轻易地感知到它的存在。在酒精浓度10度左右的溶液中，乙酸乙酯的感知阈值会发生变化，提高到40mg/L的浓度；乙醇物质自身的气味会掩盖其他气味物质，这也是为什么在酒精浓度过高的葡萄酒中，香气表现往往不如人意的原因之一。如果我们在乙酸乙酯溶液中添加其他具有强烈气味的酯类物质，其感知阈值会升高到150mg/L；而在葡萄酒中，通常需要达到160～180mg/L，才会被人感知到。混合气味的成分越复杂，气味强度越高，乙酸乙酯的气味就会越发不明显。

葡萄酒中不同香气之间能够互相完美和谐地融合为一个整体这一事实，告知我们，想要通过人工的方式来提升葡萄酒香气自然的表现，是一件非常困难的事情。这种行为不但有悖常理，还应该受到指责，并且无论如何尝试，最终都是徒劳一场。

我们之前已经介绍过关于品尝葡萄酒时，嗅觉感受会参与并影响味觉感受；我们将这种现象命名为"味-嗅协同"（Gusto-olfactives）。气味物质对于味觉的影响不仅仅在于味道上的感受，还包含质感。如果我们将一款葡萄酒中的所有气味物质都提取出来，尽管味道成分不受影响，依然是原本平衡的状态，但是其酒体风味最终还是会显得瘦弱单薄。

这时候，我们顺势提出味觉元素对于嗅觉感知也有影响这一观点，想必不会令大家感到惊讶。让-诺埃尔·波瓦德宏（Jean-Noël Boidron）教授曾向他的学生们展示过这样的实验，一份300mg/L浓度的异戊醇水溶液与一份通过真空分馏法去除所有挥发性物质的葡萄酒异戊醇溶液进行比较；结果是后者中的异戊醇的气味较弱。糖分也具有同样的作用，如果糖分含量过高，便会减弱溶液中其他气味物质的强度（某一类萜烯类化合物并不符合这一规律，气味反而会在糖分的作用下加强）。

有时候，我们需要面对具有"味

道"的气味：

● 带有"甜味"的气味：草莓、焦糖；

● 带有"酸味"的气味：柠檬、柑橘、碾碎的草本植物；

● 带有"苦味"的气味：焦煳、烘焙。

在气味平衡这一方面，我们还需要重点提一下葡萄酒中的果香味和单宁成分之间所存在的对立性质。这会成为指引酿酒人工作的重要原则之一。为了证明这一原则，我们做如下实验：选用同一批次红色葡萄品种，根据不同的浸渍工艺，分别用来酿造白葡萄酒、桃红葡萄酒、酒体轻盈的红葡萄酒、酒体厚重的红葡萄酒四种类型。在品尝结果中，白葡萄酒的香气最为浓郁，并带有活泼的果香味。随着颜色加深，酒体加重，葡萄酒的香气强度开始减弱，酒体厚重的红葡萄酒香气表现则显得沉滞，醚类物质香味也最少。近年来，有不少相关研究证实了气味物质与大型无味分子之间的相互作用关系，并且这种相互削弱或者相互协同的作用普遍存在于葡萄酒酿造领域中。单宁过量，酒精浓度太高，或者浸渍萃取过量等，都会或多或少地影响到葡萄酒的果香，尤其是那些强度较弱的果实香气。

根据之前提到的风味平衡原理，应用在葡萄酒香气中时，我们会发现，来源于葡萄果实的果香味和来源于单宁与橡木的酚类物质香气之间存在平衡关系。如果红葡萄酒中的单宁含量较低，酒体也不是醇厚结实的风格，那么其含有的香气通常以果香味为主。单宁具有抑制水果香气的功能。葡萄酒酿造工艺的不同，会导致其单宁含量也不同，一款葡萄酒可以是浓郁的果香风格；还可以正好相反，伴有果皮、果梗、葡萄籽的味道，我们称之为木质味道。为了避免葡萄酒颜色所带来的干扰，从严谨的角度出发，盲品在葡萄酒品鉴中是非常常见的品酒方式，而且过程也会变得很有趣。

从单宁含量的角度来看，红葡萄酒总共可以分为三种类型：品种香气型、醇厚适饮型以及酚类过量型。第一种类型的酒体轻盈，果香味浓郁；第二种类型酒体醇厚，不适宜陈酿，可以及早饮用；第三种类型则具有较长的生命周期，适宜长年储存，并且经年之后，苦味和涩味依旧非常明显，是典型的老派风格的葡萄酒。想要同时兼顾葡萄酒的单宁感、味道，以及陈年能力并不是一件容易的事，更何况还要保持清新浓郁的果香味。

葡萄酒的木质风味一部分来源于橡木桶，使用橡木桶在葡萄酒陈酿时会释放香草类的香气，许多品质优秀的葡萄酒都会有陈酿气息。有一些葡萄酒爱好者可能会因此认为这一特征是所有陈年葡萄酒都应具备的香气类型。以现实中葡萄酒行业的发展倾向来看，橡木桶所带来的香气应该非常精致，并且能够提升葡萄酒香气的复杂度，而不应成为主导气味。木质气味在一定强度范围内会给葡萄酒带来正面影响；但是如果表现过量，葡萄酒则会失去自身属性特征，成为行业内的笑柄。

最后，我们通过葡萄酒平衡理念来对本章加以总结："一款品质优秀的葡萄酒，其所含有的各项元素都应成为构成葡萄酒风味和谐均衡的根本；而葡萄酒的品质水准，需要依赖香气与味道之间的微妙平衡关系。"

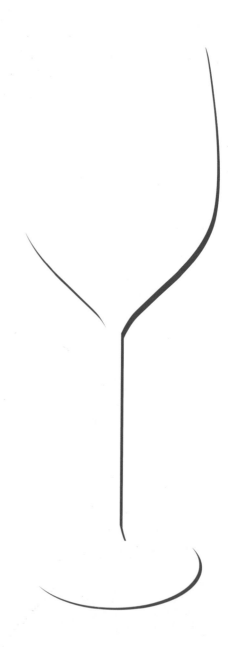

"葡萄酒文化自身就是精致优雅的代名词,贯穿始终,表达了其对人类最宝贵的价值——时间、耐心、口味、审美等判断能力的敬意。"

——安德烈·莫鲁瓦(André Maurois)

第二章
评判的乐趣

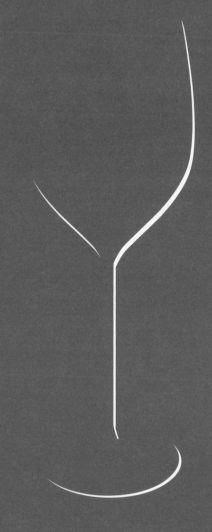

什么是品鉴

我们所拥有的细腻敏感的感官功能赋予了我们判断、评估、测定葡萄酒的能力。这种与生俱来的能力如果能够被准确地掌握，堪比天大的幸福。所以，为何不学着认识自己的感官能力，尝试去完善自己的品评能力呢？

在法国，每年有近300亿杯葡萄酒被消费——每秒钟差不多有1200杯！它们都是被同样的品尝方式所消费的吗？不。那么这些品鉴的感官机制又是否相同呢？答案是肯定的。问题在于，如何成功地用最简单的方式在葡萄酒品鉴过程中获取最多的乐趣呢？这些便是我们接下来要具体讨论的问题。

为什么要"品"葡萄酒

在开始本章的内容之前，我们先通过认识几个关键词来了解我们的主题。法语中的动词"déguster"（品尝）和名词"dégustation"（品尝）都来源拉丁语中的"degustare"（"de"表示执行、完成，"gustare"表示品尝的动作、行为）。通常用来描述行业内专业人士在集中精神的情况下，对食物、饮料乃至一本书的品质进行辨别、欣赏。我们同时也会使用"savourer"（享受，品味）来形容这种带有享乐意味的行为。而"dégustatif"这类词，自12世纪以来，已经很少使用。而"déguster""dégustion""dégustateur"（男品尝师）、"dégustatrice"（女品尝师）这类词汇自19世纪以来，其使用率变得越来越高。而且这类词所表达的意思中，同时包含了嗅觉和味觉两种感知行为。从分析角度来看，除了需要辨别特征以外，还需要分辨品质。如果我们将年代拉远，放在1916年左右，在当时的记载中，"déguster"等同于"subir"，"souffrir"（忍受，遭受），这便与我们这本书的内容背道而驰了。

鉴于葡萄酒文化越来越国际化，对于葡萄酒相关术语的认识也应该有所加深。为了便于理解，我们下面列举一些重要的外语词汇。

● Dégustation（法语）品鉴：degustazione, assagio（意大利语），degustacion, cata（西班牙语），weinprobe（德语），degustação, prova（葡萄牙语），tasting（英语）等。

● Dégustateur（法语）品鉴者：assagiatore, degustatore（意大利语），catador（西班牙语），weinverkoster（德语），provador, degustador（葡萄牙语），winetaster（英语）等。

为了便于分清这么繁多的与品鉴相

关的词汇，我们可以将其按类别重新整理，主要有如下几种分类方法：

● 专业型品鉴和业余型品鉴：前者将品鉴行为作为事业，后者则是为了达到感官愉悦的目的。两者之间互为补充，也可以互相转变。

● 评分型品鉴、分类型品鉴和排除型品鉴。

● 宏观型品鉴、选择性品鉴。

● 个人型品鉴、群体型品鉴。

● 葡萄园品鉴、酒窖品鉴、酒铺品鉴、酒桌品鉴等。

在任何情况下，葡萄酒特征所代表的刺激源和人类感官所具有的感知能力通常是不会有太大变化的，但是在最终的表达中总会出现天壤之别，那么究竟是什么造成了这一差异呢？显而易见，每个人的知识体系和品尝能力都不同，没有经过专业训练的人，很难具备准确的表达能力，或者说很难将自己的感受正确地表达出来。

对于数量最大的品鉴类别，我们称其为"为自己而品"，此类品鉴通常是一种休闲式的品鉴活动，以一群老友之间的聚会开始，一瓶优秀、典雅的葡萄酒作为气氛的推动，品鉴优雅，分享喜悦，这是品鉴之道最基本的哲理——分享快乐。我们会发现，一些简单的安排与布置通常能更好地获得内心深处的满足与欢乐，其最基本的要领在于"合适"。很明显，这时候去考虑"好"或"坏"而非"合适"的话，就显得不那么容易获得人们的认同了。

当然，也存在相当数量的另一类的品鉴——为他人而品。我们所认为的专

业品鉴活动的参与人员基本上都是由葡萄种植者、葡萄酒经纪人、酒商、酿酒师、酒窖管理者和极少部分的发烧级葡萄酒消费者构成。下表总结了葡萄酒相关领域的主要品鉴类型，以及每年在法国发生的大致次数。想全部参加几乎是不可能完成的任务；而且每个品鉴参与者都可以从自身的知识体系、感知体系，以及经历中受益。

我们同样认为个人喜好、工作状况、空腹与否、是否属于就餐环境等因素都会导致对同一款酒的感知分析与评价产生截然不同的结果。这是不可避免的，合乎自然的。但是，重点在于一定不能隐瞒或忽视这些影响因素，从而做出这种先入为主的失真的判断。这些专业品鉴技巧是无法被替代的，但是这种忽视，以及不负责任的结论会影响消费者的消费行为，可以被认定是一种欺骗性质的行为。还需要考虑到对酒质有影响的因素之一——管理不善，即便好酒与劣酒都处在同样的储存环境下。

一个葡萄酒专家只需要通过观察，在数秒内便可以了解这款酒的风土、品种、活力、疾病状况、陈年潜力、葡萄藤；而一个品鉴者通过嗅闻便可以了解它的酒体、它的过去，以及它未来能够展现出来的潜力价值。在纷繁多样的葡萄酒世界中，正是他们，发挥着非凡的品鉴能力，给我们带来理性的指导。

为了更清晰地讲述葡萄酒品鉴形式差异所带来的巨大区别，在将品鉴类型详细展开之前，我们先为大家介绍一个重要且严谨的品鉴概念：感官分析（同时以化学分析为基础）。

品鉴类型	地点	负责人	人数	目的	工作类型	分析可信度	次数/ （法国
葡萄成熟期	葡萄园	葡萄园主管	1～2/4	确定采收日期	风味描述	+	
发酵期间的葡萄醪	酿酒酒窖	酿酒酒窖主管	1～2/4	发酵管理：发酵控制、第一次混合调配的选择	香气及酒体的演变	++	200万～4 次
陈酿	酒窖品鉴室	酿酒酒窖主管	1～2/4	陈酿控制	香气及酒体的演变	++	
调配混合	酒窖	公司主管，酿酒顾问等	2～5	调配混合入罐	描述及添加物的选择	++	
装瓶	酒窖，品鉴室	酒窖主管	1～2/4	酿造阶段最后一次处理	分析检测酒体成分	+++	
法律法规的许可	特殊品鉴室	官方委员会	3（通常为生产商、酒商或中间人、酿酒师）	确定相应的原产地命名	排除不符合相应质量的葡萄酒	++	20万～30
商业分级1	酒窖	中间商	1	采购建议	向购买者提出采购建议		
商业分级2	买方品鉴室	酒商	1～2/4	采购决议	选择适合公司需求的葡萄酒	+	100万～2(次
商业分级3	买方品鉴室	经销商或分销商	1～2/4	推向消费者市场的决议	选择适合市场需求的葡萄酒	+	
实验室监控	特殊品鉴室	实验室主管	5～10/30，利用统计学工具	强调显著性差异	细微的描述，强调差异性	+++	
大赛	特殊品鉴沙龙	大赛主要评委	3～5人/评委会	做出最优选择	评分并进行描述	+	10万～20
鉴定	品鉴室	技术专家	通常1人	核查资质是否符合相应法规与酿造工艺	描述并比较	0～+++	
预防舞弊	品鉴室	法国竞争、消费和反欺诈总局		核实其是否符合相应法律法规的要求	描述并比较	+++	
侍酒师	品鉴室，餐厅	侍酒师	1～2/3	质量，顾客与价格之间的平衡	描述		
私人购买	商店，家	男主人或女主人	1～2通常	性价比高的产品			
消费	饭厅	宾客，同席者	2人以上	获得最佳的感官体验	选择合适的酒与布置一定条件的品鉴环境		约30亿次

葡萄酒品鉴与感官分析

分析一词具有"将整体分解为部分，对其细节分别加以研究、认识"的意思，并且非常适合应用于品鉴活动中。在化学分析中，通过仪器来解构、识别；在感官分析中，通过感官来分解、识别。品鉴一词的宏观意义就是先要分辨品质，然后才是享乐性质的辨别。在忽略内在关系的前提下，我们可以认为两者之间具有互补性。比如一款葡萄酒酒精含量为12.5度，属于化学分析；葡萄酒具有浓郁的草莓香气，这是感官分析；这款葡萄酒与另一款风味一致，这属于感官分析和品鉴范畴；这是一款没有缺陷的葡萄酒，属于品鉴范畴；这款酒的味道使人愉悦，这属于享乐性质的品鉴。这些专业术语经常会由于对品质的感官分析描述而产生模棱两可的现象，可以从以下几个角度加以甄别：1. 外观；2 整体特征；3. 哪一部分占据主导地位。

尽管有时会出现一些差异，但是多数情况下，两者之间的关系非常容易识别。感官分析和品鉴活动都属于行之有效的实践方式，可以通过每次实际的操作情况，达到重新自我审视的目的。朋友委托寻找的一款典型赤霞珠风格葡萄酒与某学生正在准备的关于吡嗪类物质的博士论文，两者之间也会存在一定的联系，例如青椒味，那些不必要的疑虑在这些工具的帮助下都可以一扫而光。为了避免文章显得过于枯燥乏味，我们就不做深入探讨了。有关化学分析、感官分析以及品鉴之间具体的差异，可以根据以下表来做详细解释。该表有助于根据客观情况，选择最有利的分析方法。而且这一方法已经成为学术期刊、大学、研究中心，甚至市场研究部门争相研究的主题。这显得我们似乎完全没有在这里讨论这类话题，如果能抓住其中几个主要的方面，我们的工作也会变得非常有意义。能和朋友们及品酒师们分享每一瓶优秀葡萄酒所带来的喜悦，何乐而不为呢？

项目	化学分析	感官分析	品鉴
客观性	非常高	高	差异巨大
测量性	定量	模糊定量	宏观品质
再现性	（非常）强烈	±强烈	存在差异
成本	（非常）高	高	非常低
可识别性	低	低	（非常）高
速度	差异巨大	慢	非常快速
敏感性	差异巨大	（非常）高	偶尔非常高
组织性	死板	强	多样性
原因	机制原理	起因来源	结论
能力要求	专业性非常高	专业	普遍适用
时效性	近期	临近	瞬时

如何开展感官分析

开展感官分析活动的基础要素在于对目标的清晰定义：比如对研究对象的描述和比较，搜寻所有可能存在的风格特性，评估可能出现的风格特征变化，等等。研究对象的信息从来不会过于简单，也不会过于详细。

概括来说，感官分析过程有以下几个步骤。

● 熟知每一种风格特征。

● 辨别每一个风味特性，并给出相应的名称。

● 通过辨别出的风味特征，描述研究对象——特质葡萄酒。

● 在一些情况下，从享乐层面对葡萄酒"品质"进行定义。

感官分析应该能够将所期待的品质特性整合起来，如一把能够测量长度、重量、时间的标尺一样。每一位参与者（品酒师、评判员、葡萄酒专家等）在感官分析实验中都应该同时掌握多种属性。

● 敏感性，个体敏感性的差异可以使其辨别出一些细微的差异。

● 重复性，指的是品酒师个体在对同一款葡萄酒进行的连续品评活动中，得到一致的答案。

● 再现性，指的是由不同品酒师对于同一款葡萄酒进行的品评行为，最终获得一致的答案。重复性和再现性保证了实验的准确度。

● 准确性，保障感官分析结果的真实性。除了感官分析训练或模拟实验，

通常来说我们无法了解准确结果。

测量数据的正确筛选步骤如下。

● 排除感官感知功能互相作用的影响，选择可信度较高的答案。

● 利用正确答案对原始研究对象进行准确清晰的总结。

组织人员、管理人员、感官分析所涉及的工具，以及最终结果的处理等，所有这些需要认真考量的因素，都迫切需要进行重新整理。我们要一方面给品鉴者划定范围，另一方面还要给予他们表达、发挥观点的空间，这似乎是完全矛盾的命题。不过，这已经足以找到两者之间的平衡所在了。我们能理解要成功地完成感官分析非常困难，并且成本很高，但是它所提供的原理却是我们必须要着重思考的地方。这一方法有助于所有品评人员理解葡萄酒品质，并能够简单有效地阐述其品质特点，通过每一次操作，错误的信息会被排除，从而保证了最终结果的正确性。这让我们回想起让·里贝罗-嘉永在1947年提出的关于"dégustations"的定义，清晰明了：

"品鉴，是指从质量评估的角度专注地对某个产品进行品尝；而这完全依靠我们的感官，尤其是通过味觉和嗅觉，尝试着去找出并识别这些不同的缺陷与优点，进而将其表达出来。这是一个研究、分析、描述和分类的过程。"

不同类型的品鉴和感官分析

以下是几种在品鉴活动中会遇到的极端品鉴类型，以及期待的判断类型：

● 葡萄酒A是否和葡萄酒B风味一致？一致性判断

● 葡萄酒A是否符合参照类型葡萄酒风味？相似性判断

● 葡萄酒A所含有的酸度、糖度等是否高于葡萄酒B？强度判断

● 葡萄酒A具有什么样的风格表现（如颜色呈紫红色，具有浓郁的红色水果香气，酒体浓郁，依旧新鲜）？描述性质的判断

● 葡萄酒A是否在整体风格上都强于B，或者是否配得上对它的评价？定量型判断

● 葡萄酒A品质是否非常优秀或是否优秀？定性型判断

● 对于葡萄酒A，你如何评价（请选择"喜欢""非常喜欢""一般""不喜欢"等）？享乐型判断

● 对于葡萄酒A，你会选择"购买""可能购买"还是"不会购买"？经济能力型判断

几乎所有的葡萄酒品鉴活动都具有上述类别所具有的目的性，这也是葡萄酒品鉴活动本质上的复杂性，几乎不存在单独存在的可能。

葡萄园里

葡萄酒历史上的传奇人物，唐·培力农（Dom Pérignon）在17世纪时就已经掌握了通过品尝葡萄果实来判定葡萄园区品质的本领。他在当时所评定的最优质的葡萄园，也就是现如今香槟产区最著名的葡萄园区。葡萄果实的品尝实践在近些年来开始逐渐受到人们重视。常常被用来追踪葡萄果实成熟度的变化，尤其是酚类物质和香气物质的成熟度，并且十分高效。葡萄酒工业方面的"葡萄成熟度"这一术语在用来形容葡萄中糖分和酸度成熟变化时，会带有贬义色彩；不过由于可以使用仪器设备来确定具体含量，操作简便，结果的可信度也很高。由于单宁在葡萄酒中的含量较高，使得葡萄会带有草本气息，产生苦味和涩味，目前还没有办法通过化学手段进行定量定性分析。这些单宁物质几乎都属于多酚类化合物，这些单宁成分在葡萄成熟的过程中变化较大，比较难以掌握其所有的特性。在精神集中的状态下对葡萄果皮、葡萄籽，甚至葡萄果梗进行咀嚼品尝，对判断葡萄单宁成熟度能够提供非常宝贵的意见。葡萄单宁的成熟度变化非常快，前两天或许还是口感粗糙、草本气息浓厚、粗涩拗口，今天便已经变得细腻优雅、柔顺温和了。在这种情况下，通过品尝的方式来判断葡萄成熟度远远要比化学分析方式来得便捷有效。

葡萄中所含有的香气成分的变化和许多物质成分都有关联，我们对于这些物质的研究还不够完善，认知不够全面。造成这一问题的主要原因是由于此类含有香气成分的物质通常含量都非常低，在一千克的葡萄果实中，通常只有数毫克，甚至百万分之几毫克，提取难度非常大，导致对此类物质的研究通常都费时费力，进展缓慢。由于葡萄中所

含有的香气物质成分主要来源于葡萄果皮，通过对葡萄果皮细致的咀嚼，可以帮助我们对葡萄中草本香气的消失速度进行有效的判断，以及对水果类香气的发展变化进行评估，尤其是对麝香葡萄品种和长相思葡萄品种而言，这种做法在具体应用中显得更为重要。

葡萄果实的品尝操作，无论在任何情况下，都遵循着简单方便的原则，并且在具体实践过程中要具备敏锐细致的感知能力。此外，还需要考虑到所品尝葡萄的代表性，因此对于所针对的葡萄园，大量重复品尝是必不可少的。这的确是一件令人不快并且劳累的事情，令人感到不快是因为不成熟的葡萄的草本味道非常重，并且酸度很高；而劳累则是由于成熟葡萄的含糖量非常高，人的味蕾在受到不断的刺激后，很快便会出现味觉疲劳。已经有实验证明了葡萄果实在口腔中的蛋白酶作用下，所释放出的香气物质和酿造阶段产生的香气相差不大，这同时也证明了品尝对于葡萄酒风味预测的重要性。许多由芳香葡萄品种酿制而成的葡萄酒，其香气风格在果实中的表现并不那么显眼，甚至无法被察觉，这是由于该葡萄酒中的香气物质的存在形式与葡萄果实中完全不一样，在果实中，该物质会和其他化合物结合存在，因此并不会产生浓郁的气味。能够说明这一现象的典型例子就是长相思葡萄品种。

对于葡萄果实进行品尝分析时，最好是两到三人结伴，这样有助于彼此交换意见，准确判断葡萄果实的品质，以便于根据不同葡萄成熟度的园区现状，选择最适宜的葡萄采收日期。

酒窖中

以往在梅多克葡萄酒产区，当通过压榨得到第一批白葡萄汁，或者当红葡萄果实经过破碎时，葡萄酒酒窖的管理人员，在当地又被称为"师傅"，会对当年采收的葡萄的品质潜力阐述自己的观点。品尝行为会贯穿整个葡萄酒的酿造过程，每次品尝虽然只需数秒钟，但是考虑到每一个批次的葡萄都需要去做规律性的品尝，对于酿酒师而言，这个工作量依然很沉重。如今，针对葡萄酒的化学分析等相关实验技术已经逐渐完善，能够做到高效且精准，但是所得到的数据主要与葡萄酒结构相关；对于葡萄酒的气味和味道，还是需要通过品尝才能准确管控。

葡萄醪在发酵过程中无时无刻不在产生变化，每天都会释放出葡萄果实的香气和发酵所产生的香气，有时在酿造初期产生的风味偏差，需要及时发现并加以调整，避免日后增加对葡萄酒风味缺陷采取额外的纠正措施。需要强调的是，葡萄自然发酵生成的风味，并不能使其成为一款品质优秀的葡萄酒。让·里贝罗-嘉永教授曾经说过，葡萄汁在自然发酵的条件下，只会变成葡萄醋，甚至是质量低劣的醋。对于酿酒师而言，只需要一只酒杯，就能够依据葡萄醪在酿造过程中产生的变化，来决定是停止还是调整发酵的进程。在酿造阶段，许多未来可能品质优秀的葡萄酒在此时会具有非常浑浊的口感，满是气泡，粗糙、尖锐，我们会用"bourru"（喜怒无常）来形容此时的葡萄酒状态，就好像是为了隐藏自己成熟之后的魅力一样。我还记得在某年的十一月底，我将一些刚刚发酵完毕的葡萄酒带给我一位在米其林三星级餐厅工作的主厨朋友品尝，他被这种充满野性的风味吓坏了，他根本无法想象自己将来要用来和菜肴进行搭配的葡萄酒，在刚酿造完毕时会是这个样子。最后，在我和我的一位酿酒师朋友的共同努力说服下，他才相信，这些酒在经过陈年等酿酒工艺处理之后，就会成为非常优秀的葡萄酒。

我们先将具体品尝技术的细节放在一边不谈，而要注意到，这种品尝类型在酿酒工艺中，是用来确定发酵时长、浸渍时长的基础，尤其是在酿造红葡萄酒时。我们之前已经提过，化学分析只能对于葡萄中含有的单宁、花色素等物质的含量提供详细的数据，只有通过品尝才能确定葡萄酒的品质，并且成为葡萄酒工艺中分汁、倒罐（葡萄酒澄清汁和酒泥的分离）、浸渍时长（葡萄果皮中物质的萃取程度）等程序的实施依据。这方面的判断通常是整个酿酒小组共同商议决定的，小组的组成成员有酒窖管理人员、酒庄主人（或企业经理）、葡萄种植管理人员、酿酒师，甚至行业内的友人等。通过品尝，我们不但可以了解葡萄酒品质特性的现状及未来发展趋势；还由于每一批次的葡萄都具有可追

溯性，对应着相应的葡萄园区，有助于我们及时了解甚至熟知每一片葡萄园可能存在的问题。间接地对葡萄园未来持续良好的发展战略起到重要影响作用，例如葡萄品种最优的种植选择，如何选择嫁接砧木，以及葡萄园土壤状况等。

葡萄酒的发酵周期可以从8天到20天，甚至1个月之久。在这期间，日常的品尝管控是必不可少的，酿造完毕之后，频率可以适当降低。葡萄酒的陈年阶段可能从数月到数年之间，此时对于葡萄酒品质发展的品尝频率通常为8～12天一次；这时的品尝管控主要注重快速且全面等特点。而在每年三到四次的澄清、换桶操作时，要对葡萄酒品质展开详细的品鉴。最重要的品评工作发生在葡萄酒调配阶段，并且存在于大多数的波尔多及少数勃艮第酒窖的管理中，其目的主要在于将不同批次的葡萄酒混合成两到三种类型，以便于在市场上进行销售。这一做法早在18世纪就已经非常普遍，并且在梅多克产区有着非常清晰的记录，当地酒庄通过调制手段将葡萄酒品质分为两类，第一类作为自己酒庄的正牌酒来销售，代表着其酒庄品质最优秀的葡萄酒；第二类则为副牌酒，没有正牌酒的品质风格典型，但是也不失为一款不错的葡萄酒。之后当地每个酒庄都开始根据自己的生产能力、销售策略、品牌形式来选择适合自己的调配方式。由于这种操作是不可逆的，毕竟要将混合后的葡萄酒按照原样分离是不可能的，因此所有的选择都必须非常谨慎小心。在进行调配之前，通

常会举行两到三次非常严谨的品鉴会，参与人员之间常常互相了解，没有行政职位等级之分，并且为了能够广泛听取大家的意见，通常还会邀请一位公司团体之外的专业人士来参加。最终，这项重大的决定将交由酒庄负责人、产品经理或者酒庄主人来定夺。不得不强调，葡萄酒调配的工作对于葡萄酒品质的影响至关重要。在这项每年都在重复的工作中，调配水平的高低，决定了该酒庄的中期甚至长期的形象与名望，无论是声名远扬的酒庄、普通的酒农，还是从事贸易的酒商等，都会受到影响。葡萄酒调配过程中，哪一批次的葡萄酒的用量都需要做出严谨的判断，多一分或是少一分都会对葡萄酒最终的风味特性产生重大的影响。短期来看，会直接对酒庄的收入产生影响；而长远方面，无论是未来的定价，还是酒庄的名誉，都会受到波及。在对葡萄酒进行调配之前，要分辨品质优秀和品质平庸的葡萄酒非常容易，难就难在如何将那些口感不好，但是又不可或缺的葡萄酒，通过混合调整，提升其最终的品质；或者是避免产生平庸、甜腻的口感，导致失去风格特性。好的调配可以获得更好的葡萄酒品质风味，甚至要强于最好的单一葡萄酒批次，就像是在创造一款新的葡萄酒：这是一个伟大且奇妙的时刻，宛如创造一个新生命一般。在葡萄园区的酿酒葡萄不发生改变的前提下，调配策略一旦产生变动，对酒庄未来的名气甚至产品品牌的影响也会接踵而至。

葡萄酒装瓶时期的品鉴操作，通常是在酒庄或者酒商处完成，此时的品评工作会变得非常严谨，并且具体要使用到感官分析方法。其目的在于从感官和技术等多方面对葡萄酒品质进行把控，达到预期的品质标准。这种感官检验的做法由来已久，并且直接或间接成为可追溯性系统中关键的一环，并且是HACCP（Hazard Analysis Critical Control Point，危害分析关键控制点）等食品安全监管标准中不可缺少的一部分，这一做法的普及要比这些管理规则早出现几个世纪。

相关法律法规

从1950年开始，以两海之间（Entre-Deux-Mers）、圣埃美隆（Saint-Emillion）等产区为代表的波尔多葡萄酒生产商便已经自发地开始实施这方面的品质管理认证。而从1974年开始，政府部门正式将这套做法规范化，并且对以下范围内的葡萄酒产品进行强制性实施，在未取得认证之前，无法进行销售。具体包括所有的法定产区葡萄酒（Appellation d'origine contrôlée, AOC），优良地区餐酒（Vins délimités de qualité supérieure, VDQS），以及地区餐酒（Vins de Pays）和其他IGP优良产区级别的葡萄酒。这套认证管理系统主要针对葡萄酒，其次还会涉及一些农产品。比如"艾丝珀莱特辣椒"（Piment d'Espelette）就是一个葡萄酒以外的例子。要通过这项认证就必须使每一个待出售批次的产品都符合相关生产规范，除此之外，还要符合当地行政管理指导，准备相关文件及化学分析检验材料证明等。每一个批次的产品都需要经过品尝，并且必须由三到五人组成的评审委员会在盲品的情况下，做出判断。评审团通常会有至少一位生产商，一位酒商或者葡萄酒经纪人，以及一位酿酒师。每一款被品尝的葡萄酒都需要获得评审委员会多数人员的认可，例如"没有缺陷""风味平衡""葡萄酒风格具有典型性，且与所申请的葡萄酒类型相符"等评语。这种品评类型与葡萄酒赛事中的品评并不一样，其主要目的并不是为了赋予某款葡萄酒奖项荣誉，而是为了剔除不符合官方认定品质水平的葡萄酒。品评活动结束后，每款葡萄酒都会得到"通过"或是"延期"的评语，生产商可以对评定结果提出申诉申请，如果最终结果仍为"驳回"，那就意味着这款葡萄酒将会遭遇降级处理。通常会被降级到VDT餐酒（Vin de Table）级别，或是用来做蒸馏酒。这对于葡萄酒生产商来说，将是非常严重的经济损失问题。现如今，越来越多的葡萄酒生产商会选择在对葡萄酒进行装瓶时（意味着这批葡萄酒即将进入消费者市场），再将样品送往评审委员会，比如圣埃美隆产区特级园出产的葡萄酒。此时的葡萄酒几乎是和消费者所品尝的葡萄酒一模一样。这在一定层面上保障了消费者对葡萄酒品质一致性的要求。

这套法定葡萄酒产区品控管理制度，这些年来受到了很多非议，主要还是因为它不够完美，但是它对于葡萄酒管理带来的正面效应却是非常明显的。得到"驳回"评定的葡萄酒百分比数量并不高，但是 得到"延期"评定的葡萄酒通常会达到送检葡萄酒的20%～30%。这些不幸的葡萄酒生产商需要重新对自己的产品进行培养、改良等，以期能够尽快达到该法定产区认定的水准。现行的法定产区管理制度是在50年前所制定的规章的基础上，结合现实情况，调整修订而成。现行的这套管理制度有利于改善葡萄酒市场的供需平衡，提升消费者的满意度。这也导致葡萄酒成为农产品及食品工业领域中品质监管最为严格、最为全面的产品之一。从生产方面加强对于葡萄酒品质监管的执行力度，有效避免了葡萄酒产品在未来可能出现的问题。不过凡事还是要考虑过犹不及的情形，避免遏制葡萄酒行业的发展与创新。

"agrément""agréage""label"这三个专业术语在葡萄酒行业品评中的应用频率很高，但是却常常出现混淆。在实际的应用中，这三个词的语义和用法完全不同。

"agrément"是指由官方组织的品质审查认证，所有通过此认证的产品都需要在生产条件和产品品质等多方面符合相关法规要求。例如AOC、VDQS及VDP三个等级的葡萄酒都必须要经过官方认证才能够在市场上进行销售。

"agréage"则属于商业协定方面，主要是为了避免发生所收到的货物品质与签订合同时协定的内容不符，或是与其生产流程规定内容不符的情况。

"label"则属于生产商内部自发的、对产品原产地或者品质加以证明的标签。尽管使用频率很高，但是这种证明材料不具有官方性。

葡萄酒贸易品评

市场上流通的绝大多数葡萄酒，都是通过酒商来进行市场运作。酒商们通过葡萄酒经纪人与酒庄或者酿酒合作社建立合作关系，购买葡萄酒，包括瓶装酒和散装酒，之后投放在市场上进行售卖。也存在酒庄直接将葡萄酒销售给消费者的售卖形式，但是这在整个葡萄酒销售产业中仅仅占据百分之几的量。

通常来说，葡萄酒经纪人需要通过拜访各地的葡萄酒酒庄，品尝不同储酒罐、橡木桶中的葡萄酒，以便能够找到符合消费者需求或者满足自己对品质要求的葡萄酒。最后这些挑选好的样品都会被带到酒商处，由酒商的葡萄酒品尝团队来进行试饮，通常为二到四人的品尝小组。被选中的葡萄酒便会由经纪人协调生产商发货，但是发货周期通常较长，有时甚至会在数个月之后。如果购买方对于收到的产品品质产生争议，则需要葡萄酒经纪人出面进行协调。一直到近些年来，许多葡萄酒经纪人都会扮演中间商和酒商这两种角色。过去很长一段时间以来，大部分葡萄酒的价格都

会和酒精度数挂钩，也就是说酒精度越高，葡萄酒的价格通常也会越高。葡萄酒商通常会使用沸点计来推测酒精度，并与葡萄酒经纪人所提供的数据进行对比。双方为了在最终的价格上达成一致，不免会彼此吹捧、闲聊一番，以期得知对方的价格底线。不过在今天，酒商会从葡萄酒生产商处获得相应的葡萄酒实验室化学分析证明材料，用来确认所购买的产品质量及具体数据。这些用来保证产品质量的手段几乎贯穿整个葡萄酒的分销产业链，一直到葡萄酒进入消费者的手中。

这种商业性质的品评活动会出现在整个葡萄酒贸易的产业链中，每经过一次酒商之间的转手，便会重复组织一次，一直到进入消费者市场。这种性质的品评在葡萄酒交易中扮演着非常重要的角色，决定了最终市场上流通的葡萄酒的品质，但是其细节内容却并不为外人所知。每一次对葡萄酒品质的评定都会反映一个公司、一个地区，甚至一个国家对葡萄酒风味偏好的发展趋势。这里云集了许多天赋异禀、训练有素的葡萄酒品尝大家，并且他们对于消费者的心理需求也十分了解。这种类型品评活动的举办形式主要取决于酒商规模，以及品鉴的目的。"买"与"不买"的决定则成为其中最简洁、直接的目的之一。不过，大多数的采购目的并没有这么简单，还需要考虑产品是否符合目标市场的需求。我们常说的"品牌酒"就是一个非常典型的例子，这种葡萄酒的采购来源具有多样性和不稳定性，因此，如何通过选

择合适批次且品质稳定的葡萄酒，成为保障葡萄酒品牌稳定性的主要选择因素。这也在一定程度上突显了葡萄酒调配程序的重要性，并且由于基酒来源广泛，差异性大，无形中导致品牌酒的调配工作难度也相对更大，不过，这也给予了品牌酒更多的可能性。总之，葡萄酒交易环节的品评工作会出现在整个贸易流程中，同时也是向买卖双方展示葡萄酒品质的重要机会。在这种品评中所使用的是行业内规范化的葡萄酒品质描述语言，简单却不失精致。

酒类大赛及其他评比活动

从数十年以前开始，葡萄酒大赛及其品评活动的赛事与日俱增，各大相关专业文件、书籍、报纸、杂志、网络对葡萄酒品质进行排名的行为更是数不胜数。葡萄酒竞赛的种类繁多，仅仅数页并不足以完整阐述。但是我们希望能借此从几个方面来介绍这类评奖活动的特色，以及如何帮助消费者正确理解葡萄酒排行榜所代表的真正含义。在专门从事品鉴活动与葡萄酒竞赛组织的同事们的帮忙下，借助他们三十多年的丰富经验，希望能和读者分享一些实用的建议。

在品鉴会上所品尝的葡萄酒通常与市面上所销售的同款葡萄酒风味相同。所有经验老道的行业内人士，例如葡萄酒酒商、葡萄酒经纪人、葡萄酒生产商、葡萄酒行业工会成员，法国国家原产地命名管理局以及法国国家葡萄酒行

业管理局等各方都非常清楚，选择一款极具代表性的样品有多么的困难，尤其是在为商贸中的品鉴，以及原产地命名认证的品评准备葡萄酒样品的时候。样品的准备、保存、运输，每一个环节都需要精心准备，并做好预防可能发生的风险措施。室温的保存条件、可能出现的长途运输，以及葡萄酒滗清（例如换瓶）操作等情况，都会让葡萄酒的风味产生变化，只是所需要的时间长短不一罢了。而且，每一位工作人员在准备活动的过程中，都必须要足够谨慎认真，避免出现不必要的意外或者作弊现象。这里所指的作弊现象通常特指所准备的样酒不能过分迎合品尝人员的喜好。在具体操作中，最好的获取样酒方式为产业链的末端，即最终的购买者或者业务代表所提供的样酒；或是由授权的第三方来提供样品，比如法定产区评委会、葡萄酒大赛主办方等。我们在这里所提到的取样方式并非是绝对唯一的准则，还必须要考虑到不同国家的国情，例如有些国际性葡萄酒竞赛就有其自己的运作方式。葡萄酒取样的公平性一直是受到争议的焦点，并由此产生了双重对比的品评方式，也就是将市面上在售的和即将品尝的葡萄酒同时收集起来，进行化验分析和感官分析，虽然这种做法无疑增添了品评工作的难度和成本，但是可行性非常高。例如著名的世界葡萄酒大赛，便采取了这一严谨的做法。几乎所有的葡萄酒赛事，都会出现一些品行不端的竞争者，他们在准备样酒的过程中所使用的小把戏会使得那些遵守规则

的参赛者蒙受不该有的损失，这种临时抱佛脚的行为，在葡萄酒行业已经不是无法公开的秘密。别有用心的投机者会通过揣摩品评团对葡萄酒风味的喜好，根据打分标准，刻意加强葡萄酒的酒体，或是加强水果香气等，以图在最终的评选中获得良好的名次。

尽管不是所有的取样方式都具有代表性，但是组织方多会记录所有样酒的取样来源，并会完整地公布这些信息。有些大赛的组织者会从世界著名的葡萄酒酒庄、产区等葡萄酒生产商那里挑选样酒，并且以匿名的方式来进行品评。这种操作方式会引起多方面的问题，比如出现样酒选取的疏漏，或是重复选样的情况；而且难以确定葡萄酒的品尝顺序安排、不同文化背景的品评人员等因素都会导致最终的葡萄酒排行榜发生变化。埃米耶·佩诺教授曾经一针见血地指出这种品评赛事的弊端："这是一场不但规则由裁判制定，参加比赛的球员也由裁判来定的比赛。"另外，还有些葡萄酒大赛在取样时会忽略葡萄酒厂的规模及生产产品的类型特性，比如一些酒厂只拥有一到两款风格不同的葡萄酒，每年生产的数十万瓶葡萄酒风格都非常相似，种类并不多；而有些酒庄会特别生产产量只有数千瓶的优质葡萄酒，比如正牌酒，或是"车库酒"，剩余的产量则用来生产普通的品牌酒面对广大的普通消费者，这些葡萄酒品质通常较为普通，产量也非常高。葡萄酒排名从其最初的出发点来看，对葡萄酒品质的发展是有很大好处的，但是近年来

却经常发生欺骗消费者的虚假排名。某些葡萄酒竞赛的最终结果，无论是奖项、名次，还是评语，都有被扭曲的可能，完全背离了初衷。想要实现完全使用官方提供的样品很难，但是对取样程序进行记录并不是难事，这项规则已经成为品鉴赛事的强制性规定，保障了消费者的知情权。

葡萄酒品鉴活动应该在相应的环境场合下举行，举办地点、天气、侍酒温度、无异味的环境等条件都非常重要。品评人员不仅要具备专业的品评素养，还需要有葡萄酒相关的文件材料，这些材料对于最终的酒评有着决定性的作用。品鉴过程中，葡萄酒的温度出现或高或低的变化、空气中出现其他气味、旁人的评论，甚至美食的搭配，都可能会对葡萄酒的最终品质排名产生颠覆性影响。品评环境根据买卖关系可以分成两种，一种为"卖方"环境，一种为"买方"环境，就像勃艮第试酒碟一样，具有两面性，利用环境因素来对葡萄酒的品评结果进行引导。还有工作性质的品评环境、节日性质的品评环境等多种分类方法。每一种品评场合都有它独特的价值和魅力，但是同时也会对最终的品评结果产生不同的影响。

不同的品酒环境场合还会对每个人的品评立场、品评标准产生影响。比如在酒窖中、在法定产区品评上、在宴会结束的时候、在电视节目中，人们对于葡萄酒品评的初衷会发生潜移默化的改变，这些都会使得葡萄酒品评结果产生不同，从而影响到最终的葡萄酒排名。

在对同一类型葡萄酒进行品尝时，通常会采用匿名的形式，但是，如果葡萄酒的种类过于广泛，类型混杂不合常规，匿名制则会失去它的意义。有些清爽的葡萄酒适合在海边野餐时饮用，有些知名品牌的贵重葡萄酒则适合宴请宾客，或者搭配体现食物的精致，显然这些葡萄酒之间不能用同一价值标准来衡量。而且葡萄酒的社会影响、价格差异、产量高低等品质外在因素也会影响品评的标准。如果都用评判波尔多九大著名葡萄酒——"Ausone"（奥松）、"Cheval-Blanc"（白马）、"Haut-Brion"（红颜容）、"Lafite-Rotschild"（拉菲）、"Latour"（拉图）、"Mouton-Rotschild"（木桐）、"Margaux"（玛歌）、"Pétrus"（柏图斯）、"Yquem"（滴金）——品质的标准是非常没有意义的，毕竟对于大多数普通消费者而言，能够接触到这些产量有限的葡萄酒是比较困难的。拿波尔多葡萄酒、勃艮第葡萄酒、里奥哈葡萄酒、波特酒以及托卡伊葡萄酒这些类型差异很大的葡萄酒进行对比也一样，完全没有可比性；就好像是奥林匹克运动会中，拿百米赛跑、跳水、射击的成绩来互相对比一样，这样的排名完全没有存在价值。

评审团成员的选择通常来说也是非常复杂的事情。品鉴葡萄酒就像是欣赏绘画、音乐等活动一样，每个人可以根据自己的感受及审美能力来表达自己的喜好。而对于葡萄酒的欣赏偏好，通常取决于品尝者的知识素养及文化背景。比如法国人和日本人之间，存在着巨大的东西方文化差异，也造成了不同的喜好差异，不仅仅局限在葡萄酒上，对于歌剧、音乐、绘画，同样如此。对于葡萄酒而言，一位来自西班牙的安达鲁西亚人和一位来自法国的波尔多人对于白葡萄酒的氧化程度偏好就有着巨大的差异。

品酒师们可以通过相关葡萄酒培训加强自己的感官灵敏度、分析能力及评论总结能力。也就是说，葡萄酒品鉴能力是一种可以通过后天的努力练习而加强的能力。葡萄酒品鉴对于感官、记忆、品尝等多方面的运用，使其成为别具魅力的感官体验技术，同时还需要严谨的判断能力。据我们多年的观察，许多葡萄酒品评人员对于葡萄酒的认识仅仅停留在表面上，不仅没有更深层次的理解，主观上也缺乏探索未知的精神。专业化的品鉴技巧不仅是一种学会认识和欣赏葡萄酒的手段，还可以为我们的生活增添趣味。在正式的葡萄酒品鉴赛事场合中，品评人员以任何方式，直接或者间接地将自己的评判结果透露出去，无论是何种目的，都是非常不可取的行为。家庭式的球赛，任何人都可以充当裁判的角色，但是在法国足球总会举办的比赛中，即使是最小级别的比赛，所派出的裁判都必须经过严格的训练和培训，只有通过相关认证考核才能具有成为一名比赛裁判的资格。球赛如此，葡萄酒比赛亦如此。我们在此非常鼓励对葡萄酒感兴趣的人士加入品酒师的行列，为葡萄酒行业的发展贡献自己的力量。这一方面能够促进消费者对于葡萄酒品质的分辨能力，另一方面还能通过遏制劣质葡萄酒在市场上的发展，减少消费者的健康隐患。不过，葡萄酒品鉴人士不但要具备全面的葡萄酒知识与品尝能力，同时还要对自己的每一次品评负责，肩负起相应的社会责任，这也给从事葡萄酒品评的人士带来了非常大的压力。

葡萄酒品鉴通常会被认为具有很强的主观性，但也正因为如此，对于葡萄酒品评技艺有着更严苛的要求。正如同越是需要精密仪器的测量工作，越是需要懂行的专家来执行一样，这是葡萄酒专家所要认识和肩负的责任。如果因为某些外界因素而做出违心谄媚的评价，不但会影响自己的职业生涯，还会对自己的名誉造成损失。评审团的规模也不是越大越好，过多的评审员会产生管理混乱的问题，难以控制，少数人所表达的意见评论往往会由于评审员基数过大的原因被忽略，仅仅依靠人数众多来主导葡萄酒的品评是不可取的。

举例来说，一场国际性质的葡萄酒大赛可能会囊括来两千多种不同产地的葡萄酒，分别来源于三十多个国家或地区，并且具有不同的颜色、含糖量等指标。评审团则由来自世界各地的葡萄酒专家构成，他们的职业可能非常多样，比如酿酒师、葡萄酒经纪人、侍酒师等。经由国际葡萄与葡萄酒组织（Organisation Internationale de la Vigne et du Vin, OIV）所认证的葡萄酒大赛项目总共有二十余个，对于评审团组成的要求为最低由五人构成，并且至

少来自三个不同国家，或者说相同国籍的品评人员不能超过总数的百分之四十。没有人能够尝遍全世界所有的葡萄酒，不仅如此，品尝过最多类型的葡萄酒的品评人士通常都拥有着葡萄酒生产商的身份。有时消费者对葡萄酒的评价也非常具有亮点，具有参考价值，首先他们才是葡萄酒真正的消费者；其次，他们的观点也能够标新立异，给品酒师们提供了新的角度来看待葡萄酒。另外还存在一些针对性的葡萄酒大赛，比如规定了葡萄酒品种、产区，或者酿造工艺等特殊条件，降低了品评产生误差的可能性，不过这种方法也由于过于追求品评人员的技术，导致无法拉近普通消费者与专业人士欣赏葡萄酒的距离。

葡萄酒的零售价格也是品鉴会的重要考量因素，尤其是对于消费者而言。摆在他们面前的问题是：在不同价格的葡萄酒面前，比如两欧元、三欧元、十欧元、五十欧元和一百欧元的葡萄酒之间，评判标准或者说品评方式都是一样的吗？我们发现葡萄酒的名气对于葡萄酒品尝有着直接的影响，而名气的重要组成部分之一，就是葡萄酒的价格。

葡萄酒评审团成员在分别得出结论之后，需要将所有的评判综合起来，或是直接给予统计结果；或是经过讨论，得到统一的结论之后再进行公布。这两种方式有利有弊。根据我们的观察，这两种做法通常都能给出一个非常完美的答案，但是在针对一些冷门风格的葡萄酒时，则会产生误差，比如一些甜红葡萄酒、麦秆酒等。归根结底，品鉴结论

的主要矛盾集中在如何找到一个平衡点，使得所有人都满意，虽然会让最终结论过于中性，但也不至于产生互相矛盾的结论。

葡萄酒竞赛和相关品评活动应该与商业利益之间没有任何直接或间接的纠葛。品评结果中，也不能出现任何形式的商业性质广告。所有的人情压力、场外游说等都需要排除在外。毕竟葡萄酒竞赛也是在人情社会中的一种运作形式，如果我们在这里天真地否认这些舞弊行为的存在，那才是在自欺欺人。建立公平公正的品评赛事也是我们长期奋斗的目标。

另外，葡萄酒赛事排行榜的信息传播也非常重要。品质优秀的葡萄酒不计其数，并且各自都具有独特的风格特征。这里面的差异有时就好像一瓶苏岱葡萄酒和一瓶博若来新酒一样明显，有时又会像是一款波亚克葡萄酒和一款圣朱利安（Saint-Julien）葡萄酒一样，差别细微。甚至有些位于同一产区的顶级葡萄酒庄所生产的同一年份的葡萄酒，所具有的风味都会有着天壤之别，或是轻盈，或是厚重，或是花果香气馥郁，或是橡木香气浓郁。品评人员会通过文字、图表等多种方式来向人们展示不同葡萄酒的风格特征。品评结论重在清晰明了，而不是要展示个人的文采，减少修辞手法的使用。增添对于细节的感知是品鉴工作的基础。这不仅是一项艰难烦琐的工作，其沉重的工作量让品评人士难以停歇。葡萄酒品鉴在其结论中使用了评分和评语分开的结论方式，这使得我们对于葡萄酒品质有了更直观的了解，同时也提升了其相应的参考价值。

独立的葡萄酒品评人员

在法国、西班牙、英国、乌拉圭、智利、意大利等国的葡萄酒指南、杂志等刊物中都会出现一些由某位知名葡萄酒评论家所做的葡萄酒排名。这种评比模式的特点在于具有强烈的个人主观色彩。酒评家会通过对葡萄酒风味的评论描述，向葡萄酒爱好者推荐一些带有其自身喜好倾向的葡萄酒。这类葡萄酒的品评方式也非常值得葡萄酒爱好者的信任，每款等待品评的葡萄酒通常不会出现事先准备的情况，产品风格也会具有代表性。而且，相较于大型葡萄酒品评赛事，此类工作的品评人员所面临的工作量也不会超出负荷，减少了出现感官疲劳而导致品评结论出现误差的可能性。需要特别说明的是，具有私人性质的葡萄酒爱好者的评论和专业性质的品评的适用范围并不相同，主要区别为，前者适宜出现在私人性质或商业性质的葡萄酒品鉴场合；而后者主要是针对葡萄酒赛事，作为第三方，以向葡萄酒消费者提供正确的品评建议为职责。此类人员不仅需要经过严格的专业训练，还需要通过葡萄酒行业相关考核认证才能够胜任这项工作。

在葡萄酒品评培训的课程中，关于葡萄酒酒评格式会着重讲授，这是葡萄酒品评环节中最为重要的步骤，并且需要以书面的格式进行总结。当多位葡萄酒品评人员同时品尝一款葡萄酒时，需要将每一位成员的酒评综合汇总起来，如有必要可以做一个简短的摘要。如果需要品评的葡萄酒数量众多，则需要按照成绩进行排名；如果出现品质不合格的酒款，可以除名，也可以不除，但是要进行特别标注。

葡萄酒品鉴是一项极其复杂的脑力活动，如何抓住品评的本质，找出品尝中的矛盾点，并用清晰且富有逻辑的语言进行描述，是每一位葡萄酒品评爱好者需要学习的。葡萄酒品评的最终结果需要评审团成员之间达成一致。根据我们以往的经验，品评人员对于最终评审结论，更倾向于对细节描述的把握，而不是纠结于其中某一两个具有争议的风格特征。为了保证评审结果的客观公正性，避免受到葡萄酒风味的主观影响，在组织方综合所有评论之后，由并不参与葡萄酒品鉴的第三方人员来撰写最终总结。

如何体现葡萄酒酒评的公正性、严谨性这一难题存在已久，并且似乎在短时间内也无法找到一个能够让所有人都满意的解决办法。我们期望每一个葡萄酒评论人士都能够严于律己，尊重自己的职业操守，发挥葡萄酒排行榜的价值，使得酒评家和葡萄酒爱好者都能从中获益。以下几种出现在酒评中的原则性问题，对于葡萄酒专业人士而言，是不应该发生的。

酒评中出现的自相矛盾的说法常常令人捧腹，这些都是应当避免的。比如形容葡萄酒具有腐烂苹果的气味又有氧化类型香气，这种说法就好比是在形容天气干燥又多雨一般。

要掌握葡萄酒语言的精确度。举例来说，苏维翁（Sauvignon）的用法，该单词在非特定情况下所表达的意思是模棱两可的，和Sauvignon相关的葡萄品种则有很多，如长相思（Sauvignon blan）、灰苏维翁（Sauvignon Gris）等。法语中形容带有苏维翁葡萄品种风味特征的葡萄酒，通常是指带有长相思葡萄品种的风味特征。

要避免混淆信息来源，或是无中生有。譬如这样的评论："这是一款风格精致优雅的葡萄酒，展现某某酿酒人家族的活力。"试问，在一场参赛葡萄酒均为匿名的葡萄酒竞赛中，品评人员如何知道匿名葡萄酒的背景信息呢？

不恰当的风味描述评论会导致葡萄酒丧失其原本的魅力。只要能够遵守葡萄酒品评中通用的几个规则，便可以充分地感受葡萄酒的风味变化，并且享受到葡萄酒所带来的乐趣。

竞赛型葡萄酒

我们通过多年来对葡萄酒大赛、葡萄酒排名等品评赛事结果的观察发现，葡萄酒品评人员对于酒体强劲、厚重的葡萄酒有着更多偏好倾向，那些风格细腻优雅，但是酒体轻盈的常常会被忽视。尤其是在没有配餐的时候，这种现象更为明显。有些市场敏锐度高的葡萄酒生产商早已做了相应的准备，特地生产了这种风味强劲，酒精含量高，单宁厚重，口感圆润，甚至带有一丝甘甜的葡萄酒，不过产量通常都不高。我们将这类以参赛获奖为目标的葡萄酒称为竞赛型葡萄酒。

"车库酒"就是这种类型葡萄酒中最为著名的例子，不过此类型的葡萄酒并不代表现在的主流消费市场，因此产量通常也很低。虽然风味有时会很讨喜，但是并不能够让人产生想要饮用的欲望。

最后还是要强调下，绝大多数的获奖葡萄酒品质还是非常优秀的，甚至有些会远比所获奖项的品质要求更高。还存在一些品质优秀的葡萄酒，几乎很难在葡萄酒大赛中获得应有的奖项，尽管它们的品质完全抵得上任何奖牌。若想以轻盈、优雅、细腻等风格特征斩获奖项，不仅需要酿酒人拥有莫大的勇气，还需要有相当好的运气才行。

每年都有数以千计内容新颖的葡萄酒品酒笔记通过各大赛事的传播而广泛流传开来，不但极大地丰富了葡萄酒风味描述词汇，还充实了葡萄酒知识。品酒笔记的质量不但和每一位品酒师自身的专业知识水平有关，还包含其自身道德素养、诚实敬业的态度等方方面面，毕竟葡萄酒品鉴本身就是一种精确度不高的分析方式。因此，在葡萄酒品评实践中，对于每一个品尝细节操作都要求认真对待，不能偷工减料，不然只会显得这位品评人员缺乏专业技能，或者说不诚实。法国酿酒师联盟香槟产区分会（L'Union des Oenologues de France de la région Champagne）就此提出了"十条必须遵守的职业道德准则"。这些规定的内容非常具有启发性，值得每一位品评人员学习，具体内容如下所述。

1. 葡萄酒样品的真实可靠性。对于接受品评的葡萄酒样品的收集方式和来源，需要进行记录。

2. 葡萄酒样品的运输和储存。为了保证葡萄酒样品品质不受到运输和存放环境的影响，需要采取相应妥善的处理措施。

3. 葡萄酒样品需要完全匿名处理。例如葡萄酒的名称、标签、瓶型等可能提供信息的外观，都需要进行妥善遮盖。

4. 葡萄酒样品应该根据葡萄酒产区来源、葡萄酒种类等加以归类。

5. 适当的葡萄酒品评场所。最基本的要求有光线充足、安静、没有干扰气味等，品酒师之间还要互相隔绝，避免不必要的干扰。

6. 选择合适的品酒用具，以及适当的侍酒服务。比如葡萄酒标准品尝杯、葡萄酒侍酒温度等等。

7. 限制需要品尝的葡萄酒数量，而品评人员的品尝思考时间不能受限。

8. 每位挑选出来的品评人员都必须具备充足的专业知识和技能，职业生涯没有污点，值得信赖，品评结论中立客观。

9. 评审团组成成员至少应在五名以上，并选其中一位担任主席，记录品评观点中所出现的一致或不一致的意见，整理并概括所有品评人员的酒评。

10. 品评结果需要展现葡萄酒品鉴的实施方式与条件。

以上十项准则中的细节内容是值得进一步讨论的，但是这套准则所传达的品评态度与精神，足以成为所有品评准则的具体范例。

葡萄酒工艺学家

从职业的角度来讲，葡萄酒工艺学家就是我们常常提到的酿酒师，不单单要掌握葡萄酒酿造领域的相关技术，还包括葡萄酒品尝，以及葡萄种植、田园管理等技能。这并不是要强调酿酒师这一职业在葡萄酒品尝中所具有的天然优势，而是为了更好地了解这一职业所具有的困难和障碍，这样才能学会重新锻炼自己的感官感知能力，并且要拥有勇于向困难发起挑战的精神。理论上讲，酿酒师是需要经过正规的培训，以及通过相应的资格考试认证，才能获得资格认可，拥有酿酒师之名。我们不否认社会上有许多通过自学成才，在实践中掌握精湛酿酒工艺的伟大酿酒师非常值得大家尊敬，但是现如今，这一头衔成为许多许多滥竽充数人士谋取利益的工具，并日益猖獗。葡萄酒品鉴技艺的提升方式非常多样，不过只有对葡萄酒相关基础知识充分掌握，才能够学会如何更好地认识葡萄酒、欣赏葡萄酒。对于酿酒师而言，想要提升自己的专业技能，就更要意识到，对自身技能的熟练掌握远比知识涉猎广泛重要得多。

科学技术层面的葡萄酒品鉴

自从20世纪60年代以来，法国国家农业研究院和法国国家科学研究中心（Centre National de la Recherche Scientifique, CNRS）相继成立，葡萄酒行业和葡萄酒技术都有了蓬勃的发展；同时，我们也见证了葡萄酒品鉴科学技术的日益革新。科学技术的发展，使得我们更加容易从葡萄园管理和葡萄酒酿造工艺方面的变化，来了解及定义葡萄与葡萄酒之间所存在的风格变化关系。这种类型的葡萄酒品评活动通过研究感官运作机制、葡萄酒专业词汇、葡萄酒评论，以及相应的统计方法来著书立说。研究方法也同研究其他农产品一样，通过量化葡萄酒的品质特征，对其中某项风味特征进行横向对比，比如一款葡萄酒中的某种风味是否和另一款葡萄酒中的风味相一致等等。为了保证最终数据的准确性，参与这种工作的评审团人员数量通常很庞大，相较于小规模的品鉴会，这种品评属于感官分析类型品鉴，并不是简单的风味品评、享受美酒的活动。

这种在实验室中进行的品鉴活动对于普通消费者而言，似乎非常遥远，显得无关紧要。但正是这些看似无趣的品评活动、这些在背后默默无闻的品评工作人员，在过去半个世纪中，促成了葡萄酒品质的突飞猛进。

葡萄酒在商业活动中的品质监管、法规审查等专业性品评，其具体实施方式和这种科学技术层面的品评活动十分类似，只是评审团人数上具有差别，规模较小，最少情况下只会有一位专业人士出席。每一个决定都至关重要，影响产品的最终去向。如果产品品质不符合规定，或是违反了某项条例，或是处以罚款，或是移交法庭，甚至所有产品都会予以销毁。

侍酒师

在许多传统的高级餐厅中，都会出现侍酒师的身影，他们所担任的职责主要是与葡萄酒相关，但是现如今，他们在餐饮行业越来越少出现。侍酒师在餐厅中的首要职责便是采购葡萄酒，管理酒窖。不但维护、更新酒窖中的葡萄酒产品，还要保证其配置合理，符合成本预期。这不但需要侍酒师具有相应的专业技能，还要有一定的社交网络关系，懂得经营管理，做事果断坚决。其次，必须懂得葡萄酒配餐原则，根据客人所点的菜，提供合适的葡萄酒搭配建议；或者相反，根据现有的葡萄酒风格，提供菜品搭配，并且要用简单易懂的方式，向客人解释如此配餐的原因。最后，也是侍酒师工作中最有意思的部分，不过也是最不重要的部分，那就是侍酒师需要在公共场合向客户展示葡萄酒的侍酒技巧、品尝技巧等，还要给予正确的感官品尝描述，以及葡萄园风土描述等信息。

品评类型的新奇之处

在葡萄酒的世界中，如果要按照品鉴方式的不同，来列一个名单，难度非常大，这是因为其类型数量众多，不胜枚举。从日常饮用的葡萄酒到专业性质的品评，从限制人数的小型品酒会到人数众多的大型品鉴会，从毫无修饰、严谨慎重的品评场所到豪奢华贵的名酒大宴，葡萄酒品鉴活动风格众多，我们简单地举几个例子来说明。

葡萄酒的品评辨识

许多人对于品酒师这一角色的印象停留在能够通过葡萄酒盲品，分辨出其品种、年份、产地等具体信息这样神乎其神的技艺上。这种对于葡萄酒信息的识别需要建立在曾经品尝过同一款葡萄酒的基础上，否则就不会成为根据经验和记忆所做出的合理判断，而是凭空的想象、臆断了。虽然没有人能够尝遍世界上所有的葡萄酒，但是有一些人能够拥有丰富的品评经验，掌握充足的产区特点等知识。这些人以侍酒师为主要代表。在盲品的过程中，遇到的最大问题通常是如何对于所感知到的风味信息进行识别、推测，许多人都会产生多种不确定的答案。2004年10月举办的世界最佳侍酒师大赛的官方结果也为我们说明了葡萄酒盲品中的不确定性。我们选取了四位参加最终决赛的侍酒师在一场盲品中给出的答案，具体如下：

参赛者	1号葡萄酒		2号葡萄酒	
	品种	产地	品种	产地
1	霞多丽	南非	美乐	智利
2	长相思	南非	品丽珠	法国卢瓦河
3	阿尔巴利诺	西班牙加利西亚（Galice）	美乐	智利
4	阿西尔提可（Assyrtico）	希腊基克拉泽斯（Cyclades）	赤霞珠	智利
答案	雷司令	新西兰	佳美娜	智利

葡萄酒盲品活动是消磨时光的好选择，尤其是在能够和一帮热爱葡萄酒的朋友一起，感受葡萄酒带来的乐趣，探讨彼此的心得体会时。不过，盲品的结果并不足以用来作为衡量品评能力和水平的工具。

垂直品鉴。这种类型的品鉴方式可以帮助你了解一个特定的葡萄酒生产商及其葡萄酒的风格，你会品鉴到来自不同年份的同一款葡萄酒。由于年份是唯一的区别，品尝者更容易发觉由于不同年份气候变化带给葡萄酒风格的改变，找到这片葡萄园的风格变化。有时候，可以通过对葡萄酒风格变化趋势的了解，从而发现酒庄数十年的演变迹象。具体事例如一场佩萨克-雷奥良（Pessac-Léognan）产区主题的垂直品鉴会，所需要的白葡萄酒和红葡萄酒皆取自该产区某品质绝伦的酒庄，共计三十个不同年份。通过这样的品鉴形式，我们可以深入地了解该产区的葡萄酒细腻、优雅的风格，即使经历了时间的洗礼，依旧能够保持其新酿时的特色。尽管酒庄的管理团队、酒庄拥有者可能发生变更，生产设备、生产工艺也发生了变化，葡萄酒的风格表现却总能保持曾经的样子。这正是我们所说的"风土"在葡萄酒产品中完美的体现，这不仅需要对葡萄园的适宜管理，还需要与之相适应的葡萄酒酿造工艺。

水平品鉴。我们针对同一年份的葡萄酒进行品尝，这些产品来源于不同的葡萄园，但是每个葡萄园之间相邻较近。朋友之间举办这样的葡萄酒品鉴活动会非常有意思，但是这种品鉴方式得出的最终结果不能被认定为该产区或该酒庄的典型风格表现。首先，这是由于选定的年份并不一定具有该酒庄风格的代表性，其次所选择的葡萄酒所具有的陈年潜力，或者所处的陈年阶段也会由于酒庄自身战略而有所不同。所以，水平品鉴在理论基础上也存在着自身瑕疵，两个来自不同气候条件下的葡萄酒，即使相隔只有数公里，严格来讲，也是没有可比性的。梅多克产区的中级酒庄所举办的"中级酒庄杯"葡萄酒联赛，多年来一直采取这种水平品鉴方式配合淘汰制的品评方式：两款葡萄酒之间做比较，胜者进入下一轮竞赛。这项赛事的头名往往都没有变化，多数都是多年占据榜首，这也从另一方面印证了这一方法的可靠性。

展示性品鉴。这种品评类型通常会有媒体在场，在公开场合下，由一个或多个葡萄酒品评人员对葡萄酒进行品尝评论，并进行排名。这种葡萄酒品鉴活动可能是一种测验，或是一种广告，甚至是一场演出、一场娱乐节目，并没有多少参考价值。总之，对于消费者和观众而言，这种单纯作秀的品评方式并不严谨，也不会对品酒师或者葡萄酒爱好者有正面的教育意义。

葡萄酒品评竞赛。葡萄酒品鉴行为不可避免地具有一定的主观性存在，但是这种主观性并不能阻碍我们对品酒师职业水平素养的认可。我们可以通过这

类竞技性质的葡萄酒品鉴赛事来对品酒师品评能力加以评估和认定。在葡萄酒行业里，侍酒师们是品评能力方面的佼佼者，不仅仅是因为他们每天工作在葡萄酒品鉴的一线，还因为他们对于葡萄酒产区知识的了解，让他们具有得天独厚的优势。这类竞赛性质的葡萄酒品评赛事常常会汇聚各类葡萄酒商、酿酒学的学生、葡萄酒经纪人等该领域专业人士，帮助我们发掘那些具有葡萄酒品评天赋的人才，从中找到那些真正擅长分辨、描述葡萄酒风味特征的品酒师。

这种竞技性质的品鉴形式与日常葡萄酒盲品的目的并不相同。后者是通过遮盖葡萄酒相关信息，猜测葡萄酒年份、品种、产地、风土等；而前者的目的是为了评估品酒师味觉和嗅觉的感官灵敏度、味觉与嗅觉感知的平衡关系，以及对葡萄酒风味描述的清晰度等。这种竞赛性质的品评更侧重于发掘感官分析能力突出的品酒师，而非擅长写酒评的参赛者。

烈酒的品鉴

上文提到的葡萄酒相关品评活动规则，同样适用于烈酒的品评，不过，两者品评的具体方式还是有区别的。简单来说，我们平常不会用喝葡萄酒的方式来喝烈酒，那么自然更为专业的品评人士也不会用同样的方式来品鉴烈酒和葡萄酒。我们在品尝蒸馏酒时，无论是水果蒸馏酒、谷物蒸馏酒、陈年葡萄酒蒸馏酒、不新鲜的葡萄蒸馏酒，进入口腔抵达喉咙的那一刻，酒精所带来的感受占据了绝对的主导地位。乙醇不仅会降低品尝者对其他味道物质的感受，其自身所产生的灼热感也会迅速造成味觉疲劳。新蒸馏完毕的烈酒酒精含量可以高达70%vol。当酒精含量达到30%～40%vol时，口腔中便会产生强烈的刺激、灼热感，嘴唇上也会产生好似肿胀、麻痹的感觉。在品评烈酒时，我们的主要目的是要去感受被强劲酒精感所掩盖的香气和风味物质，而不是酒精含量。不能仅仅满足于通过鼻腔感受到的香气特征，还需要通过口腔去感受酒液中含有的气味，因为有些挥发性较低的气味物质，甚至风味缺陷都需要在入口之后才能被察觉，只使用鼻子是无法闻出来的。

针对不同的烈酒，每个品酒团都有自己的品评技巧。有些人会使用加水稀释的方法，将要品尝的烈酒浓度稀释到30%～40%vol，常温下的蒸馏水或是含有微量矿物质元素的矿泉水都可以。但是掺水稀释的方法终归不够完善，掺水会使得烈酒香气浓度减弱，甚至出现解构现象，而且酒体也会遭到破坏，失去原本的平衡。还存在另一种做法，品尝者将少许烈酒倒入自己的手心或者手背，然后轻轻涂抹、摩擦，使其逐渐挥发。整个过程中需要将鼻子靠近手掌，非常专注地去嗅闻，酒中的芳香物质由于挥发强度不同，会依次散发出来，所以不能有一丝马虎大意。最后，还会有一些残留在手上的液体，具有厚重、黏腻的特点。这种操作方式的缺陷在于不能一次品评太多的烈酒，否则会导致手上残留过多的烈酒的气味物质，以致后续品评结果的正确率下降。这种以手试酒的方式在干邑（Cognac）产区并没有广泛传播开来。不过，我们曾经见过安德烈·维德尔先生使用他的手背来品评勃艮第酒渣蒸馏出的烈酒的香气表现。还有一种品评方式，将要品评的烈酒倒入杯中，摇晃酒杯，使酒液充分浸润整个杯壁之后，再把酒全部倒掉，用一张干净的白纸覆盖在酒杯上，静置一段时间，当酒杯中的酒精完全挥发后，我们就可以闻到杯中所包含的烈酒香气。

品评烈酒中最为老练的手法应该是将酒杯满至一半，经过轻微摇晃之后，立刻进行初次闻香。紧接着，含入少量酒液，大约两秒左右，将酒液完全吐掉。这样可以减少酒精对口腔黏膜刺激的时间，保持自己的品评能力。品评过程中，需要注意不要让酒液进入口腔前庭，而是要留在唇齿之间，利用口中温度，使得酒中的风味物质依次挥发并引入口腔之中，从而有效地感知酒体复杂的香气与味道。在没有高浓度酒精的刺激所带来的阻碍后，品酒者可以更加轻松地感知到酒体的风味结构，并对酒体风味表现中的轻、重、软、硬做出有效判断；并且，品酒者可以对香气品质变化及香气持久度加以详细记录。

相比葡萄酒品鉴，烈酒的品评给人的印象就是微型品鉴。少量的样品装在细长的小瓶中，再配上小小的标签用以区别。品尝用的酒杯也是小小的郁金香杯，或是缩小版的标准品尝杯。在这里，酒杯工艺厂所推荐各种类型的大腹便便的干邑杯与这样的场合并不相称。因为在具体的品鉴过程中，每次只需要品尝几滴就已足够。烈酒的稳定性很高，暴露在空气中也不会有大碍，所以保存起来也是相当方便，所有的烈酒样本只需要装在竖放的小瓶中，不需要满瓶，用普通软木塞封住瓶口，以正常方式排列整齐地摆放在柜子隔板上即可。正是这种相较于葡萄酒易储存的特性，保证了烈酒品质及工艺操作的稳定性，品质经久不变，而收集好的优秀品质的烈酒样本则成为未来烈酒生产调配的参照。

烈酒品评中的说明注释相较于葡萄酒更为简洁，不过更加注重不同阶段的风味特性，从蒸馏酒的新酿时期开始，直到经过橡木桶多年陈酿的整个过程。烈酒的风味缺陷主要可以分为两大类，一类是来自于蒸馏所用的葡萄酒基酒的自身缺陷，比如带有尖酸刺激特征、霉味、二氧化硫味、酒泥味、腐臭味、死水腐败的臭味、生青味、草本植物味道，以及丙烯醛的刺激味道等；另一类缺陷则是由于蒸馏过程或是保存过程的不当操作导致的风味缺陷，比如会有熟味、黄铜味、金属味、油脂味等。通常由二次蒸馏产生的度数较低、杂味较多的低质量蒸馏酒中容易出现这类缺陷。品质优秀的烈酒风味应该是富有果香，质地细腻，新鲜、优雅，甚至会带有淡淡的药茶香气和干燥花瓣的香气；在陈年的过程中，逐渐变得复杂而富有层次感。如果烈酒拥有良好的酸度（不会出现过于强劲的现象），酒体风格便会显得圆润、坚实；如果酸度过高，则会呈现扁平、干瘪、粗糙的现象，尾味也会变短。对于品质优秀的烈酒，我们更倾向于它应该拥有更完美的口中香气，具有轻微的皂香，脂肪酸、核桃仁、李子、紫罗兰等的香气。经过橡木桶陈年的烈酒常常会具有香草等橡木桶带来的气息，酒体也会变得更加柔和。

通常不使用橡木桶陈年的无色葡萄酒蒸馏酒，比如产自秘鲁和智利的皮斯科酒（Pisco），以及玻利维亚的新伽昵（Singani），其中有些是使用麝香葡萄品种酿制，果香味非常浓郁；有些则是由新鲜的葡萄果渣生产的白兰地，比如希腊的齐普罗酒（Tsipouro），克里特岛（Crète）的齐科迪亚酒（Tsikoudia）等；还有将葡萄果渣经过贮藏发酵而成的，例如西班牙的欧鲁荷酒（Orujo），意大利的格拉巴酒（Grappa），以及葡萄牙的巴卡榭拉酒（Bagaceira）；当然还包括法国的勃艮第、香槟、萨瓦产区也用同样的酿造方式生产蒸馏酒，这些烈酒都具有非常浓郁、强烈的新鲜果香。橡木桶陈年可以

给烈酒的风味带来意想不到的加分效果，但是也同时存在着一定的风险。许多陈年烈酒，其生产原料可能会由此变得难以识别，不仅仅存在于干邑和雅文邑（Armagnac）等葡萄酒蒸馏酒中，同样存在于威士忌、朗姆及苹果蒸馏酒等其他烈酒中。橡木桶的香气完全掩盖了原先水果具有的香气特征，原本的特征无法辨识了，就像是凭空制造出的新产物一般，失去了原本的风味。

品评烈酒的关键之处和前文所述的品酒学几乎一致，主要在于如何减少酒精风味对品评产生的影响。因此，在品评无色的烈酒时，通常采取降温冰镇等措施，用以降低烈酒酒精的刺激口感，从而提升烈酒香气的表现。

"取一只白兰地杯，加入少许冰块，转动酒杯，让冰块沿着透明杯壁滑动、消融，直到杯壁起雾。紧接着倒掉杯中的融冰，加入少量无色烈酒，缓慢转动杯子，让杯壁与酒液充分接触降温。这时便可以享受杯中散发出来的果香，感受清爽冰凉的酒液划过舌尖所带来的触动。"

——彭迪耶（Ponthier）

干邑的香气研究

根据干邑产区葡萄种植酿造研究院在2005年的一项研究表明，现在已经识别的未经陈年的新酿干邑烈酒中的香气物质多达180～250种。这些芳香化合物总共可以划分为40余种族群，共包含约120种物质组成。所包含的气味族群有：花香、果香、烘焙香、茴香、东方酱香、蘑菇香、玫瑰香、皂香。

对于其他主要无色烈酒的品尝方式，比如覆盆子蒸馏酒、梨蒸馏酒等，也应该遵从上述方法，从而更好地感受

烈酒的风味变化。

懂得欣赏陈年烈酒的专家们知道如何品味历经数十年橡木桶陈酿的烈酒所

具有的独特风味。在品尝这类烈酒时，温度通常会控制在20～22度之间，一小口一小口地喝，湿润自身的味蕾即可，并尽量延长每次品尝的时间，降低酒精对口腔的影响，直到味蕾对于酒精逐渐适应为止，这时候更容易品尝出其他不同的风味。这与大口喝酒的方法完全相反，后者由于喝得过快，只能尝到酒精的甜味，无法品尝到其他的风味变化。尤其是在品尝雅文邑、干邑、陈年的苹果蒸馏酒时，更应该以小口品饮的方式进行，这样更容易感受到烈酒丰富的风味变化。

最后，品尝烈酒的时候可以利用糖分中和酒精刺激的原理，适当地加入方糖或是搭配甜点，这有助于提升烈酒品饮的感受。比如，沾过烈酒的方糖、马提尼克潘趣酒（Punch Martiniquais）、南美的皮斯科酸酒（Pisco Sour）等各式各样的调试鸡尾酒。

人们总是在千方百计地寻找着能够让这种"毒药"饮品变得适饮、讨喜的方法，这也说明了人们对于酒精饮料的喜爱不可替代。

这一章的内容庞大而混杂，我们将纷繁复杂的品评活动，品酒人员及品酒方式用简明扼要的方式展现开来，虽然没有深入描述每一种品评的具体细节，但是却向读者展示了品评活动种类的多元性。如之前品鉴活动类型表中所示，每种品评方式的举行次数差别也同样巨大，也体现了不同品鉴活动在葡萄酒行业中所起的关键性作用。尽管品评类型众多，对于广大消费者而言，需要重视的只有一点，就是从品评中找到葡萄酒的乐趣，这才是葡萄酒品鉴存在的意义。备一瓶美酒，邀约三五好友做伴，共同享受美酒与美食所带来的生活乐趣。这时候，无论这瓶酒贵重与否，品质平庸还是惊艳，只要它能给我们带来欢乐，带来一场难忘的欢聚，我们就能抓住品酒的乐趣。更好地了解是为了更好地懂得，更好地明白是为了更好地欣赏；正如我们开篇时所言，这是一条亘古不变的道理。

懂得品酒的人从来不会去喝葡萄酒，而是去品尝、探索其中的奥秘。

——萨尔瓦多·达利（Salvador Dali）

什么是品鉴者

品鉴是一项颇有难度的技术

对于葡萄酒品尝者而言，尤其是刚刚踏入品评行业的新手，在品评的过程中会遇到各种各样的障碍。这要求品酒师首先在既定的场合，既定的环境等条件下具备高水准的感官灵敏度。也就是说，需要品酒者在品尝葡萄酒的过程中，集中注意力，提高专注度，针对其中特定的风味特征进行品评感受，从而满足某方面感官分析研究的需要。其次，便是要具备摆脱外界影响因素对感官感受影响的能力。例如葡萄酒的外观特征等，虽然是葡萄酒品质的重要指标之一，品评人员很有可能会依据这方面的线索进行判断，导致最终结果出现偏差。还有一些需要面对的困难，但是相较前两项则会显得没有那么重要，比如使用恰当的词汇描述真实的感官感受，尽管每次都会深思熟虑，但是这并不能保证用词的准确。况且博闻强识本身就需要大量知识的积累，并不是简单通过记忆就足够的。葡萄酒品鉴与其他需要做出解释和评判的活动一样，需要拥有广泛的涉猎、大量的实践经验，例如葡萄酒风味、产区、文化、饮食等方方面都要涉及，只有这样才能够增强自身的品鉴水平。

葡萄酒品鉴活动首先要面对的困难便是品尝自身所具有的主观性；品评结果主要取决于品评人员自身的印象感受，是每个个体内在心理的反馈；而且每位品评人员的性格特征是造成葡萄酒品尝结果具有主观性的主要原因。相对而言，通过量化的手段对葡萄酒风味等现象进行描述则更为客观。使用数字来描述所感受到的风味特征时，由于其独立于具体操作人员，只和量化分析的研究对象有关，所得到的结果也因此不会受到主观因素影响。比如在我们测量长度或重量时，测量结果不会由于测量人员、测量工具或是测量时机的不同而发生变化。不过，我们也要承认所有测量结果的客观性也是有差异的，这种差异是由于测量的不确定性而导致的，有时候会显得格外重要。气味和味道的测量本身就是非常困难的，我们只能通过测量得到具有某种味道或气味物质的浓度，而对于某一种气味或味道组成物质的浓度则无能为力。现阶段对神经与大脑生理反应的物理测量技术并不够成熟，不仅操作难度高，而且应用范围小，所得到的结果也不够全面。不过，我们现在利用色彩分析技术已经能够准确测量、分析物质浓度和品质特性。在实验室中，在光谱仪器的帮助下，可以将准备品尝的样酒进行准确的分类。通过相关仪器进行测量分析的准确度可以非常高，但是这种分析也有自身的局限性。例如我们也常使用仪器对声音进行分辨描述，但是莫扎特（Mozart）、瓦格纳（Wagner）及阿姆斯特朗（Armstrong）等著名音乐家所创作的曲子，是这些客观数字材料所无法准确描述、评价的。味觉与嗅觉的感官感受也是如此，不论是直接测量，还是间接测量，都无法准确传达这些物质所带来的具体感官享受。

葡萄酒品评结果体现了一位品酒师或葡萄酒专业人士所具备的专业素养、喜好，以及其词汇量的丰富程度。确切地说，品评中的每一个字眼都会对一款葡萄酒的名誉产生至关重要的意义，因此，酒评无论褒贬，都需要清晰有据。懂得品酒的人，才会找到葡萄酒真正的价值。每当品酒师手中握有一只酒杯时，他们会设法利用自己毕生所学的知识以及丰富的葡萄酒行业经验，来揭示这款葡萄酒真正的价值所在。

葡萄酒品鉴技术的培训方式多种多样，学习精进的方式也各有不同：有些人擅长葡萄酒商业品评，有些人则强于技术性的品评，还有些人会专注于某个特定产区的葡萄酒或是某个特定类型的葡萄酒的品评。在葡萄酒复杂的风格类型的前提下，"术业有专攻"或许不失为一种非常正确的做法。我们在一场葡萄酒品评赛事中发现，尽管每个小组中的品评人员背景各不相同，但最终的观点相差无几，比如十款即将被品尝的葡萄酒，通常会有八款葡萄酒的品评结果不会出现任何争议。产生分歧的那两款葡萄酒，多是由于葡萄酒风格过于鲜明，或是存在某种可能的技术缺陷。有时候会有一些品评人员在经过一番探讨论证之后还是不能和大多数人的观点达成一致，甚至丝毫不能动摇他们的立场。最开始的时候，这些情况会让人感到气愤、无奈，但是随着品酒经验的积累加深，我们也开始逐渐能够接受这些与众不同的声音，明白了品评小组的真正目的就是学会接受这些不同的意见。品评人员之间的不同意见多是由于表达、阐述方式的不同而造成的，而不是由于品尝感受的不同。由于每个人的学习背景、品评习惯不尽相同，其对一款葡萄酒风味所持有的期待，以及对某种缺陷的容忍度都会有非常大的差异。如果品评人员总是能够在品酒结束之后轻易达成共识，那便失去了团队的意义，因为这种一致的声音，就如同某位品评人员的个人意见一样，降低了可参考性。相反，品评最终结果并不是唯一的，存在许多种可能；但是通常我们只能选取一条能够代表品酒小组多数人的意见。实践也证明了这种采纳多数人意见的方法，在葡萄酒品鉴过程中，能够有效地帮助我们减少错误产生的概率。

品酒中的一些误区

想要在品评领域内杜绝失误的出现是一件几乎不可能办到的事情。我们必须承认，即使是同一个人去品评同一款酒，最终的结果也不一定会一模一样，不同的品评场合等外界因素的变化都会造成最终感受结果的不同。当一位品评人员习惯于某种特定的品评场合，例如专业的品尝室、使用的品尝杯的形状或大小等发生变化，都会让他变得无所适从。这也是为什么我们一直以来都在呼吁，希望葡萄酒品尝环境能够做到规范化、标准化，这有利于葡萄酒品评行业正规有序的发展。

普通的葡萄酒消费者常常会习惯于某种葡萄酒的口味，一旦认定这种葡萄酒的味道，就很难对其他风格的产品做出客观的评价，更别谈改变这种欣赏习惯。即使提供给他们品质更好的葡萄酒进行尝试，他们多半也还会认为自己之前所喜好的酒是最好的。还有些消费者长期习惯饮用的葡萄酒带有某种风味上的缺陷，但是由于习惯的养成，已经不具备识别这类缺陷的能力，以至于难以重新培养正确的葡萄酒审美观。

品鉴者应保持良好的身心状态

品鉴是每个人天生具备的能力，通过掌握一些技巧，便可以提高自己的品评效率与乐趣。一个健康的体魄是品评活动得以顺利开展的重要前提，如果患有感冒、鼻咽喉等呼吸道感染等疾病，或是正在接受口腔方面治疗的人，是无法正常开展葡萄酒品评活动的。根据个

体差异的不同，有些患有如糖尿病或是唾液分泌失调等疾病的患者，其感官感受功能也会受到影响，以至于品评结果可能大失水准。有些慢性疾病也会导致感官功能失常，但是通过长期训练及经验的积累可以弥补这方面的不足，这种功能上的弥补和减退经常使得品评人员不能及时意识到感官功能的变化。从葡萄酒品评即将开始之前，一直到品酒环节结束，品评人员是完全禁止吸烟的。尽管吸烟对品评能力存在或多或少的影响，但是我们不得不承认，有一些"老烟枪"的品酒能力非常出众。

除了上文提到的物理层面的基本条件以外，一个优秀的品酒师还应该具备良好的记忆能力，不仅要做到条理有序，还要不断更新、积累自己的经验与知识，如同一台电脑一般。配合强烈的主观意愿、细致入微的观察，以及高度集中的注意力，品评会变得非常有效率，只需要短短数秒，便可以感知、分析、识别并详细地阐述一款葡萄酒潜在的风格特征。葡萄酒品尝的乐趣就在于充分调动感官感受与丰富的知识互动，漫不经心、疏忽大意的心态无法抓住葡萄酒品评的精髓。

人体日常生理节奏的变化会对感官灵敏度产生影响。比如分别在用餐前、用餐中以及用餐后去品尝同一款葡萄酒，所得到的感官感受也会不同。在一天的不同时段中，我们对于葡萄酒的饮用欲望、嗅觉和味觉的敏锐度都是不同的。通常在空腹或是有食欲的时候，感官灵敏度最强。所以，葡萄酒品评的

最佳时刻通常是在接近中午的时候，在这个时段，早餐已经消化得差不多，但是还没有到吃午饭的时候。拿法国人的饮食习惯而言，这段品评的黄金时间通常是在上午十一点到下午一点之间。如果品酒活动在大清早就开始，虽然符合空腹原则，但是人体机能还没有完全苏醒，无法达到所期待的效果。而午饭结束之后，正是人体消化器官工作的时间，这时的品评效率也是极为低下的。如果一定要再找出一个适宜品酒的时间段，可以考虑在下午六点左右进行，不过相对于中午这一黄金时间段，工作效率还是相差不少。

在葡萄酒品鉴中，需要对味蕾疲劳、感官感受饱和以及刺激适应等现象有所熟悉，也就是品尝学专家所说的"趋同效应"，指感官在受到不同刺激之后出现的辨别能力下降的现象。感官功能机制在这种情况下会发生变化，尤其是嗅觉功能容易出现失灵现象，在一段时间内无法感知到这种气味，即使这种气味浓度很高也无济于事。这种嗅觉迟钝的现象会随着气味浓度与持续时间的延长而变得更加持久。就像我们会因为在房间或实验室等环境中待的时间过长，而习惯了室内的气味，不会察觉。如果一个人习惯使用某种香水，或是常年吸烟，也会忽略自己身上所携带的气味；然而对于旁人而言，这种浓烈的气味足以让人感到不适。

品鉴者容易被外界环境影响

在品酒的时候，别人的意见或想法很容易成为一种暗示，对品评人员的判断产生暗示性质的干扰。几乎所有日常生活中的行为，都是人们根据父母、老师、同伴甚至整个社会所给的暗示，潜移默化地形成相应反应的结果。我们所接受教育的方式就是通过大量事例及建议，从而建立一个框架内的社会关系，也就是我们今天所说的规范。新兴的媒体、广告等则成为这种规范的现代传播模式。

当我们向品评人员提出某些关于葡萄酒风味的问题时，他会非常容易受到问题的影响，置身于一个充满暗示的思维环境中。在这种环境下，品评人员会非常容易被外界环境细节的变化而左右自己的判断，常常在毫不自知的情况下做出错误的判断。我们可以利用这种现象，在不引人注意的情况下引导品评人员进入我们准备好的陷阱中。比如特意安排提问的方式、填写标签的类型，以及展示样酒的方式或顺序等。利用这些外界因素所形成的心理暗示既可以帮助品评人员了解认识葡萄酒的风味，同样也可以起误导作用。

除了上述的外界环境所构成的暗示作用，品评人员也可能会由于所品评样酒的相关材料信息过少而产生自我暗示行为，影响品评结果的准确性。因为某些感知到的特殊风味线索很有可能并不具有产区代表性，此时的品酒人员时常会陷入自我暗示的情形中，结合想象力来推断葡萄酒的产地品种等背景信息，导致做出错误的判断。对一个优秀的品酒师而言，应该懂得如何摆脱这类暗示的束缚，倘若在品评之前便已经对将要品尝的葡萄酒风味有了判断和评估，那么这种自我暗示的风味便会成为品酒师判断的主要依据，影响最终的品评结果。

巴斯德（Pasteur）所做的实验观察成为这种自我暗示问题的经典案例，后来的戈特又将这个故事重新加以发展阐述。故事背景发生在巴斯德所组织的一场品酒宴会上，出席的品评人员都是具有精湛品酒技能的专家，而品评的样酒都是两两一组，形成对照。每组中两支样酒的唯一区别就是温度，一杯经过简单的加热，另一杯则没有。巴斯德对于自己的实验这样描述道：

"我们计划将所要品尝的样品提供给评审团的每一位成员，由于这些品评人员在长期的工作中习惯了比较样品之间的差异，他们一定不会注意到我们所做的手脚，会像往常一样寻找两者之间的风味差异。这些品评人员事先不会收到任何关于所要品尝葡萄酒的产品信息，因此即使是两个极其相似的样酒，他们也会按照既定的工作方式来寻找样酒的不同之处，并沉浸在自己所幻想出来的葡萄酒风味差异中。

"依照上述的实验想法，我进行了实质性的实验操作，为了不引起评审团成员的怀疑，我们提前做好了所有的准备措施，一切按照正常的待酒、品尝流程进行。最终的结果如同之前预料的一样，所有的品评成员都认为两支样品之间在风味上有着明显的区别。"

我们还有类似的品尝例子，准备好的两支样酒，其中一款为酿造之后经过过滤、澄清等工艺流程，另一款则没有经过过滤流程，其他条件均相同。对于每位品酒师而言，葡萄酒基础知识是品评水平的先决要素，明白经过过滤、澄清处理的葡萄酒体会出现疲劳、干瘦等现象。如果品评人员事先已经了解到两瓶样酒的处理背景信息，便可以根据自己关于葡萄酒工艺处理对酒体风格影响的相关知识为依据，在品尝开始之时，便会通过观察样酒的澄清度来对葡萄酒加以区分，并且经过过滤的葡萄酒口感上也不会那么油腻，显得清爽、简洁。但如果我们将两支葡萄酒提供给品评人员做比较时，不解释样酒的背景来源，对于品尝人员而言，往往会通过自己的知识与经验做出一定的假设，再通过品尝来验证假设是否成立，比较并找出葡萄酒风格上的细微差异。对于品酒师而言，标准的、以比较为目的的品酒流程是正确检验葡萄酒品质的最佳选择。首先是观察第一杯葡萄酒的外观，其次是感受葡萄酒的香气表现，乃至入口后的第一印象、发展变化，以及尾味的表现与持久性等。紧接着便要凭借自身的记忆能力，和第二款葡萄酒各方面的风格逐一进行比较。比较品评的目的就是找出两者之间风格上的差异，所以品评人员会尽力寻找它们的不同之处，并加以证实。因此，我们也不难想象，在这样的品评目的下，为什么会出现某些想象中存在的差异性。

假设品评人员在完成上述流程之后，并确定第一支样酒的风味表现更为柔和、醇厚，比第二支样酒更讨人喜欢。但是品评不会就此打住，还需要回头重新品尝第一支样酒，再次进行对比。如果经过第二次品尝之后，再次得到了之前的答案，那么便能确认两支酒存在的差异是真实的。相反，如果第二次品尝之后得到的结果推翻了之前的判断，那么只能做出保守的评判，两支酒的风格之间不存在显著性差异。由于比较品评的酒款通常都是不同的，所以品酒师不能说"这两款样酒是一样的"，而仅仅表示"这两款样酒的风格不存在明显差异"。对于品酒师而言，在对两款葡萄酒进行比较品评时，如果无法找到其中的风格差异，通常意味着他所具备的品评能力不足，不免落入尴尬的境地。因此，只有少数品酒师能够免受外界环境的暗示或是干扰，坦率地表达出自己在品尝后的真实想法与感受。

我们在这里引用一段拉伯雷（Rebelais）的著作《巨人传》（Pantagruel et Gargantua）中有趣的叙述作为总结。他运用了较为夸张的手法，通过寓言故事，用文字揭示了自我暗示心理对人感官感受的影响。拉伯雷描述的故事发生在神瓶殿中，普普通通的泉水，通过饮用者自身的想象力变成了美味佳酿。

"巴克卜对我们说：'曾经有一位勇敢博学的犹太人领袖，带领他的人民寻找新的生活地点。在无尽的旷野上行进的途中，人们饱受饥饿折磨。突然，从天空中掉下来了食物，当饥民争相啃食的时候，发现凭借着自身的想象力，可以尝到家乡做的肉的味道。在这里，这座神殿的泉水也有同样的功效，在喝下这神奇的泉水之前，想象自己想要喝的葡萄酒，就会品尝到那种酒的味道，所以，都来试着喝喝看吧。'我们按照她的话尝试去喝这泉水，结果巴奴日突然叫道：'我的上帝，这绝对是博纳地区的葡萄酒啊，比我之前喝过的都要好。'……约翰修士也说道：'我以灯笼起誓，这绝对是格拉夫地区的葡萄酒啊，浓香醇厚。'……'依我看，这更像是米赫沃地区的葡萄酒，或许是因为我在喝之前想到了它吧。'庞大固埃这样说道。……巴克卜鼓励大家多尝试几次，每次喝之前都可以尝试下其他风格的葡萄酒，这样每次都能够得到自己想要喝的味道。"

品酒师的准备工作

品评人员应该在品酒工作开展前保证自己的身体状况处于良好的状态。味蕾是品评工作得以顺利开展的重要的气味和味觉物质接收器，其自身结构的复杂性和敏感度是令人难以置信的，只有在相对稳定、良好的环境中才能够正常工作。我们在之前的文章中已经具体阐述过品酒师需要在适宜的工作环境下才具备良好的品评能力，所以准备工作阶段除了品酒师自身状态以外，还需要有良好的外界环境条件。感官灵敏度主要取决于品酒人员自身的身体健康状况，不同的时间阶段都会有或多或少的不同。一个优秀的品酒师知道如何保持良好的感官状态，并懂得如何利用感官功能随着时间而产生强弱的变化，熟知自己的品评能力和潜在极限，从而在品酒中获得最大的收益。对他们而言，如果自己的感官状态不佳，是不会参与品鉴活动的。

通过上述的内容，我们知道所有的品尝活动都会或多或少地受到各种因素的影响。但是这种影响并不总是坏的，在具体实践中会有一些出人意料的点子能够使得葡萄酒完全展现它的魅力所在，使用不当也能够毁了一款优秀的葡萄酒。水、面包或者是一些无味香脆的长面包这样简单的食物对于品酒师有莫大的助益，而且非常有效。而那些过咸、香料味很重、甜度很高的食物会对味蕾产生过于强烈的刺激，从而影响感官功能的正常工作。像是做面点用的奶酪，瑞士格鲁耶尔（Gruyère）的干酪、榛子、杏仁等食物则在柔化单宁的粗糙感方面受到葡萄酒爱好者热捧，还有山羊奶酪、发酵过的面团、陈皮梅、橄榄等，在葡萄酒品评中的作用都非常有意思。在品尝的过程中，我们会通过喝水来润嗓，或是吃几块面包，清空口中残留的酒味：这种做法可以给予味蕾足够的休息时间，但是却会对品味先前品尝的葡萄酒的尾味造成一定的影响。味觉疲劳现象是每一个品酒师都要面对的现实问题。在一个时间跨度较长的品酒会中，增加每款酒之间的品尝时间并不会有明显的效果。与其人为干预，不如集中注意力，正确面对每一款所要品评的葡萄酒。

一个优秀的酒评家应该具备的素质

亚里士多德在两千四百年前便指出：

"如果要在庞大的人类社群中找到一位或几位天赋异禀的人才，那是比较容易的，这些人天生具有伟大的意义，具有决定一个国家立法与裁决的能力。"

两千年后，拉伯雷在自己的书中也表达了相近的意思：

"你要知道，在人类社会中，只有少数人会被称为智者，他们拥有着绝大多数的优秀品质。"

我们可以考虑将上述的话语应用在葡萄酒品鉴领域中，尽管我们通常都是采取多数人意见优先的原则，就像是民主政治一样，只不过本质上有些许差异。

如何判断一个酒评家、一个独立品酒师的意见是否具有可信度，或者说，一个优秀的葡萄酒评论人员应该具备哪些品质？不考虑那些十分明显的答案，我们列举了一些简单却非常重要的条件，不仅对品评人员提出了相应要求，还对环境场合做出基本的规定，这些条件也同样适用于葡萄酒爱好者：

● 具备清晰的知识背景以及客观的判断能力。

● 热爱葡萄酒事业，无论是工作还是爱好。

● 对于提出的问题做出清晰的解释说明：去除（缺陷）、选择（优秀的品质）、排序、描述。

● 根据要求给出相应结果：评分、描述、判断。

● 理清购买方和销售方的角色立场：没有人能够摆脱这种困境，有意识或无意识的，有或者没有正式的商业交易等。

● 先天患有感官功能缺陷（嗅觉缺失症、味觉缺失症），或是患有某些疾病（感冒、生病等）时，不适宜从事品评活动。

● 与预期结果相适宜的日常训练。

● 具备评审人员最基本的葡萄酒知识，以及品评时需要关注的每个重点内容。

● 适宜的品评环境：温度、光线、通风、气味、场地、品评顺序等。

● 准备的样酒符合品评目标的要求，包括葡萄酒当时的状态，以及未来的发展变化。

● 与品评活动相适应的品评记录卡。

● 评委会成员需要更加主动积极。最后的这一限制条件的内容非常简单，但却是最基础的内容：每一位评审员应该在品评的过程中忘掉所有的烦恼，尤其是在进入品尝室，手中拿着朋友递过来的酒杯的时候。这种动机的出发点在于严肃的职业性，还需要有品尝的欲望作为补充。有些评审委员会通过金钱、礼物等物质奖励来鼓励自己的成员。这种行为令人震惊，但是如果这种激励行为秉承着公正公平的原则，也会起到正面的效果。

如何定义一个优秀品酒师的典型特征、年龄、性别，抑或是职业，在这里都不是最重要的。现实中，许多女性的确具有非常强的敏感度，不过只是在于脑神经元数量上，而不是感官神经元的数量上，并且与年龄有一定的关系……品鉴活动和其他需要神经元参与的活动一样：天赋是必不可少的，但是通过后天的努力和训练同样可以达到非常高的水准。就像拉方丹（La Fontaine）说的那样："劳作和吃苦，才是最扎实的基础。"

不懂得从容体验口渴的人，也不会感受到饮酒所带来的乐趣。

——蒙田（Michel Eyquem de Montaigne）

如何品鉴？
艺术与技巧

显而易见，葡萄酒品评活动的基本要素是品评人员，但是同时还需要有合适的工作条件和场合。即使是同一位品评人员，在不同的工作条件下，也会出现多种酒评观点；尤其是如果他习惯于某种环境、某种专业的葡萄酒品尝室，甚至是某种形状的酒杯，一旦这种外部条件发生变化，他也会因此失去自己原有的方向。因此，我们一直向相关方呼吁制定标准品尝室，规范品评环境与品酒器材。具体实践中可能会根据不同品评形式发生相应的变化，但通行的基础原理是不会发生改变的。

如何准备品酒前的工作

取样的规则

有时候我们在重新品尝数天前我们曾经非常欣赏的美酒时，会发现它现在的风味与之前品尝的美好印象并不相同。造成这种现象的原因，可能是由于取样时出现了问题。

我们有一次在波尔多地区的三十家酒庄进行了取样控制管理的实验。在每一个酒庄里，我们让酒窖管理人员用自己的取样方式与取样工具，为我们装半瓶当年的葡萄酒样本。紧接着，研究小组成员开始在相同的储酒罐或是橡木桶中进行取样，在取样时，会采取保证样品品质稳定的所有必要措施。在对两种样品进行比较品评之后，我们发现由酒窖管理人员取样的样品中，大约三分之一的葡萄酒品质风味表现明显不如取样小组的样本表现得好，并且出现了以下几种风味缺陷：葡萄酒风味不够纯净、尘土的气味、发霉木头的味道、过重的橡木桶味、明显的变味现象等。也就是说，在我们的实验中，有三分之一的葡萄酒由于取样时的操作方式出现问题，导致葡萄酒产生了风味上的缺陷。我们可以从这项实验结果得知，葡萄酒取样工作看似简单，但是取样操作中的每一个细节都关乎葡萄酒最终的品质变化。

在葡萄酒酒窖日常管理中，由于储藏方式不同，取样也会遇到相应的问题，较为常见的情况有三种。第一种情况下，同一批次的葡萄酒会存放在一个大的储酒罐中，其中的葡萄酒为混合均匀的整体，葡萄酒的取样被视为代表整个储酒罐的样本。第二种情况下，同一发酵批次的葡萄酒会被分别储存在容积只有两百多升的橡木桶中，即使是相邻的两个橡木桶中的葡萄酒，其风味也会产生一定的差异，因为每只橡木桶中的葡萄酒在陈年过程中的发展变化都不尽相同。第三种是常见的情况，同一批次的葡萄酒都已经装瓶完毕；这时候，每一瓶葡萄酒都可以被视为一个独立的样本，我们不能保证在经过数年的瓶中陈年后，每一瓶的风味表现都能够一致，这也是为什么我们说，葡萄酒是有生命的。

在第一种情况下，取样工作似乎并没有什么困难：只需要从储酒罐中取出相应体积的样品就好。但是事实上，在大容积的储酒罐中，均质环境并不是绝对的。储酒罐顶部和底部的澄清度、透氧情况、二氧化硫含量都是有区别的。最理想的取样方式是从储酒罐顶端的罐口处，探入储酒罐中央深处进行取样。如果要从储酒罐罐壁上的取样阀进行取样，则需要在先放掉数升的酒液后，进行取样。这样的做法可以减少被微生物污染的概率，如果取样阀是铜制材料，还能够避免样酒带有铜味。

葡萄酒品评排序

等待品评的葡萄酒的顺序安排，对于酒评结果起着决定性的影响作用。葡萄酒的品评顺序通常遵循一条基本原则，即后品尝的葡萄酒酒体强度需要强于先品尝的葡萄酒，并且葡萄酒风味上要能够体现出差别，这样才能保证后续的葡萄酒风味特点不被先前的酒款所掩盖。也就是说，要遵从葡萄酒风味强度从低到高的上升原则。在具体品评过程中，我们会先选择酒体较为柔弱、轻盈、干瘦的，之后才是酒体强劲、复杂、圆润的酒款。有些品酒师的酒评结果非常有说服力，不仅仅是因为他们具有精湛的品评能力，还因为他们了解葡萄酒品评顺序这一基本原则。

如果葡萄酒的产地来源、酒质风格、陈年年限等信息有所不同，那么它们之间的比较是没有意义的。提升葡萄酒品评效率的第一原则便是，避免做无意义的比较。因此在进行葡萄酒品评之前，便要做好相应的功课，了解它们之间是否具有可比性。如果我们要品评的葡萄酒均来自同一产区，不妨以它们在市场上的价值及产区的名声作为葡萄酒品评顺序安排的参考。

如果要品评的葡萄酒均为干白葡萄酒，我们通常会按照酒精度数来对样品进行排序。如果白葡萄酒之间的含糖量并不相同，则需要按照含糖量升高的顺序进行安排。而对于红葡萄酒而言，按照酒精含量进行排序也是一种行之有效的方法。但是我们更加需要考虑葡萄酒中的单宁含量，并且红葡萄酒中的单宁物质含量差异较大，排序也是按照从低到高的顺序进行。另外需要补充说明的是，在所有的实际操作中，葡萄酒中含有的残糖会使得最终的品评顺序发生改变。这种情况在法国以外的葡萄酒产区出现的频率日益频繁：仅仅数克每升浓度的含糖量变化，在品尝时不一定能被感受到，但是这些糖分的存在会大幅度改变葡萄酒风味的平衡。

在比较不同葡萄园所生产的同一类型的葡萄酒时，尚未调配的原始基酒要比调配过后的葡萄酒成品更具有代表意义，因为调配过后的葡萄酒风味的原始特征会大大衰减。葡萄酒行业内部人士通常会建议品评某片葡萄园的葡萄酒时，尽量选择在调配之前的品质最不好的那一批次进行品尝：尽管它的风味不会那么讨喜，但是却比最终调配成品更具有指导意义。不过很少有品酒师能有机会接触到调配之前的葡萄酒。

品酒师在对一款葡萄酒做出判断之前，还需要考虑到葡萄酒中存在的气体对于风味表现的影响。有些葡萄酒会出现过量的二氧化碳气体，酒体会显得干瘦、扎口。如果含有过量的二氧化硫气体，则会扭曲葡萄酒的香气表现，并导致红葡萄酒的口感变得干瘦。但是如果葡萄酒中的亚硫酸含量过低，会释放出醛类物质，产生较为强烈的还原味，像是烂苹果的气味。这些风味缺陷只是暂时的现象，可以通过换桶或是相关处理工艺进行改善。如果刚装瓶的新酒含有较多的气体，在品尝之前可以使用两支酒杯，将葡萄酒酒液来回倾倒，重复十来次便可以将残留在葡萄酒中的大部分气体排出。经过处理之后的葡萄酒风味变化非常大，尤其是对于新酿的红葡萄酒，风味表现通常都会有很大的改善。我们常常能在喝葡萄酒的时候遇到这种现象，葡萄酒开瓶之后，隔几个小时再次尝试，味道会发生明显的改变。

在品评多款葡萄酒时，如果能够将葡萄酒酒杯按顺序摆放，也能够让葡萄酒品鉴活动顺利高效地展开。比如将葡萄酒一字排开，按顺序迅速地嗅闻每一杯葡萄酒的香气，感受并记忆每一款葡萄酒风味的第一印象。再按照葡萄酒风味的表现情况分为两到三组进一步进行比较，便可以发现每款葡萄酒之间细微的差别。

在品评同一类型的葡萄酒时，我们可以打乱品评顺序，每一位葡萄酒评审员所接触到的葡萄酒顺序均不相同。这样可以避免产生高估或者低估某款葡萄酒品质等错误判断，因为葡萄酒在连续品评的过程中，互相之间会产生干扰现象，从而导致后续品评出现误判现象。虽然这种随机排序的处理方式会使得组织方的工作变得更为复杂，但是对于品评结果的提升效果非常明显。相反，如果组织方将葡萄酒品评顺序安排得过于完美，这样的品评安排顺序会对使得某些葡萄酒获得天然优势，导致最终比赛结果与实际品质有所出入，反而不如随机排序的品评方式有公信力。

白葡萄酒还是红葡萄酒，先从哪个开始品尝？

这个问题很难有一个明确的回答，因为白葡萄酒和红葡萄酒的种类纷繁复杂。比如颜色最深的葡萄酒，西班牙安达鲁西亚地区所产的佩德罗-希梅内斯（Pedro Ximenez）陈年老酒（雪莉酒的一种），是由白色葡萄果实酿制而成，经过日照暴晒、自然凝缩等工艺处理，导致颜色显得很深。另外享誉全球的香槟酒有三分之二是用红葡萄果实酿造，但是它的酒体通常呈现金黄色。尽管在法语中有这样的谚语："先白后红，面不改色；先红后白，头上脚下。"用来形容葡萄酒饮用顺序及其造成的结果。不过在具体的葡萄酒品评实践活动中，具体应该先喝哪一款，还是要视情况而定。

安排品尝顺序的理想原则是按照酒体轻盈到酒体沉重的顺序。构成酒体轻重的物质可以理解为酒精度、糖分以及单宁的总和。如果要遵循这样的原则，就需要从酒体较轻的干白葡萄酒开始品尝，比如大普隆（Gros Plant），又名白福尔（Folle Blanche），或者葡萄牙出产的名为绿酒的白葡萄酒；使用甜度较高、单宁强劲的红葡萄酒作为收尾，比如巴纽尔斯、波特酒、邦多勒（Bandol）红葡萄酒、马迪朗红葡萄酒等等。有些特殊的香气浓郁的葡萄酒排序时的情况会比较复杂，例如麝香类葡萄、雷司令、琼瑶浆等葡萄品种酿制的葡萄酒，尽管是干型葡萄酒，或者仅仅含有非常少量的残糖，但是它们浓郁的风味对于后续要品尝的葡萄酒无异于一场灾难。

所以品评顺序的安排要根据实际情况来定，不仅需要具备相关的葡萄酒知识，有时也会和个人的喜好有关。如果需要品评的葡萄酒只有四五款，那就简单了许多，品评人员可以在休息间隔通过吃几块面包或是没有调味的脆饼，用简单的纯净水漱口便可以恢复味觉的敏锐度，再次投入品评的工作中。

如果是在用餐时进行品酒，我们可以大胆地放弃之前的品评顺序原则，依据正餐的风味特点进行安排。比如同时出现生蚝搭配干白葡萄酒和肥鹅肝搭配苏岱甜酒时，原则上甜酒是要在干型葡萄酒之后进行品尝的，但是由于生蚝咸味特点，在这里需要先安排肥鹅肝和苏岱甜酒的搭配。在这个例子中，主要考虑的是菜品的风味表现，葡萄酒则作为配角出现。当然，我们也可以选取两三款葡萄酒作为主角，再搭配合适的菜肴，也可以带来非常棒的味觉感受。

最后一点，则是需要注意，每天、每一场次的葡萄酒我们最多可以品尝的数量是多少？对于一位充分经过训练的品酒师而言，每天可以高效地品评数十款葡萄酒，并且能够确认葡萄酒品质是否出现重大偏差，并将葡萄酒按照轻盈/厚重，果香型/单宁型等特征进行分类，描述其相应的风格特征，等等。如果品评的是同一类型的葡萄酒，能够最多对二十到二十五款葡萄酒进行分类并加以排名。根据国际葡萄与葡萄酒组织所举办的赛事规定，对于平静型且为干型的葡萄酒品评数量规定，每日最大数量不得超过四十五款样酒，且须安排在中午之前，并按照每场十五款分为三个场次进行。至于其他类型的葡萄酒，每日的品评数量应该限制在三十至四十种。通常来说，如果需要对葡萄酒的风格特征进行详尽描述，并进行分析评述，半个工作日最多只能品评十余款葡萄酒。一位著名的西班牙葡萄酒指南作者将自己每天品评的葡萄酒数量限制在八到十款，这不失为一种明智之举。

如何品味葡萄酒？
望，闻，尝

品尝室

实验室感官分析研究的重点之一便是如何营造理想的品评环境。所有与品尝室环境相关的建议都可以应用在任何餐饮场合中，自然也包括自家的饭厅。对此，我们总结出如下一些基本原则。

品尝室的房间不应该含有任何浓烈的异味，芬芳怡人的气味也不允许。房间应该做隔音处理，避免隔壁或是街道上的噪声传入，而且室内噪声应该控制在40分贝以下，通信设备更改为静音模式等。还要求有充足的光线，专业上要求光照强度达到100～300勒克斯之间才称得上充足；如果所要品评的葡萄酒颜色暗沉，则需要达到3000～4000勒克斯的光照强度才行。通常家庭中，客厅的光照强度在100～500勒克斯之间，普通的商店也是如此，室外阳光充足的情况下，光照强度可以达到5000～10000勒克斯。充足的太阳光是最为理想的光源，不过许多现代灯具也可以达到同样的效果，并且显色指数需要达到80～90以上。光线充足的环境有助于我们观察葡萄酒的颜色，从而帮助判断香气表现类型与原因。室内温度应该保持在18～20℃之间，这种环境下，感官灵敏度和思考能力都会达到最佳状态，空气湿度需要保持在60%～80%之间，并且微微通风，控制在每小时等同于室内体积7～10倍的通风量最佳。这些条件有助于品评人员放松身心，集中精神感受感官感知的变化，提高工作的效率。

品评环境中最差的类型就要数酒窖或是发酵车间了，在这样的场合中，除了品评环境恶劣以外，还要经受酒庄主对自己葡萄酒溢于言表的赞美的影响。勃艮第的专家布彭曾经说过下面这样的一段话（当然，类似的观点层出不穷）：

"漫步在葡萄酒酒窖中，空气中弥漫着葡萄酒的酒香，在这样混杂着酒香的环境中，如何才能够正确地对葡萄酒风味进行品评呢？所有对葡萄酒的感官印象事实上都发生了偏差。尽管人们墨守成规，依然在酒窖中进行品酒，但是我们不能否认的是，最糟糕的葡萄酒品评环境也正是酒窖。"

在酒窖中，管理人员打开储酒罐上的取样阀，将葡萄酒盛入你手中的葡萄酒杯，或是通过虹吸采样管从橡木桶的上方探入，吸取一管葡萄酒样品，抑或是直接打开橡木桶壁上的桶塞，直接让葡萄酒流入你的杯中。即使这些取样方式在操作上干净利落，没有任何问题，但是在这种环境下进行的品评，很有可能不会有任何参考价值。在一个充满酒味的地下酒窖中，品评人员明显无法正常进行品评判断；而且所有的葡萄酒在酒窖的环境下，风味都会表现得非常完美，某些缺陷甚至很难察觉，而且，我们也没有其他可供比较的酒款。假设有一天我们在品尝室中再次品评同一款葡萄酒，便会发现两者之间的风味在表现上的差异会有多么大。

酒杯

酒杯是一件非常精妙的品评工具，它就像一个能够将所有葡萄酒的芬芳气息网罗进来的陷阱，并将其陈列、展现给葡萄酒爱好者，就好像葡萄酒的存在只是为了突显酒杯的美妙。很难想象在没有透明玻璃杯之前，人们是如何做到真正地品尝葡萄酒？无论是祝圣用的金属酒杯，还是中世纪用的有盖高脚杯、酒壶，这些都完全遮盖了葡萄酒的容颜，人们只能选择大口吞咽，而不能欣赏它的美丽。一直到透明的长颈大肚的玻璃瓶替代了曾经的陶罐之后，人们才开始学会欣赏葡萄酒的外观。如果在17世纪末到18世纪初期，玻璃生产工艺没有任何突破进展，导致玻璃酒杯没有被创造出来，那么今天许多被人传颂的优秀葡萄酒可能也会因此消逝吧。

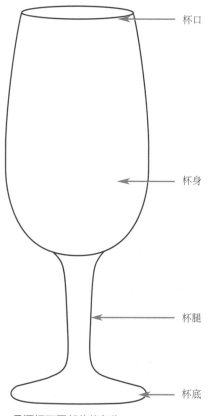

杯口

杯身

杯腿

杯底

品酒杯不同部位的名称

所以我们过去会说，酿酒师与玻璃工艺师之间的关系就像亲友一般。毕竟玻璃杯的产生，对于酿酒师储存和饮用葡萄酒的发展有着重大的意义。玻璃酒杯的诞生可以追溯到17世纪，而玻璃酒瓶的问世则在18世纪中期。在1750

年左右，欧洲的富人们会使用波希米亚和威尼斯地区所生产的水晶玻璃杯来饮用葡萄酒；而在中产阶级的家中，或是档次较高的旅店，使用的是平底大口的无脚杯，或是带有把手的上了釉的彩陶、粗陶，以及锡制的杯子等。至于普通的小酒馆、饭店等用的则是木制的杯子。水晶相关的记载最早出现在17世纪末的英国，并且从1820年起，法国巴卡拉城的水晶玻璃制造工艺逐渐闻名于世。没有什么比得上晶莹透明、纯净无瑕、杯壁纤薄的水晶玻璃酒杯更让那些贵族动心的，尤其是用来盛放波尔多、勃艮第以及干邑等地区的美酒更能体现其尊贵的价值。到了19世纪中期，开始出现了大杯肚的酒杯，也是我们现代标准品尝杯的原型。

由于葡萄酒酒杯形状尺寸对于葡萄酒品评有着一定的影响，因此这方面的研究在这些年来从未间断，不过得到的结论并不一致；这对于葡萄酒酒具生产商的影响要大于葡萄酒行业内的其他专业人士。尽管对于葡萄酒酒杯完美的外形一直存在争议，但是对于酒杯的某些基本要求却是相通的。

葡萄酒酒杯的主要作用是盛放葡萄酒，以及满足我们感官分析的要求。使用合适的葡萄酒酒杯可以帮助品评人员充分发挥自己的感官功能，通过眼睛、鼻子、嘴巴来对葡萄酒的外观、香气、口感进行完整的品评分析。因此，酒杯的材质、外形、容积，都会成为影响我们感官感受的重要组成因素，甚至使用酒杯的方式也是影响因素之一。

使用酒杯喝酒时，杯口是与嘴唇最先接触的地方，通常要求杯口厚度非常纤薄，只有使用水晶玻璃所制造出来的杯子能达到这样的效果。如果杯口厚度过于明显，则会产生强烈的触感，影响感官的整体感受。而且事实上，我们对于每一种饮品所对应的杯子都有着一套约定俗成的规矩。比如我们喜欢用大容量且杯壁很厚的啤酒杯来喝啤酒，清晨喝的咖啡更倾向于选用带有把手的陶杯，而在品尝摩卡咖啡和浓缩咖啡时，则偏向使用杯壁较薄的瓷杯。我们来做一场实验，使用两种不同形状的酒杯来品尝同一款葡萄酒，两款酒杯的区别在于杯壁的薄厚以及酒杯的重量。我们发现，在使用更为轻薄的玻璃酒杯品尝葡萄酒时，会感到更加好喝。这个简单的例子形象地为我们证明了葡萄酒容器的差异会影响葡萄酒风味的表现，最终导致我们的感知判断发生偏差。

品尝葡萄酒用的酒杯通常为高脚杯，杯腿不但要纤细，而且要有一定高度。下方连接的圆盘状的杯底则起着支撑的作用，以用大拇指和食指前端的侧面夹住杯底圆盘的方式执杯，底盘能够保证酒杯可以水平放置在桌子上，加强了酒杯的稳定性。杯腿连接杯身的部位有时会出现一些装饰物，会使得杯腿变得粗重，并且有时候还会变成棱柱形状，或是类似橄榄、梭子形状的特殊设计。在选择品评用酒杯时，则需要尽量避免采用这些设计的酒杯。

有些酒杯的杯腿非常短，导致出现执杯困难的问题。杯腿过短会导致它的功能像平底大口的无脚杯一样，只适用喝一些既不需要观察也不需要品尝的饮料。永远不要用整只手去握酒杯的杯身，这样的动作并不雅观，还会显得有些笨拙。当你递给别人酒杯时，可以通过观察这个人的执杯方式来了解他对葡萄酒知识的了解程度。因为只有行业内的专业人士才会对自己提出严格要求，必须握住杯底的圆盘。这样执杯的方式也存在相应的风险，如果摇晃杯子的动作不够熟练，会很容易将葡萄酒洒出来。

执杯方式：传统执杯方法（左）；行业内人士执杯方法（中）；错误执杯方法（右）

人们常说，不同的葡萄酒需要使用不同形状的酒杯来品尝。而酒杯的具体形状，则和那款类型葡萄酒原产地的传统风俗及侍酒习惯有一定关系。在1914年之前，餐桌上使用的一套完整酒杯共包含6个类型，总共12种杯子：分别是水杯、勃艮第葡萄酒杯、波尔多葡萄酒杯、香槟杯、波特酒杯、烈酒杯，以及形状不定的长颈大肚杯、带柄的瓶壶等，醒酒器在那个时代的应用非常频繁。现如今，我们简化了餐桌上的酒杯数量，只会准备水杯、勃艮第酒杯或是波尔多酒杯及香槟杯，大小尺寸不一，容量范围通常是10～25毫升。

尽管品尝不同的葡萄酒所需要的杯子形状、容量都会有不同，但是，品评用的葡萄酒杯都会有共同的基本特征。比如说，杯子的纵切面应该是椭圆形状，有点像截掉一截的鸡蛋，并且杯口轻微向内聚拢，像是即将展开的郁金香，底部微微鼓胀，顶端向内收缩。这种酒杯甚至可以用来品尝香槟酒，而且比旧时的浅口酒杯更合适。旧式浅口酒杯杯身很浅，杯口非常大，并向外扩散开，无法收拢香气，也不能保证气泡的持久度。现如今，这种杯子多被用来盛放新鲜的水果，而不再是品尝葡萄酒的容器了。事实上，这种郁金香杯并不是最适合品尝香槟的酒杯，还有一种被称为笛形香槟酒杯（Flûte）的玻璃杯更适合用来品尝香槟，能够长时间地保证香槟中的气体缓慢持久地释放。尽管我们在

品尝不同葡萄酒时使用的葡萄酒酒杯不尽相同，品评的分析方式却不会有什么改变。但是由于酒杯的不同，会影响葡萄酒香气的表现情况，导致我们最终所接收到的信息有所不同。在葡萄酒品评领域，如何利用类似酒杯这样的工具是学习葡萄酒品尝的重要内容之一。酒杯形状不同，酒液空气接触面积与容积的比值也会不同，这导致葡萄酒的蒸腾现象、表面张力以及毛细现象都会发生变化，这些现象导致相同的葡萄酒在不同的葡萄酒杯中的表现也会不同。单纯地去计算气味分子的流通量，或是通过鼻腔感受器的气味分子数量，是一项非常复杂的工作，而且在感官分析中并没有多大意义。通过简单的观察，我们也发现葡萄酒酒杯中的香气分子流通量会随着酒杯液面面积的增加而增加。葡萄酒在酒杯中摇晃也会加快香气的散发，这也是为什么同款葡萄酒在静置和摇晃两种情形下，会有不同的香气表现的主要原因。

如果酒杯的杯身过高，开口向外展开，香气表现则会变得非常柔弱，鼻子也会离酒杯中的葡萄酒液面更远。如果使用的酒杯杯身较矮，呈半球的形状，葡萄酒的液面距离鼻子也会变得更近，有助于感受葡萄酒的气味。但是由于杯口过于敞开，外界的空气也更容易混入，导致气味分子的浓度降低。

如下图所示的葡萄酒酒杯，其内敛的杯口，能够降低气味分子散逸，并且

有助于鼻子探入杯口，最大化地增强嗅觉感受。这种外形的酒杯有助于品酒师准确掌握品质优秀的葡萄酒所具有的细腻、复杂的香气变化。不过直到现在，人们对它的功能性还存在着争议。这款酒杯的外形功能设计主要是为了服务于葡萄酒品尝，在1970年左右，一个法国研究小组在法国国家法定产区命名和质量监控委员会的工作基础上，设计了这款葡萄酒标准品尝杯，并在之后由法国标准化协会确认具体尺寸标准。它的杯身类似一个轻微拉长后的鸡蛋形状，由杯腿将杯身与杯底连接起来。杯口相较杯身略小，明显地向内收敛，有助于集中葡萄酒的香气。这款葡萄酒标准品尝杯整体无色透明，由水晶玻璃（含铅量在9%的玻璃）制成，也有一些生产商使用普通玻璃制作这款标准杯，价格上也会更为实惠。杯子的边缘光滑、平整，使用了冷却切割的工艺。为了保证杯口高度的平整，还需要进行水平方向的打磨，之后再次进行烧灼定性。酒杯的容积在210～225毫升之间，在品评时可以容纳70～80毫升的酒液。如果是要品评起泡型葡萄酒，杯身底部有一个直径5毫米左右的圆形粗糙区域，有助于气泡的释放。这种类型的酒杯在葡萄酒香气的品评研究中有着非常好的口碑，并且在经过广泛采用之后，对于葡萄酒品评活动的水平也有很大的提升。也有人指出这种酒杯的容积太小，不过这并不能称得上是一个难题，相关厂家早已按照原来设计规格，制作出尺寸稍大的品尝杯。

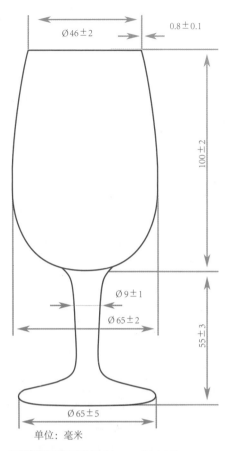

单位：毫米

葡萄酒标准品尝杯（Inao-Afnor）

还有一点不能不提，在斟酒的时候，切忌将葡萄酒倒得过满，通常在酒杯容积的三分之一处即可，最多也不能超过五分之二，这样在摇晃酒杯的时候也不至于将酒液洒出。而且酒杯中酒液上的空位是留给葡萄酒芬芳的气味物质的，倘若倒得过满，既影响闻香的感受，还不方便品评时摇晃酒杯等操作，阻碍了品评人员进行葡萄酒品质鉴赏工作的开展。

酒杯在使用时，需要注意不能满杯，剩余的空间用来保存葡萄酒挥发的香气物质

如何清洗葡萄酒杯？我们通常建议在普通的清洗流程结束之后，使用蒸馏水或是低矿物含量的矿泉水进行最后的冲洗，一直到酒杯没有任何气味残留为止。大多数市场上销售的清洁剂都具有气味物质，用来擦拭酒杯的手帕也会沾染上清洁剂的味道，在具体清洁的过程中，都是需要避免的。我们在这里要介绍的清洁方法值得大家广泛推广，清洁效果也非常显著。首先，对于使用过的酒杯要尽快进行清洁，并且使用热水进行洗涤，再冲洗干净，使用的热水水质不应该含有过高的钙质。整个清洁过程不建议使用任何洗涤剂。如果有些油污实在难以清洁干净，可以使用无味的香皂水。我们还可以在市面上找到型号众多且品质很好的洗杯机。洗干净的杯子不要擦拭，应该倒悬起来进行风干，之后再放入没有异味的橱柜中。收纳酒杯后，切忌将酒杯倒立放置，杯口不能直接接触柜面，以免产生划痕。悬挂是最好的放置方式。在侍酒的时候，通常会先倒入一些待品尝的酒液，通过晃动酒杯，让酒液充分浸润杯壁；达到涮杯的效果后，再将酒液倒掉。在法语中，我们将这个用酒涮杯的过程称为enviner，有利于酒杯在使用之前便沾上葡萄酒的气息。enviner是aviner一词的衍生词，原意指在使用橡木桶盛装葡萄酒之前，用酒浸湿桶壁的操作，可以最大限度地保留葡萄酒原本的风味，不至于被桶壁上的残留物所影响。

试酒碟，品酒师的标志

最早用来协助饮用的工具应该是由陶土制成的类似勺子的工具，这种圆形凹陷的盛水器具，或许还会带有一个手柄，像是一个坩埚一般；或是像教堂的圆形穹顶的形状。我们在考古发掘中，不仅找到了陶土制成的饮水器具，还有陶瓷材质、木头材质以及金属材质的盛装液体的器具。这些容器的形状多种多样，有的是双耳尖底瓮，有的是双耳爵，还有普通的坛坛罐罐，形状功能上都便于人们舀取饮用。这些器具普遍都具有环状的把手，便于手指进行抓取。在玻璃器皿发明之前，我们都是使用这种器皿，直接品尝、饮用葡萄酒的。直到15世纪，或者更早以前，出现了试酒碟这一工具，当时还被称为Tastevin，外形像是一个扁平的小杯子，杯壁光滑并刻有纹饰。勃艮第人沿用了这一称呼，并将其写作"Tastevin"。这一单词的词根源自动词"Taster""Tâter"，或是"Tester"，意思为品尝，尝试。在许多语言中，会使用同一单词来表达这两个动词的含义。马泽诺（Mazenot）在这方面有着深入的研究，并指出试酒碟并不是勃艮第特有的品酒工具，在法国南部奥克地区也有着同样的工具，只不过在当地被称为"Tassou""Tassot""Tassette""Tasse à vin"。

一个典型的勃艮第试酒碟是银制的，直径约为85mm，高度29mm，容积为90mL，且试酒碟内部并不光滑，通常会雕刻有葡萄果实及藤蔓的纹路。布彭先生曾经对试酒碟中央微微突起的形状有所描述。试酒碟的边缘会有圆点突起，高低不同，像是散落在玉盘上的珍珠。精致的内饰雕纹，布满了试酒碟的内壁。其中一侧有着二十余条椭圆条纹的沟纹形状,有规则地沿着内壁歪斜排列,另一侧则整齐排列着八个凹陷下去的斗状凹槽。

那么布彭先生是如何使用试酒碟进行品酒呢?由于试酒碟是为红葡萄酒而诞生的,而且白葡萄酒的光泽无法在试酒碟中完全显现出来,所以这里使用试酒碟是对黑比诺葡萄酒进行品评。恩格尔(Engel)也是能够熟练使用试酒碟的专家,甚至在勃艮第地区,几乎每一位当地勃艮第人都懂得如何使用试酒碟。不仅如此,他们还根据Tastevin一词衍生创造了"Tasteviner"(用试酒碟品尝)这样的动词,以及"Tastevinage"(试酒碟品尝大赛)这样一年一度的葡萄酒盛会来评选优质的葡萄酒。"当试酒碟中斟入待品尝的葡萄酒时,我们将其放置在手中,借着一缕缕光线,可以看到试酒碟中每一个凹槽中的酒液都反射着自己独有的色彩,似乎一场浓墨重彩的光影游戏……首先,将试酒碟靠近光源并水平放置,在葡萄酒酒液静止的情况下仔细进行观察,试酒碟内部的突起可以减少酒液的厚度,便于观察葡萄酒的颜色……紧接着,将试酒碟依次向鼻侧(酒碟内部凹陷为鼻侧)以及唇侧(酒碟内部整齐的斜面花纹为唇侧)倾斜,前后呼应,葡萄酒的色泽在光线的作用下时而浓重,时而透亮,晶莹的光泽好似天空中的繁星,酒裙的色泽也因此充分表现出来。"在试酒碟的内壁,布满沟纹的一侧,葡萄酒会显得轻柔、稀薄、透明。因此这一侧的观察角度又被称为买方角度,有

利于买方进行更严苛的品评审查;而另一边,布满凹陷的角度,酒液会显得厚重、浓郁,所以会被称为卖方角度,使得葡萄酒颜色显得更为优雅,甚至过于谄媚。

波尔多试酒碟的外观相比较下来,会显得有些朴实无华,它直接继承了古希腊罗马时期酒杯的风格,甚至在规格尺寸方面都极为类似。没有任何纹饰,古朴简单的风格展现了传统和谐的朴素之美。波尔多试酒碟也是银制的,直径为112mm,48mm的高度,厚度为7mm,可以最多容纳70mL的酒液。酒碟底部的突起如教堂的穹顶一般,并且与四周碟壁呈30度夹角,因此形成的高度差可以方便观察$1 \sim 20$mm不同酒液厚度下的光泽变化。传统的波尔多试酒碟并没有把手,这与它自身的作用有着密切的关系,毕竟它不是用来舀取饮用葡萄酒的工具,而是展现葡萄酒风采的容器,一面投影葡萄酒品质的镜子。

法国几乎每个产区都有自己的试酒碟,外观各不相同,都是以勃艮第及波尔多地区的试酒碟作为参考设计而成的。有些会雕刻华美的装饰,增添新颖的把手设计,或是水平方向,或是垂直方向,形状也千奇百怪,有的似蛇,有的似贝壳。还有一些具有年代意义的试酒碟,由一些著名的首饰匠人设计打磨,价格自然不菲,具有传承法国葡萄酒历史文化的意义。

现如今工作在波尔多地区的葡萄酒专业人士,几乎已经没有人亲身经历过那个还在使用试酒碟的年代。过去,试

酒碟曾是酒窖中必不可少的品尝工具，不过现如今几乎尽数被玻璃器皿所替代。试酒碟曾经伴随葡萄酒经纪人走遍大大小小的酒庄，品尝了每一家的葡萄酒。每当需要使用试酒碟时，葡萄酒经纪人才会解开他的皮扣口袋，取出用法兰绒布细心包裹的试酒碟。在品尝完毕之后，用包裹试酒碟的法兰绒布仔细擦拭，直到光泽透亮，再包裹起来装回口袋中。每次使用试酒碟就像是一场庄严的宗教仪式，每一个举动都需要谨小慎微才行。在那个年代，采购葡萄酒时有一个专业术语"à la tasse"，意思为使用试酒碟品评葡萄酒的品质，从而决定最终的成交价格，而不考虑酒精度以及葡萄酒原产地等因素。

尽管使用试酒碟品评葡萄酒会带来相当多的好处，但是这仍然不能避免它被水晶玻璃制品替代的命运。毕竟，玻璃品尝杯能够帮助人们更准确地观察葡萄酒的澄清度、色泽变化，以及研究其香气表现得是否纯净，具有浓郁饱满、精致细腻的多方面观察角度。在现代葡萄酒品评的要求下，试酒碟显然已经不能胜任自己的工作。仅从酒液薄厚的角度来观察葡萄酒外观表现已经无法提供足够的品评信息。另外，过于敞开的杯口导致葡萄酒香气被外界空气稀释，也不便于进一步的嗅觉品评。而且，金属制品的容器并不适合饮用任何饮品，其金属质感在接触嘴唇时会带来不适的感觉，并且杯壁的厚度，也间接地影响着品尝时的感官感受。另外，金属材料的导

热性较高，容易给葡萄酒带来温度上的变化，导致葡萄酒无法准确展现自己的风貌。另外，使用试酒碟品评葡萄酒时，通常只能使用一只试酒碟逐一品尝葡萄酒，这种品尝方式无法精确地对不同葡萄酒的风味进行对比。

尽管我们提到了许多试酒碟的缺点，但是仍有一些艺术家出于对传统风俗的怀念，以及对精美艺术品的追求，还在使用试酒碟进行葡萄酒品尝，就像如今还存在一些人喜欢使用鹅毛笔写字一样。试酒碟的使用与生产逐渐开始落寞，失去了其原本的使用价值。现如今，我们还可以在许多民俗工艺品商店中看到精美的试酒碟工艺品，甚至还有试酒碟形状的烟灰缸。曾经有着辉煌历史的精美器皿，沦落到现如今的地步，不免让人感到伤怀。

温度对于感官的影响

我们在享受喝东西所带来的舒畅感觉时，饮品自身的清凉舒爽会让口腔和喉咙产生同样的感觉，这也是饮用的乐趣之一。拉伯雷曾经这样建议："如果能够选择，那就喝最凉爽的。"我们在历史研究中发现，人们对于清凉的追求早在苏美尔人身上就有体现，他们为了取得冰凉的雪水，不畏险途，一直追寻到位于现今伊朗西部的扎格罗斯雪山。亚历山大大帝也曾给予他的士兵品尝冰镇过的葡萄酒。在普罗科皮奥（Procope）于1660年在巴黎与佛罗

伦萨人工制成冰块之前，对于任何皇宫而言，能在炎炎夏日取得冰块，都是一种极其奢华的行为。现代规模化的制冰技术一直到19世纪才逐渐崭露头角（Perkins，1834；Carré，1857；Tellier，1875）。

在日常饮用行为中，人们主要是通过触觉来感受饮品的温度。尤其是嘴唇和舌尖部位，最先接触并感受液体的温度，肩负着检测确认温度是否适宜的重任，以免极为敏感的口腔黏膜、咽喉壁及食道遭受烫伤或是冻伤。人类嘴唇对于温度极为敏感，即使两杯葡萄酒之间的温度相差在1℃左右，也可以准确分辨出来。而我们现在品评的葡萄酒温度主要在10℃到20℃之间，正是我们的嘴唇最为敏感的温度范围。

人体感受冷热温度的感觉部位并不重合。位于口腔壁及舌头部位的纤维组织中，有的负责感知热度，有的负责感知凉爽。人体对于温度刺激的印象与不同部位黏膜组织的热传导率也有一定关系。在日常生活中还可以观察到这样有趣的现象，例如嘴唇在接触到杯壁边缘时的感受会比身体其他部位的感受更为冰凉。因此，我们在吃冰激凌时，会使用木勺，油锅中滚烫的食物也是通过木勺舀出来品尝，因为木质材料的导热差，嘴唇不会因为木勺而感受到过低或过高的温度刺激。黏膜组织对温度的感受并不总是准确的，比如薄荷也会给人带来凉爽的感觉，这是由于薄荷含有的薄荷醇物质会刺激人体的冷感觉接收器，并且阻碍热感觉接收器的正常运

作，而这和温度并没有任何关系。

作为一名品酒师，必须要明白葡萄酒的温度对于葡萄酒感官分析的影响非常重要。在葡萄酒品评的组织工作中，温度因素必须要在考虑规划的范围之内。在比较品评时，还要求葡萄酒具有相同的温度才能进行。如果有必要，在品尝之前，需要将所有准备好的样酒放置在品尝室中一到两个小时，直到它们的温度变得统一。如果同一款葡萄酒倒入两只温度不同的葡萄酒杯中，那么这两杯葡萄酒的风味也可以被认作完全不同。另外，如果葡萄酒的温度过高或是过低，都会造成品评工作无法正常开展，如果强行进行品尝，最终的品评结果很有可能出现误判现象。

侍酒温度也是葡萄酒侍酒师日常工作中所要考虑的基础因素之一。不同的温度下，葡萄酒的香气和味道也会产生强弱浓淡的变化，风味物质从质和量的角度都会有所不同。所以对于不同类型的葡萄酒，都会有其最佳的适饮温度，在合适的温度范围内，葡萄酒的风味特性才能够完全展现出来。葡萄酒在这个时候是非常娇气的，仅仅几摄氏度的变化也会导致其风味表现低于预期。这时候，很多人都会觉得饮用葡萄酒是一件非常麻烦的事情，但是如果我们考虑到这是酿酒师呕心沥血才酿造出来品质绝伦的葡萄酒，如果只是因为侍酒温度的偏差，就导致它无法展现自己的全貌，岂不是暴殄天物么？

为了更好地描述葡萄酒温度所对应的文字叙述词汇，我们制作了下表，以

期能够客观形象地表述出葡萄酒温度的数值。

描述词	温度
结冰	0℃左右
冰镇	4～6℃
冰凉	6～12℃
凉爽	12～16℃
温和	16～18℃
温热	高于20℃

葡萄酒的温度对于其香气物质的影响主要是物理现象：香气物质的挥发性会随着温度的升高而增强；而在温度较低时，挥发作用会随之减弱，不同化合物的减弱幅度也会有所不同。假若挥发度数值在20℃时为100；当温度下降到5℃时，挥发度则会下降到36～60之间；10℃时，挥发度为52～72之间；根据物质组成的不同而有所不同。当葡萄酒被倒入高脚杯后，酒杯上半部分的空余位置会聚集满葡萄酒挥发出来的气味分子，并且逐渐与外界空气达到饱和平衡的状态。当温度偏高时，气味浓度会逐渐增强；气温降低时，浓度会逐渐减弱。通常在18℃时，红葡萄酒中的香气表现会变得更为集中；而温度下降到12℃时，气味表现也会随之下降；如果温度下降到8℃以下，气味物质便难以感受得到。葡萄酒中的酒精物质成分与其他具有挥发性的物质一样，挥发度也会随着温度的升高而增强。当葡萄酒温度超过20℃时，酒精的气味会凌驾于葡萄酒中其他香气物质的风味之上，并且葡萄酒的气味缺陷也会逐渐显露出来。例如葡萄酒中的乙酸乙酯物质

在温度升高时，会出现酸化的倾向，香气也会变得不够纯净，一些令人不快的味道缺陷也会逐渐显现出来。亚硫酸的气味在温度升高时会变得非常明显，它的气味刺激强烈，对于某些嗅觉敏感的人士而言，甚至会出现打喷嚏等现象。在温度低于12℃时，二氧化硫刺激的气味便会消失。降低葡萄酒饮用时的温度，可以降低气味缺陷被感知到的概率，也是饮用这类葡萄酒最方便快捷的方法之一。

同一款葡萄酒，倒入酒杯中逐渐积攒散发出来的香气，与进入口中通过口腔温度加热后所挥发出的气味物质，两者尽管在物质组成上极为相似，但是在嗅觉感受上却是不同的。造成这种内部香气与外部香气感受不同的主要原因，来源于其自身温度上的差异。在品尝葡萄酒时，我们会建议喝下葡萄酒后，需要在口腔中保持足够长的时间，才能使得葡萄酒中的挥发性物质得以充分释放，从而增强对风味物质的感知。一款10℃左右的白葡萄酒，在饮用后，只需要含在嘴中10秒左右，其温度便会上升到25℃。

温度对于味觉感受的影响可以从生理学角度进行解释，不过两者之间的具体变化关系还未完全理清，但是可以确定的是，每一款葡萄酒都有其最佳的饮用温度。而决定最佳饮用温度的因素则是葡萄酒中所含有的糖分、酸、单宁、二氧化碳以及酒精之间的含量与比例构成。因此，如何决定一款葡萄酒的最佳适饮温度便成为侍酒师所要解决的首要

难题。根据多年以来的葡萄酒品尝经验与相关研究，我们总结、简化了一些基本参考原则，只要将其熟练记忆，便能在品尝中充分享受葡萄酒的价值。

当葡萄酒的温度过低，处于 6～8℃ 以下时，人的味蕾很难尝出任何味道。在 10～20℃ 之间，味道变化才开始变得丰富起来。在这个温度范围内，随着葡萄酒温度的升高，甜味感受也会加强。通过实验观察得知，相同浓度的蔗糖溶液在 20℃ 时的甜味感受要比 10℃ 时强。这种味觉感受现象对于所有可以引起甜味的物质都是成立的，比如各种样式的糖类、甘油、酒精等。日常生活中，我们在品尝甜酒或是利口酒时，都要事先进行冰镇处理也是这个原因。经过充分冰镇的甜酒，有些在品尝时甚至会让人感受不到它的含糖量竟然在 5g/L 以上，就像是在品尝干型葡萄酒一样。人的味蕾在不同温度下感受酸味物质时的敏锐度，则不会像对甜度的感受一样呈现一定的线性关系。在温度较低时，酸度表现会变得更为柔和，尤其是在溶液中含有 10% 左右酒精的情况下。随着温度的升高，酸度和酒精所带来的刺激、灼烧的感觉也会逐渐加强。

同甜味与温度变化关系正好相反，咸味、苦味及涩味物质在低温时的表现更为突出。比如，我们以食盐溶液为例，在 17℃ 时，其感知阈值为 20mg/L；而当溶液温度上升到 42℃ 时，感知阈值便会提高到 50mg/L。咖啡因及奎宁所具有的苦味也是如此，而且其苦味强度在 17℃ 下是 42℃ 时的三倍。所以，

红葡萄酒在 22℃ 时会显得刺激、灼烧；在 18℃ 时则表现得柔顺、圆润；而当温度下降到 10℃ 时，则会显得艰涩、厚实。这也是法语中 Chambrage 一词的来源之一，意思是使葡萄酒的温度回归到正常室温。我们也可以由此总结出红葡萄酒的适饮温度规律：单宁强度越高的葡萄酒，其适饮温度也会越高，只有那些单宁含量微弱的红葡萄酒才有可能需要降温处理。所以，我们可以简单地认为，几乎所有葡萄酒的适饮温度都取决于其单宁含量的高低。对于白葡萄酒而言，其主要组成成分并不含有单宁物质，所以它的适饮温度通常较低。而桃红葡萄酒因为短暂的带皮浸渍导致其含有微量的单宁物质，其适饮温度较白葡萄酒略高，但是通常也是需要冰镇处理。红葡萄酒由于其类型众多，情况更为复杂，一些新酒或是带皮浸渍时间较短的葡萄酒适宜在酒窖温度下进行品尝；而适宜陈年的红葡萄酒，由于其厚重的单宁结构，更适宜在常温或者室温下进行品尝，通常在 18℃ 左右。

除了上述原则以外，我们还可以提出以下参考标准：果香馥郁的葡萄酒，尤其是具有水果香气的新酿葡萄酒类型，适饮温度通常都比较低，低温饮用能突出其清新爽口的香气风格。如果是以陈酿香气为主的葡萄酒，其适饮温度会较高，这样更能表现复杂的陈酿香气及圆润柔和的口感表现。这种观点也非常合乎逻辑，毕竟在葡萄酒的风味结构中，果香味与单宁感呈现负的线性关系，因此在不同类型风格的红葡萄酒

中，适饮温度也会有较大差别。

如果葡萄酒的温度较低，其所含酒精对味蕾所造成的温热刺激感受也会随之减少，也就是所谓的酒精醇厚、浓烈的口感会有所降低，所以酒精度较高的葡萄酒大多都适合冰凉饮用。比如在我们饮用无色蒸馏酒、棕色蒸馏酒或是其他烈酒时，简单的冰镇处理可以减少酒精的刺激口感，使得酒液变得更容易入口。相反，如果温度升高，酒精所带来的灼烧、刺激的感觉便会非常明显，尤其是喉头处会有明显的感觉。我们在喝热葡萄酒，或是格罗格酒（威士忌或朗姆掺热糖水）时，由于温度过高，酒精大量挥发出来的蒸汽会非常明显，即使还没有入口，也能感受到其刺激、灼热的口感。

绝大多数的葡萄酒都或多或少地溶解了一部分二氧化碳气体，而葡萄酒的温度对于气体溶解度也会产生一定的影响。溶解于葡萄酒中的二氧化碳会随着酒的温度升高而逐渐释放出来，会带来扎口的感觉。平静型的白葡萄酒中含有700mg/L的二氧化碳，当葡萄酒的温度升至20℃时，这种扎口的感觉会逐渐变得明显；而在12～14℃时变得不甚明显；当温度降低至8℃以下时，二氧化碳所带来的触感几乎感受不到。这种现象在平静型的红葡萄酒中也同样存在，不过其含有的二氧化碳含量通常在400mg/L；在较低的温度下品尝，基本不会感受到二氧化碳的存在；如果温度升高到18～20℃时，二氧化碳所带来的扎口感觉便开始显现，明显感觉到舌头上具有不适感。而像香槟等起泡酒，饮用前不仅需要冰镇，酒杯也要使用专门的笛形香槟杯，这样可以降低二氧化碳气体的释放速率，也只有通过这种方式，才会使得香槟酒中的二氧化碳给人的刺激不至于太过强烈，香槟的风格才会变得更加讨人喜欢。

有人会质疑说，葡萄酒的适饮温度只是根据人们长期饮用葡萄酒的习惯所编造出来的，白葡萄酒要冰镇，红葡萄酒要保持常温，都只是各地的饮用习惯而已。这种观点事实上不值一驳，我们只需要从感官生理机制的角度便能论证解释，为什么会对葡萄酒的适饮温度有苛刻的要求。

适饮温度

通过以上内容，我们了解了温度对感官感受的影响关系后，便能很轻松地回答日常中遇到的一些关于葡萄酒的品评温度、适饮温度等问题。

葡萄酒的品评温度以及适饮温度严格来说并不一样。品酒师带着批判的眼光对葡萄酒的品质进行品评判断时，葡萄酒的饮用温度不应该是适饮温度，因为在这种场合下，我们是需要从各个角度展现葡萄酒的风格特征，而不仅仅是它的优点。所以，葡萄酒的品评温度通常会规定为在15～20℃之间，并且适用于任何葡萄酒类型。在实际操作中，这种温度非常容易达成，并不需要事先进行特别处理。除非某些特殊情况下，比如冬天刚从酒窖取出的葡萄酒，或者在炎热夏天还没来得及降温的葡萄酒，这些葡萄酒并不能直接进行品尝，需要放置在品尝室中使其温度逐渐恢复到品评温度区间。

相反，对于葡萄酒爱好者而言，饮用葡萄酒的目的就是为了享受其带给我们的愉悦感受，因此，所有等待品尝的葡萄酒都需要使其温度尽量保持在最佳的适饮温度，这样不但能突出葡萄酒的风味表现，还能够最大化地降低葡萄酒的风味缺陷。不过，这种理想中的最佳适饮温度并不容易掌握，并且主要取决于侍酒人士的主观判断。这不仅和葡萄酒自身的品质类型有关，还与外界环境、饮酒氛围、饮用习惯，以及每位品尝者的口味密切相关。法语中有这样一句格言：“每瓶葡萄酒都有自己最适宜饮用的温度，每个人也有自己最喜欢的品尝温度。”这不仅没有给葡萄酒的适饮温度做出决定性的论证，反而使得葡萄酒的最佳适饮温度有了无限种可能。

如果我们依旧希望在饮用葡萄酒时足够谨慎小心，希望品尝到最佳状态的美酒，我们可以按照下面这张表格所提供的信息，在品尝前做好充足准备。表格中的信息来源于品评人员根据多年的葡萄酒饮用、观察经验所总结出来的大致规律，其中的指导温度为饮用时的温度。根据每一种类型的葡萄酒风格，以及葡萄园风土特征，得出的更加详细的适饮温度归纳表在具体实践中并不切合实际，难以实现。

葡萄酒类型	适饮温度
口感轻盈的白葡萄酒、起泡酒以及新酿的干型白葡萄酒	8～10℃
酒体厚重的白葡萄酒、香气馥郁型白葡萄酒、苏岱贵腐等甜型葡萄酒	10～12℃
天然甜白葡萄酒或新酿的甜白葡萄酒	
桃红葡萄酒	
单宁含量较低、新酿的红葡萄酒	12～16℃
单宁感厚重、酒体强劲的红葡萄酒	16～18℃
红波特酒	
天然甜红葡萄酒，陈年的天然红葡萄酒	

我们发现，通常建议的葡萄酒适饮温度比日常实际饮用的葡萄酒的温度要低，并且比餐厅或品尝室的室内温度要低许多。Chambrage一词指的是依靠室内温度使得葡萄酒的温度逐渐回升或降低到同一水平，这一单词在我的祖父母的年代使用频率较高，那时候的冬天还没有类似如今暖气或者集中供暖这样的条件，室内温度通常也是在16～18℃左右，可以迅速让葡萄酒恢复到适饮温度，而不是现在的22～25℃。我还记得曾经在西班牙布尔戈斯教堂广场上的一家餐厅吃饭。那是在八月底的一个晚上，气候炎热，足足有30℃左右，我要了一瓶名为Ribera del Duero的美酒，但是这样的温度即使对于红葡萄酒而言也是无法接受的。因此，我又向侍酒师要

了一个冰桶，我对葡萄酒温度的准确把握让他感到很震惊。我将葡萄酒置于冰桶当中，温度很快开始以每分钟0.5～1℃的速度开始下降，要知道在冰桶的帮助下，葡萄酒的温度从22℃下降到20℃只需要3分钟，而到8℃则需要12分钟。如果放在冰柜中，葡萄酒的温度下降到0℃则需要非常漫长

的时间，大约需要105分钟才能下降10℃。这些实验数据仅供参考，因为葡萄酒温度的变化还与其晃动状况、空气及水的流通变化有关。轻微摇晃葡萄酒瓶可以使其温度下降得更快，但是这也有可能造成葡萄酒酒体浑浊的现象，因为酒中的沉淀物会被摇晃起来。

从酒窖刚刚取出的葡萄酒可以使其快速地达到适饮温度，只需要将其置于冰箱，或是冰桶中即可，也可以使用冰袋包裹在葡萄酒酒瓶上后，放入冰柜来迅速降温。如果红葡萄酒的温度达到25～30℃时，也可以通过上述方法进行降温，使其快速恢复到可以饮用的温度。在使用冰桶进行降温的时候需要注意不要将葡萄酒长时间置于冰桶内，因为这会使葡萄酒的温度迅速降低至0℃。

葡萄酒侍酒温度的精确变化可以通过以下几组图表进行准确掌握，该图表来源于吉罗斯科尔德（Gyllenskold）的实验观察，并且与佩诺教授共同确认过。该实验通过测试750毫升标准葡萄酒酒瓶在水和空气等不同条件下的温度变化情况，从而得知葡萄酒温度大致的变化速率。实验操作中忽略了酒瓶摇晃及玻璃瓶厚度等对于温度变化的影响因素，但是仍旧能够在我们测试瓶装葡萄酒温度时给予一定的指导建议。如果实

际操作中条件允许，可以直接使用温度计进行测量，除了传统水银温度计以外，还有电子温度计，甚至色谱温度计等可供选用。

在美酒与美食之间要形成一个完美的温度平衡，并不是简单的一个温度计便能达成。比如当我们在饮用一杯20℃的红葡萄酒时，如果搭配的正餐是一道热菜，感官上也会觉得凉爽；如果搭配的是一盘冷酪，则会显得温热。在寒冷的冬季，葡萄酒温度如果能稍高一些便会觉得更为舒适；而在夏天，我们更愿意品尝一杯清凉解暑的葡萄酒，所以适当地降低一些温度，反而会得到更好的感官体验。

如何选择合适的葡萄酒饮用温度，是决定品评结果正确与否的关键，这关系到能否准确展现葡萄酒的品质特征或是某些风味缺陷。因此，在葡萄酒品评领域，对温度的掌控也是成为品酒师的一个重要前提。

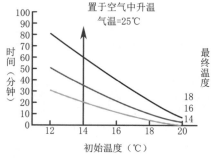

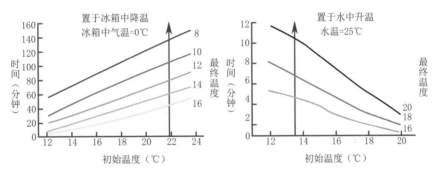

侍酒温度的掌控：初始温度通过调温措施达到最终所要求的温度需要多长时间？

葡萄酒品鉴：
一种欣赏葡萄酒的方式

　　向酒杯中倒入葡萄酒，轻轻地摇晃酒杯中的葡萄酒，观察它的外观并嗅闻其香气表现，之后便开始品尝葡萄酒。饮入适量的酒液，通过脸颊配合舌头的翻动，吸入一定量的空气，使得喝入的葡萄酒能够在口中产生剧烈翻滚，最后再将口中的葡萄酒吐出，残留在口中的风味则开始慢慢消失。我们在整个葡萄酒的品评程序中，需要集中注意力去感受其带来的复杂感官刺激及风味变化的过程和持续的时间长度。最后则是将所感受到的葡萄酒风味印象，通过语言进行描述出来，并对自己的判断做出合理的解释。品尝操作的具体实施程序并不死板，每位品评人员可能都会有自己的小技巧，但是整体流程上都大致相同。

　　人的味觉和嗅觉的感官功能十分敏锐、细腻，若要发挥其最大的感官功能，则需要满足一些特定的条件且有一定的方法。品尝看起来只是一个简单的动作，但是它具体会涉及一系列肢体动作、肌群运动，以及多种感官同时持续

的工作。而嗅闻首先需要嗅觉器官的正常运作，其次还需要味觉器官的参与，整个嗅闻的感受体系才能够完整。在感知器官运行时，最重要的努力便是注意力的集中，如果不能全神贯注地品尝和嗅闻，那么最终感知到的结果也将不尽如人意。

　　在葡萄酒品评过程中，嗅觉方面的气味感受是最为重要的品评程序之一。而在具体的葡萄酒品尝过程中，也存在着许多种使得香气逸散出来的方法。香气物质的强度主要取决于晃动葡萄酒的方式，以及鼻子与杯中酒液的距离。我们在前文已经提过，酒杯的形状与尺寸对于葡萄酒香味的感知有着重要的影响。我们可以想象葡萄酒杯中，酒液上方的空间会被看不见的葡萄酒香气物质形成的薄雾笼罩；当我们摇晃酒杯时，雾气开始变得浓厚，如果酒杯的杯口向外展开，香气物质则容易被外界空气所稀释，变得单薄。葡萄酒所释放出来的气味物质组成成分各不相同，其气体分子之间的张力及挥发性也有所不同。汇集在酒杯上方的雾气中，也同时含有酒精物质，就浓度比例而言，其酒精度要

比葡萄酒高出许多。因为酒精的挥发有助于葡萄酒中香气物质的释放，因此，气味表现往往会比口中表现更令人印象深刻。如果剧烈摇晃酒杯，则会增加酒液与空气之间的接触面积，提高挥发效率，使得葡萄酒的香气强度与构成更为强烈与复杂。

当葡萄酒处于静置状态时，只有很少的挥发性物质从葡萄酒中逸散出来，并且非常缓慢。正因如此，像从葡萄酒瓶狭小的瓶口去嗅闻葡萄酒的气味是非常没有意义且效率低下的。即便我们的确能够闻到葡萄酒的些许酒香，但是由于瓶口软木塞、铝帽等残留的气味更为浓烈而被掩盖过去，况且这轻微的香气并不能代表葡萄酒真正的风格品质。

不难理解，同一款葡萄酒的气味逸散力度与其气味组成成分，会由于空气与酒液之间的接触面积以及体积比的变化而不同。如果我们在一只酒杯中只添加少许酒液，另一只酒杯则添满，那么我们便会发现两者之间的气味强度及香气组成成分都会出现明显的不同。在葡萄酒品尝练习中，我们会使用四个相同规格的葡萄酒标准品尝杯，通过改变每只酒杯中所添加的葡萄酒的量来验证这一观点。具体实验中，会分别在四只酒杯中添加20毫升、50毫升、100毫升及200毫升的同一款葡萄酒。我们会明显发现，葡萄酒的香气细腻程度会随着葡萄酒体积的增加而增加，一直到100毫升为止；当酒杯中的葡萄酒体积超过100毫升后，摇晃葡萄酒杯的动作无法顺利进行，如果要避免葡萄酒洒出来，则无

法感受到香气强度与构成的变化，也无法确认香气表现与葡萄酒体积之间的关系。另外，如果酒杯过满，在我们进行嗅闻时，很容易闻到杯子以外的空气，这也会降低葡萄酒香气的感受强度。所以，葡萄酒嗅闻的操作是一项系统化的品评程序，每一个步骤都有详细的规范和说明，并且对杯子的形状、容积、盛酒多少，以及摇晃杯子的方式都有关系。

在进行葡萄酒嗅闻操作时，主要可以分为三个阶段，我们将其简称为葡萄酒的三次闻香。第一次闻香操作是在葡萄酒静止的状态下进行的，酒杯会盛有三分之一或是五分之二的葡萄酒，在嗅闻之前，可以先尽量呼气，将肺里的空气排空之后，再将鼻子靠近酒杯的上方进行嗅闻，而并不需要移动酒杯；也可以举起酒杯，并微微倾斜，使得鼻子可以更深地探入葡萄酒杯，但是注意不要有摇晃的动作。在第一种情况下，我们可以在不碰酒杯的情况下，快速地进行多款葡萄酒之间的风味比对。由于第一次闻香并不会摇晃酒杯，葡萄酒的香气感受通常较为柔弱，我们只能闻到挥发性以及强度较高的几种香气物质。对于品酒师而言，根据第一次闻香的结果并不能做出最终判断。

第二次闻香所使用的嗅闻方式则比较常见和实用。通过摇晃葡萄酒杯，使得其中的葡萄酒与空气之间的接触面积增加，从而释放出更多的香气物质，摇晃结束之后需要立刻进行嗅闻。手持杯腿或是杯底，对酒杯进行画圈式的摇晃时，葡萄酒在酒杯中经历了上下、回旋

往复地翻转，酒液中间会形成一个深陷的旋涡，同时沿着杯壁而上。停止摇晃后，杯壁上会残留被酒液浸润的痕迹，杯中液面以上的空间会布满由葡萄酒所散发出来的香气物质。对于刚刚学习品尝葡萄酒的爱好者而言，这种摇晃杯子的方式或许并不容易，我们通常建议初学者将酒杯水平放置在桌子上，手指按着杯底进行小范围的画圈式摇晃，切忌举起酒杯，这样也同样可以达到晃杯的效果。埃德·克雷斯曼（Edouard Kressmann）观察发现，对于习惯右手的人而言，逆时针的转动方式更为顺手。摇晃酒杯可以增加葡萄酒香气物质的蒸腾速率，使得葡萄酒的香气更为浓郁、集中，也更加讨人喜欢。品酒师在摇晃酒杯后，会将酒杯逐渐倾斜，方便将鼻子探入酒杯中，以期尽可能近地嗅闻葡萄酒的香气。在第二次闻香过程中，闻香次数并不受限制，可以多次进行摇晃嗅闻，直到多次闻香的结果一致为止。

第三次闻香的目的则主要是为了显现葡萄酒中的气味缺陷。通常只有在前两次闻香结束之后，对于葡萄酒香气的纯净程度还存在疑虑时，才会进行具有破坏性质的第三次闻香。这时候摇晃酒杯的方式会变得更为剧烈，酒液很容易飞溅出来，这时候便需要将手掌盖住杯口，然后将酒杯迅速地上下震荡。经过这样剧烈的摇晃之后，葡萄酒中乙酸乙酯、氧化味、木头味、腐殖质味、苯乙烯、硫化氢等不良气味便会显现出来。在实验室中，我们将葡萄酒加入烧杯后，使用电磁振荡器来加强葡萄酒的震荡效果，再辅以注入空气或

是氮气的方式搅动酒液，在感官分析结果中，能够明确感知到葡萄酒所带有的风味缺陷变得更加明显。另外，在实验室中，通过注入气流的方式提取葡萄酒中挥发性物质的气味物质，也是现阶段比较常用的研究方法。

在上述三次闻香结束之后，我们在这里竭力推荐进行第四次闻香。这是在整个葡萄酒品尝结束之后，酒杯中的葡萄酒被清空以后，对杯壁上残留的气味物质进行闻香，就像我们在品尝优质烈酒时所进行的操作一样。许多葡萄酒在饮用结束之后，并不会在杯底留下气味，只有那些经过优质橡木桶陈酿的葡萄酒才会在杯底留下油脂类的香气，这是由于葡萄酒中的单宁物质以及橡木桶中的单宁成分在经过数年陈年之后才会产生的香气成分。

静止状态　　　　　摇晃状态

葡萄酒在不同状态下气味物质强度的变化

在进行闻香操作时，必须要学会控制呼吸的节奏。吸气时的动作要尽量和缓，并且根据气味浓度调整气息的深浅。只是快速地嗅闻并不会有任何益处。闻香时，每一组两到三次的嗅闻次数，每次吸气的持续时间保持在二到四秒为宜。每一次完整的吸气

过程，会连续闻到多种气味物质，我们必须要趁着嗅觉感受还处在灵敏阶段，迅速将自己所感受到的气味印象记录下来。每一组嗅闻结束后需要进行短暂的休息，保证自己的嗅觉功能一直处于活跃状态。

比较葡萄酒之间的气味差异是一件非常需要技巧的事情，每一次所吸入气体的量和力度都必须维持一致才行，甚至是呼气的方式也要保持相同。如果对于某种气味逐渐习惯，则在感官分析中很容易出现忽略的现象。嗅觉记忆消失的速度非常快，我们只能在短时间内对两种气味进行连续性的比较，才能够保证气味感受记忆不会出现较大的偏差。在品评比较两种香气时，在两次闻香的间隔时间，我们通常建议品评人员放松自己的感官感受，保持心境平和，并尽力集中自己的精神去回忆之前所闻到的气味感觉。即使是偶尔的分心，也都会迫使品酒师从头开始品评工作。

无论是葡萄酒新酿时期的果香还是陈年的酒香，在进行感官分析时，都需要高度集中的注意力及源源不断的灵感；我们需要注意，在葡萄酒品尝中，闻香阶段所要花费的时间应该与味觉品尝时所花费时间精力差不多。有些葡萄酒品尝人员会刻意减少闻香时间，只凭借葡萄酒的口感便仓促做出判断。然而，没有什么操作比得上使用鼻子去判断葡萄酒风味的细腻程度、品质层次以及葡萄酒年份等相关信息。

品酒师在葡萄酒品鉴过程中，都会遇见嗅觉感受功能迟钝的现象，我们称之为嗅觉适应现象，但是品酒师自身并不容易发现自己已经身陷嗅觉适应之中，无法感受到更多的葡萄酒香气。葡萄酒品尝过程中，如果口腔已经经过酒液湿润，鼻腔也充分沉浸在葡萄酒的香气之后，这时候反而更能品尝出葡萄酒的风味与香气变化。通常第一款葡萄酒总是最难进行判断的，在我们开始进行葡萄酒品尝时，前两款或是前三款葡萄酒往往会由于身体还没有进入状态，而不能准确判断葡萄酒的品质。所以为了达到"暖身"的效果，可以先对自己熟悉的葡萄酒进行品尝，这样还可以对接下来要品尝的葡萄酒产生参考标准。诚然，我们的感觉器官会因为这几款酒开始变得不够敏感，但是当嗅觉器官在适应某种气味的刺激之后，对其他气味之间的差异感知反而会变得更为细腻。正是因为如此，我们在进行葡萄酒嗅闻时，会不断重复之前的嗅闻动作，并延长闻香的时间，使得嗅觉器官对于已感知到的气味逐渐适应，从而闻到其他之前没有察觉的气味。

葡萄酒

早在18世纪，法国人便常常这样说："闻香之后，品尝开始。"没有什么能比将葡萄酒送入口中更加直接明了地表明葡萄酒的作用了；然而葡萄酒品鉴的初学者常常会提出这些问题："葡萄酒品尝时需要注意的情况是什么？喝下葡萄酒后如何使用舌头来搅动酒液，需要搅动多少下？如何搅动会变得更有效率？"事实上，这些问题并不容易回答，因为品酒师的这些动作由于多年的工作经历，早已形成了条件反射般的动作，并且在很多情况下都是无意识的行为。正是由于这种条件反射机制的形成，会使得品酒师在葡萄酒品尝中，不需要额外思索便能够习惯性地做出这些品尝动作，这也保证了品评结果之间的比较更为有效。

我们通过观察品酒师的动作能够很好地了解葡萄酒与味蕾之间是如何进行充分接触的。首先，举起酒杯，微微倾斜并靠近嘴唇，将头微微后仰，就像平时喝水一样的动作。但是并不是让葡萄酒在重力的作用下流入口中，而是将嘴巴贴紧酒杯的下缘，当酒液接触到嘴唇之后，轻微张开嘴巴，将酒液缓缓吸入口中。当舌尖与葡萄酒接触时，张开颌骨，葡萄酒开始在舌头及口腔前庭上流动。两颊及唇部的肌肉通过呼吸运动的方式，来改变口腔内部的压力。这种品尝葡萄酒的方式可以促进酒液在口中的蒸腾现象，使得酒液散发出来的香气能够完美体现葡萄酒入口后的第一印象。

尽管对于一口葡萄酒的分量具体应该是多少，人们众说纷纭，但根据每个人习惯的不同，我们通常建议一口的量在6～10毫升为宜。此外，有些人提议说一次入口的量最少要在20毫升，甚至25毫升左右；对于我们而言，这个量有些过大。当嘴巴中的葡萄酒量过大时，会需要花费更多的时间才能使其温度升高，并且含着一大口葡萄酒也是一件非常费力的事情。不过这种现象在

品酒会上还是非常常见的，看起来就像是在拿葡萄酒漱口一般。如果需要品评的葡萄酒数量众多，这种方式很容易造成酒精疲劳的感觉。相反，如果一次喝入的葡萄酒过少，则无法使得口腔中的味蕾与酒液进行充分的接触，甚至还会被口腔中的唾液所稀释，导致无法充分展现葡萄酒的风味。

在葡萄酒品评中，每次喝入的葡萄酒量应该尽量保持一致，这样才能保证每款葡萄酒之间的品评结果具有可比性。对于刚刚入门的葡萄酒爱好者而言，需要不断练习才能够掌握喝入的葡萄酒量。如果仍然找不到饮用的窍门，可以尝试准备一个秤，对所要喝的量和之后吐出的量进行称量对比，再进行反复练习，便可以快速提高自己对于饮入量的掌握。

在喝入一口葡萄酒后，首先要紧闭双唇，将葡萄酒保持在口腔前庭部位。然后通过舌头在口腔中的位置变化，使得葡萄酒从口腔前庭向口腔后半部流动，甚至还会有一部分酒液进入喉头。同时，口腔上下颚之间保持微微移动，就好像是在咀嚼一般，在法语中也被称为"咀嚼"葡萄酒，就好像在吃葡萄酒一样。在这个阶段，葡萄酒会随着舌头的搅动前后翻滚，并且与口腔中的黏膜组织及味蕾充分接触。最后舌头重新回到口腔前庭的位置。当我们将充分品尝过的葡萄酒吐掉之后，舌头还会再次扫过牙齿，双颊及唇齿之间的黏膜组织，并且配合脸颊肌肉组织的收缩，压缩口腔内部的空间，促进唾液的分泌，从而

感受葡萄酒的风味变化，我们将这个阶段称为葡萄酒的尾味。

当口中含有葡萄酒时，轻微地张开嘴唇，双颊收缩，做出吸气的动作两到三次，会有些许空气进入口腔之中，有利于口中香气的释放。随着葡萄酒的温度被口腔逐渐加热，挥发到空气中的香气物质会通过鼻咽管道进入后鼻腔。这种吸气的动作会发出较为粗鲁的吸气声音，如果能够掌握吸气力度，可以适当降低这种声音。

葡萄酒在口腔中停留的时间，会根据品评目的的不同而有所变化。如果只是要品尝葡萄酒的入口印象，则只需要2～5秒；而在品评葡萄酒中的单宁感及尾味的表现时，则需要最多10～15秒的时间。短时间的品尝并不能完全体验到单宁所带来的口感，因此不能准确掌握葡萄酒酒体结构。根据品尝目的的不同，我们可以决定品尝葡萄酒时是简单地沾沾双唇，还是迅速地浅尝辄止，抑或是充分品尝，让酒液与V型味蕾充分接触，一直到口腔深处及食道顶端为止，充分品尝葡萄酒的风味特征。

葡萄酒专业人士在进行品尝时，通常会将口中的葡萄酒尽量吐干净。这并不是因为将葡萄酒吐干净有利于葡萄酒风味的品尝；而恰恰相反，如果将葡萄酒喝下，便能够尝出更准确的葡萄酒风味。但是对于品酒师而言，一场品酒赛事需要品尝的葡萄酒可能多达十到三十款，如果每一瓶都喝一小口是几乎不可能的。如果是葡萄酒爱好者的话，则完全不受影响，在品尝葡萄酒的时候可以自行选择是否要将其喝下去，尤其是在遇到自己喜欢的葡萄酒时更不会放过。而且有些人认定，如果不把葡萄酒喝下，便不能充分感受到葡萄酒的味道，就好像喉咙才是味觉感受的主要器官一样。这种做法反而证明了其葡萄酒知识的业余，他们并不是在品酒，而是在吞酒。

在进行吐酒的时候，我们会先将口中的葡萄酒汇集到口腔前庭，并向前收紧嘴唇，提高口腔内部压力，舌头像活塞一般将葡萄酒推送出去；如果技巧纯熟，可以一次将口中的酒液完全排除。有些专业人士的吐酒会让人觉得非常美观，而且我们常常可以根据吐酒的动作来确认这位品酒者是否为葡萄酒行业的专业人士。吐酒方法并不会影响葡萄酒品尝，仅仅是为了保持美观的形象，只要能够掌握吐酒的力道与吐酒桶的距离，适当调整嘴唇之间的缝隙，用力将酒液推送到吐酒桶中即可。

如果刚结束一款葡萄酒的品尝，除非是要对两款葡萄酒的整体风格表现进行对比，我们需要稍微减缓品尝的速度，以便能够感受葡萄酒在口中风味表现的持久性，直到所有感觉都消失为止。在这种情况下，重复品尝同一款并没有多大意义，因为这只会使感官感到疲劳。在品尝葡萄酒时，第一印象通常会最为准确；有些爱开玩笑的人会说，第一口不好喝的葡萄酒，品质绝对不好。不过对于品酒师而言，第一印象并不足以做出最终判断，无论如何都需要再次进行品尝确认，之后再下结论。

在品尝两款葡萄酒之间的间歇，我们通常并不建议用水漱口；相反，口腔应该保持葡萄酒浸润过的状态，在用水漱口之后，口腔原本的感官敏锐度会发生变化，导致对前后品尝的葡萄酒印象出现差异，无法正常客观地进行比较。

需要用水漱口的情况只有一种，那就是出现味觉疲劳现象时，除了漱口以外，还要喝下一些水，经过一段时间的休息，等到味觉恢复，再重新投入葡萄酒品评的工作之中。

在葡萄酒品尝的过程中吃一些原味面包，或是不含糖的饼干，并不会有什么大碍。但是在专业性质的葡萄酒品评赛事上，我们应该杜绝食用某些食物，例如奶酪、坚果等可以降低葡萄酒单宁感的食物。相反，对于葡萄酒爱好者而言，可以边吃边喝，充分享受美酒与美食带来的乐趣。但是，这在严格意义上便不能算作是葡萄酒品尝，而是葡萄酒饮用。波尔多地区流传着这样一件趣闻，一位知名的顶级酒庄的女主人在招待参观酒窖的客人时，提供了奶酪及榛子作为饮用葡萄酒的小点，这一举动让她的葡萄酒在品尝时显得更为优雅迷人。就在客人起身准备去参观附近其他潜在竞争对手的酒庄时，又向客人提供了李子干作为践行食品。可以说，这位女主人对于感官感受微妙变化的应用，已经到了炉火纯青的地步。

如何在品酒的过程中将自己的感受记录下来呢？迄今为止，品评记录单的格式多达数百种，不过没有一种能让所有人都满意。实际运用中，通常会根据葡萄酒品尝活动来确定品评记录单的形式，比如某项品酒会的目的是需要进行描述、打分、排名、剔除、筛选等，便会因此敲定最终的品评记录单。我们将在接下来的章节中为大家展示一些记录单的范例，以及其使用方法。现阶段所有正式的葡萄酒品评赛事最终都是需要将结果呈现出来，而且呈现结果的方式多是通过书面的形式。书面形式的酒评使得葡萄酒品尝结果变得更为精确，并且给予了品评人员足够的思考时间。通过书写记录能够方便记忆葡萄酒的风味表现，也能作为之后继续学习的参考资料，从而提升自己的感官分析技巧，以及在葡萄酒品尝中找到自己的快乐。

"先生，如果我有幸给您担任侍酒的工作，我会先通过葡萄酒杯去观察酒液的外观，然后再去嗅闻它的香气表现，经过仔细的思考之后，才会向您阐述葡萄酒的风味品质。"

——夏尔·莫里斯·德塔列朗（Charles Maurice de Talleyrand）

第三章
表达与交流的乐趣

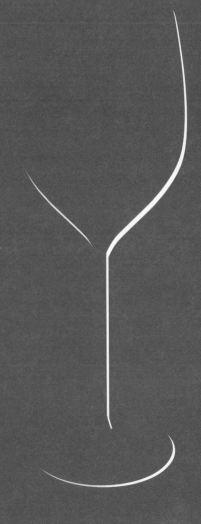

评审员与评审委员会

在对葡萄酒的风味变化进行感官分析之后，品评人员可以通过交流来提高自己的葡萄酒鉴赏能力。在具体品尝活动中，几乎在所有的情况下，我们都可以将品评结果总结阶段分为两个部分（虽然时常会出现交错的现象，但是其本质上并不相同）：

● 收集每位评审员的感官分析结果（评审委员会通常由多位评审员构成）；

● 通过文字或是图表将感官分析结果公布于众。

品评结果的汇总与阐述

一场举办成功的品酒会，其结果是否令人满意，是否具有可信度，需要考虑到以下几个问题。

第一，举办品酒会的目的是什么？是为了寻求对葡萄酒品质的认同？还是为了了解其陈年阶段所蕴藏的变化的可能性？抑或是寻找更好的葡萄酒调配比例？或者只是想了解葡萄酒的原产地、酿造历史，以及所使用的酿造工艺是否对葡萄酒品质产生了相应的作用？抑或是想要在葡萄酒赛事与其他葡萄酒的品质进行比拼，谋求树立自己在葡萄酒行业的地位？

第二，评审员的业务素养、专业背景如何？品评人员是否接受过专业的职业技能训练，是否具备足够的葡萄酒知识，以及能否准确表达自己感受到的风味等？此外，评审员品评葡萄酒的动机、出发点是什么？一个专业的美食评论家和一位刚刚毕业的年轻的葡萄酒酿酒师在品尝葡萄酒时的品评角度和标准是有很大差别的。

第三，举办葡萄酒品评活动的场所等相关设施条件是否准备妥当？品评工作所要求的环境场合是否适宜，葡萄酒是否完全匿名品鉴，所安排的葡萄酒数量是否在合理范围之内，侍酒的顺序是否还存在疑虑？

第四，准备的样酒是否具有代表性？这个问题常常会被举办方忽略，或者有意无意地遭到某些人的曲解。

第五，最终品评结果的表述方式是否统一？如果是评分制，那么该采用五分制、十分制，还是二十分制？如果依靠风味浓度进行排名，是考虑某一特殊风味物质，还是综合考虑所有的物质浓度？这些影响因素都应该详加解释。葡萄酒品评方式是整体性比较，还是在局部范围内的比较？是否存在品评的基准样本？是否需要详细描述品评人员的感官感受？

如果是表格形式的品评记录表，那么答案通常只有以下几种类型：

● 是否感受到某种风味特征：风味识别。

● 感受到的某种风味特征强度为强烈、中等、较弱以及其他选项：定量分析。

● 在某个风味类别中，认为这款葡萄酒品质优秀还是普通：品质分析。

● 是否喜欢这款葡萄酒，选项分别为一般、喜欢、非常喜欢：感官愉悦分析。

以上所有回答常常会出现交错现象；如果提出的问题并不唯一，则需要对答案尽量区别对待。

预计中的品评结果阐述方式是什么？在进行讨论和交换意见时，由谁来收集整理最终的评审结果？

品评工作中，必须要求每一位葡萄酒评审员以书面的方式将自己的观点和评语记录下来。对于每一款葡萄酒的风味感受，都需要在感官印象最为深刻的时候记录下来，只是靠口述的方式来阐释自己的品尝观点是不够的，除非是由于品评目的特殊性所致，比如进行简单的分类，或是重复性质的对于某一批次葡萄酒品质进行管控等。书面形式的酒评需要品评人员花费大量心思遣词造句，力求内容简洁明了。我们可以在电脑上敲打出对某款葡萄酒颜色、香气、酒体风格等特征的描述，并且在结论中细心选择最恰当词汇，或者再配上图表，以求完美。如果一款葡萄酒的风味表现特征

需要我们从各个方面深入加以分析、解释、说明时，我们便需要掌握如何准确描述感官感受印象的方法。通常，语言文字的优雅流畅是第一要务，接下来才是详细描绘风味特征。

葡萄酒品评记录表

葡萄酒品评记录表可以非常高效地总结葡萄酒风味的品尝结果，我们可以看到的品评记录表的格式有成百上千种，但是没有一个能够得到所有人的认可，每位品评人员都有自己偏爱的总结方式。根据不同情况，我们将品评记录表分为以下几种形式：优先评分形式、葡萄酒风味特征识别形式、开放式评论形式，以及比较品评形式。所以，通过以上四种主要的品评记录表形式，可以根据品酒场合与目的的不同，制作出所需要的记录表。

开放式葡萄酒品质品评记录表，作为设计结构最为简便的记录表，品尝人员可以根据自己所感受到的感官信息，直接进行填写；这种品评记录表通常是提供给具有丰富品评经验的品酒师，但是对于外行人员而言，就显得无从下手。当然，简单地提供一张白纸也不是不可以，但是考虑到葡萄酒爱好者及葡萄酒品评初学者，这种形式会影响其品评葡萄酒的专注度。

预先分栏，并提供给品尝人士可供选择的风格描述词汇的记录表，可以协助并引导品评人员学习如何对葡萄酒品

质进行描述。有些品评记录表会添加一栏词汇选择表，以及额外的关于葡萄酒陈年变化、侍酒建议等信息供品评人员参考。这种类型记录表的主要目的是对葡萄酒品质特征及风味强度进行详细描述，而不是给出评分。

品评记录表

品评日期: _____

品评人: _____

品评主题: _____

葡萄酒编号	测试类别	观察结果描述	评分	排名

开放式葡萄酒品质品评表范例

引导性品质描述记录表

利用这种形式的葡萄酒品质记录表，可以帮助我们通过使用已知的描述词汇，或是表格中给出的品质描述词汇，对葡萄酒香气及口感进行快速评定。

每一款等待品评的葡萄酒都会从该表上得到一些描述品质风味的词汇作为备选。由于每个人对于词汇的理解或多或少都会产生一些偏差，所以，对于选定的词汇，我们都事先进行了严格的研究与筛选。首先是收集准备好一系列的特定产区或风味的描述词汇，召集一大批品酒师，对某款葡萄酒进行品尝（比如来自勃艮第金丘的霞多丽，或是来自波尔多玛歌产区的红葡萄酒等）。接下来，我们对品评笔记中的风味描述用语进行统计，选出品评准确并具有代表性的描述词汇，大约在5到15个左右，如果有必要，可以使用相应的数据统计方法进行筛选。最后，我们使用总结出来的这份品评记录表对我们将要研究的葡萄酒进行感官分析品尝，会发现整个品评工作变得更为简单、有效。不过，由于前期准备工作过于繁重，尤其是整理收集词汇的过程相当耗时；而且这种方式由于统一了葡萄酒的描述词汇，给人造成了某种唯葡萄酒工艺学"正确论"的思想观念，限制了品评结果的多样性，也给予了主办方引导葡萄酒品评走向的机会。

如果要做特定主题的葡萄酒品评，则可以使用上述提到的品评记录表模板。例如需要研究不同土壤条件下某种葡萄品种的酿酒风格特性，橡木桶陈年下和非橡木桶陈年下葡萄酒风味特性的变化差异等。在这类有着特定目标的品评表格式上，则需要添加某些具有意义的特别指标，例如葡萄酒

葡萄酒名称:
年份:
产地名称:

开放式葡萄酒品质品评记录表范例

酒样本匿名编号	品评日期	品评人

酒产品信息　酒庄名称：　　　　　　年份：　　　　　　库存：
　　　　　　　葡萄品种：　　　　　　酿造工艺：　　　　　　风土特征：

酒款品质描述	个人品评感受描述

澄清度	非常澄清透亮	澄清透亮	透明	微浊	混浊
色泽变化	紫红色	石榴红	宝石红	瓦红	橘红
色泽强度	非常浓重	色泽浓重	色泽鲜明	中等强度	色泽浅淡
纯净程度	非常纯净	纯净	没有缺陷	不纯净	有明显缺陷
品质表现	气味复杂	气味丰富	气味正常	香气简单	香气过于简单
气味浓度	强劲浓郁	浓郁	强度中等	气味微弱	气味淡薄
酒体结构	丰富饱满	结构感强	结构正常	口感瘦弱	缺乏结构感
平衡度	非常平衡	平衡	普通	略显失衡	明显失衡
尾味	余味非常悠长	悠长	中等	尾味较短	尾味缺乏

个人品评感受描述栏内说明：

植物类，花香，果香，香辛料，烘焙类香气，木质类香气，动物类香气，醚类物质香气，化学气味

单宁感，口感圆润饱满，脂腴感丰厚，单宁紧实富有质感，单宁饱满结构明显，酒质爽口顺滑，口感强劲，干瘪，口感饱满充实，稠腻，口中香气描述，香气芬芳，收敛性强，酸度表现，苦味表现，酒精感表现等

总结

精美绝伦	非常优秀	优秀	中等	普普通通	品质不足
过于年轻	需要时间成长	到达适饮阶段	到达适饮巅峰	需要尽快饮用	过于老化

这款酒最终的市场群体				
媒体专家	业余爱好者	餐饮业者	侍酒师	普通消费大众

葡萄酒品质品评记录表范例

风格是否典型、口感是否圆润等。而其他不需要研究的对象则可以因为对实验结果没有显著影响而被省略掉。

在这里给大家展示一个非常漂亮的引导性葡萄酒品质品评记录表，其内容丰富、设计完整，几乎适用于大多数类型的葡萄酒，这份记录表出自法国著名葡萄酒连锁店Nicolas。在他们的设计中，葡萄酒的所有风味特征都可以用1到10的数字来进行评价。

前五个葡萄酒品质特征按顺序依次代表了颜色、陈年香气、葡萄酒风味的平衡、纯净度及细腻程度。1到10分，从低到高进行打分。后五个特征则分别代表酒体、个性、酸度、坚硬度和葡萄酒风味表现的状态。这些特征同样使用1到10来进行打分，不过计分原则非常新颖，因为只有5和6这两个评分才代表了葡萄酒最高的品质。从1到5代表风味表现较弱，6到10则代

表风味表现过强。这里有一款新酿的优质红葡萄酒品评之后用该方法进行打分的例子，它最终的评分结果为：6、7、7、9、8、6、7、5、6、4。 这组评分代表了这款葡萄酒外观颜色正常（6），陈年香气较为浓郁（7），酒体风格较为平衡（7），质地非常纯净（9），口感细腻柔和（8），酒体强劲适宜（6），具有自己的个性（7），酸度适宜（5），酒体结实（6），还具有陈年潜力，不过也非常适合现在饮用（4）。这套品评系统能够简化品评小组成员之间的沟通，提高品评人员的工作效率，可以品评更多的葡萄酒。另外，这种品评记录表删减了许多不必要的评比项目，非常适合应用在进行葡萄酒生产的酒庄，或是葡萄酒原产地等需要进行大批次葡萄酒品质管控品尝的场合。

感官分析记录表：静止型葡萄酒

品质不达标		绝佳	非常优秀	优秀	普通	劣质	品评人员签字	品评团主席签字
外观	清澈度	☐	☐	☐	☐	☐	香气类型	个人品评感受描述
	色泽	☐	☐	☐	☐	☐	花香☐	
香气	纯净度	☐	☐	☐	☐	☐	果香☐	
	强度	☐	☐	☐	☐	☐	醚类香气☐	
	品质	☐	☐	☐	☐	☐	香辛料香气☐	
味道	纯净度	☐	☐	☐	☐	☐	木质香气☐	
	强度	☐	☐	☐	☐	☐	动物气味☐	
	持久度	☐	☐	☐	☐	☐	酒体强度	
	品质	☐	☐	☐	☐	☐	酒体轻盈☐	
总体和谐表现度							酒体平衡☐	

香气类型栏继续：酒体强壮☐ 年龄阶段 年轻☐ 成熟☐ 老化☐

葡萄酒赛事所使用的品评记录表范例

如下表所示，这种类型的记录表可以根据不同的需求来增删所使用的词汇。图表中所列举的葡萄酒特征涵盖了多个范畴，例如分析类型的有纯净度、刺激程度，描述范畴则包含了主导性风味特征、葡萄酒陈年阶段与变化等；甚至还有享乐范畴的特征，比如葡萄酒优雅程度、个性风格表现等。如果还需要更加细化葡萄酒风味特征，可以通过对香气等其他方面进行详细化补充。

	香气	平衡度	主导特征	纯净度	优雅程度	酒体结构	个性表现	刺激程度	坚硬度	陈年阶段
1	无	失衡	酸	变味	粗劣	骨骼精瘦	毫无个性	平淡如水	软弱	粗糙生硬
2	微弱	缺失	涩	缺陷味道	平庸	瘦弱	平庸	板平	柔和	新酒
3	中等	平衡	苦	纯净	普通	强劲	略带特色	正常	圆润	适饮年龄
4	显著	和谐	甜	非常纯净	细腻	非常强劲	个性鲜明	酸	坚硬	已过适饮期
5	浓郁	完美	酒精感	毫无瑕疵	非常细腻	厚重	典型风格	尖酸刺激	生硬	老化

现在也有人通过使用表情图案来对自己品尝后的感官感受做出表达，不过只能表示出自己喜欢，或是不喜欢等几个简单层面的含义。这种做法虽然看起来十分孩子气，却也表达了葡萄酒品尝的本质是在于感官方面的享受。另外，还有一些通过电子设备来自动收集品评人员的打分结果，并且自动对最终结果进行量化分析。

量化形式品评记录表

在这种形式的品评记录表中，葡萄酒的风格特征都通过分数（五分制或二十分制等）、强度特征（强、中、弱）或是品质优劣（差、中等、优秀）等形式来表述。这些不同特征的评价结果有时会通过总和的方式来得到最终的品评分数，有些数值偶尔会乘以相关系数之后再进行相加。所有项目的品评分数最终都会加总成为一个总成绩，用来决定哪款葡萄酒应该获得什么奖项，哪款葡萄酒应该获得什么样的好评，在最终的排名中应该位居哪一个名次等。也就是

说，这种品评记录表多数会用在葡萄酒品评赛事上。

这种方式不可避免地要面对如何定义评分标准这一问题，尤其是要用数字来代替葡萄酒中好的风味物质或是酒体上的某种缺陷。也就是要将葡萄酒品质特征进行量化。在这样的限制条件下，我们应该尽可能地保证评分与品质关系的一致性，并且对葡萄酒酸度或是橡木桶味等风味特征强度做出相关定义。

我们将评分表分为两种，一种为基数量表，数字大小即代表评价高低，通过数列0～5，或是0～10，或是0～20来表示。另一种则为序数量表，顾名思义，是以排名先后来代表葡萄酒品质高低的方式。在实际应用中，这些序数词的顺序所对应的品质描述也是从高到低，分别用"浓郁、中等、微弱"等词汇来表示。序数量表中的数字安排通常都为奇数形式，多以三、五、七、九这样的品评等级来划分，保证有一个中间数存在。

葡萄酒学咨询研究中心联合会						品评记录表	

☐☐☐☐　☐☐☐☐　　　　　　　　　　样本号码　　☐☐☐☐☐

此处请不要填写　　　　　　　　　　　　　　品评人编号　☐☐☐☐

颜色		不及格	及格	普通	优秀	非常优秀	个人品评感受描述
香气	强度	1	2	3	4	5	
		1	2	3	4	5	
	细腻度	1	2	3	4	5	
味道	和谐度	1	2	3	4	5	
	口中香气	1	2	3	4	5	
	余味表现	1	2	3	4	5	
总评 （满分20）							
其他类别		毫无表现	非常微弱	微弱	中等	强劲	非常强劲	
酸度	0	1	2	3	4	5	
涩感	0	1	2	3	4	5	
酒精强度	0	1	2	3	4	5	
二氧化硫气味	0	1	2	3	4	5	
过氧化气味	0	1	2	3	4	5	
其他	0	1	2	3	4	5	

量化形式的葡萄酒品质品评记录表范例

我们根据维德尔及其同事们的研究成果，给出下列几组例子作为参考：

	强度	品质特征
1	微弱	差
2	中等	中等
3	强劲	优秀

	强度	品质特征
1	极弱	极差
2	微弱	较差
3	中等	中等
4	较强	优秀
5	强劲	非常优秀

这种类型的品质量化表主要是为了表现品评人士对于葡萄酒品质的满意程度；我们也将其称为葡萄酒享受满意度品评表，主要是为了体现所品尝的葡萄酒的风味所带来的感官上的愉悦或是不适的程度。所以在量化品表中，强弱、浓淡等形容词会被好、坏等极具主观色彩的词汇所代替。迈克斯·里弗斯（Max Rives）曾指出，葡萄酒品评表述就应该用喜欢或者不喜欢，有些喜欢或是有些不喜欢等词汇来表示。尽管葡萄酒品尝中有那么多分数区间可供选择，但是我们还是常常能看到半分的运用，比如3+或是4-等给分方式。在具体实践过程中，这种量化的给分方法往往无法达到其最初的目的，并且使用方法也不够清晰，打分结果也常常追求中庸，从而降低了参考价值。因此还出现了一种可选项为偶数的量化方式，也就是说评分中没有中间数。

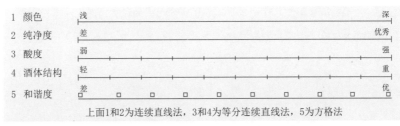

1	颜色	浅											深
2	纯净度	差											优秀
3	酸度	弱											强
4	酒体结构	轻											重
5	和谐度	差	□	□	□	□	□	□	□	□	□		优

上面1和2为连续直线法，3和4为等分连续直线法，5为方格法

图表式量化品质打分表，这种形式的打分表通过刻度线来确定葡萄酒品评过程所获得的感官信息所对应的位置

图表式量化品质打分表，通过刻度线来确定葡萄酒品评过程所获得的感官信息所对应的位置，并且可以借助相应的电脑设备进行统计工作。

因此，有些人会通过采用图表量化的形式来弥补上述量化形式所产生的信息缺失等问题。这种量化形式通常会以固定长度的连续直线，或是十等分的连续固定长度直线，抑或是连续排列的十个具有结构的图案来进行品评打分。茹尔容（Jourjon）2005年发表的研究指出，以上三种改良后的品评量化评分形式在实际操作中，依然无法避免之前产生的问题。

混合形式的品评记录表

在混合形式的品评记录表中，我们综合了评论和打分两种方式，无论是对葡萄酒局部特点还是整体表现，都有了相适应的评比方法。根据经验而言，这两种葡萄酒评论同时出现的情况并不少见。训练有素的品评人员通常都会在给分的同时兼顾品评。在许多葡萄酒品评赛事上，提供的品评记录表中都会划分两片区域，一片负责打分，另一片则负责给出评论。这种类型的记录表可以使得品评人员评定一款葡萄酒品质的好坏，同时还能够指出葡萄酒风格上的具体特征，比如年轻还是老化，柔弱还是强劲，

花香果香为主还是陈酿香气、橡木香气为主，等等。这种葡萄酒之间的细微差别，无论是在哪种葡萄酒品鉴的场合中，品酒师都需要努力去认真感受；对于葡萄酒爱好者而言，这种特殊体验对于自身品评能力的提高也有着莫大的益处。

在记录表A中，根据国际葡萄与葡萄酒组织的相关规定，我们总结出几点强制性规定：

● 葡萄酒、品评人员及评审委员会区域；

● 打分区域：10个品质特征，5个评分级别；

● 给定的描述葡萄酒风格的词汇区域；

● 自由描述葡萄酒品尝感受及葡萄酒评论区域；

● 总分，共五个级别。

在实验用记录表B中，包含以下几条内容：

● 总体评分，共六个级别；

● 二十分的打分制；

● 给定的描述葡萄酒风格的词汇区域；

● 自由描述葡萄酒品尝感受及葡萄酒评论区域；

● 购买建议及价格指导。

今天，大多数的葡萄酒品评记录表的最终结果都会以电子版或是扫描件的形式公布在品评会场的大屏幕中。

世界葡萄酒大赛

2006年6月15—17日

感官分析记录表：静止型葡萄酒

品评人员签字	主席签字

品质不达标		绝佳	非常优秀	优秀	普通	劣质
外观	清澈度	☐	☐	☐	☐	☐
	色泽	☐	☐	☐	☐	☐
香气	纯净度	☐	☐	☐	☐	☐
	强度	☐	☐	☐	☐	☐
	品质	☐	☐	☐	☐	☐
味道	纯净度	☐	☐	☐	☐	☐
	强度	☐	☐	☐	☐	☐
	持久度	☐	☐	☐	☐	☐
	品质	☐	☐	☐	☐	☐
总体和谐表现度		☐	☐	☐	☐	☐

香气类型		结构		风格	
植蔬类香气	☐	生青	☐	朴素	☐
青椒香气	☐	尖酸	☐	矿物质	☐
花香	☐	活跃	☐	复杂	☐
玫瑰香气	☐	苦味	☐	优雅	☐
紫罗兰花香	☐	涩味	☐	和谐	☐
水果香气	☐	单宁感	☐	细腻	☐
黄色或白色水果香气	☐	干型	☐		
		平衡	☐	适饮状况	
红色水果香气	☐	柔顺	☐	年轻	
柑橘类香气	☐	脂腴感	☐	成熟	
热带水果香气	☐	软弱	☐	老化	
果干香气	☐	酒味	☐	衰亡	
发酵香气	☐				
醚类香气	☐	强劲		缺陷	
脂类香气	☐	回味短	☐	氧化味	☐
焦烟类香气	☐	酒体轻薄	☐	酒精味	☐
咖啡	☐	酒体圆润	☐	还原味	☐
巧克力	☐	酒体饱满	☐	刺激味	☐
烟草	☐	酒体强壮	☐	泥土味	☐
烘焙类香气	☐	酒体集中	☐	霉菌味	☐
香辛料香气	☐			苯酚味	☐
甘草	☐			马厩味	☐
陈酿香气	☐			碘味	☐
木质香气	☐				
动物类香气	☐				
皮革	☐				

评语

对您而言，这款酒
☐绝佳　　☐非常优秀　　☐优秀
☐普通　　☐平庸

B

世界葡萄酒大赛

2009年6月13—15日

感官分析记录表：静止型葡萄酒

评审团编号0142-品评编号6

品评人员签字

描述

D	4500

地理区域划分 欧洲	年份 2004	类型 干白

整体感官分析感受

□ 不适宜饮用

对您而言，这款酒：获奖

□ 绝佳　　□ 非常优秀　　□ 优秀　　□ 普通　　□ 平庸

评语

总体和谐 表现度	20	19	18	17	16	15	14	13	12	11	10	<10
	□	□	□	□	□	□	□	□	□	□	□	□

价格	不建议 购买	可以 尝试	建议 尝试	绝佳的 购买选择
	□	□	□	□

香气类型		结构		风格	
植蔬类香气	□	生青	□	朴素	□
青椒香气	□	尖酸	□	矿物质	□
花香	□	活跃	□	复杂	□
玫瑰香气	□	苦味	□	优雅	□
紫罗兰花香	□	涩味	□	和谐	□
水果香气	□	单宁感	□	细腻	□
黄色或白色 水果香气	□	干型	□		
		平衡	□	适饮状况	
红色水果香气	□	柔顺	□	年轻	□
柑橘类香气	□	脂腴感	□	成熟	□
热带水果香气	□	软弱	□	老化	□
果干香气	□	酒味	□	衰亡	□
发酵香气	□				
醚类香气	□	强劲		缺陷	
脂类香气	□	回味短	□	氧化味	□
焦煳类香气	□	酒体轻薄	□	酒精味	□
咖啡	□	酒体圆润	□	还原味	□
巧克力	□	酒体饱满	□	刺激味	□
烟草	□	酒体强壮	□	泥土味	□
烘焙类香气	□	酒体集中	□	霉菌味	□
香辛料香气	□			苯酚味	□
甘草	□			马厩味	□
陈酿香气	□			碘味	□
木质香气	□				
动物类香气	□				
皮革	□				

两种混合形式品评记录表

品评记录表的阅读

在解释葡萄酒品评结果时遇到的主要困难是，品评分数与葡萄酒品质之间并不呈现线性关系，就好比我们可以说一张两米长的桌子的长度是一张一米长的桌子的两倍；但是我们不能说在二十分制下，一瓶得到16分的葡萄酒品质是另一瓶得到8分的葡萄酒品质的两倍。我们在这里提出另外一种非线性关系的累进数列，这与我们在数学中所使用的等差数列比较相似，但是本质上有一定的区别。如下列表格所示，我们所使用的LMS（labled magnitude scale）标记幅度尺度，通常被用来作为评估气味强度的量化工具。

分数	强度
1	仅能够感受到微弱强度
5	微弱
16	中等
33	强烈
51	十分强烈
96	强度超出想象范围

与其在葡萄酒整体风格表现得分上进行精确分析，不如直接将葡萄酒的重要风格特征拆分开，分别进行打分。比如，对外观、香气、口感、持续时间、整体品质以及味道之间的细微差别等进行区别对待。当我们得到每一项风味特征的评分之后，有一个问题便凸显出来，葡萄酒的最终品质是否就是每一项风味特征独立得分的综合呢？或者说，某一方面的特征是否占据更多的比例，甚至起着决定性的因素？答案不言而喻，简单的评分加总并不能视作一个正确的葡萄酒品评体系。因为无论是哪一方面的品质特征出现了问题，都是整个葡萄酒品质所不可接受的，而某些伟大的葡萄酒有时也仅仅是因为某项难能可贵的品质特点才成就了它今日的辉煌。维德尔在1968年提出了一个反向评分的方法，在这个评分体系中，0分代表了品质卓越，随着评分的增加，代表着葡萄酒品质的降低，其中0代表品质卓越，1代表品质非常优秀，4代表品质优秀，9代表勉强接受，并以此类推下去。这种评分方式可以有效地剔除掉品质低劣的葡萄酒。不过在现如今的葡萄酒赛事中难以使用，因为世界葡萄酒的整体品质已经有了非常大的进步，而且对于品质非常优秀的葡萄酒区分效率非常低下。通过加权评分的方式看起来可以调整、改善这种评分方式的弊端，但是由于加权系数难以统一，导致逆向评分模式的使用率逐渐开始减少。举例来说，认为葡萄酒外观应该占据葡萄酒品质总分的7%～20%，香气表现占据34%～36%，味觉感受占据24%～57%，整体表现则为10%～36%不等。总之，分歧差异巨大，难以达成一致。在过去的三十年间，国际葡萄与

葡萄酒组织及国际酿酒师联盟（Union Internationale des Oenologues）所承办的葡萄酒品评赛事主要使用的都是这套评分方式。但是，这种品评模式在区别品质优秀的葡萄酒方面有着先天不足，反而更加偏好"政治正确"的葡萄酒，也就是说让表现中规中矩、教科书式的葡萄酒占据了主要奖项。在针对数千份品评记录表进行深入研究之后，我们发现，许多评分项目之间存在着交叉重叠，使用数据统计得出这些项目之间的相关系数甚至高达0.89到0.95，也就是说，许多项目出现了毫无意义的重复。一款酒香气表现优秀、口感风味表现优秀且酒体和谐平衡，那么其整体的品质表现也应该拥有非常高的评价，这也是符合逻辑的：所以，追求多方面的评分显而易见是毫无意义且重复的举动。所以我们的观点是，品评记录表的主要作用是对葡萄酒品质特征的描述，而不只是局限于打分的高低。因为每个人都可以根据所描述的葡萄酒风格品质来依据自己的打分标准，给予葡萄酒评分。而且，葡萄酒有时候只需要某一方面的品质特征出现问题，便足以拉低葡萄酒的整体品质水平。比如我们在一款品质极佳的葡萄酒中添加数毫克的奎宁之后，其口感水准会急剧下降，甚至只能忍痛倒掉。同样的，我们在葡萄酒品尝中，应该学会接受某些无关紧要的小瑕疵，如果某项风格表现十分突出，我们更应该以此为据给予其相匹配的分数，就像足球场上的运动员，可能在整场比赛的表现都乏善可陈，但是在最关键时刻的一次扑救，或是一次射门，就足以让其获得全场的关注。

同一套评分系统只适用于同一类型的葡萄酒。事实上，不同类型葡萄酒之间的比较品评是不切实际且毫无意义的。例如在VDT这样的餐酒级别下获得的10分（二十分制），和列级酒庄的评分标准下的10分，两者之间完全不在同一个品质档次。

每一个品评人员的打分习惯也往往具有较大差别，有的习惯给予高分，有的则习惯给予低分；有些人打分落点相对比较集中，而有些人则会较为分散。追求相同评分标准是一种非常理想化的行为。虽然我们可以事先介入，和品评人员进行沟通，并在事后利用统计方法进行误差修正，来降低这种人为习惯的差异性所导致的评分差别。但是，我们更加希望所有品评人员能够将葡萄酒品评描述作为第一要务，而将评分事宜放在第二位。如下图所示，由16位葡萄酒品尝专家对15款葡萄酒进行品评评分，从图中可以看出，每位品评人员之间的评分习惯差异巨大。不同品评人员之间，最终的评分平均数在56到77之间，总体平均分为68。有三分之二的分数在横向对比，每位品评人员给出的分数差异最少为12，最多高达32。从每瓶葡萄酒的最终得分来看，葡萄酒得分差异最少的有25分，最多的要达到49分之巨。可见，每位品评人员自身的偏好习惯会对葡萄酒打分产生巨大的影响。

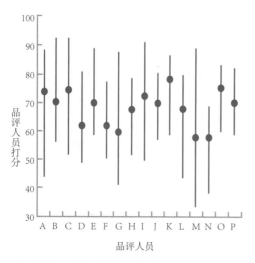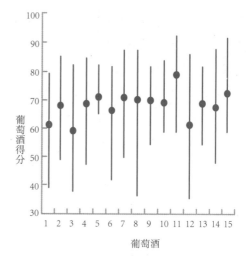

不同品评人员品评葡萄酒的评分分布图（数据来源：Luxey）

所以，在葡萄酒评分环节中，较为合理也较为现实的做法是，首先确定量化葡萄酒品质的指标，以保证最终评分结果的公正性。例如以十分制为标准，少数品质极佳的葡萄酒可以得到10分，8分对应的是品质非常好的葡萄酒，6分对应品质尚佳的葡萄酒，5分则对应勉勉强强、马马虎虎的品质，3分对应平庸，1分则对应品质极差。如果出现葡萄酒品质差到了无法饮用的地步，还可以给予0分。

我们在这里再次强调，在对一款葡萄酒的整体表现进行评分时，一定要先对其风味描述进行考虑，而不是直接给予一个分数；只要品评描述足够精确、生动，每个人在读完之后，心里都会对葡萄酒的品质产生一个相应的评分。

一份设计完美的品评记录表

一份设计完美的品评记录表可以帮助品酒师更好地表达自己品评时的观察与感受，还不能让他将注意力转移到这张表上。所以，记录表首先需要容易阅读，使得第三方能够迅速理解，其次还要便于保存，以及后续进行解释、翻译等工作。

如果一个评审团的成员较为固定，则使用的记录表也应该尽量采用固定的格式。根据以往的经验，一份好的品评记录表需要预先准备好开放式评论及整体评分两块区域。

一张合适的记录表可以帮助品评人员提高葡萄酒鉴赏能力，因为每次在复习的时候就会如同重新品尝了一次一样。有些记录表格式非常简单，无法帮助品评人员描述记录，甚至无法分析葡萄酒的风格特点。相反的，有些记录表多达数页，不得不花费大量时间在填写表格上，反而占据了葡萄酒品尝的时间。偶尔我们还能看到一些让人摸不着头脑的专业术语，让人不得不停下手中的笔，去思考如何填写，葡萄酒的感官分析变成了一场智力竞赛。然而，我们需要注意的是，葡萄酒品尝的本质是一场感官感受的活动。

评审委员会的决定

评审委员会组织的品评人员在结束各自的葡萄酒品评任务之后，需要将品评结果交给评委会，经过总结后得出一个最终结果；这个结果需要简洁明了，能够清楚地阐述评委的真实意图。这个最终的结果将决定这款葡萄酒是否得到认可，是否得到大赛奖项；对消费者而言，则是否能够促使他们购买、消费。所以，如何得出一个最佳的最终结果是一件非常值得商议的事情。

每个小规模的葡萄酒品评小组的成员，通常具有同样的葡萄酒文化背景，并且长期一起工作，形成了固定的习惯，因此能够充分地表达意见，彼此之间不会受到个人名望或是社会地位等因素的影响，这样的品评小组的工作成果通常会更为高效。这种小组在任何品酒场合的优先级都会很高，并且在任何有关葡萄酒生产、采购、销售的公司中都会成为非常具有价值的工作伙伴。一方面可以减少独立品评人员可能引发的独断风险，同时也不会由于小组成员背景不同而使品评结果差异过大，导致无法得出一个准确的平均结果。而且小组人员也不需要太多，哲学家埃斯卡皮（R.Escarpit）曾经说过："如果一个小组人数超过十二或十四之后，便很难达成一致的观点。"唯一必要的是每位品评人员都需要经过专业的葡萄酒知识、葡萄酒品尝知识的培训，并且还需要参与大量的感官分析训练，至少在面对风格复杂多变（客观）的葡萄酒时要显得游刃有余，并且懂得欣赏葡萄酒的魅力（主观）。

品评人员及评委会打分范例

以下所有数据都来源于OIV组织所承办的2009年世界葡萄酒大赛。参赛的878款葡萄酒分别来源于三十多个国家，涵盖了所有现代葡萄酒酿造工艺，评分人员由五位国际评委构成，品尝用酒的信息完全经过掩盖，使用数字进行编号，并且品尝室之间相互独立。

评分制度为百分制，总共分为10个层级，每10分一个档次，100分代表品质完美，90分代表品质优秀，40分代表不及格。百分制下通常最低分是在45到55之间，因为参赛葡萄酒在外观方面的评分通常都是非常优秀的。而获得奖牌的葡萄酒的分数通常都需要高于82或者83分以上，占参赛葡萄酒总数的25%～30%，并根据年份、葡萄酒类型以及评委会等因素，会有轻微浮动。

以下内容为葡萄酒品评大赛上葡萄酒整体评分的相关数据情况。

● 总体评分的平均分为82.0，并且80%的葡萄酒得分都在76.2到87.4之间。

● 每瓶葡萄酒的评分变化幅度平均为14.0，并且80%的葡萄酒分数变化幅度都在8到24之间。

● 每位评委的最终评分在图表上的正态性检测：只有19.8%的葡萄酒符合正态分布规律，其他葡萄酒的分数要么过于集中，要么过于分散。

● 我们同时还找出了每款葡萄酒的评分与上一款品尝过的葡萄酒分数之间的关系。如果之前品尝的葡萄酒品评分数过低，后面一款的分数则会出现升高现象，反之则会出现降低，并且两者之间的分数差异并不低。

由先前的具体结论总结归纳得出以下几点。

● 五位评委的评分并不符合统计规则中的正态分布现象，参考数据超过三十以上。而且不考虑由样本（9+11）/2得到的平均数10与由（5+15）/2得到的平均数10之间所产生的显著性差异问题。不过我们能够从第一组评分看到品评人员在葡萄酒品质方面达成了较为一致的判断，并且在葡萄酒风味描述方面也达成了高度的一致。而在第二组评分中，品评人员在品评结果中明显出现了截然相反的答案。

● 另外，关于一些品酒师所具有的打分过高或过低的偏好，以及集中或分散的打分习惯。在这个例子中也有体现，在十四款品尝过的葡萄酒的最终分数中，最低分数为56，最高分数77，平均分数为68。每位品评人员的评分结果有三分之二的评分幅度在12到32之间，而每款葡萄酒最终所获得的分数浮动则在25到49之间。

● 多评审团不同规则下的评分区间变化。比如一些葡萄酒指南或是排行榜会将不同赛事中的葡萄酒集中起来进行排序，由于本身并不具备可比性，在这样的排名中，90到98分通常代表了

品质完美的层级。

● 品评得分有时会出现一两个不协调的数据，也就是其得分与其他评委评分相去甚远，又被称为无效评分，并且常常是评分最低的那一个。

● 对于这种无效评分我们理论上是可以直接排除的，这有点像体育赛场上的花样滑冰、跳水、体操等项目的评委评分，会去掉一个最高分和一个最低分，再将剩余得分进行加总平均。这种打分系统可以使得分更加均匀，我们在这里不再进行论述。在葡萄酒品评评委的案例中，由于这种做法会使得最终有效得分数量减少至三个，所以最多采用的办法是只去掉一个离平均数较远的得分，在选择中更倾向于剔除最低评分，因为这种评分往往会带有一定的主观批判色彩。

● 葡萄酒的品尝顺序对葡萄酒评分结果的影响无法加以消除，所品尝的葡萄酒顺序通常采用随机排序方式，每位评审所品尝的葡萄酒顺序均不相同。这种操作方式会增加举办方的工作量，虽然可行性很高，但是依然较为罕见。

在实际的结论中，所采取的评分方式越简便，适用率越高，越是贴近生活习惯，其所带来的不便也相应越多。翁贝托·伊科（Umberto Eco）在他的著作《误读》（*Pastiches et postiches*）中有着相应的阐述：

"在量化领域中有一个现象，平均数通常代表了一个中庸的结果，对于没有达到这个级别的其他结果，它们

的目标便是努力向其靠近……而在质的领域中，则完全相反，平均数所代表的品质为0。"

如何确定评审团做出了正确的选择

每位评审对葡萄酒整体印象分别做出最终评分之后，需要收集统计所有成绩并从中得出一个最佳答案，通常是选择能够反映多数人意见的评分，或者说由多数成员认可的分数。

如果葡萄酒X分别得到了以下五个评价，由高到低排列，分别为非常优秀、优秀、优秀、平庸、低劣，那么这款葡萄酒的最终评分将是优秀。尽管它获得了两个较差的印象评分，但是由于五位评审中有三位给出了优秀以上评分，那么按照多数原则，非常优秀和低劣两个选项则会自动被排除掉。实际上，这种筛选办法更像是按照数学中的中位数而不是平均数，从众多评审意见中选择合适的答案。在这里，我们同时加入了国际葡萄与葡萄酒组织的相关意见和建议。这种计算方式对于针对一些评分样本规模较小，或者已经构建好数据库，以及样本总数为偶数的情况时，会显现其操作简便的优点，并且从理论上指出最终的评分选择是根据所有有效评分结果，经过论证得出的。以上结论基于巴林斯基（M.Balinski）和拉洛奇（R.Laraki）的共同理论研究（资料来源：Majority Judgment:Measuring,Ranking and Electing,MIT Press, 2011）。

在我们之前所举的案例中，基于对总共878款品评样酒的研究，我们得到以下结果。

● 中位数：其数值总体平均数为82.5，并且80%的数值在78到88之间。

● 中位数结果和平均数结果通常非常接近，在52%的样本得分中，中位数与平均数之间的差距小于±1；79%的样本得分中，其差距小于±2；只有2.4%的样本得分的中位数与平均数之差高于±5。

● 整体样本得分平均数与样本平均中位数之差为－0.48，且80%的差距在－2到＋1.6之间。这一指标显示了葡萄酒品评中出现过低得分的情况，最低得分甚至会低于40分，得到无法饮用的评价；而满分则为100，高于平均分18分。

这种计算方式可以应用在所有类型的葡萄酒评分系统中，并且对葡萄酒品质做出相应评判，比如非常优秀、优秀等，就像我们在上文中所举的例子一样。

在这些条件下，每一位品评人员在品评过程中所做的任何评价、使用的每一个描述词汇、每一次给分都需要格外谨慎，因为这不仅仅是对其品评水平的考验，同时还拷问着他的职业良心。葡萄酒最终评分的高低和葡萄酒单独风格特征的优劣，例如颜色、气味、和谐程度等，没有必然的联系。因为葡萄酒的整体品质并不是其各项特征表现得分进行加总那么简单。因此，每个评委需要自己去衡量不同特征表现之间相对的重要程度，在做出所有权衡之后，从而得出一个整体评分。如果有必要，还要在给出整体评分之前，对自己所描述的风味特征等信息进行重新整理思考，直到确认最终评分结果与风格描述之间不会产生较大误差。

这种打分方法适用于所有类型的葡萄酒，并且使用非常优秀、优秀等词语对其品质进行评分。如果出现了一致的评语，我们需要将其保留，或是在去除无意义的评分之后，再次进行评定、区分。

最后要提到的是，一个评审委员会的品评人员数量，如果可能的话，最好为奇数。这样会减少许多不必要的麻烦。利奥泰（Lyautey）曾经以玩笑的口吻说：

"在需要做出重大决策时，投票人数应该限定为奇数，三个人的话就太多了。"

评审团在讨论之后的决议

评审团成员之间的讨论有利于避免产生一些不必要的麻烦。在品评结束之后，互相交换彼此的意见是提高品评人员专业技能最为有效的方法。在做出最终决定时，我们观察到，很多时候，最终的讨论结果都会出现"品得好不如说得好"的现象。彼此交换意见可以避免产生这种虚假的共识，从而将这种派别思想驱离葡萄酒品鉴活动。

有时候，我们会尝试找出减少品评人员风格差异的办法。还记得一次在西班牙塞维利亚所参加的一场官方性质的葡萄酒品鉴会，在场的评委总共来自四个不同的国家。评委会主席在品评开始之前非常有礼貌地向大家指出了这一品评过程中可能出现分数差异过高或者过低的问题。最终效果反而适得其反，所有的品评人员刻意地将自己的评分向平均分数靠拢，品评结果同质化严重。这样的结果明显没有参考意义，只需要从中挑选出一个便几乎能够代表所有的观点了。

品评结果的统计方法

专业的葡萄酒品评人员会使用多种统计学方法和工具来处理最终的品评结果。为了避免内容过于专业化，我们只为大家介绍一些与葡萄酒品评相关的统计概念，以及一些简单易懂的使用方法，以便处事认真的葡萄酒爱好者可以在以后的品评活动中使用。我们通常会使用"Test"一词来表示葡萄酒品评结果得出后的数据统计行为，这个单词来源于英文，在法语中，与之相对应的单词还有Epruve、Essai、Examen、Etude等。

现如今，我们所使用的统计方法还无法解决一个非常基本但也非常基础的问题，那就是往往会删除不予考虑的极端意见。这种极端意见有可能是由于品评人员技艺不精，但是也有可能是由于某些品评人员的感官功能天生就比其他人更为敏感，或者品尝能力非常卓越而产生的。比如某些个体对于葡萄酒中的苦味、苯乙烯等味道就特别敏感，其感知阈值与常人之间的差异是非常巨大的。如果我们将评审团成员所做出的品评结果制成图表，便能够清楚地察觉这些极端意见所出现的范畴，从而可以进行精确研究。如果由于品评人数过少导致样本数量不具有参考性，其结果也不会具有显著性差异，这样的统计分析也不会失去意义。如果评审团人数足够多，我们可以根据品评结果制作相应的曲线图，来观察各个项目上的曲线变化频率。如果大家的意见相近，那么波峰之间的距离就会非常接近，形成只有一个波峰的现象；反之，波峰的间距则会变远。曲线图上便会显示出两个甚至多个波峰，这也代表了最终的品评意见分为了两个或多个类别。在对图表进行分析时，必须要明白造成差异的原因，是偶然意外造成的，还是某项风味特征确实出现了问题，也就是说，看这种结果是否具有显著代表性。

比较式品评是所有品评方式中最为简单的一种，在品评过程中只需要回答某项特征与其他酒款是否相同等等。常见的比较方式有"两项差异分析法"和"三项差异分析法"。

在"两项差异分析法"中，我们会同时提供给评委（人数应在8到10位）两款风格不同的样酒，或是产地不同，或是生产酿造工艺有所不同。

每一位品评人员都需要在特别设计的记录表上填写自己对两款葡萄酒的感官分析印象，是否察觉到明显的风味差异，整体或部分上有什么不同，以及某项特定特征的具体感受，等等。之后，还需要详细指出哪种风味特征的强度最高，以及自己的喜好等。最后再根据所有的品评结果与样品具体信息进行对比，来确定某些品质特征是否具有显著性差异。这种两项差异分析法常常用来比较同一产区来源的葡萄酒，在不同处理工艺下是否会产生不同的风味表现，比如酿造过程中亚硫酸的添加，或是澄清、下胶处理工艺等。由于是比较品评，所有品评人员不免都会带有寻找葡萄酒风味差异的倾向进行品尝，所以需要足够数量的品评人员才能够使最终结果具有参考价值。

在"三项差异分析法"中，我们会同时提供给品评人员（最少5到10位）三杯葡萄酒，其中两杯会装有相同的葡萄酒，如果可以的话，这两杯酒的来源尽量使用同一瓶葡萄酒。品评人员需要将那杯不同风味的葡萄酒从三杯葡萄酒中挑选出来，并加以记录；或者是将那杯与品评记录表中描述风格相对应的葡萄酒挑选出来。品评完成之后，组织方开始公布最终答案，并对品评人员填写好的记录表进行计分，最终正确率应该高于随机选择下的正确率，否则其品评结果视为无效。

品评主题:						
品评日期:				品评人:		

比较品评：两项比较性品评						
样本编号	样本间差异	表现强劲样本	表现优秀样本	强度差异（1~5）		
				差异度	强劲度	偏好度
N	N	A	B	C		
	是　否	1　2	1　2			
	是　否	1　2	1　2			
	是　否	1　2	1　2			
	是　否	1　2	1　2			

比较品评：二、三项比较性品评						
样本编号			选择与T不同的样品	选择表现优秀的样本	强度差异（1~5）	
组别	样本	组合			差异度	偏好度
1		T				
		1				
		2				
2		T				
		1				
		2				

比较品评：三项比较性品评						
样本编号			选择不同的样本	选择表现优秀的样本	强度差异（1~5）	
组别	样本	组合			差异度	偏好度
1		1				
		2				
		3				
2		1				
		2				
		3				

不同类型的葡萄酒品质比较品评记录表

擅长使用统计方法的人可能还会沉浸在尝试其他比较方法中，比如"二、三"点检验、"五中取二"检验、"多重两项差异分析"检测等。这些统计学方法在葡萄酒种植和酿造等实验中扮演着重要的角色，能够让我们深入地了解葡萄酒风味的细微变化产生的原因，以及这些风味内部之间的联系。

如果利用上述统计方法进行比较之后，仍然无法找到两瓶葡萄酒之间的风味区别，便需要考虑这两瓶葡萄酒本质上十分相近，或是品评人员感官灵敏度不足以察觉出它们之间的细微差异。这两种品评方法在区分葡萄酒品质与品评人员专业水准方面，不仅操作简单，而且非常有效。由于答案非常固定，不像其他需要描写风味感受的品评方式，根本没有留下自由发挥的空间，某些南郭先生也因此无所遁形。如果要测试品评人员的业务水平，只需要加入一些相同的葡萄酒，或是风格完全不同的葡萄酒进行比较品评，最后再将品评结果与正确答案进行对比，来查看得分。不过这种方式也常常会由于临时起意，或是准备不足，导致其结果不够精确，不能将责任完全推到品评人员身上。

通过比较品评来寻找葡萄酒之间的区别时，葡萄酒的外观有时会透露出一些信息，从而在还未开始品评之前让品评人士产生了先入为主的印象。最终结果有时也会因此出现一些偏差。所以，为了避免产生这种影响，我们通常会使用黑色不透明的盲品杯，来转移品评人员的视线。由于无法看到葡萄酒液的情况，经验不足的品评人员往往会感到无所适从，但是整个品评过程却会变得非常有趣。西班牙里奥哈的酿酒师们曾经举办了一场名为"里奥哈香气"的品酒会，所采用的就是这种黑色不透明的盲品杯，使得当地的葡萄酒香气成为评审们关注的焦点，不但赚足了眼球，还强化了里奥哈产区的形象。

有时我们所参加的品酒会会有一款葡萄酒作为比较的基准，也被称为参照样本：品评目的就在于辨别所要品尝的葡萄酒和参照样本之间的异同之处。这种品评方法在品牌酒的品评中较为常见。因为品牌酒在长年的生产过程中，需要保证其风味品质的稳定性，而如果没有参照样本作为对比，是几乎不可能完成的。而且，条件苛刻到要求无论是哪一年、哪一批次的葡萄酒，都需具有相同的风味表现。这就

只有通过参考样本，每年进行比较品评、调配，才能达到品质相对恒定的目的。这种品评原理简单，但是并没有可推广性，因为比较的产品风味通常都极为接近，并且是同一类型。而且我们的感官机制与大脑并不存在相应的刻度，或是类似"0℃"这样的参考数值，仅能通过当下或者曾经的记忆与感官感受到的印象进行比较。如果需要品评的葡萄酒数量众多，最简单有效的提升准确率的方法就是尽可能地将所要对比的葡萄酒都摆放在同一张桌子上，这使得每一位品评人员都能够快速拿到自己想要进行比较的葡萄酒，而不至于让其他事物占据大脑中对葡萄酒风格感受的印象。虽然这种设置参照样本的对比方式常常受到批评和弃用，但是不可否认，它在品牌酒的生产中几乎是最有效的方法。而且它现在以Napping（基于PM分析原理的葡萄酒风味特征快速比对方法）为名，以信息化的形式重新获得了新生。

在葡萄酒评分品评中，通常会使用方差分析方法进行解释说明。分析方法同时包含了平均差和评分分布（离散差）。首先，我们先要确定所有葡萄酒之间是否存在显著性差异，或者说，至少某一款葡萄酒的风味和其他葡萄酒有着明显不同；然后再进行两两对比，找出其中具有显著性差异的风味特征。从品评结果中，我们可以通过此分析方法来判断评审团成员是否同质化严重，是否存在某个品评人员具有和其他成员不同的品评偏好等。在对最终材料进行处理时，需要先将最高评分和最低评分去掉，然后再计算平均得分。这种做法不

但会去除那些由于品酒师品评能力不足而不宜采信的观点，也会误删掉那些经过深思熟虑所做出的判断。

在以排名为目的的葡萄酒品评中，所使用的评比方法都是非参数检验法，比如弗里德曼检验方法（Méthode Friedman）、斯皮尔曼检验方法（Méthode Spearman）以及克鲁斯凯-沃利斯检验方法（Méthode Kruskal-Wallis）。我们要承认，品评人员之间的评分标准很难形成一致，但是我们观察到，他们在对葡萄酒品质排名时却往往能够达成一致的观点，尤其是处于排名前列和末尾的几款葡萄酒，几乎所有的评委都能够达到高度统一。当所要品评的葡萄酒数量被限制在十到十二款时，得到的排名结果最容易出现相同。如果葡萄酒数量众多，我们便需要将其分成多个场次，并从中选出一款葡萄酒作为参考样本，重复出现在所有的品评场次中；并且所有的葡萄酒都应该同时提供给品评人员，每款葡萄酒对应一个葡萄酒杯。如果条件允许，还可以打乱每位评委的葡萄酒品尝顺序。排名可以由评委直接给出，也可以在对打分和评语等内容进行整理、推断后，写在品评记录表上。最为

简便、直接的克莱默排名方法（Méthode Kramer），得分1代表最好，葡萄酒品质越高，其最终得分则会越少。在任何情况下，都需要注意所使用的计算方法是正确的，名次总和这一数值应该保持不变。比如，有四款葡萄酒分别得到以下评分：14-11-11-10，那么它们的名次为4-2.5-2.5-1，而不是4-2-2-1，因为名次总和的计算方法是1+2+3+4=10。所以，葡萄酒的最终排名也应该如下表所示。而且，通过克莱默速查表上提供的查询信息，可以迅速得到最终的葡萄酒排名。

● 如果一款葡萄酒的名次总和，介于速查表中的高低值之间，则代表这款葡萄酒的品质在品评系列中没有显著性差异。

● 如果一款葡萄酒的名次总和，低于速查表中的最低值，则代表这款葡萄酒的品质在品评系列中处于较高的地位。

● 如果一款葡萄酒的名次总和，高于速查表中的最高值，则代表这款葡萄酒的品质在品评系列中处于较差的地位。

下面这张表格中的葡萄酒品评排名所使用的就是克莱默方法，总共4款葡萄酒，8位品评人员参与品评排名。

葡萄酒品评人员	葡萄酒1号	葡萄酒2号	葡萄酒3号	葡萄酒4号	总和
1	4	2	1	3	10
2	3.5	3.5	1.5	1.5	10
3	3	4	2	1	10
4	4	3	2	1	10
5	4	3	1	2	10
6	3.5	3.5	1	2	10
7	3	1.5	1.5	4	10
8	4	3	1	2	10
每款样酒排名总和	29	23.5	10	17.5	80

我们通过克莱默速查表可以看到，4款葡萄酒，8位品评人员对应的数值区间为13到27（置信度为95%）。3号葡萄酒的最终得分综合为10，低于最小值13，其品质理应排名最高。1号葡萄酒得分为29，大于27，因此它的品质表现明显较差。2号葡萄酒和4号葡萄酒的得分在13到27之间，因此没有明显的优点或是缺陷。这套排序方法在实施的过程中比较耗时，因为它不仅需要额外进行计算，还需要将最终计算结果与速查表中的数字进行比较才行。如果想要得到更为精确的结果，品评人员的数量最好在8～10人之间，否则，一些意见上的分歧会导致最终结果过于接近，而无法准确展现葡萄酒之间的差异。这套品评排序方法适合所有喜欢数字量化品评结果的葡萄酒爱好者和专业人士使用，具有可操作性。

克莱默速查表

葡萄酒数量		品评人员数量						
		4	5	6	7	8	9	10
3	最低值	5	6	8	10	11	13	15
3	最高值	12	14	16	18	21	23	25
4	最低值	5	7	9	11	13	15	17
4	最高值	15	18	21	24	27	30	33
5	最低值	5	8	10	13	15	17	20
5	最高值	19	22	26	30	33	37	40
6	最低值	6	8	11	14	17	20	22
6	最高值	22	27	31	35	39	44	48
7	最低值	6	9	12	15	19	22	25
7	最高值	26	31	36	41	46	50	55
8	最低值	6	10	13	17	20	24	27
8	最高值	30	35	41	46	52	57	63
9	最低值	7	11	14	18	22	26	30
9	最高值	33	39	46	52	58	64	70
10	最低值	7	11	16	20	24	28	32
10	最高值	37	44	51	57	64	71	78

评审员的选拔

上述的统计学方法是用来阐述不同葡萄酒之间的风味差异，也有助于大家理解为什么不同的葡萄酒品评人员有时所给出的分数具有明显差异。而且还能通过此方法区别品评行为与众不同的葡萄酒品评人员，但是我们不知道这种与众不同是对其品评能力的褒义评价还是贬义评价，因为在统计学中，天赋异禀和滥竽充数都是"不正常的"表现；不过，只要通过重复观察，并提供已经经过明确判断的葡萄酒给他进行品评，只需要简单的对比，我们便能够通过其表现得知他所具有的真正实力水平。感官阈值的确定只能让我们了解自身对葡萄酒中某些组成成分的风味物质的灵敏度，而对于葡萄酒整体品质表现的欣赏能力毫无提升。前文所述的三种品评对比测试方法可以有效地帮助品评人员辨别葡萄酒之间品质的差异，并在葡萄酒混合调配、增加某种葡萄酒添加剂等具体应用中成为必不可少的工具。虽然，这些测试的掌握还并不能够让你成为一名优秀的葡萄酒品酒师，但是它却是葡萄酒学习道路上必不可少的一环。这三种类型的品评上手容易，可以在朋友之间进行练习，但是可不要因此伤了彼此的友情。在葡萄酒品评的学习中，要懂得谦逊，这是每一位品酒师所应具备的基本修养。

一些叮嘱

一些优秀的品酒师常常能够写出非常具有参考价值的酒评，但是却时常难以解释清楚，这是由于我们之间的葡萄酒文化差异过大所造成的。从另一种角度来看，这也是一件好事，使得我们有机会从另一种角度去欣赏葡萄酒独特的魅力。尽管现在科技进步迅速，可以用信息化的方式更加客观地展现葡萄酒品质，但是在解释说明方面，仍然需要人的参与。品评小组的组长在品评完葡萄酒之后，还需要将整个小组的品评结果进行收集、整理、分类、重组，并重新对品评内容所使用的词汇语句进行概括总结。除了品评能力以外，他的工作还额外要求他具有公正、诚实的品质，以及聪明才智，还要甘愿冒险去按照所有小组成员的感官感受，对葡萄酒酒评进行再次修改。这种工作不仅会造成极大负担，而且无法总结规律，不具有可复制性。如果总结工作交由外部的品评专家来做，最终结果则会变得十分抽象。所以"感官感受位面图"（profil sensoriel）的出现在很大程度上解决了这一问题，这一词汇的定义是通过使用该方法将品评结果进行整理、核实，并将所收集到的评分进行概括整合：如果酒评内容一致或过分相近，则不计算在有效范围之内，并最终将结果通过图表展示出来，就像雷达图一样，使其完全形象化。这是一种非常值得推荐的做法，将感官感受限制在4～6个左右，如果有可能，将比较相似的风味描述范畴统统去掉，不需要有批判性质的描述，也不会代入特定主题。

在某些情况下，我们会采用一些特别的"数据分析"方法，比如"主要成分分析法""对应因素分析法"以及其他衍生出来的分析方法。这些分析方法可以帮助我们对多项风味特征与成分同时进行分析研究。如果品评人员的背景相似，品评结果均质性较强，有助于解释许多风味现象，比如某种类型的葡萄酒会带有某种固定风味特性等等。信息技术的发展也使得我们的分析计算变得更为容易，但是这只有在数据分析结果具有显著性，研究结果具有创新性时才会具有实际意义。曾有葡萄酒方面的研究指出，陈年葡萄酒中含有的酯类物质更为丰富（醇类物质和酸类物质的反应产物），而这一结果早在贝特洛的研究成果中得以预见，不过直到1930年，才被葡萄酒界证实。

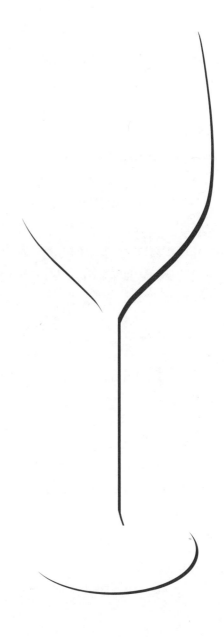

"一瓶美酒足以让你有说不完的话。"

——让－路易斯·夏凡（Jean-Louis Chavin）

葡萄酒术语

通过之前的章节，我们了解了如何感知葡萄酒的风味，如何记住我们的感官感受。接下来我们将要探讨如何用简洁明了却又不失优雅的语言将我们的感官感受表达出来。这项工作虽然具有非常高的难度，但也非常引人入胜，从最基础的几个灵感开始，仔细分析琢磨，并挑选恰当的词汇展现自己当下的感官感受，体验这种从简入繁的推理过程，直到完整地将葡萄酒的风味用文字的形式描述下来。我们不厌其烦地重复那句话，只为与君共勉："更好地了解是为了更好地懂得，更好地明白是为了更好地欣赏。"

挣扎在词汇枯竭边缘的品鉴者

正如我们在之前章节中所看到的，专业性质的葡萄酒品鉴与普通的葡萄酒消费之间存在着巨大的差别。其中最明显的差别就是普通葡萄酒消费者在饮用葡萄酒时通常是沉默的，而品评活动则需要品酒师开口讲话。对于一口便将葡萄酒吞下的人，我们根本无法要求他对葡萄酒的风味发表一番评论。他自己在饮酒时都不会去认真感受葡萄酒风味的变化，即使要说，那也只能局限在"好喝"和"不好喝"之间吧。但是，对于一位品酒师而言，他会将自己品评之后的想法与感受进行组织并表达出来。因为对他而言，品尝葡萄酒的目的是为了了解它的风味特征，并转述给葡萄酒爱好者们。所以，一位优秀品酒师的价值不在于他拥有仪器般敏锐的感官灵敏度，也不在于他对葡萄酒香气分辨识别的能力、对葡萄酒酒体风味平衡表现的欣赏能力，而在于他对感官感受印象的描述与表达能力。品酒师不仅需要具有充分训练过的味蕾、精准敏锐的感官功能，还需要拥有优秀的记忆能力，以及懂得如何调整自己的身心状态，以便在进行葡萄酒品评时能够快速进入工作状态。除此之外，还需要能够将自己的感官感受用文字清晰地表达出来。这不仅要求品酒师掌握大量详细的味觉感受描述词汇，还需要有组织、有逻辑地将这些感受表达出来，每一个词、每一个句子最终都要证实自己的判断。这也是关乎品酒师声誉的重要问题，阐述的观点需要清晰明了、恰如其分，即使非常细微的差别也能有理有据。不过，还是要当心遇到口才型的品酒师，那可真是说得比唱得好听！

想要以一种精确、详细的方式来讨论葡萄酒，并不是一件容易的事。在葡萄酒品鉴这一带有主观色彩的活动中，表达和感受之间的关系、文字与品质之间的界限，并不总是能够清楚地分开。我们在葡萄酒品评的过程中，常常会遇到词穷的状况，由于找不到合适的形容词汇，便只能使用一些意思相近的词来代替，但是感官描述词汇的数量就如通货膨胀的货币，已经多到用不完，但是我们似乎总是找不到自己想要用的那一个。据不完全统计，我们参考了十几本出版物，其中包含法语、西班牙语、葡萄牙语、意大利语、英语等多种版本，从中找出的感官感受描述词汇超过7000个，我们将词义相同的词剔除之后，还剩余5000余个。接下来，我们又将词义相近的词进行筛选删除，以及各种不能单独存在的，不具有实际意义的修饰用语排除之后，最终还剩下1310个词，其中128个是关于葡萄酒外观方面的描述用语，504个关于香气表现的，形容口感味道的144个，以及享乐层面的具有喜好性质的词语455个，例如"不具有典型特征，风格不明显"，或是"细腻优雅"等，还有139个是有关技术方面的形容词语，比如"带有杂

马迪朗产区葡萄酒

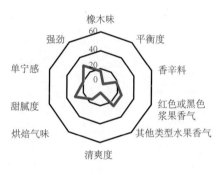

波美侯（Pomerol）产区葡萄酒

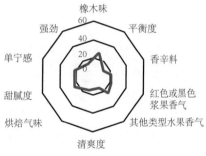

博若莱产区葡萄酒

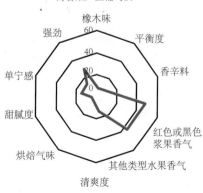

安茹（Anrou）产区葡萄酒

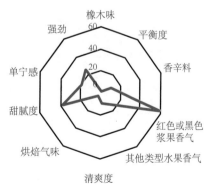

葡萄酒品评中所使用的风味描述词汇范例

质""半干型"等。一方面我们对这样数量惊人的感官描述词汇感到欣喜，因为在写酒评时又有了很多更为精准的选择；但是另一方面，我们也会担心某些使用率极低的词汇，会给阅读者带来一种咬文嚼字的感觉。

为了解释清楚，我们做了一个关于葡萄酒品评所涉及词汇的使用频率的调查问卷。一份包含128个词语的名单提供给大约300位专业或是业余的葡萄酒品评人员，有法国人，也有其他外国人。该问卷向品评人员提出了这些品评词汇在工作中的使用频率问题，答案选项有四个："经常"，"有时"，"很少"，以及"从不"。

我们在这里不对该调查过程做详细阐述，结论中，其中有81个单词的使用频率为"经常使用"或者"有时使用"，占总数的63%，有13个单词被列为"从不使用"范畴。这个使用数量和我们在上文中提到的5000余个词语相差甚远。

香气类型

	经常	有时	很少	从不		经常	有时	很少	从不
刺槐			●		柑橘		●		
动物	●				八角			●	
意大利香醋		●			脂类香气		●		
生青		●			木质香气	●			
英国水果糖			●		黄杨木		●		
咖啡	●				雪松			●	
蘑菇		●			橡木味			●	
金银花		●			化学味			●	
巧克力		●			皮革			●	
焦煳味		●			乳香				●
香辛料	●				醚类		●		
花香	●				果香味	●			
白色/黄色水果	●				热带水果	●			
红色水果	●				果干	●			
金雀花		●			野味		●		
丁香			●		烘焙类	●			
草本香气		●			香料			●	
干草		●			烃类		●		
碘味			●		乳酸			●	
酵母味			●		软木			●	
臭鸡蛋			●		中药味		●		
松树			●		猫尿味			●	
灌木		●			青椒味			●	
青椒		●			陈酿香气		●		
甘草			●		树脂			●	

关于128个有关葡萄酒品评词汇的使用频率的调查问卷（部分）

品鉴者的语言

一直到近代，人们对于描述葡萄酒风格特征的词汇还存在相当大的分歧。我们需要感谢前人的工作，为我们今天所使用的描述词汇做了详尽、清晰的定义。比如戈特在1955年整理的含有250个葡萄酒风味描述词的词汇表；勒玛念在1962年整理的含有150个词的词汇表；以及法国Féret出版社在1962年出版的葡萄酒词典中所收录的450个词。此外，安德烈·维德尔和他的团队在1972年整理出了一份总数超过900个词的词汇表，除去化学名称物质以及一般术语，用来描绘葡萄酒风味特征的词多达470个。紧接着，葡萄酒相关的杂志期刊、法国的及其他国家的各式各样的葡萄酒品评手册和书籍，就像连载小说般接二连三地出现在大众眼前。我们将要介绍给读者的词汇，在日常品评中的使用率较高，且具有语义内涵清晰、适用范围较广等特点。至于某些使用范围小，罕有出现，地方色彩浓厚，专业化术语的词汇在这里不做介绍。在这一节中，除非有必要，我们也会尽量避免使用带有化学名称的词汇。但是有些时候，化学词汇的名称是无法被替代的，因为只有这样才能够解释清楚葡萄酒的构成成分，尽管它在形容感官感受到的风味特征方面依旧无法具有代入感。麦克斯·雷格里兹曾经举了一个有趣的例子，一位品评人员在描述葡萄酒风味时这样说道："这款葡萄酒散发着浓郁的乙酸异戊酯、α-紫罗兰酮、甘草酸及苯甲醛氰醇的气息。"想必他是某化学实验室出身的吧，而作为品酒师则会这样表述："这款葡萄酒具有水果糖般酸甜的口感，并具有浓郁的紫罗兰花香、樱桃及甘草的香气。"同样的品尝结果，但是由于表达方式的不同，使得最终结果更加生动传神，会让听众有种亲自品尝的代入感。

品质卓越的葡萄酒所具有的神奇之处，就是它能够迅速地在品尝它的人群中建立共同的话题，营造出欢快轻松的氛围。即使是在餐桌旁饮用普通葡萄酒时，也很难看见独自饮酒的孤寂身影，更何况是在品尝具有卓越品质的葡萄酒时，其突出的风格特征总是能迅速引起餐桌上的话题。如果缄口不言，不仅对宴请的宾客极为失礼，对葡萄酒也是一种极大的不尊重。在整个品评的过程中，都应该尽力去感受、描绘葡萄酒所带来的风味变化，直到咽下酒液为止。如果宴会上的葡萄酒不止一瓶，还应该将其和之前所品尝的其他年份或是其他类型的进行比较。每一位参与者都应该合理表达自己的观点，并多和他人进行交流，展现自己博学的一面。三五好友之间，把酒言欢，高谈阔论，仿佛回到了风华正茂的岁月，这种快乐也只有葡萄酒才能带给大家。实际上，葡萄酒品评的要求很简单，只需要投入精力去感受葡萄酒的风味变化，并将其风貌通过语言完整清晰地展现出来即可。

葡萄酒长久以来在文学领域中占据了重要的地位，许多伟大的作家都曾为葡萄酒倾尽心血，写下了千古流传的名章佳作。然而，我们在这里要谴责一些当代的葡萄酒文学作品，利用一些华丽辞藻来博得眼球，内容上空洞乏味、毫无营养，仅仅是撰写一些葡萄酒的品尝记录、葡萄园的介绍、葡萄酒行业的流言蜚语，以及一些美食评论内容而已。其中一些文学作品尚能做到言之有物，还算有一定的信息价值，我们也为此感到高兴。但是，我们也会看到一些专栏作家使用下面这样的词汇来描述葡萄酒的风格表现，如"滑稽、有趣、娇艳、轻佻、可笑"等一系列不知所云、毫无意义的形容词，我们用挑出这几个词来形容这类作家给我们留下的印象，也会感觉到恰如其分。

路易·奥利泽（Louis Orizet）曾经给出了许多例子，用来解释造成葡萄酒用语多样性的根本原因：不仅仅是对风味的感受不同，还涉及每位葡萄酒品评人员的阐述、表达方式和能力等诸多因素。事实上，品评性质与目的的不同，也会对品评语言的使用风格产生影响，比如常见的分析品评、比较品评、识别品评、分类品评、描述性品评等。化学家在品尝时会优先寻找化学分析层面上的缺陷，官方品评人员则更为关心葡萄酒的风格是否与法律法规的要求有冲突，酿酒师则关心是否有瑕疵，酒农会在乎它的风格表现，而酒商只会关心它是否具有足够的商业价值。每位品评人员在欣赏葡萄酒时都会下意识地将自己的职业角色代入，也就是说，在阐述葡萄酒风格表现之前，便已经有了自己的立场，在葡萄酒品评时的关注角度也

难免出现偏颇。

我们将按照常规葡萄酒品评程序向大家介绍葡萄酒相关词汇，从葡萄酒的外观开始，经过香气表现感受、葡萄酒味觉风味感受、触觉感受，一直到整体风格印象为止。我们会在文中尽量对葡萄酒风味中的量化分析描述、品质分析描述以及喜好评判所关联的词汇区分开来进行介绍。

关于颜色的词汇

在葡萄酒品尝过程中，品酒师第一个要谈到的就是葡萄酒的颜色。葡萄酒的颜色主要取决于其品种特性、酿造处理工艺、年龄等，是葡萄酒外观的重要组成元素之一，同时还对葡萄酒分类起着决定性的作用，例如白葡萄酒和红葡萄酒两大类别。但是，从严格意义上来讲，白葡萄酒并不是真正意义上的白色，红葡萄酒也不是真正的红色；前者的颜色主要是禾秆黄或者金色，后者则以紫红色和宝石红色居多。在法语中，我们常常还会遇到其他用来表示葡萄酒颜色的词汇，例如"Robe"（酒裙色泽，红葡萄酒色泽等）、"Coloration"（颜色）、"Ton"（色泽）、"Tonalité"（色调）等。其中"Robe"一词在勃艮第葡萄酒产区及卢瓦河谷产区的使用频率最高，并且常常用来代指葡萄酒的颜色。不过，根据1896年所出版的《酒窖管理大师词典》（*Dictionnaire du maître de chai*）的记录，"Robe"一

词的表达用法，最先来自波尔多地区。而根据语言的特性，使得这一单词衍生出许多表达颜色外观的方法，比如我们形容葡萄酒颜色漂亮时会说"Il a une belle robe"（穿着一身漂亮的外衣），或者听到"Il est bien ou mal habillé"（穿着漂亮或丑陋），如果听到"Court-vêtu"（穿得很少）时，则是想表达这款葡萄酒的颜色过于淡薄。我们时常还会听到将葡萄酒拟人化的形容方式，用肤色代替颜色，比如"某款葡萄酒（肤色）暗淡"，"某两款葡萄酒肤色一致"等拟人的修辞手法。

葡萄酒所显示出来的颜色主要由色彩强度、色差及鲜艳度等因素决定。只有将葡萄酒倒入酒杯，在光线充足的环境下才能判断其真正的颜色。也有很多人造照明工具可以产生同样的照明效果，比如一些普通规格的卤素灯泡便可完全满足葡萄酒品尝的要求。还有许多日光灯也非常适用，但是工业用的白光灯则完全不行，其使用效果也是非常差的。许多照明灯具生产商都有一个试光室，如果个人对品尝室光线的要求非常严谨，大可在采购之前，亲自体验灯具的光线效果之后再做决定。

如果酒杯中的葡萄酒倒得过满，则会影响葡萄酒颜色的判断，由于酒液深度的增加，会导致光线照射在葡萄酒液面时所反射出来的光线产生些许差别，导致颜色看起来变得更深。比如白葡萄酒的酒液厚度在超过50厘米时，从下方上打一束强光，会发现光线无法完全穿透酒液，其颜色看起来就像红葡萄酒一样。有些实验用的葡萄酒酒桶为了方便观察酒桶深处的葡萄酒状况，会将酒桶两端底部改装成透明玻璃材质，以方便实验记录。

当我们要对不同葡萄酒的颜色差异进行细微比较时，需要事先做好以下准备工作。首先，选取规格品质相同的葡萄酒杯，加入同样体积的葡萄酒，桌面必须干净洁白，面积足够大，保证每一个角落的外观都能保持一致。其次，光源不能够倾斜或者形成侧光的形式，而是要保证品酒者能够正对光源进行观察。再次，在观察葡萄酒的颜色时，应该从上往下进行观察，可以将酒杯适当倾斜，改变酒液厚度来观察色泽变化，整个过程都是进行两两比较。我们也可以自己走到窗户旁边等自然光线充足的地方进行观察。最后，光线强度需要适合葡萄酒品评活动，光线过于强烈会导致掩盖色泽差异，而光线微弱则会导致什么都无法看清。无论是烛光晚餐，还是聚光灯下的晚宴，所有的红葡萄酒都会看起来是一个样子。另外需要强调的是，品尝室的光线应该是中性的，就和日光一样。

在表达葡萄酒颜色强度时，我们可以使用下列简洁明了的修饰语进行描述：苍白、淡薄、清晰、稀薄，或是强烈、深色的、浓厚、稠密、暗沉、偏黑等。

葡萄酒颜色的深浅常常是相对而言的。我们在评价一款葡萄酒的颜色是否足够时，常常需要依据葡萄酒的类型、产区特点及年份等因素进行综合考虑才能进行判断。一款红葡萄酒的颜色如果明显单薄、不足，将其描述为"苍白""缺乏血色"等。如果一款葡萄酒具有漂亮、深沉的颜色，则会使用"披着美丽外衣"这样拟人的方式进行描述。如果一款葡萄酒颜色饱满、口感厚重浓郁，会将其称为"Teinturiers"，意思可以引申为就像在染缸浸泡过一样，这种表达方式多用来形容一些"黑色葡萄品种"所酿制的葡萄酒外观，还有一些经过特殊浸渍工艺所酿制成的颜色较深的葡萄酒也可以用这种表达方式。比如西班牙的"Doble pasta"双重浸渍工艺，通过增加葡萄果皮比例达到浓缩浸渍的效果，所生产的葡萄酒颜色也如同染料般紧沉。我们时常会将这种葡萄酒形容为五层或十层颜色浓缩过的葡萄酒，意思为即使用白葡萄酒进行稀释五次或者十次，最终的颜色依然能够保持红葡萄酒所应有的强度。不过，这种说法现在已经被淘汰了。这种色泽深沉的"黑色"葡萄酒跨越了多个时代，希腊神话中的海格力斯从双耳尖底瓮中倒出的便是它；18世纪时，英国人将西班牙和葡萄牙所生产的颜色深厚的葡萄酒称为"黑葡萄酒"，与波尔多的"Claret"（波尔多产区所生产的一种介于桃红和红葡萄酒的颜色之间的葡萄酒）形成鲜明对比。在当时，英国人主要是将这种葡萄酒进行稀释调制后才饮用。一位巴黎酒商在1714年卖出一款玛歌产区的葡萄酒时，这样描写它的风格特征："品质卓绝的玛歌产区的陈年葡萄酒，颜色深黑，口感细腻丝滑"。从此，深黑便成了葡萄酒颜色的形容词

之一。事实上它是形容颜色强度的形容词，并不是指具体颜色。当酒窖管理人员从储酒罐中取得当年酿制完毕的样酒，并对颜色给予了"深黑如墨水般"的评价时，开心满足的神情想必已浮现在他的脸上了。还有一些葡萄酒，我们用"黑"来形容它的颜色时，完全是出于对事实的描述，比如西班牙马拉加（Malaga）产区的葡萄酒和Pedro ximenez葡萄品种酿制的雪莉酒，由于在酿造前，将葡萄置于阳光下进行暴晒，导致最终酿制的酒液颜色变得有如黑色一般。顺便要提一下的是，现在红葡萄酒的酿造趋势逐渐开始向颜色深重的方向发展。这种酿造模式通常需要自己的葡萄园拥有充足的日照才行，从法国西南地区开始，一直扩张到智利的圣地亚哥、阿根廷的蒙多萨（Mendoza）等世界各地，甚至还包含了一些欧洲北部的葡萄园。这样的葡萄可以酿造出口感浓郁、酒体厚重的葡萄酒，但是距离伟大的葡萄酒品质还有相当长的一段路程要走。

色彩鲜明、富有光泽是高品质葡萄酒颜色的一大特点，并且色泽鲜明的葡萄酒酒体通常也会显得足够透彻；但是两者之间并没有直接的联系，澄清透亮的葡萄酒的颜色也可能非常暗沉。红葡萄酒中的酸度如果足够，其颜色会显得光鲜亮丽。我们在此根据葡萄酒色泽上的优缺点，列举一些相关的描述词汇：

· 色泽活泼，纯净自然，光鲜亮丽；

· 暗沉，模糊，浑浊，缺乏光泽，黯淡无光；

- 清澈透亮，闪烁光泽，富有光泽；
- 色泽老化，死气沉沉，凋亡。

葡萄酒色泽的鲜明度似乎和葡萄酒液本身在光线充足的环境下所体现的光泽度及反射光有关：比如新酿的白葡萄酒常常会反射出禾秆绿的颜色，陈年的甜白葡萄酒则会在酒裙处反射出暗绿色泽，陈年的红葡萄酒常常会出现红棕色的光泽，等等。当我们在摇晃酒杯中的新酿葡萄酒时，有时会看到彩虹色，造成这种现象的原因有很多，可能是葡萄酒产生了轻微的微生物污染，也可能是葡萄酒酒石酸结晶沉淀所造成的反光。

葡萄酒颜色测量定义的方法多种多样。第一种方法完全是凭借品酒师自身的经验和印象进行描述；通常在看到葡萄酒的第一眼时便已经产生结果。但是这种方式带有浓重的个人色彩和主观情绪，常常会出现误判的情况。第二种方式则是借助比色盘来对比，找出相对应的颜色名称，比如谢弗勒尔（Chevreul）系列的比色盘。第三种便是借助实验室的分光光度计对葡萄酒的吸收光波长进行测量，从而得出最终的葡萄酒颜色。这种方法无法在葡萄酒品尝室中进行，并且由于需要借助实验室仪器进行分析，所以和感官分析方面并没有多大联系。作为一名品酒师，便只能依靠肉眼对葡萄酒的外观进行观察识别。

明亮度与饱和度

法国标准化协会根据明亮度和饱和度所造成的色彩差异，提出了9个简明易懂的词语。如下面表格所示的对应关系，通常可以得到准确的色彩描述。这些表达方法可以用来完美地阐释葡萄酒颜色上的细微差别，并且几乎适用于所有葡萄酒。

		明亮度		
		高	中	低
饱和度	高	清澈明亮	鲜亮活泼	色泽深暗
	中	清晰明亮	中等	色泽深厚
	低	色泽苍白	色泽发灰	颜色暗沉

这些表达方式能够完美地应用在葡萄酒品评的描述总结中

在1861年出版的《法兰西科学院论文集》中，化学家尤金·谢弗勒尔（Engène Chevreul）将所有颜色总共分为72个组别，每个组别中又存在20种具有细微差异的不同颜色。他不仅帮助他任职的哥白林（Gobelins）染织厂将所使用的不同颜色的染料进行了定义、命名，还对许多矿物质、花卉、水果等天然颜色进行了具体的定义及分类。20世纪初，萨勒龙（Salleron）首次将谢弗勒尔的色彩分类系统应用在葡萄酒的颜色上。他指出，红葡萄酒从年轻阶段到年老的过程中的色泽变化总共可以分为十个层级。我们现在已经不再使用这类定义方式，分光光度计已经完全取代了带有绸缎色盘的葡萄酒色度计的功能。不过，事实上还是有很多行业仍然在使用这种比色技术，它在一些方面的细微、专业程度使其依然活跃在某些色彩应用行业。

　　其实颜色的名称与命名并没有什么特别明确的界限，我们定义了葡萄酒的颜色，葡萄酒也用自身定义了颜色，就像现在有许多汽车的颜色被命名为波尔多红或是香槟色一样。

红葡萄酒从年轻到年老的陈年过程中，颜色变化主要分为十个种类

第一阶段：紫红色

- 紫红色（苋红）
- 第二阶段：紫红色（醋栗色）
- 第三阶段：紫红色（绯红）
- 第四阶段：紫红色（宝石红，石榴红）
- 第五阶段：紫红色（樱桃红）
- 红色（樱桃红，红花）
- 第一阶段：红色（朱红，酒红）
- 第二阶段：红色（火红）
- 第三阶段：红色（鲜红，金红）

白葡萄酒

　　形容白葡萄酒的颜色时，不可避免地会使用到黄色和金色等一系列相关词汇，雷格里兹这样解释两种颜色的区别：

　　"如果葡萄酒的外观清澈透亮、富有光泽，并且在很多细微之处都具有金属光泽的特点时，我们会使用金色来形容；如果葡萄酒外观清澈却缺乏光泽，我们便只能使用黄色来形容它的颜色。"

　　在描述白葡萄酒颜色的术语中，我们在接下来的名单中列举了所有黄色及类似黄色的颜色描述词汇。除了黄色和基色以外，白葡萄酒还会带有青绿色的色泽，并且随着陈年时间的日益加长，还会出现棕色光泽。

　　白葡萄酒的颜色通常会与葡萄酒的类型有关，有些白葡萄酒的颜色本身就非常浅，但是仍然会有很多国家的消费者喜欢这种类型的葡萄酒，比如波尔多地区的干白葡萄酒、麝香葡萄酒、雷司令葡萄酒以及西班牙的Fino雪莉酒，它们的颜色通常都很浅，但是依然不乏消费者的追捧。另外，葡萄品种和酿造工艺也会对葡萄酒的颜色产生重要影响，像是琼瑶浆葡萄酒、蒙哈榭或者默尔索地区的霞多丽葡萄酒、汝拉黄酒、莱茵河流域所生产的Auslese（精选）及Spätlese（晚摘）等级的白葡萄酒，圣十字山（saint croix du mont），苏岱等产区的白葡萄酒，以及经过橡木桶陈年的白葡萄酒等，它们的颜色通常都比较深。

　　几乎所有酿酒师都会承认一个事实，就是对于影响白葡萄酒颜色的物质至今为止还没有任何明确的研究进展。就目前所知，主要是和黄酮素有关，一种存在于葡萄果皮中的黄色素，包括葡萄糖苷、山奈酚、槲皮酮等。但是由于白葡萄酒的酿造工艺中并不包含浸渍萃取程序，所以葡萄皮中所含有的丰富的可溶性固形物，如多酚类物质、色素

等，只有非常微弱的量进入了葡萄酒中，而这并不足以解释白葡萄酒颜色的来源，白葡萄酒中的单宁成分也是如此。比奥（Biau）在1995年所发表的论文中明确指出，葡萄酒中有一部分非酚类物质，由多糖、蛋白质与酚酸构成，对白葡萄酒的颜色会产生微弱的影响。不过这对白葡萄酒颜色的主要成因并没有做出任何解释，白葡萄酒颜色是怎样形成的依旧是一道摆在所有葡萄酒从业人员面前的难题。

保罗·克洛代尔（Paul Claudel）曾在他的抒情诗中用葡萄酒的颜色比喻名贵的宝石的颜色，但是这与人们通常的习惯却正好相反：人们常用各种珠宝的名称来代指葡萄酒的颜色。人们常说，为了更好地描述葡萄酒的外观，就要像珠宝商人那样使用宝石的语言；同样，要想活灵活现地谈论葡萄酒的香气，则要学会香水大师那样的表达方式。所以，如果我们在描述金黄色光泽的白葡萄酒时，可以考虑使用黄色晶玉来替代；如果酒裙带有粉红色光泽，那就变成了焦黄色晶石。一些带有浅绿色光泽的白葡萄酒也会被比喻为苍白的贵橄榄石。

白葡萄酒的颜色

- 白葡萄酒，无色透明
- 绿色，禾杆绿，浅绿色，水绿色
- 浅黄色，深黄色，黄绿色，鹅黄色，柠檬黄，稻草黄，泛金黄色，微黄
- 黄铜色
- 浅金黄色，金黄色，泛红的金黄，暗金色，金色
- 黄色晶玉，焦黄色玉石
- 红棕，橘红，橙黄，焦棕色
- 黄褐色，稻黄色，黄水仙色，枯叶黄
- 琥珀色，棕色，泛棕色，赤黄色，灰黄色，焦糖色，红木色
- 马德拉色，板栗汤色
- 污斑，褐浊

当葡萄酒在密封条件下进行缓慢陈年时，在缺氧的环境下，葡萄酒的颜色会发生变化，色泽开始加深，向金黄色发展；白葡萄酒与空气接触时，葡萄酒中的单宁物质会由于氧化作用，逐渐开始呈现棕色光泽，并最终变成棕黄色甚至棕色。某些具有多年陈年历史的白葡萄酒甚至会转变成金褐色。巴谷耶（Paguierre）在1829年对那个年代的白葡萄酒进行品评之后所留下的品尝记录表中的描述，不免让人感到好奇。在他的记录中，来自波尔多赛龙（Cérons），卢皮亚克（Loupiac）及圣十字山产区的白葡萄酒有着月桂叶般淡淡的颜色。这些白葡萄酒在陈年之后的颜色会不会像是干燥的棕绿色月桂叶一样呢？就像我们前文中所提到的西班牙加泰罗尼亚（Catalans）地区所产的一

种具有陈年老酒风味的葡萄酒所具有的颜色一样。

如果我们说葡萄酒在空气下出现褐浊（Cassé）现象，是指葡萄酒很可能由于葡萄果实沾染霉菌导致酒液中出现过量氧化酶所造成的结果。相较于此，更为常见的是一些陈年的甜白利口酒的颜色演变为琥珀色，葡萄酒蒸馏酒的颜色如同马德拉葡萄酒一样变成了红木色，或者像是陈年雅文邑一样的颜色。位于西班牙加的斯附近的郝雷斯（Jerez de la Frontera）小城里，有一家名为德尔莫林（Del Moline）的酒厂，厂里有一个装有雪莉酒的橡木桶的顶端至今还保存着前英国海军司令霍雷肖·纳尔逊（Horatio Nelson）的亲笔签名，里面存放的雪莉白葡萄酒已经保存了有两个多世纪，酒液已经极度浓缩，香气浓郁，颜色也变成了棕黑色。

白葡萄酒中如果出现污斑（Taché）会被认为是一种质量缺陷；这种现象多是由于在酿造的过程中，不小心接触到了红葡萄酒或者红葡萄果实，以致白葡萄酒中含有每升数毫克的花青素，使得葡萄酒外观出现了瑕疵。有时候也会因为操作人员的疏忽，导致将白葡萄酒装入了红葡萄酒存放过的橡木桶中。当这种情况发生时，我们通常会采用去色工艺来进行补救，并且不会给葡萄酒品质带来不好的影响。使用红色葡萄品种酿制成的白香槟酒中，常常也会含有每升

数毫克浓度的花青素，主要来源于黑比诺或是比诺莫尼耶（Pinot Meunier）品种的葡萄。

最后，我们在结束白葡萄酒颜色的讨论之前，还需要介绍几个特殊的例子。比如经过长年储存的巴纽尔斯葡萄酒、莫里（maury）葡萄酒、波特酒、马德拉葡萄酒等酒精强化的天然甜葡萄酒，无论酿造时所采用的葡萄果实颜色是什么，最后的酒液颜色都会变成棕色或红木色。这些老酒拥有着无可比拟的陈酿气息，但是也能看到反射出的绿色光泽。这是多么奇妙的组合啊，本质上似乎完全不可能同时出现的两种现象在此刻集于一身，不得不让人感到诧异。值得一提的是，由白色葡萄品种所酿制出的颜色最深的葡萄酒世界纪录保持者正是佩德罗-希梅内斯这种用来酿造雪莉酒的葡萄品种所创下的，其颜色之深，可以被称为葡萄酒世界之最。

桃红葡萄酒

它既不属于白葡萄酒，也不属于红葡萄酒，色泽介于两者之间，涵盖的色谱包括黄色、红棕色及淡红色。常言道："桃红葡萄酒的魅力，一半都来自于它的颜色"法国国家农业研究院阿维尼翁（Avignon）分院的研究员皮埃尔·安德鲁（Pierre André）在他的研究中指出，在饮用桃红葡萄酒时，品评人员的整体感官分析印象会在很大程度上被其颜色所影响。

桃红葡萄酒的颜色

- 泛灰色
- 香槟色
- 粉色，粉红色，粉黄色，粉橙色，粉紫色，粉牡丹色，樱桃色

- 橙红色
- 浅红色，洋葱皮色，鹧鸪眼的颜色，鲑鱼肉色
- 杏色
- 泛红棕色，泛浅红色

有些桃红葡萄酒的颜色极为淡薄，又被称为"灰酒"，比如法国图勒（Toul）地区所生产的桃红葡萄酒的颜色就非常浅。所选用的葡萄品种所含有的色素含量本身就非常低，这也是由于当地的气候条件所致。而香槟色中最为典型的代表就是以红葡萄品种酿制的白香槟所呈现出来颜色，这种酿造方法也被简称为"黑中白"。这种香槟在新酿时期，颜色中会带有较浅的粉红色，随着香槟酿造中的澄清、二次发酵以及陈年阶段的工艺处理，这种粉红色会慢慢淡化并逐渐消失。如果使用酿造白葡萄酒的方法来酿造桃红葡萄酒，也就是说在进行破碎、除梗之后，直接将葡萄醪中的清汁和酒渣以生产自流汁和压榨汁的方法进行分离，从而减少葡萄汁所萃取到的色素物质。此时的葡萄酒液中含有的花青素浓度大约在50mg/L，这种经过短暂浸渍的桃红葡萄酒，我们又将其称为"浅红酒"（Clairet）、"一夜酒"（Vin de nuit）、"一日酒"（vin de vingt-quatre heures）。当桃红葡萄酒中的花青素浓度超过100mg/L时，它的颜色便会和较浅的红葡萄酒一样了。所以，桃红葡萄酒并不是白葡萄酒和红葡萄酒混合调配出来的产物；相关法律法

规对其有着明确的规定，只有粉红香槟才有权利在生产的过程中，通过添加少量红葡萄酒进行调色，从而获得最终想要的粉红色。

桃红葡萄酒的颜色表现主要取决于酿造所使用的葡萄品种。例如佳丽酿（Carignan）葡萄品种酿制的桃红葡萄酒会具有石榴色；佳美（Gamay）葡萄品种给予葡萄酒樱桃色；品丽珠所酿造的桃红葡萄酒会具有覆盆子的颜色，或者李子花的颜色。歌海娜所带来的颜色通常会较深，像是浅紫色的锦葵一般。桃红葡萄酒在陈年的过程中，颜色会逐渐变成像成熟的杏的颜色一样，之后会慢慢变成橙棕色，直到变成"洋葱皮"的颜色，就像汝拉地区阿尔布瓦（Arbois）的普萨（Poulsard）葡萄品种所酿制的葡萄酒颜色一样。

现如今，"Clairet"这种浅红葡萄酒的主要生产地在法国波尔多，西班牙以及意大利所生产的浅红葡萄酒分别名为Clarete、Chiaretto，其颜色介于深色桃红葡萄酒和浅色红葡萄酒之间，花青素含量、单宁含量、酸度也同样如此。在某些情况下，我们会使用波尔多AOC浅红葡萄酒或波尔多AOC桃红葡萄酒的某些分析准则，用来测量颜色强度

及识别葡萄酒的颜色类别。

桃红葡萄酒研究中心，位于维多邦（Vidauban），在桃红葡萄酒品质研究和推广上面做了大量的研究，其中自然也包括颜色方面。

红葡萄酒

毋庸置疑，红葡萄酒的颜色是其多种感官品质中最为吸引人的一项，并且由于红葡萄酒常常被作为葡萄酒的代表，因此很多人谈到葡萄酒时，只会将红葡萄酒当作"真正的"葡萄酒。还有人就此开玩笑道："体现红葡萄酒品质的重要因素就是它的红色是否足够纯正。"白葡萄酒酿造师对此也只能表示自己无话可说。葡萄酒的红色之所以能够拥有如此重要的地位，不仅仅是因为它在水晶杯中璀璨闪耀的光芒，还因为它在酒杯中、橡木桶里，给人的感官享受，以及在人文历史上所留下的不可磨灭的印痕，同时还象征了葡萄树所流淌的血液。

我们可以通过红葡萄找到几乎所有和红色有关的颜色，仿佛是一个由葡萄果实酿制而成的红色色调的调色盘一般。花青素是所有水果中造成红色色调的主要物质，自然也包括葡萄酒。有一些花瓣中也含有同一族系的花青素。所以用酒红色来形容某些桃子、玫瑰的颜色也是一件非常稀松平常的事情。花青素赋予新酿葡萄酒的颜色主要与酒中的酸度有关。如果葡萄酒的酸度较高，即pH值相对较低，会使得葡萄酒的颜色变得更加鲜艳活泼；相反，如果酸度较低，pH值相对较高，会使得葡萄酒失去光泽，并会呈现出蓝紫色色

调。在葡萄酒的陈年过程中，花青素会和单宁结合，并且产生砖红色，甚至红褐色的光泽，这种现象在陈年老酒中非常普遍。在法语中，我们会将它们称之为"瓦色"（Tuilés）或者"砖红色"（Briquetés）。

葡萄酒可以有上百种，但是陈旧上漆的实木颜色只有一个。下面的这张名单汇总了一些对红葡萄酒色泽进行描述的词汇，但是真正涉及的词汇并不仅仅局限于此，我们无法将葡萄酒所有的颜色一一列举、定义，仅列出以下名单作为参考。

红葡萄酒的颜色

· 鹧鸪眼的颜色，即浅粉红色

· 浅红色，红色，紫红色，牡丹红，樱桃红，醋栗色，血色，火红色，砖红色，橙红色，深红色，棕红色

· 泛红色，绯红色

· 宝石红，带有焦棕色的宝石红

· 鲜艳的石榴石红，暗沉的石榴石红

· 朱红色，朱砂红

· 紫红色，绛紫色，深紫红色

· 靛蓝色，蓝紫色

· 瓦红色，栗色，墨色，咖啡色，板栗色，铁锈色

· 黑色，深黑色，泛黑色

我们在这里使用了两种珍贵的宝石来比喻葡萄酒的颜色，一个是红宝石，另一个则是石榴石。红宝石的色泽属于深红色，但也有一些红宝石会带有蓝紫色，还有带有粉红色光泽

的红宝石，其色泽鲜艳明亮，就像Château-de-selles桃红葡萄酒一样。曾经有位珠宝商在品尝葡萄酒时认为1970年份的La Lagune葡萄酒的颜色让他回想起佩皮尼昂所产的石榴石；而1966年份的Pape-Clément深沉的颜色则比较像波西米亚所产的石榴石的颜色。我们很少使用玛瑙来形容葡萄酒的颜色，主要是因为这种宝石的颜色跨度很大，从橘黄色到血红色都有。在法语中"Pourpre"和"Pourpurin"都属于诗歌用词，分别表示"紫红色"和"泛紫红色"。这些词汇以诗歌的形式塑造了许多美妙葡萄酒的画面，流传甚广。法国人还会用"奢华"来形容葡萄酒的颜色，使其变得诗意盎然。对于雷蒙德·杜梅（Raymond Dumay）而言，葡萄酒的颜色在他的笔下就是一幅美丽的画卷："圣埃美隆及波美侯葡萄酒的紫红色可以媲美文艺复兴前弗拉芒艺术家身上的红呢绒，而18世纪的梅多克，更像是当代艺术大师夏尔丹（Chardin）的画作那样的深沉。"

"Vermeille"一词在法语中既可以用来形容白葡萄酒的颜色，同样也能拿来用在红葡萄酒身上。它可以是具有暖色调的金黄色，也可以是鲜亮的红色。拉伯雷也曾用它形容过颜色鲜亮的浅红葡萄酒。至于葡萄酒酵母沉淀的颜色，多是用蓝紫色光泽来形容。不过，我们并不喜欢用蓝色或蓝紫色来描述葡萄酒的颜色，虽然在法国许多大众流行小说读物中，这样的用法并不少见。但事实上，蓝紫色多

是用来形容品质低劣或者掺假的葡萄酒的颜色。然而，现在还真存在这种颜色的葡萄酒，多是由美洲种酿酒葡萄Vitis labrusca葡萄或者某些杂交种所酿制。另外，20世纪初有一份记录这样写道："卢瓦河谷产区曾经是那些被称为蓝紫色葡萄酒的主要产地。"

我们已经多次提到了鹧鸪眼睛的颜色（普罗旺斯浅色桃红葡萄酒的颜色）；由于这一单词容易让人产生困惑，导致我们现在不太敢使用它来形容葡萄酒的颜色。根据古代典籍的解释，"鹧鸪眼睛的颜色"是指颜色较浅、色泽光鲜靓丽的红葡萄酒。拉鲁斯法语词典也将鹧鸪眼的颜色定义为具有较浅颜色的红葡萄酒。现如今，这个词常常被用来形容普罗旺斯的桃红葡萄酒的颜色。不过，我们还在其他的文献资料中发现了这样另类的记录，将其用来形容勃艮第地区默尔索产区生产的白葡萄酒的色泽。1915年，威尔迪（Verdier）也使用这一词汇来描述由红葡萄品种酿造的白葡萄酒在经过氧化处理之后的颜色。这个形容词的出现还可以追溯到17世纪奥利弗·德赛尔的文章。在他的描述中，鹧鸪眼的颜色应该就是波尔多浅红葡萄酒的颜色，和东方红宝石的颜色比较相像，颜色清亮、活泼。然而，波尔多浅红葡萄酒的颜色更偏向红锆石的颜色，一种带有橙色色泽的矿石。因此，鹧鸪眼睛的颜色从古至今，似乎在葡萄酒的三大类别中都有出现。同时，我们也不得不感叹，即使是这位四百多年前的农学家，也在通过天然宝石的颜色来寻找

适合描绘葡萄酒颜色的词汇。

波特酒的颜色在今天也成为一种国际通用的葡萄酒颜色描述词汇。新酿的白波特酒的颜色会被称为Pale white或是Branco palido，意为浅黄色；随着陈年时间的增加，葡萄酒的颜色逐渐演变成为Golden white或者Branco dorado，即金黄色。新酿的波特酒的颜色强度特点通常还会被称为Full或者Retinto，意为色泽饱满；八到十年之后，转变为宝石红色；等到十五年到十八年的熟化陈年之后，颜色又会变为Tawny或者Alourado，即黄褐色；最后，年份非常老的波特酒的颜色被称为Light tawny或者Alourado claro，意为浅黄褐色。另外，波特酒还会出现一种特殊的现象，被称为结痂（Crusted），在出售之前，酒瓶内壁上会产生一层类似结痂的外壁，这种现象的出现多是由于酿造期间出现了问题，或者陈年过度而造成的。

关于葡萄酒颜色词汇这一章节我们需要注意的是：尽量避免重复表达视觉感官所分辨识别的颜色；相反，宁可少填几个，保证正确率，也不要妄加猜测，信手拈来。

关于气味的词汇

一个单独存在气味，只要浓度高于感官感知阈值，那么就很容易对其进行分辨识别。除了一些极其罕见的，很少会出现在葡萄酒中的气味，我们在进行嗅觉感受时，能够非常容易接收到气味信息，就像眼睛识别颜色，耳朵识别声音一样。但是有一点却很难办到，那边是气味的"纯净度"。在正式回到我们的主题之前，我们先要了解几个有关葡萄酒的生理感官实验。

一些重要的观察

在1988年，利弗莫尔（Livermore）和莱恩（Laing）曾经向葡萄酒品尝评审团提出做一个实验，要求品评人员对分别含有一到八种简单、常见的气味物质的溶液进行感知识别。实验结果显示的识别正确率分别如下。一种气味：52%；两种气味：16%；三种气味：5%；四种气味：3%；八种气味：2%。在另一个由莱恩和弗朗西斯（Francis）在1989年所做的同样性质的实验里，得到如下结果：一种气味，80%；两种气味，同时感知到的正确率为40%，依次感知到的正确率为12%；三种气味：同时感知到的正确率为20%，依次感知到的正确率为0。在整个实验中，只有5%的品评专家能够正确识别由最多五种气味构成的混合气味溶液。

后来，劳利斯（Lawless）在1998年的研究结果给我们提供了更多重要的信息。实验要求品评人员数量超过10位，专业背景不限，并让他们对属于"花香、甜香、香辛料、柠檬、橡木类、生青味、草本类、薄荷醇"等气味族群的简单气味进行感知、识别。实验结果显示，品评专家的气味识别错误率在10%～15%之间，而非专业人士的错误率在25%～40%之间。并且品评专家所使用的气味族群只涉及"甜香、香辛料、花香和橡木类"四种，而非专业人士则均有涉及，且使用频率几乎相同。平均而言，常人能够辨别的气味强度也只有三个级别。在对四到五种混合气味溶液进行感官分析时，往往会有20%～40%的概率将其中的一种气味忽略掉。感官测试受试人员在对五种混合气味的测试中，全部正确的概率只有3%左右。

	酿酒师	消费者
嗅觉气味	73%	48%
味觉感受	17%	24%
享乐层面	10%	28%
总数	100%	100%
日常用语	75	87
技术用语	16	0

在词汇水平上，乔列特（Chollet）在1999年的实验研究中，选用了13款黑比诺葡萄酒，让17位酿酒师和18位消费者共同品评，并对其风格特征进行详细描述。葡萄酒专业人士总共使用了44种不同词汇，而非专业人士的普通消费者总共使用了38种不同词汇，词汇分布如上表所示。

品评专业人士所掌握的描述词汇数量显然更多，并且更偏向技术层面，集中于香气表现上。而非专业人士的葡萄酒消费者所使用的词汇更符合日常习惯，主观享受方面的词汇也较多。但是值得注意的是，消费者才是葡萄酒世界的主体，他们的观点往往更为重要。

怀思（Wise）和凯恩（Cain）的研究指出，嗅觉感受时间的增加对于感官识别感受两种混合气味并没有明显的提升效果。在2003年，格迈特-姆尼兹（Cometto-Muniz）的研究团队在其研究成果中指出，气味强度之间的差距是无法通过感官感知识别的，但是其浓度可以被检测出来，但是浓度通常较低。

莱恩和威尔科克斯（Willcox）在2005年的研究结果中指出，混合气味整体气味强度总是小于其混合气味物质成分之和。

在近期的研究成果中，韦斯（Weiss）、索贝尔（Sobel）及其合作成员在2012年12月份所发表的研究成果中提出了"blanc olfactif"（白色气味）的概念，和"噪音"（blanc auditif）的概念相似，或者说"白色视觉"（blanc visuel），特指多种已知的、可识别的气味在混合之后，所形成的一种无法被感官识别的"味觉真空"（vide olfactif）。

总结如下：

• 人们通常无法对由三到四种不同气味混合形成的气味进行准确分辨、识别；

• 只有5%的专业人士能够具有正确分辨由四种不同气味物质混合而成的气味成分的能力；

• 一定数量的气味在混合之后会形成"白色气味"。

在对以上几点内容了解、熟知之后,我们在对葡萄酒进行气味感知描述时应该摒弃一些错误偏见,不要被一些专逞口舌之能的人士牵着鼻子走。我们承认这个世界上存在着许多天赋异禀、能力卓越的人,就像那些被称为"Surdoués"(超智商的儿童)的人一样,但是他们终归是例外,并且罕有自吹自擂的。在嗅觉领域中,掌握先进的专业知识能够有效提高嗅觉感知能力,但也只局限于一定数量的气味类型中,并且往往会对其他气味感知能力造成负面影响。而且,这种特殊性多被用于检测及去除葡萄酒所产生的风味缺陷,而在对葡萄酒整体印象、典型性及感官享受等方面的欣赏能力的提升作用不大。品酒师的能力多取决于他所具备的经验丰富程度,但是也会有相应的风险,比如在某几种气味感知能力上超乎自然的表现,会最终影响对葡萄酒整体香气平衡的感知。S. 汤贝尔(S. Tempère)对此有着详细的解释,他指出品酒师在开始品尝葡萄酒之前,应该按照每个人对于气味敏感度的不同,进行混合编队,因为有些人可能对每一种气味感知能力都差不多,而有些人会在一两种气味感知上特别敏感,或者是比较麻木,毕竟这个世界上"具有完美感知能力的人"几乎是不存在的。经过混合之后,每个小组的品评结果不致出现较大的误差。

有关香气品质的词汇

需要提醒大家的是:根据不同情况,品质一词会被用来形容感官感受特征或是用来表达不同的赞许或是享受乐趣等。通常根据上下文内容不会产生任何歧义。

首先要说明的是,葡萄酒的气味是一个非常难以用文字描述的领域。那么如何使用词汇将气味物质生动形象地表现出来呢?这似乎可以被理解为一个典型的笛卡尔问题。品酒师在品评葡萄酒时,会先对气味物质的强度及浓度进行判断,了解香气物质之间的差异、品质等。紧接着,便开始进入更具有难度的辨别香气的流程中,先是集中精神,通过缩短呼吸时间来提高呼吸频率,进行多次重复的嗅闻操作,感受香气的变化过程,并通过联想的方式,将曾经熟知的花香、果香、橡木香等气味与自己所嗅闻感知到的气味进行对比,通过大脑的想象,将所识别到的气味通过文字记录下来。

当我们在对葡萄酒整体气味品质进行判断时,可以从气味强度、气味浓度,或是讨喜程度等多方面入手,根据自己的生活经验、品评经验选择合适、恰当的词汇;如果之前的判断已经非常清楚,那么想要找到合适的描述词汇并不是一件难事。但是,一旦当我们开始描述这种香气物质时,便必须停止思考、判断气味的成分,否则会发现无法找到合适的词汇。这种意识与词汇之间的隔阂会大到难以复加。而且嗅觉气味描述方面的问题要比味觉方面更为严重，一方面是因为嗅觉感受与其他感官机制相比，更为细腻、复杂，也更不成体系。所以，想要在描述气味方面达到精准、恰当，不下一番功夫是不可能的。

葡萄酒的香气讨喜是其最基本的品质要求之一。我们将香气表现和谐、讨喜的葡萄酒风格称为"细腻""精致优雅"。细腻也指构成葡萄酒风格特征的所有优秀品质的综合。一款风格细腻的葡萄酒，其品质会有精致优雅、富有活力，有宜人的陈年香气，口感、颜色纯净，整体表现完美的特点。新酿的葡萄

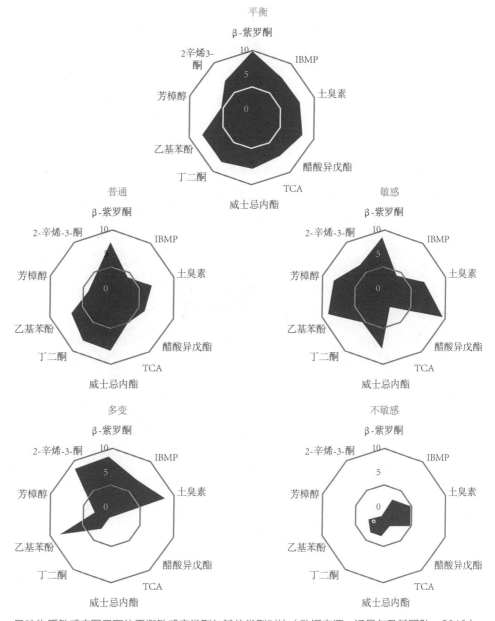

风味物质敏感度图示下的平衡敏感度类型与其他类型对比（数据来源：汤贝尔及其团队，2010）

酒如果也具有细腻的品质，那么它应该以花香和成熟水果的香气为其基本特点，因此细腻也代表了浓郁的果香花香等品质特征。

一款好的葡萄酒不但要在风味上保持平衡，还需要拥有迷人的香气，这样即使它的酒体结构简单，风味上也缺乏强度，其整体品质也不会太差。而一款伟大的葡萄酒则不仅仅需要有迷人的香气，还需要具备浓郁强劲、复杂多变、品质罕见、风格鲜明等优秀特点。我们常常会用富有个性、具有典型性、品质高贵、酒质强劲等词来形容这类品质卓越的葡萄酒的风味表现。对于品质"高贵纯正"和"风味细腻"这两种描述，我们在描述时需要格外小心 。如果一款风味细腻的葡萄酒不能具有其产区的典型品质特性，那么它便无法用"高贵纯正"来形容。倘若葡萄酒失去了个性，那么它也会泯然于众，成为普普通通的葡萄酒。

注 IBMP 为 2-甲氧基-3-异丁基吡嗪，TCA 为三氯乙酸。

在法语中"Sève"（强劲、富有活力）这个词的表达方式非常古老。最初，人们还对于葡萄酒的风格特征并不是很在意，那时的"Sève"和其他描述词汇一样，语义含糊不清，并常与"Feu"（火）这样的词联系在一起。对于莎普塔尔（Chaptal）而言，"Sève"一词象征着力量、活力。其解释来源于一个定义："Sève 就是指那些给予味蕾愉悦刺激，口感浓郁丰厚的葡萄酒所共有的特征，我们常常

会在一些伟大的葡萄酒或是毋庸置疑的列级名庄的葡萄酒中发现这种品质特点。"曾经还有人将强劲且富有活力和具有穿透力这两种表达联合在一起使用，用其来形容刚开始陈年的新酿葡萄酒所具有的风味特征，而饱满强劲的活力则是用来特指香气浓郁的葡萄酒的品质特征。但是，这一单词究竟属于香气描述范畴还是味觉感受描述范畴的问题一直悬在所有人的心上。直到1832年，朱利安（Jullien）的解释才将这一问题彻底解决：

"我们使用强劲、富有活力来形容葡萄酒所散发出来的芬芳气息，以及品尝时在口中、品尝结束后残留在口腔中的具有葡萄酒酒体特点的风味印象。我们也将其归纳在葡萄酒酒体香气的类别中。Sève 在描述香气特征时，所指的是陈酿香气，但是通常需要在品评时花费更多力气才能感觉到……这种品质特点只有细腻优雅的葡萄酒才会具备。"

上述定义非常清晰地解释了我们在欣赏葡萄酒时所使用的"Sève"一词，就是我们今天所说的葡萄酒在口中的香气及其尾味的持续度。其他的解释只会造成混淆。勃艮第葡萄酒产区的人们已经不再用这个单词来形容葡萄酒的风格特征，认为这个单词已经失去了原有的意义，现在也只有波尔多人会使用它，并且称其为"波尔多地区用语，且只有波尔多人才会使用的意义不明的词汇"。这种话在波尔多人听起来略显刺耳，他们自己也曾发明过"香气强度持久度"（Persistance aromatique intense）

这一表达方式，并且忽略了"Sève"一词他们也一直使用到了150年前。

和以上用来描绘葡萄酒品质的词汇不同，"Commun"（普通平庸）一词常用来形容缺乏特点、香气不讨喜甚至让人讨厌的葡萄酒。造成葡萄酒这些平庸表现的原因很多，包括葡萄品种、土壤状态、种植区域、葡萄成熟度等。酿酒葡萄中也存在品质细腻、比较细腻、平庸的分类。平庸的品质特征常常会和葡萄酒带有的植物蔬菜或草本类的香气联系起来。在法语中，平庸的葡萄酒也被称为Marqué（被标记的）、Terroité（具有葡萄园风土表现特征的），指的是葡萄酒被其品质低劣的品种所影响，在劣质葡萄园的风土环境下所酿制的葡萄酒的风味缺陷。

有一些葡萄酒会使用美洲杂交葡萄品种的果实进行酿造，会带有一种"狐臊味"。但是近年来，逐渐开始有消费者喜欢上了这种风味的葡萄酒。

我们在进行葡萄酒品尝时，关于其气味强度的记录应该详细记录在品评记录表中。香气是否强劲，是否浓郁，是否完全展现出来，是否饱满等，属于陈酿香气还是以花香果香为主，还是仅仅是可以感受到的程度，这些都是我们需要注意的地方。如果我们闻到了一些不自然的、带有人为印象的香气，可以用"Parfumé"（香气浓郁）、"Aromatisé"（香气浓郁）这样有着人为色彩的词汇进行描述。如果在陈年阶段，葡萄酒获得了陈酿香气，我们将其称为"Développe"，意味着是逐渐发展演变出来的。

相反的，如果香气微弱，甚至感受不到，那么这款葡萄酒的香气会被形容为中性、黯淡、匮乏等。如果葡萄酒的香气完全消失，则称之为"Désodorisé"（去味的、没味的）；如果葡萄酒的香气暂时不是很明显，可以称之为"Evanescent"（短暂性的消失了）；如果由于香气闭塞导致，则会被称为封闭、哑巴、窒息、内敛、隐秘等，意思是它没有正常展现自己的风味，或是暂时无法表达。这种现象较为常见，气味表达的状态会呈现较弱的样子，尤其是在葡萄酒瓶中度过数月或数年之后，我们在开瓶之后需要等待一段时间，它的香气才会慢慢释放出来。以成熟的时间来看，波尔多有许多1985年，甚至是1975年的顶级葡萄酒都处于闭塞的阶段，就像一些人对它们的评价一样，这些葡萄酒还需要持续观察。

香气的纯净度则代表了葡萄酒的香气纯正，没有异味，健康状况完美。我们会将其描述为：纯净、健康、直率、正直、干净、纯净无瑕；让人感到胃口大开。

缺乏纯净度的葡萄酒的风味描述也有很多种表达方法，不胜枚举。我们在对葡萄酒的品质缺陷进行描述时，总能用到比描述品质优点更多的词汇。在这里，我们主要面对的是由严重的细菌感染所造成的气味缺陷，导致葡萄酒失去饮用价值。其他像是不喜欢的味道、不好的后味等，我们会在之后的章节进行讲述。

与纯净相反的词有很多，比如有瑕疵。不干净等，"Méfranc"（缺乏正直）则是一种非常古老的表达方式。和健康相反的词，则是生病、有病的、变质、萎靡等。前文中已经对由醋酸菌感染所引起的风味缺陷有过详细的介绍，用来形容这种风味的词汇有乳脂味的、酵母味、发酸变质；形容葡萄酒的则有被煮过的、加热过的、油煎过的等等，甚至还有"老鼠的味道"这样的形容词。经过研究发现，这种味道主要来源于乳酸菌在进行苹果酸乳酸发酵时所产生的乙酰四氢吡啶这种副产物所导致。这种气味在口中的表现非常厚重，并且很持久；如果怀疑某些葡萄酒中含有这种气味物质，可以将酒液倒在手背上，一边缓缓进行揉搓，一边进行嗅闻，便可以有效确认其是否存在。

对于葡萄酒中变质气味的识别，使用显微镜与化学分析实验要比感官分析方法准确很多。如果一款葡萄酒的味道出现了变质情况，那么我们就无法对其做出任何补救。虽然实验室化学分析可以有效检测变质风味，但是它却无法替代感官分析在预防葡萄酒变质领域的重要作用。如果葡萄酒的颜色开始变得暗沉，酒体中出现气泡，味道开始变淡，纯净度不够等，都可以被认为是细菌感染的先兆；而类似挥发酸测定等化学分析方法及显微镜器材的使用在此时并不能起任何作用。

葡萄酒气味描述的尝试

如何描述葡萄酒的气味呢？我们在对葡萄酒气味进行描述时，首先面临的问题是将嗅觉感知感受到的气味信息和自己已知的气味信息进行对比识别，无论是相同，还是相似，总之要找到一个已知气味去联想。气味的种类众多，想要找到一个气味模板几乎是一件不可能的事情；但是在葡萄酒方面，如果能够找到相近或者相似的气味类型，便足以令我们展开想象对其进行判断、识别。

我们会根据气味的天然来源对其进行命名，比如玫瑰味、桃子味、揉搓后的黑加仑子叶片的味道等，或者用气味物质的化学成分进行命名，比如香豆素气味、丁二酮的气味、苯甲醛的气味等。这两种命名系统各有利弊，彼此之间也互为补充。

比如，在2006年，札索（Zarzo）和斯坦顿（Stanton）曾做过这样的一个实验，受试人员需要将881种纯净的化学组成成分物质和82个气味描述词联系起来。每种物质可以使用1～9个描述词（平均2.2个，在另一个研究员的同类型实验中，每种物质平均对应了2.7个），每种描述词则可以对应1～141种化学物质。最常见的对应范围是每种描述词会对应10～30个化学物质的名字，每种化学物质会和1～4个描述词对应在一起。

麦克斯·雷格里兹曾经这样说过："化学物质的名称属于专业术语，主要会造成两种障碍与不便：首先便是加重了葡萄酒品评人员的记忆负担，他本身就已经有许多词汇与知识需要去记忆，完全没有精力去理会这些烦琐、沉闷的化学专有名词；其次，这些化学专有词汇艰涩、生硬难懂，根本无法让人将其与使人感到愉快的感官感受联系起来。况且，我们已经拥有了一套常规的气味描述方法，并且自古以来就一直在使用，比如花香、果香、植物香气、食物香气……所以，在选择所要使用的描述词上，我们需要尽量避免标新立异，多考虑哪种词汇更具有参考性和实用性，以及更能描述词与风味感受之间的平衡性……"

通过对比来描述气味的方式并不能让抽象的气味物质在表达上实质化。当我们在讨论一种玫瑰花香味的气味物质时，所有人都会将其和所熟知的玫瑰花的花香联系起来，但是这具体是哪一种玫瑰花的香气呢？每一个品种的玫瑰花香气都不尽相同，有些玫瑰花的香气可以让人联想到龙蒿、青椒、甘草、俄罗斯皮革、万寿菊、香瓜、杏、酒精（我们也称之为酒香）、草莓、覆盆子、丁香、麝香、铃兰、康乃馨、木犀草、接骨木、紫罗兰、茶叶、桃子、风信子、李子和苹果果泥，甚至还有像椿象所发出的臭味的。除此之外，还有些玫瑰的香气通常是很难闻到的。

事实上，这种话题如果打开，类似的例子几天几夜也举不完。J.-C. 卡里耶尔（J.-C. Carrière）在他的短篇小说《骗子的圈子》（*Le Cercle des menteurs*）里这样写道：

一位禅师递给他的徒弟一颗甜瓜，等他吃完后，向他问道：

"你觉得这个甜瓜怎么样？好吃吗？"

"好吃，味道太棒啦！"徒弟这样回答道。

禅师又问："那你觉得这个味道是从哪里来的呢，从甜瓜中，还是从舌头上？"徒弟经过一番思索后，便道出了自己的想法：

"这个味道的来源是我的舌头和甜瓜共同作用产生的，没有甜瓜，只有舌头，怎么都没用，所谓我思故……"

禅师打断了他的发言：

"你这个蠢蛋，到底在想些什么？这个甜瓜很甜，这就够了！"

一位著名的波尔多酒庄的女主人，她并没有佛家禅理等宗教方面的知识背景，但是也说出了类似的话。酒庄在一次接待一群记者时，正在品酒的记者们纷纷讨论说葡萄酒中散发出浓郁的香辛料气息，还有果香、花香……之后记者们向女庄主请教她的意见时，她这样回答道："我的葡萄酒的风味特征来源于我所照料的葡萄园所生产的果实，在它们生长期间，我给予了它们无微不至的照顾。"

这两则故事看似非常简单，但是它们却有着非常深刻的寓意，并给予我们启发。

为了让我们有关葡萄酒气味的研究具有指导价值，我们将对其进行重新整理。我们在前文中已经说过，所有的气味可以归纳、整理到一百余个群组系列中。其中有些气味在葡萄酒中非常罕见，甚至根本不存在。为了方便简化，我们将葡萄酒的气味种类分为十个大类。这种分类方式，已经存在三十余年，并得到广泛认可，人们甚至将其拿出来复印传阅。

为了便于记忆，我们将这十种类别按照常见的葡萄酒生命发展的不同阶段进行排序，分别为：植物香气、花香、果香、醚类香气、化学香气、树脂类香气、木质香气、辛香料、烘焙类香气、动物类香气。

每一个类别都能让人轻松地找到葡萄酒所具有的某种香气特征，覆盖了从葡萄到陈年葡萄酒的整个过程。我们还可以在这个基础上，将其分为四个大的类别，或者相反，将其细分为更小的种类。香水调配师通常会将香气种类分得更为细致，不过，很多是葡萄酒并不含有的香气。而我们对香气类别所做的整理分类则完全是针对葡萄酒领域。

十种香气类别

· 植物香气、花香、果香；

· 醚类香气、化学香气

· 树脂类香气、木质香气、辛香料香气、烘焙类香气

· 动物类香气

葡萄酒中的植物类香气通常和葡萄果实的成熟度密切相关，而造成这一香气类型的主要原因是成熟度欠佳。典型气味包括从青草、新鲜牧草、到干燥的牧草、干燥的茶叶等；我们也能找到其他奇怪的气味，像是茴香、大蒜、葱、蕨类植物等气味。这种气味的成因多是由于采收时期的疏忽大意，将这些植物混入到了葡萄果实中。自1970年以后，机械采收普及之后，这种类型的气味出现在葡萄酒中已经不是少数个例了。

花香常常出现在新酿的葡萄酒当中，尤其是白葡萄酒，但是某些适宜陈年的红葡萄酒或者桃红葡萄酒被提前打开饮用时，也会具有丰富的花香。

水果类香气在新酿的葡萄酒中几乎无所不在，并会随着陈年时间的增长，缓慢地消失。这一类别的香气在实际应用中可以根据需求，再往下进行分类，比如红色水果、白色和黄色水果，干果、外来水果、柑橘类等。不过这会导致一些水果找不到自己的类别，比如甜瓜，究竟是属于外来水果还是白色和黄色水果类别呢？橄榄究竟算不算得上水果呢？在形容葡萄酒香气时，如果大类属于红色水果类，应避免使用"布尔拉品种樱桃、奥弗涅覆盆子、赛文山脉蓝莓等"让人感到无法交流的词汇；如果可以，使用红色水果就足够了。简简单单最好，不要画蛇添足。采用植物学定义的方式来举例，比如某种果实、果实的核等，则常常会出现某些让人觉得好笑的谬误。比如将草莓划分到核果类，而事实上，草莓是由花托肥大而成的假果。这种细枝末节的描述内容在葡萄酒气味描述中的意义并不大，而且容易弄巧成拙。

醚类香气和化学香气分类极为相似，两者都源于葡萄酒的发酵过程。在

这两类香气中，我们可以找到绝大部分的醇类、酸类及酯类香气。这些物质本身并不存在于葡萄果实中，必须经过发酵过程才能产生。

我们将木质香气、树脂类香气、辛香料香气及烘焙类香气放到一起，这样可以避免产生过多的问题，比如经过烘烤的橡木应该是烘焙类香气还是橡木类香气？松树、松脂的气味应该属于木质香气还是树脂类香气等类似的问题还有很多。

葡萄酒中的动物类香气常常会令人感到惊讶，不过陈年葡萄酒中出现类似马匹、皮革、野味等气味的情况并不少见。不同的动物类气味在不同浓度强度下，其感官感受也是不同的，有时会非常芬芳美味，有时则会臭气难闻。皮革、马匹、马厩等这类气味出现在葡萄酒酒评中，常常属于正面的评价。葡萄酒中的动物类香气主要是由酒中存在的具有挥发性的酚类物质造成的，一些名为"Brettanomyce"的酵母菌株被认为是这种物质的主要成因。这种酵母存在于葡萄酒中时，通常会被一些化学家认作是一种缺陷；但是对于某些消费者而言，他们对于这种警告并不以为然，反而很是享受这种物质所带来的香气体验。

我们已经完全习惯某些"专家"的一惊一乍了，每当我们对将某种物质的化学成分和形成机制完全弄清时，他们总会变得十分敏感，并且经常表示无法忍受。然而，对于葡萄酒爱好者而言，只会觉得无关紧要，还是会和以前一样去喜欢、欣赏这种气味物质。事实本身就很清楚，葡萄酒中一直都存在一些具有挥发性的酚类物质，只有出现意外情况才会陡然升高。有些人在经过训练之后，感知阈值会下降，从而能够更容易地辨别出这种动物类的香气，但是感知欣赏阈值和感知拒绝阈值的变化会根据每个个体的不同，存在很大的差异，而且葡萄酒总体香气的浓郁程度也多多少少会对挥发性酚类物质的感知产生影响。

单一的气味，如果浓度超过感知阈值时，会相对更容易被识别。但如果是由多种气味混合形成的复合香气，感官分析的难度则会明显升高。不同的气味之间会出现相互掩盖的现象，只有当背景气味开始变弱，或者嗅觉器官对其逐渐习惯之后，那些香气微弱、差别细微的气味物质才会显现出来。人的鼻子在对一种气味感知达到饱和也就是嗅觉疲劳时，便会逐渐无法对其感知，而被它所掩藏的气味这时候便会浮现出来，这个理论在葡萄酒品评中也同样成立。葡萄酒的酒气常常会将那些能够赋予葡萄酒品质特征和个性的次要香气掩盖起来，有些可能会在品评的过程中被感知到，而其他的则会显得非常模糊，甚至转瞬即逝。只有集中精神去感受，才有机会体会它们的风采。

也是因为如此，有些葡萄酒饮用者不会去嗅闻葡萄酒的香气，更谈不上分析了。还有那些行事冒失，品评时嘻嘻哈哈、毫不专注的品评人员，根本无法感受到葡萄酒酒气之下所隐藏的丰富香气。而只有像路易·奥利泽这样专注的品酒师才能掌握葡萄酒香气的真谛，他曾这样说道："根据不同的风土条件，博若莱葡萄酒的香气谱所涵盖的香气物质，包含了从枯萎的玫瑰花瓣到芍药花，从紫罗兰到木犀草，从桃子到樱桃，一应俱全。"皮埃尔·科斯特（Pierre Coste）在一款陈年的白马酒庄葡萄酒中发现了这样和谐的香气物质：樱桃果酱、薄荷、橙子、香草、白芷的气味。于勒·夏凡（Jules Chavet）所留下的一段文字也让我们感到惊喜不断。在他所品尝的一瓶1961年的名为"Moulin-à-vent"（风车磨坊）的葡萄酒的酒评中对所感受到的香气：兰花香草、俄罗斯皮革、杏、樱桃酒、哈瓦那烟草；波尔多的La Lagune酒则让他联想到苔藓植物、麝香、摩卡咖啡、哈瓦那烟草、苹果酒、橡木精油、儿茶、樱桃酒、草莓、香草。辨别出这样数量的香气描述词汇已经远远超过了一个经过训练的品评人员所能感知识别的数量。也许有人会质疑其酒评的真实性，不过如果知道了他是如何在数十年如一日的锻炼中习得这样的技能后，恐怕只能向他表示崇高的敬意了。毕竟很少有人能够像于勒·夏凡那样每天对大量的香气样本进行反复的练习。我们要感谢科技的进步，让我们能够在市场上直接购买到像酒鼻子这样的香气练习工具，而不必像前人一样，每天奔波在寻找练习样本的道路上。市面上的酒鼻子种类繁多，价格实惠，也能作为香气启蒙礼物，帮助孩子提高感知水

准，适合所有年龄段的人士使用。研究显示，人类的感官辨别能力普遍受到香气数量的影响，每一位品评人员都希望能够成为那10%具有识别由四种单一香气构成的复合气味的能力的人士中的一员。这不仅需要持之以恒的努力，还需要掌握相应的学习技巧。

诚然，并非所有专业性质的品评活动都是以对葡萄酒香气成分进行全面、细微的分析为目的的。通常，一位专业的品评人员所关注的是葡萄酒香气整体是否纯净，主导香气是否具有良好的品质。一位酒窖工作人每日的工作可能会使得他整天都要品尝新酿的，风味尚且粗糙的葡萄酒，这些葡萄酒还没有完全熟成到可以装瓶上市的地步。葡萄酒工作人员并不像外人所想象的那样，每日都可以品尝品质优秀、伟大的葡萄酒。然而，想要对葡萄酒香气的细微之处进行描述，更多的是在品尝品质优秀的葡萄酒之后才能做到。它们会具备更多复杂多变的香气种类，酒体已经迈入成熟适饮的阶段，仿佛一切都已准备完毕，只等懂得欣赏它的人来细细品尝了。

关于气味描述的词汇发展，是在味觉词汇发展壮大之后，才逐渐形成规模，一定程度上也受到了味觉词汇的影响，这些"难以言明"的词汇直到近些年来才找到了自己的表达方式。我们都知道，葡萄酒的气味描述中存在"紫罗兰和覆盆子"的描述方式，但是直到1937年，勃艮第人罗迪耶（Rodier）将葡萄酒气味词汇进行了扩充之后，气味描述词汇才开始蓬勃

的发展，直到在于勒·夏凡和他的同事、学生的共同努力下，才日趋完善。同时我们也要承认，葡萄酒香气的词汇与葡萄酒酿造技术的发展密不可分，技术的提升，使得葡萄酒中的香气物质更好地表现出来，从而才有了更多的识别机会。另外，储存方式和罐装技术的进步也同样在香气词汇发展的过程中起到了不可或缺的作用。

我们在学习识别葡萄酒的气味时，可以尽可能地从大自然及香水中获取必要的香气信息。如果我们在年轻时缺乏对不同香气特征的好奇心，从而错失了许多练习的良机，则会导致我们在将来

的工作中，由于脑海中缺乏香气比照样本而感到力不从心。所以，从现在开始，试着去解放自己的嗅觉，外出去探索、识别香气，感知每一个季节、每一座花园、每一片草地和荒原、每一株灌木所带来的不同气味感受；揉搓一片叶子，去闻叶片汁液散发出来的气息；枝头盛开的鲜花也在等待你的驻足；碾碎一粒浆果，你都会有不同的发现。将自己的鼻子靠近家中常用的调味料上，去细细感受香草植物、干燥的花草所拥有的气息。仔细去闻一瓶香水、精油、香皂所具有的独特气息，是否会让你想起了某位女士身上所独有的气味呢？

气味的感知

我们将混合之后的复合气味物质交给香水行业的专家。以及其他感官分析的专业人士进行感知分析，并计算正确率：

- 单一气味　　　　96%~98%的正确率
- 混合两种气味　　50%的正确率
- 混合四种气味　　10%的正确率

这项试验的结果给我们提出了一个非常严肃的问题，在葡萄酒香气品评描述中，大量系统化的引用气味名称是否真的合理？G. 莫罗特（G. Morrot）在1999年的调查研究显示，所涉及的葡萄酒酒评中，会出现2到15个香气描述名称，平均每篇5个左右。而这项试验结果却显示，由品评领域中的专业人士对四种复合气味成分进行感知分析后，最终的正确率仅仅只有10%。

香水业的"鼻子们"在香气辨别领域中，是毋庸置疑的专家。曾经有一位香水调配师跟我说他和他的工作小组已经具备了解构一款香水组成成分并将其重新配置的能力。虽然说香水行业最有价值的秘密就是它的调配配方，但是所使用的某些昂贵的气味组成成分仍是造成其成本居高不下的主要原因。调配香水所使用的气味样

本数量众多，其中一些价格会非常昂贵，它们都会装在小小的玻璃瓶中，瓶塞需要紧紧贴合瓶口，保证完全密封，按照不同类别的摆放次序，安置在陈列台上。在进行闻香时，香水调配师会使用一张长条形状的纸片探入香水瓶中，只让末端微微浸湿，再将其置于鼻尖下方，缓缓摆动，让香水的气味融入到空气中之后，再谨慎地、

缓缓地将这气息吸入鼻内。在对混合香气进行嗅闻练习时，会将沾有不同香气样本的纸条，排列成扇形，夹在拇指与食指之间，用同样的方式进行晃动，等待香气融合在空气中之后，再将空气嗅入鼻中。在进行闻香学习时，我们可以向香水调配师学习；如果条件有限，则可以用身边的花香精油、水果，或者其他具有香气的食物、糖果进行练习。

葡萄酒中气味物质的来源究竟是什么？葡萄酒是由葡萄汁或葡萄醪进行酒精发酵而成的，当然也包括苹果酸乳酸发酵。所以，气味物质的来源主要分为两种，葡萄果实及酵母菌、乳酸菌的产物。

葡萄酒中的水果香气主要来源于葡萄果肉、果皮及发酵产物。在具有香气的植物中，花果之间的香气会有着明显的共同点。而用花朵提炼成的精油的香气比较细腻，水果提炼出的精油香气则更为油腻、厚重。因此，在某些白葡萄酒中闻到葡萄花的香气并不足为奇，甚至还会有其他花卉的香气。另外，我们已经知道了构成玫瑰花香的香气物质成分，以及其相似产物之间所具有的细微差别。相反，如果葡萄果实的成熟度不高，酿造出来的葡萄酒闻起来会有一种生青味，会有叶子的气味；如果这种葡萄酒经过陈年之后，其生青的气味会逐渐变淡，闻起来会是像药茶、干草、药草的气息。

那么木质类香气呢？葡萄籽有一层具保护作用的木质外壳，表皮上覆盖了一层薄薄的单宁物质。红葡萄酒在酿造时，葡萄籽也是会浸渍在葡萄醪中的，在发酵罐中，至少每一立方厘米的酒液中都会含有一颗葡萄籽。葡萄汁从葡萄籽上所萃取出来的单宁物质，在葡萄酒进行陈酿的过程中，也会逐渐展现出它的香气。这也是为什么有些葡萄酒虽然没有经过橡木桶陈酿，但是也会拥有木质气息的原因。所以，在判断现在所流行的香气风格的来源时，还需要格外谨慎。

在葡萄酒酿造过程中，尤其是酒精发酵过程，酵母菌会促进葡萄果实中香气的释放。我们也将酒精发酵的程序称为香气发酵。酵母不仅有助于释放葡萄果实中的香气物质，还会产生醇类、醛类及醚类物质。众所周知，葡萄醪的香气几乎很少能被感知到，而在酿酒车间的不锈钢发酵罐进行发酵时，才会散发出浓郁的酒香。苹果酸乳酸发酵过程中，乳酸菌会生成一些乳酸化合物。不需要过多的含量，就能够完全展现葡萄酒香气的复杂度。对于已经拥有非常好的香气基础的葡萄酒，还可以就此补充一些新的气味物质，提升香气表现的复杂度及层次感。

就像我们所观察到的一样，葡萄酒中的香气物质含量非常低，但是彼此之间却能够形成一个真实有序的香气微观世界。不夸张地说，品评人员闭上双眼，便可以通过手中的葡萄酒，去感受全世界不同的香气风格。

嗅觉分析和过分夸大

动用天马行空的想象力，寻找恰当的气味描述词汇，总能够带给我们无尽的乐趣。有时会如同诗歌中所使用的语句，所展现出来的真挚情感总需要人细加揣摩才能够领会作者真正的意图。除了这些真情实意以外，带有自我暗示性质的虚假夸大是否也是其中的组成部分呢？对于初学者而言，时常会做出判断上的偏差与夸大等错误描述，而品评领域中的专家老手，则常常由于无法放下自己所知所学的包袱，通过自我暗示的方式，自困于香气主观描述的陷阱里。

我曾经遇到一位刚在勃艮第产区结束实习的学生，正在掰着手指数一杯默尔索产区的白葡萄酒所具有的香气。在他的知识体系中，当地的白葡萄酒应该具有五种主要的香气类型，但是无论他当时怎么努力去闻，也只找到四种而已。在放弃之后，他执着地表示，剩下的那种香气特征在之后一定会出现。这样的做法表明了他并没有将自己的精力放在手中的葡萄酒上，反而是想要为系统化的教学进行背书。而且，在他拿到一杯普伊-富赛产区的葡萄酒时，甚至还没有开始闻，就毫不犹豫地将该产区所拥有的气味类型背了出来。这名学生显然不会通过自己的感官分析能力去辨别葡萄酒所拥有的香气类型，而是天真地认为，只要将产区的香气特征记忆下来，便能举一反三地认定该产区所有的葡萄酒香气类型了，这种做法完全不考虑客观事实。

以一位葡萄酒评论者的标准而言，他拥有着极为丰富的葡萄酒香气方面的知识，并且展示出的专业技能也让人眼前一亮，甚至可以将他所掌握的鉴赏方法完全移植在绘画、音乐领域的鉴赏上。然而，在他的描述中，既没有葡萄酒酒体结构方面的阐述，也没有风味形态平衡方面的解释，只是在香气及其持久度上面做了大量的文章。这样听起来，葡萄酒已经不再拥有其形体上的表现，而只是一种简单、纯净、具有香气表现的无形之物。我们对他这种品评技巧进行简单解构后，会发现他根本没有证实自己所阐述的气味类型真真切切地存在于他所品评的葡萄酒上，只是将自己所掌握的知识一个一个背诵出来，甚至只需要轻轻一闻，便笃定了葡萄酒的风格特征。如果让他来品评一款梅多克的优质葡萄酒，那么他一定会将他所知道的赤霞珠葡萄酒在橡木桶里陈酿之后所应该具有的香气类型一一列举出来，比如黑加仑子、树脂、雪松、香草、肉桂、肉豆蔻等。而由成熟度较高的美乐葡萄所酿葡萄酒的气味则会被他描述为陈皮梅、浓缩的葡萄汁、甘草、树皮、松露、皮革、野味。而由卢瓦河谷产区所出产的著名的伏弗莱（Vouvray）白葡萄酒，经过陈酿完全熟成之后，其风格上会具有丰富的花果及香辛料的香气，在他的笔下应该会列出一个长长的名单，洋槐、椴花、茉莉、梅子、木瓜、丁香、肉豆蔻。如果是一款成熟度非常高的苏岱地区的贵腐葡萄酒，我们之前已经讲过，这种葡萄经过贵腐霉菌侵染之后会极度浓缩，形成高糖高酸的风格；这种风格想必会被他描述成蜂蜜、蜂蜡、无花果干、科林斯葡萄干（Raisin de corinthe）、杏仁、榛子。如果是波尔多左岸圣朱利安产区的葡萄酒，应该会是覆盆子与薄荷；如果葡萄果实成熟度不高，那还会有生青味；如果还有些许木质香气特征，还可以添上胡椒加以补充。格拉夫（Grave）产区的红葡萄酒香气会是草莓、烟熏味（或者焚烧的香的气味）。波美侯自然是紫罗兰、香橼（佛手柑），而干白葡萄酒的柠檬香气想必自然不会被他省略而过。一整场品评下来，战果堪称"完美"。法语中，我们将这种人称为"prêtàl'emploi"，意为不用培训即可上岗的，毕竟他已经几乎完全掌握了葡萄酒的品种及风土等知识。

然而，我们并不需要将这种品酒师的行为当作一种欺诈。他能给予我们这种印象，主要还是因为他的解释不能完全说服他的听众。他在品评葡萄酒时，并没有将自己完全投入香气感官的世界中，再精湛的品酒技艺也不能使任何人信服。

幸运的是，我们知道这个世界上还存在许多乐于将自己的感官感受分享给所有参与者的品酒师们。他们在分享知识与品评意见的同时，也能够发现葡萄酒中丰富香气之间的细腻差异。事实上，葡萄酒的香气从来不会"组团"冒出，而是需要我们慢慢

品味，花费时间去探索的。在品酒的时候，简单的摇晃，能够迫使香气溢出；在嗅闻的同时，还需要有一份认真、坚决的心。

法语中的"humer"一词有两个意思，一是指用鼻子嗅闻香气，另一个是指通过嘴唇吮吸、喝下。在饮用葡萄酒时，这一单词便同时指两种意思，先用鼻子嗅闻葡萄酒的香气，再将酒液通过嘴唇吮吸入口中，也是指代了饮用葡萄酒的具体方法。我们有一位朋友曾经用非常漂亮的方式将这个过程描述了下来："葡萄酒的香气萦绕在酒杯之上，就像是乡间清晨的薄雾，只有重复的嗅闻才能抓住那袅绕不绝的芬芳气息。"正是由于香气物质的这种印象，才让有些人会使用波动荡漾、迸发溢出、变化多端、充满活力这样的词汇来对其进行描述。

人类记忆所具有的迟钝性，偶尔会使我们突然想不起来闻到的气味的名称。这时，便需要重新嗅闻识别，回复到最开始的状态来回忆联想。最开始的时候，这种被捕捉到的气味还会让人感到困惑，但是再重复嗅闻之后，会突然变得清晰明了，并和脑海中被唤起的记忆完美重叠，使得我们就此成功识别辨认这种气味。我们在品评葡萄酒的时候，常常会出现一旦有人抓住了香气的名称，其他人也会不约而同地附和的现象。事实上大家当时都感受到了这种气味特征，只是一直在脑海中搜寻合适的描绘词汇，直到有人点亮了脑海中的这盏灯，思绪便会涌现出来。

关于味觉的词汇

结构词汇

即使一个品酒师再怎么缺乏想象力，当口中含有葡萄酒时，通过舌头的搅动，都能从体积、形态、浓郁程度等方面对葡萄酒的风味结构有一个大致的了解，甚至在脑海中建立起葡萄酒结构印象。这便是由光学立体效果概念所引申而来的"味觉立体效果"，是指将味觉感受实体化的现象。当我们在品尝葡萄酒时，风味物质所产生的刺激会同时显现出来，形成一幅立体画面，犹如空旷的密室中从四面八方传来的回声一样。葡萄酒的风味并不像是不可捉摸、变幻无常的浪潮一样单纯地冲击着我们的味蕾，而是一种具有三维立体结构的风味感受。品酒师尤其是在品尝葡萄酒酒体的深厚度与其结构构成时，对这种立体结构的感受印象更为深刻。

品评人员在讨论葡萄酒的体型、高低变化、结构组成时，葡萄酒液俨然成了一幅构思精妙的图画，有着常规的表面结构，还有着内部精妙的安排构架。对于他们而言，这才是葡萄酒的真实面貌。亚里士多德曾经说过，完美的葡萄酒酒体风格在实物化后应该是一个球形，因为它代表了一种完美均衡的状态。

不过，葡萄酒的结构并不总是呈现"球形"那么简单，其在口中的结构表现会随着酒液在口中的发展变化而有所改变。有时候，这种在刚入口时第一时间形成的酒体结构印象会骤然消失，有时则会自行慢慢减弱。在对葡萄酒的酒体结构进行判断、评价时，也需要将这种缓慢变化考虑在内。这也是我们所说的为什么葡萄酒在品评过程中的风味不会一成不变，它会呈现连续变化的趋势，也会呈现片段性的表现方式，开始时是一种风格，结束时又有了另外的样子。如果酒体所呈现的结构一如刚开始的表现，并持续较长的时间，我们将其描述为风味悠长；相反，如果变化很快、简洁，并且持续时间很短，我们则将其描述为风味简短。凡是品尝过比利牛斯山地区朱朗松（Jurançon）产区所产的甜白葡萄酒的人，应该会非常认同奥利泽的这段描述："朱朗松产区的甜白葡萄酒风味结构表现前后不一，刚开始酒体圆润、饱满，结束时却尖酸、刺激。"也就是说，我们在品尝这款甜白葡萄酒时，刚入口的感觉甜润、圆滑，甚至在咽下酒液时也是同样的表现；如果我们将其保留在舌头上数秒，这种圆润、甜美的口感便会迅速消失，并且完全被尖酸、刺激的口感所代替。

用来描述葡萄酒酒体的词汇虽然都是通过想象得来的，但它们都是确确实实真实存在的，并且被所有人感知到的。品酒师在对葡萄酒风格进行描述时，会竭尽自己所能，使用合适的词汇将葡萄酒的立体结构、浓郁程度、平衡度等影响风格的重要因素感知并记录下来，以便能够分享给葡萄酒爱好者们。

首先，我们要了解，葡萄酒的酒体

存在众多形式，有些酒体风格像是侏儒，有的则像是巨人。有些葡萄酒的风格本身就是小巧玲珑，整体结构表现减小了一号，但是同样迷人；也有葡萄酒的体格壮硕，但是表现自然，风格平衡和谐；还有些葡萄酒体格惊人，很容易让人联想到它强壮厚重的酒体，不过这种类型非常少见。所以，用来形容葡萄酒酒体结构的形容词主要就是"小"和"大"两种最为常用。我们也会用葡萄酒缺乏分量来形容它的瘦弱、纤薄的风格表现；相反，如果有分量，则意味着它酒体饱满、结实、壮硕。

用来描述葡萄酒结构的修饰用语非常众多，我们在这里无法一一举例。如果一款葡萄酒在口中的表现无法构建自己的形象或是表现模糊不清，我们将其称为酒体畸形。以下这些词都是基于几何图形上的一些简单的概念所衍生出来的描绘葡萄酒酒体结构的词汇：均衡圆润、饱满圆润、狭长瘦弱、扁平、纤细、笔直有形、修长、棱角分明、尖锐、扭曲、凹陷、突出等。

葡萄酒结构组成简单、缺乏酒体时，品酒师脑中所构建的画面会让我们联想到这些词汇：瘦弱、纤细孱弱、紧绷、细小、狭长、弱小、笨拙、纤弱苗条、扁平、瘫软无力、凹陷、干瘦、发育不良、干瘪瘦弱、没有实体等。我们将其称为轻飘飘的葡萄酒，主要风味表现是酒体过轻。酒体风格壮硕、复杂的则会用以下词语描述：完整饱满、肥硕、具有明显骨架、紧密厚实、厚重、饱满、圆润、肥腻、黏稠、厚实、雄壮、集中、富有构架。

酒体壮硕意味着葡萄酒有着明显的结构表现，也就是说其坚实度及浓稠度表现良好。葡萄酒酒体表现与葡萄酒中多酚物质、醇类物质、可溶性固形物以及其他组成物质的共同浓度有关。除此之外，还有一些风味物质元素也会对葡萄酒酒体表现产生影响，具体影响关系暂时还难以下定论。葡萄酒的风味是一种非常模糊、笼统的概念，它覆盖了酒体结构、风味强度、风土等多方面的葡萄酒品质特征。我们可以通过一个小实验来帮助大家了解所谓的葡萄酒酒体究竟为何物。只须选用一款品质优秀的葡萄酒，并制备一份掺有5%～10%纯净水的对照样本做比较，进行感官分析品尝，便能对此建立清晰的概念。我们说一款酒体壮硕的葡萄酒应该具有丰厚的底蕴，使得我们能够对其产生信任感，也就是说它具有丰富的内涵、充实的内容、绵长持久的表现力。一款能够使得口腔充满酒香的滋味十足的葡萄酒，我们也会用"口感好"来形容。

葡萄酒的平衡感受有着多种表达方式。一款结构优良、口感适宜的葡萄酒，我们会用构架紧凑、构图完美、结构完善、味道和谐来形容。而对那些酒体平衡较差、风格表现不和谐的葡萄酒则用以下几种词语进行描述：瘦骨嶙峋、干硬紧缩、结构松散、甚至酒体离散等。这些词语主要是用来描述酒体风味平衡度很差的葡萄酒。而当我们所描述的只是一款普通、平庸的葡萄酒时，更倾向于直接指出其风味平衡上的缺陷，比如说不够圆润、不够甜润、不够活泼、不够细腻等。相反，一款品质优秀、酒体平衡度极佳的葡萄酒，我们则会将上述词汇用肯定的方式表达出来。许多葡萄酒的风格特征并不会以单独的方式出现，它们之间常常会具有紧密的联系，这也是为什么当一款葡萄酒结构表现均衡时，会有人说风味上也不会有太大问题的原因，因为它们彼此之间是相辅相成的。

酒液在接触舌头时，会在其表面产生其他感觉上的感受印象。比如有的葡萄酒会表现得顺滑；而另一些则会对味蕾造成刺激，形成粗糙、干涩、刺激、针扎、刺痛等感受。我们也将其描述为带刺的、粗糙生硬的。

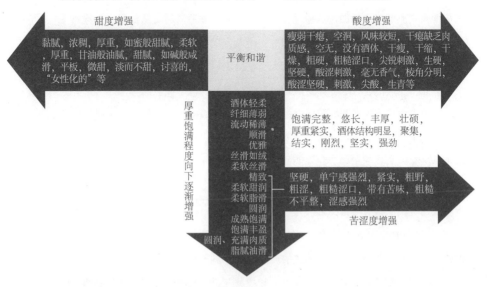

红葡萄酒风味结构描述词汇关系示意图

葡萄酒的坚实度与浓稠度只有在其具有厚重壮硕的酒体结构时才会被提及，并且只有通过口腔接触才能对其有所感知。它将葡萄酒的口感分为两类，一类口感坚硬、结实、生硬、严肃，另一类则柔软、圆润、油腻、甜腻、融化等。当我们要表达一款葡萄酒的风味品质坚实、浓郁时，常常会用到以下这些词：厚重、油腻、浓稠、稠腻、黏糊糊，甚至还有一些会具有油状质感，黏稠如融化的膏脂质感的外观特点。

葡萄酒结构术语数量庞大，我们还需要在日常运用中学会使用和表达。有些词典会根据字母顺序对收录的词汇进行排列，这种方式在阅读起来会感到非常乏味，并且它们的解释也抽象、难懂，难以记忆。我们也因此曾经多次尝试制作一个图表来形象地将口感方面所涉及的词汇进行分类表述，红葡萄酒风味结构描述词汇关系示意图所对应的是红葡萄酒的味觉感受描述词汇，希望能够以简洁易懂的方式给葡萄酒爱好者们提供帮助。这张图也是建立在我们之前所提到过的风味平衡理论基础上的：甜味 ⇆ 酸味 + 苦味 + 涩味。公式中的甜味物质包含了酒精、甘油、残糖，还原糖等具有甜味特征的物质成分，其味觉感受要与葡萄酒中的酸味物质和单宁物质风味感受之和的感官感受形成平衡关系，才能成为一款品质优秀的葡萄酒。该图即是根据这一关系原理而绘制的。

在这张图中的竖列所分布的词汇为葡萄酒风味平衡和谐情况下的味觉感受，从上往下的箭头则代表了构成葡萄酒风味平衡物质的浓度增加，酒体越发饱满、厚重的程度。位于上方向右的箭头则对应着造成风味口感失衡的主要原因，并且酸度沿着箭头的方向逐渐增强；下方向右的箭头则是苦味和涩味的增强。方格中的词汇则是描述这种失衡占据主导风味时的味觉感受。向左的箭头则代表了葡萄酒风味逐渐向甜味的失衡方向发展。我们利用这张图总共列举出了80个左右的味觉感受描述词，并通过彼此的分布关系加强了风味表述的使用方法和表述原因，希望能够有助于读者的理解和使用。

葡萄酒结构

品尝葡萄酒时，葡萄酒在口中的数秒时间所发生的一些变化会涉及一系列品评知识，掌握这些知识有助于我们更好地理解和欣赏葡萄酒品鉴的实质内容。文森特曾经向我们指出，所有使人愉悦的感官刺激都具有连续渐进的特质，并根据该刺激的强度分为具体以下几种感受过程：未察觉的、愉悦的刺激感受或是令人讨厌的刺激感受。安德烈·维德尔以这种论述为基础，发展并详细创制了一套关于葡萄酒在口中的味觉和嗅觉感受变化机制的理论。他提出了一条非常重要但并不够充分详细的理论观点："Longueur en bouche"，以此指葡萄酒风味物质在口中持续的时间长度，并用Persistance Aromatique Intense（PAI，香气强度持久度）这一概念来作为理论基础。香气强度持久度的计数单位为"Caudalie"（一个Caudalie等同于一秒钟），用来计算喝下或者吐掉葡萄酒之后，口中香气感受所持续的时间。以这个概念作为基础，使得葡萄酒在口中持续时间的长度成为划分葡萄酒优秀品质的标志之一，并且这一概念有时候还足以对未知风格的葡萄酒品质进行评判分级。然而，由于葡萄酒在口中的香气强度并非突然消失，而是逐渐缓慢散去，导致计时并不能够非常准确，因此PAI这一数据的精准程度还有待商议。使用PAI评判葡萄酒品质时，对于品质普通的葡萄酒来说，一般都在两到三个"Caudalie"之间，而那些品质卓越的伟大葡萄酒则会达到十几个"Caudalie"。有些人口中的香气持续时间会达到几十秒，甚至几分钟；这种现象更多的可能是由于大脑的感受作用造成，而不属于生理感受。不过，能够拥有这种体验，也是一种令人感到愉悦的感官享受吧。

上述概念机制的原理，是将感官感受功能和刺激元强度以及香气变化用时间串联起来，在对葡萄酒结构变化进行描述时，可以通过图表化的表达方式进行描述，比如酒体正直、具有棱角、圆润饱满、是否具有内涵，持续时间悠长还是短暂等。现在甚至已经有许多品酒师将这种方法视作品评葡萄酒的理论和实践的基础。

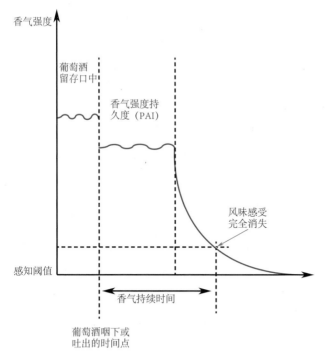

香气强度

葡萄酒留存口中

香气强度持久度（PAI）

风味感受完全消失

感知阈值

香气持续时间

葡萄酒咽下或吐出的时间点

香气强度持久度（PAI）示意图

描述醇香或酒精强度的词汇

形容葡萄酒时，可能会将其形容为"葡萄酒味浓郁"（Vineux），这种表达方式并不是同义叠用，也就是说并不是毫无意义的。事实上，在法语中，Vineux一词并不仅仅具有"葡萄酒味的"这一种形容词用法，如带有葡萄酒味的水果或是带有葡萄酒香气的玫瑰。"葡萄酒味的"这一单词实质上是葡萄酒味觉感受的一种属性，跟酒精比例有关，也就是与葡萄酒酒精度数有关，而葡萄酒中的酒精则由酿造阶段的酒精发酵而来。我们将葡萄酒中的"酒味"定义为："在葡萄酒中，由酒精所带来的温热口感，且具有辛辣刺激的宜人风味，并能够增强葡萄酒的风味，且与酒

中的其他风味物质能够和谐融合的风味物质。"对于酒精物质的感知也需要当其达到一定浓度时才会实现，不过对于酒精度低于11度的葡萄酒，是无法使用"Vineux"这一单词来形容的。通常来说，只有当酒精浓度高于12度时，酒精所带来的感受才会变得明显。这是因为只有当酒精达到一定浓度时，它才能够浸透口腔内壁的黏膜，形成湿润、具有穿透力的酒精感。

当葡萄酒的温度过低时，酒精味道所产生的影响会被削弱；相反，如果温度升高，这种酒味便会逐渐增强。另外，葡萄酒中的其他物质也会参与葡萄酒酒味的表现。当葡萄酒中的高级醇浓度超过300mg/L，且琥珀酸的浓度大约为数克每升时，葡萄酒的酒味便会得到加强；我们也可以通过添加一些酯类来达到同样的效果。

我们常常遇到有人将酒味和酒体两个不同的概念混淆在一起使用。一款酒精浓度为13度的葡萄酒可能在酒体方面显得非常羸弱，而一款只有10度的葡萄酒酒体也能够极为壮硕。葡萄酒具有高酒精度，只是葡萄酒酒体强壮的充分不必要条件。它能够加强葡萄酒其他的风味表现，使得其他风味变得厚重浓郁；但是当酒精浓度过高时，也会导致葡萄酒风味失衡，酒体反而会被减弱，显得瘦弱单薄。如果将葡萄酒比作溶剂，那么酒味则是溶液所带来的感受，酒体则是溶解在溶液中的溶质，也就是由酸味物质和单宁物质所构成的物质的风味表现。反观葡萄酒中，单宁物质的

含量可以作为评判葡萄酒酒体壮硕与否的重要指标，而酒精则不是。

还有人会将"Vinosité"（醇厚浓烈）和"Souplesse"（柔顺）混淆使用。我们可以在酒体平衡表达的词汇表中看出，柔顺一词属于葡萄酒风味平衡的表现，酒精度与其之间存在着竞争、促进的关系。但是酒精度低并不代表葡萄酒不柔顺；相反，酒精度过高的葡萄酒反而会变得干瘪、瘦弱。

不过，葡萄酒的酒味却通常是葡萄酒酒劲的代表。酒精赋予了葡萄酒力量和活力，所以我们会使用酒劲强劲来形容酒精含量高的葡萄酒的风格特征。事实上，酒劲是一个非常古老的概念，这是葡萄酒一项吸引人的特点之一，正如奥利弗·德赛尔所描述的："当阿里翁·克里辛（Arrion Clusien）召集军队前往托斯卡纳作战时，吸引高卢人的军队集结前往意大利的动力，正是葡萄酒的力量。"描述葡萄酒酒劲意象的词汇非常多，比如充满活力、稳健、充满力量，甚至魁梧结实，而负面的描述词汇则为瘦弱、娇弱、虚弱等。我们将通过添加蒸馏酒来达到终止发酵目的所生产的葡萄酒称为强化型葡萄酒，即酒精强化葡萄酒。

还有一些词汇专门用来形容酒精含量较低的葡萄酒，比如小、软弱、贫瘠等。一款轻盈的葡萄酒通常是指其含有的酒精浓度很低，这种类型的葡萄酒不但解渴，还很容易入口。如果它还具备宜人的酸度，便配得上清新爽口这样的描述。相反，如果酸度匮乏，葡萄酒则会变得板平。酒精浓度如果较低，饮用者便不会感到酒精所带来的温热感觉，因此也会被人称为冰冷。当葡萄酒中的酒精匮乏时，喝起来会有种"掺了水"的感觉，像是被雨淋、被水洗过一样，泡在水里了，这些都是用来描述这种特点的葡萄酒的方式。对于缺乏结构、酒精或是其他成分的葡萄酒，柏图斯酒庄的著名酿酒师让-克劳德·贝胡安（Jean-Claude Berrouet）喜欢用"Liquide""Liquidité"来形容，表示稀释的、含水的、液体的。如果不认真考虑，有些人就会一笑而过；但是事实上，这种描述几乎完美地表现了这种葡萄酒的风味口感特征。在法语中，这种缺乏浓稠感的葡萄酒的稀释、液态正对应了"Mâche"（咀嚼感），构成了经典的对照。

用来形容高酒精浓度的表达方式同样有很多。丰满类型的葡萄酒多是通过自然浓缩或者酒精加强这两种酿造工艺生产而成的甜点类型的葡萄酒。"Généreux"（丰满，丰硕）一词在法语中的本意是指宜人的口感，能够让人感到身心愉悦放松的葡萄酒风味，同样也适用于葡萄成熟度高，酒体结构厚重结实，自然酿造而成的葡萄酒。在文学描述中，由葡萄酒制成的烈酒被又被称为葡萄酒的灵魂，在蒸馏过程中的升华现象犹如灵魂逃离躯壳一样。当我们在品尝一款葡萄酒时，如果发现了明显的酒精味道，就好像是额外添加了酒精一样，我们会使用例如酒精感明显这样直白的描述方式。如果葡萄酒中的酒精感受在所有的味道中占据了明显的地位时，我们可以用富含酒精这样的描述方式。由酒精引起的温热感受的错觉，通常会被描述为热辣、辛辣、灼热、火热等，其中火热这样的描述与蒸馏器的火热味并不相同，后者所描述的味道是刚刚蒸馏出来的烈酒所散发出来的浓郁的酒精气味。

最后一点，则是关于酒精的特殊属性所带来的令人激动、兴奋、微醺的醉人感受的描述词汇的介绍。有些葡萄酒在饮用完毕之后，会带来上头的酒醉感。在过去，人们将这种上升的醉人酒气形容成使人头昏脑涨的烟雾。这种令人精神亢奋的风味感受会使得葡萄酒的风味变得愈发复杂。我们会用活泼清爽、强劲有力来形容这种给予味蕾强烈刺激的感受，因为它是同时在醇类和酸类物质共同刺激下的感受，在这种作用下，酒精味道和酸味都不会出现过度明显的特征。拥有这种酒体的葡萄酒，通常也会具备酒体厚重、强劲、壮硕等特征，而其香气物质成分还会在酒精物质的作用下，增强其风味感受。

描述甜味与圆润的词汇

在法语中，这两类词汇的意义相近，但并不相同。"Sucré"表示的甜味取决于葡萄酒中所含有的残糖物质浓度。而"Moelleux"表示的是酒体雄厚的葡萄酒所表现出来的甜润口感。这种甜润的口感并不一定代表着葡萄酒中含有大量的残糖，还有可能与酒精浓度及较低的酸度有关，并且同时也是对葡萄酒整体风味宜人讨喜、口感和谐的描述。

我们先看看"Moelleux"（圆润）这一人们品评葡萄酒时最期待品尝到的葡萄酒风味的良好品质特征之一。不管怎样，人们对于甜味的喜好出于天性；而对其他味道则不然，不需多强的浓度便会让人产生厌恶的情绪。"Moelleux"也常常用来表示介于干型葡萄酒和甜型葡萄酒之间的具有甜味的葡萄酒类型。不过在描述风味感受上，即使一款红葡萄酒只含有不到一克每升浓度的葡萄糖和果糖，只要它的口感圆润，并且能够与葡萄酒中的酸度及单宁含量形成平衡和谐的态势，我们都可以称之为"Moelleux"。下列词汇都具有与"Moeulleux"相近的意思，用来表达具有甜润口感的葡萄酒风味：柔顺、顺滑、融化、脂腻、细腻、柔软光滑、稠腻、清沁爽口、柔软甜美等。

"Souple"（柔软、柔顺）用来形容葡萄酒风味时，意思是柔软、具有弹性、温顺、温和等，通常是要表达出葡萄酒的质感。一款柔顺的葡萄酒自然不会给味蕾带来刺激、坚硬的口感，酒液能够肆意地在口腔流动，体现其丝滑柔顺的质感。这种品质的葡萄酒通常都非常宜饮，无论其酒体轻盈还是厚重，都不会有任何影响。柔软顺滑的葡萄酒所具有的酸度通常较弱，酚类物质的浓度中等（这和葡萄品评及葡萄酒类型有关，单宁指数通常小于30或40，也就是说浓度为$2 \sim 2.5g/L$）。因此，一款具有柔顺风味感受的葡萄酒会在酸度和涩度上有所取舍。

当我们提到清沁爽口这种描述时，脑海中的第一反应该是博若莱产区的葡萄酒，这种类型的葡萄酒非常宜饮，并且常常会在不知不觉的情况下将其喝光。米歇尔·富绍（Michel Fouchaux）曾这样描述道："这种葡萄酒缺乏自己的主观意愿"，传神地表达了人们在饮用它时的自我放纵，甚至不需要任何食物搭配，随时随地、随心所欲地饮用。

无论干白葡萄酒还是干红葡萄酒，在其酸度很低时还能表现出圆润、甜美的口感，仿佛它还保存有数克的残糖。品酒师偶尔会对一款缺乏酸度和酒精度的葡萄酒做出"含有糖分、甜味"的评价；这种评价在这种情况下并不是真的指葡萄酒通过化学分析检测能够证实的那种糖分。他们有时还会用"含有甘油"这样的表达方式来描述这种低酸、低酒精但具有甜味的葡萄酒；同样，这也只是一种特殊的表达方式，并不代表葡萄酒中含有明显高含量的甘油物质。

形容词"Gras"（油腻、肥硕）原本是用来描述脂肪特点的，但是在葡萄酒这里却与脂肪毫无关系。一款肥硕的葡萄酒能够在口中表现出丰盈饱满的感受，让人感到其所具有的分量，同时也会出现壮硕结实和柔顺圆润的分割表现。我们甚至会使用"具有肉质口感"这样的描述来形容它的口感。这种非常少见的葡萄酒品质，是构成伟大葡萄酒不可或缺的品质特征之一。通常，用来酿酒的葡萄果实需要达到完美的成熟度，才会给予葡萄酒这种风味感受。

法语中用"Mûr"（成熟）来形容葡萄酒时，几乎可以等同于"Gras"的作用。一款柔顺、圆润的葡萄酒不一定会是肥硕的，但是具有肥硕口感表现的葡萄酒则一定具有圆润、顺滑的口感。葡萄酒中的酒精度含量对于肥硕的风味特征有着重要的影响作用。更为准确地说，葡萄酒酒体结构组成决定了葡萄酒最佳的酒精含量，一款酒精度只有10度的葡萄酒，基本无法让人将它和"肥硕"联系在一起。

酒精是决定葡萄酒品质的重要影响因素之一，并且相较于葡萄酒中的其他物质而言，其浓度上的微弱变化也可以带来明显的感官感受。但是酒精浓度与风味之间的影响关系非常复杂，偶尔还会出现自相矛盾的现象，因此变得难以预测。向酒体瘦弱、干瘪的葡萄酒中加入酒精，反而会使其风味变得更为骨感、瘦削。相反，向酒体表现原本就已经足够肥硕、甜润的葡萄酒中添加酒精，其风味表现则会被加强。总而言之，酒精所具有的风味表现会被葡萄酒中其他具有肥硕表现的物质所覆盖、遮蔽。

所以，品质优秀的葡萄酒首先应该具备适宜的酒精度，但同时还需要具备能够与该浓度的酒精形成和谐比例关系的其他风味物质。在日常实践中，当我们在对来自同一产区的两款葡萄酒进行对比品尝时，常常会发现酒精浓度较高的那款葡萄酒往往能够得到更高的分数，尤其在新酿的葡萄酒中更为明显。带来这一感受的原因并不仅仅是酒精所带来的宜人风味，同时还与葡萄果实的成熟度密切相关。在葡萄酒品尝中，我们发现了这样的分歧，在餐桌外饮用葡萄酒时，人们对于酒精浓度高的葡萄酒的评价会相对更高；而在餐桌上则正好相反，酒精含量普通的葡萄酒更容易受到青睐。波尔多一位著名酿酒人的一番话让我至今记忆犹新：葡萄酒分为两种，一种是我们"讨论的葡萄酒"，另一种则是我们"饮用的葡萄酒"。显然，这两种类型的葡萄酒都有自己表现的舞台，但是品酒师们不应该忘记葡萄酒品评领域在葡萄酒消费领域所占的比重非常微弱，所谓的"饮用的葡萄酒"的消费主体才是市场上真正的主角。言归正传，葡萄酒中的酒精度取决于葡萄果实的成熟度，但并不是要求葡萄达到过熟的状态。过熟的葡萄果实反而会对葡萄果实中含有的其他物质的含量产生影响，而葡萄酒的风味平衡需要葡萄果实所含有的每一种组成成分之间达到和谐均衡的比例。成熟度良好的葡萄果实可以带给葡萄酒充足的酒精、含量适当的酸度，以及优良的品质；但是苦涩味更低的单宁物质，还有大量的香气物质，使得葡萄酒具有更为复杂、充沛的香气表现，以及丰富的滋味，圆润、厚重、肥硕的酒体。这也是为什么对于成熟度不足的葡萄，仅仅通过在酿造时的加糖处理来提升酒精浓度，并不能对于葡萄酒整体品质有所提升的主要原因。

当葡萄酒中的甜味物质含量过高时，也会导致葡萄酒风味失衡。我们将这种失衡的风味表现描述为：柔软无力、松软、沉重、黏稠、带有甜味。当

一款葡萄酒被形容为柔软无力，则意味着它缺乏酒体支撑，酒劲不强，风味匮乏等；尤其是在描述酸度不足的情况时，更为合适、贴切。如果一款甜白利口葡萄酒的酸度过低，酒精度也没有达到12度，那么它的风味表现很有可能就是柔软无力的样子，呈现完全以甜味主导的味觉感受。"Douciné"（带有甜味的）一词在勃艮第产区的使用率较高，常被用来形容染上苦味病的葡萄酒的味道，在这里被引申为平淡、虚无的味觉感受。不过，苦味病在如今的酿酒技术下，已经很少出现了。甜白利口葡萄酒的风味通常会被描述为圆润、稠腻，具有蜂蜜质感的，如果它们的甜味过于强烈，则会表现出松软无力，具有糖浆及果酱的口感。

为了更为完整地表述甜味领域所涉及的词汇描述方法，我们还给大家介绍一些关于非正常的甜味表现的描述：酸甜味，或者带有甘露糖醇的甜味。造成这类风味缺陷的主要原因是由于葡萄酒中出现了乳酸污染或者甘露糖醇污染的现象。在发生此类变质的情形下，葡萄酒中的甜味感受主要来源于发酵过后的残糖物质，而甘露糖醇的甜味则不甚明显，几乎不可察觉；酸甜口感主要来源于葡萄酒变质后产生的醋酸物质。这种类型的污染如今几乎已经在酿酒车间绝迹，这是由于我们的酿造工艺、卫生管理相比往日有了非常大的改善和提升，而这类缺陷只能存在于酿酒师的技术手册上，成为一种过去时了。

如果通过葡萄酒的含糖量对其甜度

进行准确地评估、描述时，最正确的做法便是使用甜味葡萄酒所特有的风味描述词汇，而不是用"甜"或者"不甜"来表示。比如我们在法语中会使用"Ce vin a de la douceur"（这款葡萄酒有甜味）或者"Ce vin a de la liqueur"（这款葡萄酒的甜味浓厚）等来表示。

"这款白葡萄酒是干型的、半干型的、甜型的还是超甜型利口白葡萄酒？"这一问题曾经通过一个实验，分别向70位法国品评人员及22位德国品评人员提出，所使用的葡萄酒则是他们各自国家典型的白葡萄酒。之后在所要品尝的葡萄酒中加入不同含量的糖分，总共包含了从1.5～48 g/L不同的浓度。所有的答案，在经过统计整理及计算之后，制成如下表格。

根据含糖量对白葡萄酒类别进行分类

含糖量（g/L）	0～4	4～12	12～24	24～48
法国籍品评人员				
干型（Sec）	74	56	7	4
半干型（Demi-sec）	26	41	74	64
甜型（Moelleux）	0	3	19	32
超甜型（Liquoreux）	0	0	0	0
德国籍品评人员				
干型（Trocken）		100	92	53
半干型（Halbtrocken）		0	8	47
甜型（Mild）		0	0	0
超甜型（Lieblich）		0	0	0

统计结果指出，法国品评人员在使用半干和甜等形容词汇进行等级分类描述划分时，与德国品评人员在同一等级的划分相比，前者实际的含糖量要更低。

结果显示，每个小组的结果之间具有明显的差异，也就是说，不同受试人之间，对葡萄酒的甜味感受在进行分类表达时，存在着不同程度的差异。

同一款葡萄酒在不同的品评人员的品尝感受中，可能被划分为干型、半干型以及微甜型。曾经有一群葡萄酒行业的专家采用同样的方式，想要通过葡萄酒含糖量的不同，对其进行系统化的命名。最后只不过证明了这是徒劳一场，政府管理部门在不久之后便将这套规范废止。不过，我们也从这个实验的测试结果中看到，法国人与德国人即便是位于莱茵河左右两岸的近邻，但是在对甜味的感受反应上仍旧存在着差异。因此，我们可以断定，地理意义上的一个国家，甚至一个地区在对不同风味的感受上都会存在不同，表达方式、描述词汇也不例外。用来形容风味的语言词汇在进行翻译的过程中，也会出现多多少少的偏差，有时是词不达意，有时是以偏概全。法国籍的品评人员对于甜味在低浓度时的感受更为敏感，有92%的德国籍品评人员则更倾向于将含糖量在8g/L的葡萄酒划分到干型，而同意这一做法的法国人只有占总数的7%。有四分之一的法国籍品评人员认为那些经过完全发酵的葡萄酒应该划分到半干的类型中，即使这种葡萄酒中已经不含有可发酵的糖分，他们仍然觉得具有明显的甜味，这很有可能是由于这款葡萄酒的酸度过低而酒精度过高，致使品评人员感受到了相应的甜味。

另一方面，法国籍品酒师只会将甜度非常高的葡萄酒归类到"Liquoreux"超甜型这一范畴中；对于德国人而言，将含糖量48g/L的葡萄酒归为"Lieblich"的人数几乎达到90%，而只有32%的法国品评人员才这样选择。法国品酒师的意见非常分散，并不呈现均质化，这说明他们之间的口味和喜好具有明显的差异。我们在前文中已经叙述过欧盟对葡萄酒甜度标准认定的法规标准，不过关于其具体意义及实际用法，每个地方都会有自己的特点。

这项品评实验向我们展示了关于葡萄酒风味描述词汇自身在不同文化背景中所具有的差异性，也显示了感受强度与物质浓度之间所具有的不可避免的落差。比如通过量化的方式对酸度等级进行评定，用数字分别代替非常酸、酸、微酸、不酸，或者代替柔顺、具有单宁感、单宁感强劲、涩，对葡萄酒中的单宁物质含量进行描述，都只会让读者对这种感受更困惑。想要通过客观数字对主观感受进行量化的行为，几乎没有一个成功的。

"Bourru"（粗糙，不均匀的）一词在描述葡萄酒时，是指当葡萄酒正在发酵时，或者刚刚发酵完毕，酒液里还含有酵母沉淀物的时候，葡萄酒的风格粗糙，但是口感上会有一种甜味。

葡萄酒中的甜味可以通过在酿造前或酿造期间对葡萄醪进行加糖处理的方法获得，也可以通过添加酒精终止发酵，甚至使用蒸馏手段将葡萄醪的浓度进行浓缩而产生。某些具有非常高含糖量的葡萄酒，例如希腊萨摩斯岛所产的麝香类葡萄酒，又被称为"Nectar"，意为琼浆玉液，一方面是因为它的美味能够与鲜花的香气联系起来，另一方面也具有众神之酒的意思。像"Mistelles"（葡萄汁加强酒）这种类型的葡萄酒，是在未发酵的葡萄汁中添加酒精而得来的甜型葡萄酒，这种酒可以作为葡萄酒利口酒的基酒，适宜餐前饮用或直接饮用。还有法国西南部加斯科涅（gascogne）产区的福乐克（Floc）甜酒和夏朗德地区所生产的皮诺（Pineau）甜酒，都属于酒精强化型甜酒。

有些特别的超甜型葡萄酒会用果实成熟时的状态进行命名，比如"Vin Srmuri"过熟葡萄酒、"Vin de paille"麦秆酒、"Vin de glace"冰酒、"Vin passerillés"自然凝缩葡萄酒、"Vin de figués"无花果酒、"Vin de pourriture noble"贵腐葡萄酒等，都是通过对不同程度的过熟葡萄进行酿造而来。我们也将它们称为优秀葡萄酒中的"另类"。

描述酸度及次要影响的词汇

让·里贝罗-嘉永曾经在他的教学中指出，不论在什么情况下，葡萄酒的固定酸对酒体结构的品质特征的影响，起着至关重要的作用。其扮演的角色十分复杂，其具体的作用机制，至今为止都没有找到正确、合理的解释方法。

然而，根据我们这些年的观察发现，品质卓越的顶尖葡萄酒的酸度在口感表现上往往并不明显，而一款成功的白葡萄酒则一定依赖它表现平衡的酸度。事实上，掌握葡萄酒中固定酸和挥发酸等相关知识同掌握酒精的作用一样，都会在葡萄酒品评上产生新的认识，葡萄酒中酸度的变化与葡萄酒品质的变化、浮动及储存的方式都有着密切关系。

关于葡萄酒固定酸的品质描述词汇是葡萄酒品质词汇中最为丰富的词汇类别之一。如果我们将那些和酸味有关的间接词汇也加入进来，那数量将会更加庞大；我们从中挑选一些具有代表性的进行解释说明。

关于葡萄酒酸度的描述词汇，我们可以按照表达方式的不同将它们分为三大类。第一类用来定义完全可以感受到的酸，在感受中多多少少会有过量的感觉；第二类则正好相反，缺乏酸度；第三类则是在品尝中无法确切感受识别，但是却会造成葡萄酒风味失衡的酸类物质，我们在这里称之为隐藏酸：它在暗处对葡萄酒风味平衡进行破坏，但是却很难被识别出来。

葡萄酒的酸味口感类型各不相同，根据不同成因具有多种表达方法，比如由苹果酸引起的酸味感受通常会用清爽、活泼来描述；通常，具有宜人风格的干白葡萄酒及红葡萄酒期酒大多会具有这种酸味表现。相反，口感坚硬的酸度，或者"喉头酸"（葡萄酒尾味在喉头部位所产生的酸味感受），这种类型的酸味很难被人接受，且主要是由酒石酸造成的。我们还记录了许多其他表达方式，比如刺激性质的酸、使人恼火厌烦的酸味、口感笨重的酸、具有生青酸味、酸度突出等，用来描绘味道不适的酸味。

我们将酸类风味的描述词汇列举如下，酸涩、尖酸、过酸、带有酸味、刺激、尖锐、棱角分明、柠檬味的酸、酒石酸风格的酸、未成熟的、青的、类似酸葡萄汁、生青等。带有酸味的饮料能够带给人清凉舒爽的感觉，这些酸味通常来自各种酸类物质添加剂，或是直接来自果汁中的酸，并且酸味饮料的解渴功能也是众人皆知。早在18世纪时，就已经有了许多酸味明显的葡萄酒，并将其命名味"Surs"或者"Surets"，源自德语的"Sauer"，意思就是酸，而"Suri"则表示尖酸、刺激的感受特征。我们在秘鲁和智利的餐前酒中也找到了这种表达方式，在当地被称为"Pisco sour"，这种开胃酒是以皮斯科酒这种当地的葡萄酒蒸馏酒作为基酒，配上青柠汁以及"Jarabe"（当地的一种糖浆）混合调制而成的"Punch"（潘趣酒）。而波尔多的小味儿多（Petit verdot）也是一种酸度非常明显的葡萄品种。另外像"Verjus"则是当葡萄未成熟时，处于转色期的时候采摘进行压榨所得到的酸果汁。这种酸果汁常常被当作调味品出现在厨房之中，用法就像第戎芥末汁一样。"Le vin des grapillons"则指的是由葡萄树上晚生的果实所酿制的葡萄酒，在梅多克地区又被称为"Reverdons"，意思是生青、没有成熟。这种晚生果实尝起来很酸，像酸果汁的味道，对于一款品质优秀的葡萄酒而言，这无疑是一项严重的品质缺陷。

有一些解释详尽的法语字典，会将以下几个词汇的具体含义详加区分。"Acerbe"的解释为带有一丝甜味，还未完全成熟；而"Acide"则是不甜；"Algre"则为不甜、尖酸、刺激。

我们还会将一款酸味明显的葡萄酒称为"Cru"（生硬），或者说"Il a de la crudité"（尝起来是生的）。莫平（Maopin）将不好年份的葡萄酒的生青味道形容为"Crud"（生青），这种说法也由来已久。如果酿造的葡萄酒没有经过苹果酸乳酸发酵这一过程，也会导致

葡萄酒产生这样的风味，如果使用化学方式去改变葡萄酒中的酸味缺陷，反而可能会让葡萄酒失去应有的酸味。

还有一些描述词汇则以具象化的方式来展现酸度所造成的令人不悦的感受，比如刀割般的口感、尖锐刺耳的、粗糙咀嚼口感的、针扎、尖刺等。缺乏酸度时则会用绵软、板平、松弛、具有碱性质感等。当我们说到一款葡萄酒的风味板平时，也可以用绵软来形容，不过前者的风味表现上会有掺水的稀薄感。这种风味表现的酒，常常会由于缺乏酸度，导致普遍在香气上表现得很贫瘠。当葡萄酒的pH值比较低时，比如达到4左右时，在过去会被描述为变质、生病。不过也存在许多酸度较低，但是酒体风味表现均衡的葡萄酒，酒液中富含单宁物质，风味上也不会出现变质现象，总的来说，整体风格表现堪称优秀。如果去酸化处理过度，会导致葡萄酒酸度平衡趋近于啤酒中的酸度比例，这也是为什么有些表现绵软的白葡萄酒会被形容为具有啤酒的味道。葡萄酒中的琥珀酸会具有咸味和苦味，也是造成葡萄酒具有啤酒味印象的原因之一。

还有一些说不上名字的"隐藏酸"会给葡萄酒带来如下风味感受：消瘦、干瘪、干硬、香气匮乏、粗糙、短、空洞、缺乏肉质感、干缩、坚硬、刺激、粗鲁、干涩生硬、瘦削等一连串的风味缺陷。如果一款红葡萄酒的表现非常干涩，则它在酒体上会显得缺乏分量，不够圆润、顺滑，归根结底

是缺乏糖分，或者含有过高的酸度，以及所含酒精的相对比例过低等。这些描述词汇也可以用在葡萄酒挥发酸过高的情况下，但是不会出现变质现象。如果葡萄酒储存过久，过高酸度的口感也会慢慢显现出来。

葡萄酒变酸现象多是由于受到醋酸菌污染而产生过量的醋酸及乙酸乙酯，导致葡萄酒在口感和香气上出现刺鼻的酸味。在葡萄酒刚刚酿制完毕的时候，酒体中会含有少量醋酸以及乙酸乙酯，含量分别在200 ～ 300mg/L，以及60 ～ 80 mg/L。这两种物质在这种浓度下并不会对葡萄酒的风味产生明显的影响，通过感官识别几乎很难发现。但是当它们在葡萄酒中的浓度分别飙升到700 ～ 800 mg/L及150 ～ 180 mg/L时，葡萄酒会出现轻微变质的现象，但是还不足以判定其品质完全变质。我们会说葡萄酒中有股明显的酸味，也就是说葡萄酒中具有可以明确感知到的缺陷风味。醋酸在这样的浓度下并不会产生非常明显的刺鼻气味，但是味道上会有明显的醋酸所具有的锐利口感。至于乙酸乙酯，它所具有的气味非常刺鼻，味道上则更为强烈，会有呛涩、烧灼的感受。它对葡萄酒新鲜、清爽的口感及酒体的纯净度等方面的影响，要远远大于醋酸所造成的影响。

挥发酸，这是一种不好的酸，葡萄酒中过多的挥发酸会加强固定酸及过量单宁所造成的令人不悦的味道。但是如果酒精浓度足够高，或者含有一定浓度的残糖，或者固定酸含量较低时，挥发

酸所引起的不好的现象会被掩盖下去。这也解释了为什么在酒体薄弱的葡萄酒中，仅仅0.5g/L浓度的挥发酸便能够被识别出来；而在酒体厚重、浓郁的葡萄酒中，比如贵腐葡萄酒、自然干缩葡萄酒、冰酒，则需要达到0.9g/L的浓度才会被感觉到。有些人声称葡萄酒中过高的挥发酸是必要的，它可以加强葡萄酒的陈酿香气，甚至是不可取代的。持有这种看法的品评人员，其葡萄酒方面的基础知识还应该继续加强，因为这种想法完全错误。不过，或许是他们缺乏对挥发酸的敏感性，或者是他们根本不知道如何评判品质的好与坏。尽管存在一些品质伟大的葡萄酒，罕见地含有过量的挥发酸，但是这并不是构成其品质伟大的因素，它就是一种真真切切的风味缺陷。

我们在之后的章节会将葡萄酒变质的描述词汇列举出来，而在此，我们只会列举一些用来描述葡萄酒变酸的风味缺陷的词汇，例如醋酸味、酸味刺鼻、酸涩呛人、刺激、辛辣、尖酸、走味、变质、发酸、温热、浓烈、针刺、醋化等。

醋酸变质现象往往都会产生酸涩、呛鼻的特征。在法语中，我们会使用"Âcre"来表示酸涩、呛鼻，而"Âcreté"则表示一种对鼻腔或喉头有着强烈刺激的气味或味道，"Âpreté"则表示由单宁感所产生的粗糙、紧涩的感觉。"Aigre"在法语中的本意是指成熟度不足的水果的味道；但是在葡萄酒品评中，则用来形容由于酒液变质、病

变而产生的酸味，是一种风味缺陷。这几个词非常相近，但是意义却完全不同。通常我们会将挥发酸的特性描述为"Pointe"（尖锐），这种形容可谓形神兼具，仿佛能够立刻感受到醋酸在味蕾上所留下的针刺的感受。几乎所有的酸类物质都会带有尖锐的特性，不过只有醋酸的味道更为刺激明显。我们也将变质的葡萄酒的口感形容为温热、灼热，并且会愈演愈烈。我们也会使用"Avoir du montant"（窜入鼻子，上窜的气味）这种带有浓重文学色彩的方式来形容这种风味缺陷，比如如果品尝的葡萄酒中含有过量的乙酸乙酯，在端起酒杯摇晃后，便会有一股明显的尖酸、呛鼻的气味冲出酒杯。

在某些饮酒文化中，人们对于具有尖酸、刺激气味的葡萄酒并不感到厌恶，这让我们感到非常惊讶。饮用这种发酵变质的葡萄酒明显是有害身心健康的，这种看法可能继承自前人的习惯，但是这真的是具有传承价值的历史遗留吗？酒醋和发酵兑水的葡萄酒的确代表了曾经的乡下生活以及劳动人民的日常饮料，想象他们喝下这冒着酸气的饮料后所不自觉表现出的龇牙咧嘴的样子，但是似乎这并不能阻止他们继续饮用这样品质的葡萄酒。法语中有许多来自民间的关于饮用尖酸、刺激的葡萄酒俗语，内容诙谐幽默，画面感强烈，譬如非常有意思的"Le chapeau sur l'oreille"（帽子盖在耳朵上），形容处在衰败期的葡萄酒；或者"S'accrocher à la table"（喝趴在桌子上），能够喝下酸到这种地步的葡萄酒，不得不承认人类忍受能力的强大。

吉奥诺（Giono）笔下的山里人是这样描述他们对佩博瓦（Pré-bois）地区的葡萄酒的喜爱的：

"我们就是喜欢这种粗糙生青，能够刮擦喉咙、酸出泪水的葡萄酒。"

描述苦味和涩味的词汇

单宁的味道变化非常多样，我们已经凭借经验将单宁的风味进行划分，有好的，也有坏的。具体分类如下：风味型、苦味型、酸味型、涩味型、木质型、蔬菜型。以我们目前所掌握的知识体系，还没有精确掌握单宁物质的化学性质与浓度之间的具体变化关系，也无从了解在其物质成分、香气成分的共同作用下，会具体产生何种影响。

需要强调的是，单宁的风味表现是所有风味类型中最为复杂的一种。这是由它所造成的感官刺激强度、物质特性、味觉平衡方面的重要参与作用，以及与其他风味物质存在着复杂的干涉现象所共同决定的。比如，酸度会改变单宁的口感，并提升它的坚硬度。

为了便于读者理解，我们将从调查问卷整理及文学著作中收集得来的词汇分为三类。第一类是描述单宁苦味的词汇，第二类是描述涩味的词汇，第三类则是描述单宁平衡或失衡情况下所表现出来的风味印象。

苦味是味觉感受中的基本味道，可以引起苦味感受的物质有奎宁（金鸡纳霜）、某些生物碱、咖啡因以及一些糖苷。许多饮料都具有苦味，比如味美思、苦味酒、苦啤酒等，苦味浓厚，具有开脾健胃的功效。这些苦味源自不同的植物，比如，鼠尾草、菊苣、金鸡纳树皮、龙蛋、矢车菊、苦橙皮、啤酒花、芦荟、法国百合、核桃皮等。

在相当长的一段时间里，法语中的苦味"Amer"被用来形容受到细菌感染而导致葡萄酒产生苦味的现象，尤其是在巴斯德的那个年代，勃艮第地区的葡萄酒常常会出现苦味病。然而，健康的葡萄酒也会由于单宁的性质而出现苦味，尤其是在碱性的环境中，哪怕是中性、弱酸性环境中，都会出现苦味。在葡萄酒的酸性环境中，单宁所具有的苦味感受并不纯粹，会与涩味混合，甚至会被涩味物质所掩盖，形成涩味主导的现象。苦味还有其他的形成原因，只不过我们现在还没有完全搞清楚，所有的品评人员都有这样的经历，无论是白葡萄酒、桃红葡萄酒还是红葡萄酒，在将酒液咽下之后，会感受到明显的苦味。苦味的持续时间多多少少都和产生苦味的物质性质有关，如果苦味物质产生的风味让人感到厌恶、不够宜人时，则要用后味来形容，带有贬义。有时候这种风味缺陷仅仅只是存在一时，不一会儿就会消失。一些刚酿制完毕的白葡萄酒，酒液中还会存在酵母等物质沉淀，味道并不好，我们将其称为"Sur l'amer"（飘在苦味上的），但是这种苦味会在几个月后慢慢消失。我们直到现在也不能解释清楚，为什么

经过完全发酵的麝香葡萄酒还是会具有苦味，并且苦味长时间存于葡萄酒中。不过，健康的苦味表现对于红葡萄酒和品质卓越的甜白葡萄酒而言，就是品质的保证，并且会在陈年过程中，变得更加宜人。

呛涩、艰涩可以被认作令人不悦的苦味所具有的典型风貌。具有强烈单宁感的葡萄酒有时会出现金属味，而这种味道与金属本身毫无关系。我们曾经遇到一款赤霞珠品种的葡萄酒，由于其风土特性的关系，它的味道让人联想到葡萄酒瓶上的铝帽。这种铝帽有时会使用镀锡的铅制成，我们也将这种味道称为"酒帽的味道"或者"锡箔味"。如果对于这种味道不甚了解，可以尝试将包裹巧克力的锡箔纸放在嘴里嚼一下试试。酒体厚重、壮硕，具有明显单宁感的葡萄酒，也会被描述为墨水味，我们也称之为"如墨般苦涩"。

对于单宁含量高的葡萄酒，可以将其描述为具有明显单宁感，或单宁感明显，尝起来会有明显粗糙的涩感。涩味的印象就像是舌头上出现干燥粗糙、不平滑的东西所产生的感觉。下面这些描述词汇也能够形容具有强烈单宁感的葡萄酒所带来的感受，比如"Il a goût du cuvé"（储酒罐的味道）、"Forcé de cuve"（受到储酒罐影响的味道），通常是指浸渍时间过长，葡萄醪从葡萄果皮、果籽中提取了过量的单宁物质。类似的还有带有果渣味、果梗味、葡萄籽味、压榨汁的味道、压榨机出来的味道等。另外，储存葡萄酒所使用的容器

也有可能给葡萄酒带来单宁物质风味，我们会用木质单宁、橡木单宁来表示。"具有明显单宁感"这样的形容方式也可以出现在经过橡木桶陈年的白葡萄酒上，这种类型的白葡萄酒会具有单宁口感，酒液中的单宁物质含量通常不会超过200mg/L。而酒渣味则有些特殊，我们可以在酒渣葡萄酒蒸馏酒中发现这种特别的风味，这种酒不仅在法国勃艮第、香槟、朗格多克、萨瓦等产区有酿造，意大利的格拉帕酒、西班牙的欧鲁荷酒、希腊的齐普罗酒以及葡萄牙的巴卡榭拉酒等是这种类型的酒。如果这类葡萄酒中出现了霉味，味道则会变得非常令人讨厌。

朱利安这样形容"Grain"（葡萄果实的）一词："一种粗糙紧涩的口感表现，本身并不会让人产生不悦的感觉，无论是干型葡萄酒或是甜型葡萄酒，当它们还没有表现得过于衰老时，便会一直携带着这种果实的质感。"今天，这种表述方式仍存在多种解释，维德尔也对此有所解释，依照让·里贝罗-嘉永对"Grain"的使用方法——"Avoir du grain"，则表示用高品质果实所酿造的葡萄酒所特有的细腻、强劲的优秀品质；而如果用"Gout du grain"则表示有果实的味道，通常是指由于压榨过度所产生的风味缺陷。

拉博里（Labory），波尔多葡萄酒经纪人，当梅多克产区在1820年采收完当年的葡萄后不久，便有幸品尝了当年刚刚酿制出来的葡萄酒，发现它们在味蕾上产生了类似儿茶的感受。

皮嘉索（Pijassou）向我们复述了上面这个故事。儿茶素是提取自豆科植物儿茶的萃取物，是制作甘草润喉糖的重要原料。我们现在还会用这种表述方法来描述具有苦味、涩味和清新爽口质感的葡萄酒。

单宁是葡萄酒酒体的重要构成元素之一，充足的单宁会给葡萄酒带来壮硕、厚实、坚固、紧实、富有活力、具有明显结构骨架、余韵悠长等特点。它是葡萄酒长久储存的保证，就像法语中的一句谚语所说的那样："Longue bouche, longue garde。"余韵越是绵长，寿命越是悠长。单宁丰富的葡萄酒也会具有坚实、浓稠的酒体，会有长久的未来。但是如果单宁含量过高则会带给葡萄酒坚硬、紧实、粗陋、酸涩坚硬、干瘪瘦削、生硬、缺乏香气、笨重厚实的感受。酒体肥硕结实的葡萄酒自然也会具有厚重的单宁感及浓郁的颜色。

我们发现在品质卓越的红葡萄酒中，单宁的品质关乎葡萄酒香气的品质。葡萄酒风味的细腻程度往往会和香气形成互利共生的情况。我们将优良的葡萄品种与风土品质卓越的葡萄园所种植的葡萄果实称为"贵族单宁"，在葡萄酒陈酿的过程中，葡萄酒的陈酿香气会逐渐显现出来，同时，葡萄酒中的单宁物质也会逐渐变得柔软、丝滑。就好像单宁本身就是具有挥发性质的气味物质一样，自己演变成了葡萄酒的陈酿香气。我们有时候会说某款葡萄酒闻起来有单宁味，但这并不是说单宁物质具有挥发性，这只是法语的一种表达方式而已。相反，如果一款葡萄酒在口感粗糙的同时，还缺乏香气，我们会称之为普通、平庸，和细腻优雅完全相反。这种类型的葡萄酒所用的葡萄通常产自品质低劣的葡萄树或是土壤条件极差的环境。

想要让葡萄酒获得大量的单宁并不是一件难事，但这并不是酿制顶尖品质葡萄酒的必要条件，过量的单宁会掩盖葡萄酒细腻、优雅的香气，降低消费者的感官愉悦享受程度。

二氧化碳对
味觉感受的影响

当我们说到二氧化碳时，肯定有很多人会联想到香槟杯、气泡等起泡酒所具有的风格特征。但是我们打算从角色非常重要，但即使很多专业人士和消费者都不甚了解的静止型葡萄酒所含有的"看不见"的二氧化碳说起。（静止型葡萄酒的命名方法是参照起泡型的命名方法来定义的。）

葡萄酒是酒精发酵产物，所以对于刚刚酿制完毕的葡萄酒来说，其酒体都会含有饱和状态下的二氧化碳。我们甚至可以将二氧化碳视作葡萄酒中一种正常的组成成分，即使是陈酿葡萄酒也依旧含有少量的二氧化碳。二氧化碳具有可溶性，能够以碳酸的形式溶解在葡萄酒中，而碳酸又是具

有挥发性的，所以葡萄酒中的二氧化碳会一点一点地挥发出去，尤其是人为地使其与空气大面积接触时，会加快这种逃逸现象。所以，葡萄酒的储存方式对葡萄酒中所含有的二氧化碳浓度有着重要的影响。比如大容量的密封储酒罐相比较小型的橡木桶更能够保存葡萄酒中的二氧化碳。葡萄酒在装瓶之后，酒液中含有的二氧化碳几乎无法逃散出去。所以，消费者在打开一瓶葡萄酒时，里面所含有的二氧化碳浓度差异非常大，并且大部分时间，对二氧化碳含量的管控也几乎为零。酿酒师能够通过相应的工艺操作添加或排除葡萄酒中的二氧化碳，以保证其浓度处于最佳状态。尽管众所周知，二氧化碳的含量对于葡萄酒品质有着重要的影响，但是在实际应用中却很少有人这么做。

二氧化碳对感官感受的影响主要有两种。当水中的二氧化碳浓度在200mg/L时，品尝起来会有微酸的简单风味；而当浓度升高时，它会从液体中释放出来，在口腔内壁及黏膜上产生针刺、扎口的触感。我们在前文中已经解释过这种化学敏感反应属于一种密着性触感。正是这种针刺的口感，让我们将其与挥发酸等其他风味物质区分开来，识别出这是二氧化碳所具有的口感。在葡萄酒中，二氧化碳的感知阈值的浓度为500mg/L，低于这个浓度则无法被感知识别，但是这样的浓度已经足以对葡萄酒风味平衡产生一定的影响。

	二氧化碳（g/L）	20℃时二氧化碳气压（BAR）
静止型葡萄酒	小于1	
微起泡型葡萄酒	1～2	小于1
半起泡酒	小于4	1～2.5
起泡酒	大于4.5	3～5.6

根据葡萄酒中含有的二氧化碳浓度将其进行分类

关于微起泡型葡萄酒，所涉及的生产产地有法国加亚克地区所产的"Perlés"，意大利的"Frizzante"、西班牙的"Aguja"、德国的"Perlwein"以及英国的"Perlwine"等。而起泡酒则涉及法国的"Crément"、西班牙的"Cava"、意大利的"Spumante"、德国的"Sekt"，当然还有最为珍贵的"Champagne"（香槟）。以上产品，每年全球产量超过20亿瓶，其中法国、德国、西班牙、意大利及俄罗斯等国的产量占据了总产量的65%～70%。

没有什么比得上通过品尝碳酸水来清楚地感受二氧化碳所带来的风味变化上的复杂影响。当水中含有大量碳酸形式的二氧化碳时，其口感会变得非常清爽、坚硬，略带一些酸味，甚至会让人产生窒息感，这是因为碳酸水在进入口中时，会立刻释放出大量溶解的二氧化碳气体，直到进入胃部以后，仍然会有发酸的感觉。当葡萄酒中溶解的二氧化碳浓度并不足以达到产生针刺口感的感知阈值时，其扮演的主要角色则是酸味感受，它会加强葡萄酒中的酸味和单宁物质风味的表现力，同时还会降低甜味感受，包括由酒精所产生的甜味感受，不论是甜葡萄酒还是利口酒都是如此。所以，葡萄酒中存在的二氧化碳会对葡萄酒风味的基本平衡产生直接的影响，就像进行了酸化处理一样。而且会导致以下几种结果：本身可能由于酸度过高而风味失衡的葡萄酒酒体显得更为酸化、坚硬；而原本风味平衡的葡萄酒则会表现出纤瘦；不过，那些原本口感绵软、板平的葡萄酒则会变得更为清新爽口、富有活力。因此，二氧化碳在葡萄酒中所产生的作用既可以是正面的，也可以是负面的，这和葡萄酒自身类型及其风味平衡状态条件有着莫大的关系。

根据帕斯卡·里贝罗-嘉永的观察，我们发现大多数的品评人员对于葡萄酒中碳酸含量的变化极为敏感，甚至远高于葡萄酒自身的酸度。他在实验中选取了一款红葡萄酒，分别调配成二氧化碳含量浓度为20mg/L、360mg/L、620mg/L总共三款不同类型的实验样本。73%的受试者在品评结束之后能够明确指出第三款葡萄酒在舌头上产生针刺、扎口的感觉。另外，53%的受试者能够分辨出前两款葡萄酒具有不同浓度的二氧化碳，但是这两款葡萄酒所含有的二氧化碳浓度都不足以产生针刺的口感。紧接着在另一个实验中，先前的受试人员不变，我们对同一款红葡萄进行加酸处理，直到总酸浓度分别达到3.3g/L、3.8g/L、4.5g/L，总共三个样本。有

38%的受试人员的所有回答都是错误的，而在上一个实验中的同样结果却只有27%；只有32%的受试人员能够按照浓度差异完全正确地排列出三个样本的顺序；而在上一个实验中，能够做到完全正确排列的受试人员占总数的53%。

从另一个角度来看，当我们摇晃酒杯时，酒液里的二氧化碳会因此散逸出来，并伴随有少量香气物质，像是一种萃取作用。我们在对新酿的葡萄酒进行摇晃时，会有明显的水果香气散发出来，也是因为有二氧化碳存在。相反，陈年葡萄酒中如果存在二氧化碳气体，其风味香气会受到它所产生的酸味影响而出现变质的风味感受。

有些新酿的干白葡萄酒，或者含糖量极低的白葡萄酒，有时会出现酸度不足的情况，如果此时葡萄酒中含有浓度在 $500 \sim 700mg/L$ 的二氧化碳，葡萄酒的酸度会被明显改善。瑞士的葡萄酒则是一个让人印象深刻的例子：当地的白葡萄酒会采用苹果酸乳酸发酵酿造工艺，这会导致葡萄酒中的酸度降低，他们所采取的弥补办法便是加入饱和浓度的二氧化碳来消除葡萄酒乏味、黯淡的风味表现，重塑白葡萄酒清爽的特点。相反，如果葡萄酒中酸的浓度已经超过 $5g/L$，则不能进行添加二氧化碳的操作，因为此时的葡萄酒的酸度已经过高，无法再承受二氧化碳所带来的酸味了。

有些新鲜类型的红葡萄酒所含的单宁物质非常贫乏，所以如果含有 $400 \sim 500mg/L$ 浓度的二氧化碳，就可以提升葡萄酒的风味表现。如果是适合

陈年的葡萄酒则不适合拥有太多的二氧化碳。然而，当葡萄酒中的二氧化碳浓度过低，则会使葡萄酒的风味显得没有活力、死气沉沉；如果能够补充合适浓度的二氧化碳，则会使得葡萄酒的风味完全改善。

葡萄酒中的碳酸风味很大程度上取决于葡萄酒的侍酒温度。合适的二氧化碳浓度可以使得冰凉的葡萄酒在品尝时显得更加清凉舒爽，而不会有气泡感；而在室温18℃下含有同样浓度二氧化碳的葡萄酒则会出现轻微气泡感。不过，刚酿制完毕的葡萄酒在品评时，常常会被其中所含有的二氧化碳干扰，导致出现误判。对于这一现象，我们可以通过使用两只杯子，将葡萄酒液来回倾倒五六次，并尽量增加葡萄酒液倒入杯中时的落差，这样可以促进释放这类葡萄酒中所含有的二氧化碳。许多新酿的红葡萄酒都会出现风味短浅、瘦削干瘪的现象，在经过上述操作方法去除葡萄酒中含有的过量二氧化碳气体后，口感会明显变得柔顺许多；另外，开瓶后的葡萄酒在静置几十分钟之后也会使得多余的二氧化碳气体排放掉，同样可以达到柔顺口感的效果（这一点是侍酒师所要掌握的小知识）。

有一些词汇是专门用来形容富含二氧化碳气体的葡萄酒的风味表现，比如我们会将静止型葡萄酒出现气体这种反常现象形容为有气的、含气的。对于这种葡萄酒我们要采取相应的除气或去碳酸措施。当葡萄酒中所溶解的二氧化碳达到饱和状态时，封瓶口的软木塞并不

受到任何压力，我们将这种类型的葡萄酒称为有气的、微起泡葡萄酒或有沫的葡萄酒。在我们开瓶的时候，软木塞也不会受到向外推出的力；而将葡萄酒倒入酒杯时，也不会出现非常强烈的气泡现象，最多只是沿着杯壁出现一圈泡沫。在品评这种类型的葡萄酒时，也只会在嘴唇上和舌头上感受到轻微的针刺口感。如果一款葡萄酒中的二氧化碳远远超过饱和浓度时，瓶子内部的压力会非常强，我们将这种类型的葡萄酒称为起泡型葡萄酒，在倒入酒杯时也会呈现厚厚一层的泡沫，并且会给味蕾带来"二氧化碳冲击"的感觉。

如果我们通过观察碳酸饮料每年在全球的消费量来分析市场的话，可以十分肯定大众对于二氧化碳所带来的刺激、活泼的口感非常喜爱。但是，我们又不得不产生好奇，这种特殊的喜好是否有源头可查，人们又是怎么对这种特殊的口味感受产生浓厚兴趣的呢？毕竟自然界的二氧化碳来源非常稀少，至于发酵饮料中的二氧化碳，会在几周最多数月的时间内便消散殆尽。人工制备的二氧化碳在人类历史长河中的出现并不久远，而起泡酒也算得上是近代的产物，差不多就在三个世纪前，而且还只是少数巴黎人才能体验到的葡萄酒。雷蒙·杜梅曾引述了一位酒商写于1713年的当时的人们对于葡萄酒泡沫看法的见证："泡沫无疑会剥夺顶尖葡萄酒优秀品质，但是它能够给那些普通的小酒增添一些特色。"不过，从那时起人们便逐渐改变了看法，葡萄酒香槟化、气泡化的行为从来没有那么令人着迷过，起泡酒也逐渐在市场上占据了主导地位。对于这种起泡酒狂热，我们并没有什么好说的，而有些人想要依靠过量的二氧化碳来掩盖葡萄酒中的风味缺陷，则实为不可取的做法。值得注意的是，使用摇晃震荡的方法排除香槟酒中的二氧化碳，或者认为在瓶口倒置一把勺子便能储存里面的二氧化碳的想法都是非常荒诞的。香槟省葡萄酒行业协会（Conseil Interprofessionnel du Vin de Champagne）已经向我们展示了这些做法的不可行性。

如何描述品鉴过的葡萄酒

葡萄酒品尝属于感官生理活动，所涉及的感官感受的表达，也是一种由智力、文化等多方面共同参与的活动。作为可视化的一部分，表达和描述都只是抽象的感官感受功能的延伸。正是这种可视的部分，才使得我们能够通过语言文字的详细描述，将这种感官感受分享、传达给周围的人。

由于职业场合的葡萄酒品评类型非常多，从葡萄酒酿造、葡萄酒售卖，一直到消费者手中，都有所涉及，并且由于每种类型的品评方式与目的都有所差异，所使用的描述方式、涉及的词汇也各不相同。但是我们希望能够在此将葡萄酒品评中的几个基本要点清晰地展示给大家。首先便是葡萄酒风格描述，比如葡萄酒外观呈现浓郁的蓝紫色、有成熟的草莓气味、紧致的单宁感、微弱的酸等；其次是整体评价，例如品质优秀、该类型葡萄酒的平均品质，二十分制可以获得十六分等；最后则是个人喜好，比如这款酒于我来讲，更适合在野餐时饮用。

这种分类原理有助于品评人员掌握葡萄酒品尝中的基本要点，并且避免了在描述中出现混杂、重复的情况，从而保证了品评结果具有清晰易懂等基本要素。

首先，关于品质描述方面，品评人员在对葡萄酒风格进行描述时，需要尽可能地做到独立品尝，也就是说要客观地表述出葡萄酒所具有的风味表现，而不是对葡萄酒风土产区进行介绍。

其次，整体评价。葡萄酒整体风格的评价是葡萄酒品尝中最为重要，也最为复杂的一环，因为这直接与葡萄酒的风格有关。有不计其数的品评记录表对于葡萄酒整体评分的计算方法都是一样的，通过葡萄酒外观、香气、味道等方面分别打分后再进行总和平均。但是长久以来的葡萄酒品尝经验已经对这一方法做了无数次的验证，证明了葡萄酒局部的风味表现得分优劣与其整体风味的评价并不存在直接关系。葡萄酒整体评价通常被分为五个级别，"极佳、非常优秀、优秀、普通、平庸"，这种分类方式既简单实用，也方便其他人理解。我们不能将不同种类的葡萄酒评分放在一起比较，比如苏岱贵腐葡萄酒、博若莱新酒、香槟、巴纽尔斯葡萄酒，它们各自的风味特性之间并不存在共同点，根本没有可比性。没有人能够尝遍全世界的葡萄酒，但是每个人都可以通过掌握葡萄酒品尝的技巧，学会鉴赏各种类型葡萄酒。

最后，个人爱好。这种类别的描述并不存在对葡萄酒品质好坏的区别，只是根据个人文化背景、生活背景等相关因素而产生的主观倾向。它是人们消费饮用葡萄酒的原始动机，因为葡萄酒饮用本身就是为了服务于感官享受，是人们以愉悦为目的的饮用行为，这也是人们消费葡萄酒最合理的出发点。一个优秀的品酒师能够并且应该以客观的方式描述一款葡萄酒的风格面貌，即使他可能并不喜欢这种类型，但是他仍要给予合理的评价。

如下列葡萄酒品评记录表所示，葡萄酒品评描述都可以按照上述的三个基本点进行整理归类。葡萄酒的香气类型描述一栏中能够填入很多不同种类的香气，然而生理学家指出，想要在像葡萄酒那样的混合气味中分辨出三种或四种以上的香气物质成分几乎是不可能完成的任务。酒体强度变化一栏则是为了区别葡萄酒酒体轻盈或是壮硕的指标。葡萄酒的细腻风格有时候会被其强壮、饱满的酒体所毁坏，这无疑让人感到非常遗憾。关于葡萄酒风格的描述则一定程度上依靠主观感受与判断，这部分也适合品评人员自由发挥，展现自己的品评学识。陈年变化一栏则是为了区分葡萄酒生命周期是处于年轻还是衰老，目的是为了判断葡萄酒的适饮期。最后则是关于葡萄酒风味缺陷的描述，如果的确感受到了，则需要将其记录下来。

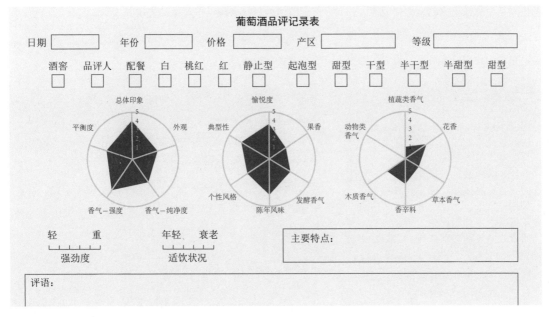

葡萄酒品评记录表

不同形式的品尝评语

　　每一位品评人员都有自己撰写葡萄酒酒评的方式。一份优秀的酒评与葡萄酒品评活动的目的有关，尤其是和所要面对的听众及读者有关。另外，我们不能使用同一种评论方式应对所有类型的葡萄酒；有些葡萄酒的品质并不适合进行深入的描写，两三个词汇便足以解释清楚；而有的类型的葡萄酒便非常值得对其详细描述，以求结果能够更为精准。我们在撰写酒评时，需要根据不同的情况来决定什么时候需要详加描述，什么时候需要多做解释，酒评中的结论部分也应该视情况进行增减。举例来说，分析性质的葡萄酒品评需要一份内容翔实的报告，所以我们要尽量满足报告的要求，对品评过程中的要点逐一详细描述；而当我们以比较为目的对葡萄酒进行品评时，找出葡萄酒之间风味表现的不同，进行排名、分类，这样的酒评并不需要在描述上大做文章。在品评活动中，并不总是需要描述完整的感官感受特征，有时只需要找出葡萄酒中的特别风格或表现，或者对其特点进行评判即可。就像掌握速写技巧的优秀画家，总能抓住人或物的特点，比如速写画像中的英国前首相丘吉尔和法国前总统戴高乐都喜欢摆出"Ｖ"字的手势或姿势等重要特点，而胖瘦特点则无关紧要，也与当时的时事毫无关联。所以我们建议在日常品评葡萄酒时，对于描述葡萄酒风格方面，尽量使用最为明显的两三个风味描述词汇来表述，这就已经完全足够我们了解一款葡萄酒特点了。曾经有一位杰出的葡萄酒酒商带给埃米耶·佩诺先生一瓶具有优秀潜力的新酿红葡萄酒，并向佩诺先生询问他对这款葡萄酒品质的意见。佩诺先生只用了非常简单的一句话加以概括："Brut de décoffrage."（粗糙，刚脱下模具。）

意为刚从发酵罐出来的新酿葡萄酒，还没脱去人工酿造的痕迹，酒体非常粗糙、艰涩。我们原本可以长篇大论地描述葡萄酒的风味表现，但是佩诺先生并没有这样做，因为酒评能够做到简短、传神就再好也不过了。

17款酒，34个描述词

2006年4月份的一场葡萄酒比较品评活动，使用的是2005年份的葡萄酒，来自同一产区波美侯，不会有任何气候差异，酿酒品种也以美乐为主。使用同一类型的酒瓶、标签，放置同一储存环境下。品评人员总共品尝了17款葡萄酒，并迅速给了了酒评。涉及的表达方式总共有42种，由34个不同的词语组成。分布如下。

描述颜色：总共只有两个词，因为所有的葡萄酒颜色极为相近。

描述风味：包括香气和口感两大类，总共涉及17个词语，包括苦、微甜、酒味浓郁、清新爽口、生青、活泼、明显木质香气、单宁平衡、具有肉感、具有流动感、圆润、浓郁集中、坚硬、轻盈、厚重、坚硬朴实。

描述风格：总共6个词，经典、直接、简单、年轻、成熟、充满阳光。

以及关联词（1个）、解释性词汇（尾味，酒液接触舌头的瞬间）、数量词（少，非常，十分）等共计11个。

上述描述葡萄酒风味的词汇在数量上看似非常少，但是却足以对17款葡萄酒的风味进行详细描述，且非常方便记忆。由于品评的酒款风格非常相似，我们省略了一些诸如：新鲜、鲜明的红色，新鲜的香气表现，厚实的单宁感，酸度较弱，酒精度相近等描述词汇。接下来，我们会将当天的一份品评记录表的主要内容作为例子展示出来。由于这份品评记录表是在有限的时间内品尝了17款葡萄酒，并需要指出每款葡萄酒简明扼要的风格特点。品评记录表上的＋和－这样的符号，是记录者用来表示整体感官感受上的不同，更准确地说，也有可能是该品酒师当时品尝葡萄酒时的喜好记录。

1. 单宁强劲，直接、明显的木质香气

2. 入口感觉良好，酒味明显，尾味微苦

3. 强烈的单宁感，尾味坚硬（－）

4. 品质优秀，充满阳光，好的木质香气

5. 单宁厚重，香气略微匮乏

6. 生青味的单宁，口感简单

7. 强烈的木质气味，水果香气浓郁

8. 成熟水果味，单宁圆润饱满，有些过熟（＋）

9. 经典表现，优质的木质香气，有些生青味

10. 颜色较浅，充满果香，酒体略显稀薄

11. 木质气味浓郁，生青的木质气息，尾味同样生青

12. 红色水果味，年轻，平衡度好，新鲜

13. 圆润单宁，酒体具有肉质感，成熟水果香气（＋＋）

14. 酒体简单，直接，讨喜（-？）

15. 单宁感明显，浓郁集中

16. 单宁微苦，厚重

17. 入口圆润、微甜，尾味略苦（--）

每一款葡萄酒的风味描述都非常具有特点，酒款之间风味上的差异容易识别记忆，尤其是编号为14和15，13和17，3和8这样的葡萄酒。

这个案例与常规的撰写酒评的方式有所不同，由于其清晰简洁的描述方式，更适合在葡萄酒风格或类型同质化明显的品评活动中使用。而那些要求长篇大论的酒评则不合适。对于从事葡萄酒行业的同行，尤其是每天都需要做例行品评活动的品评人员，则非常适合使用这种记录方式；葡萄酒爱好者同样也可以使用这种记录方法，活学活用。在需要长篇大论的场合再事无巨细地进行描述。

在详细介绍其他类型的酒评前，我们首先要介绍一种可以用简化的方式来描述一切的情况，也就是说只需要回答是或否就足够。就好像0和1两个数字能够构成计算机表达和转换所有复杂数据的基础一样，所有的葡萄酒品评也可以用是和否来回答。最简单、直接的例子就是"我喜欢或者不喜欢"，更直接点的"我买或者我不买"。如果想要获得更多详细的葡萄酒风味方面的内容，则可以事先准备好例如"红色：是/否"，"香气浓郁：是/否"，"完全成熟：是/否；如果是，是否成熟过度：是/否"等类似的问题。葡萄酒之间的细微差异是无穷无尽的，所以这种表达方式容易遇到解决一些问题之后会接连产生许多次要问题的情况。缺乏经验的普通消费者反而在这方面会表现得比一些"专家"更为明智，他们从来不会在风味描述上使用过于确切的词汇。

博若莱村庄级葡萄酒，年份2010年：三种不同环境下所对应的三种描述方法

寥寥数字的酒评：

富有色泽，成熟果味，覆盆子香气，酒味浓郁，尾味坚硬、宜人

百字以内的酒评：

深沉漂亮的颜色，气味纯净，具有非常成熟的水果香气，破碎的覆盆子果肉所散发出来的香气，以及甘草气息。入口温热，微甜，尾味坚硬，略带苦味。香气持久度中等。这是一款品质优秀的村庄级博若莱葡萄酒，依然具有陈年的潜力。

五百字左右的酒评：

这款村庄级博若莱葡萄酒在酒庄灌装，并且在装瓶后的第一时间进行了品尝，也就是采收后的来年春天。丰厚饱满的风味表现令人惊讶，香气和口感表现良好。虽然采用了新酒的酿造工艺，但是风格表现上却依然具有陈年的潜质。

它的外观具有深宝石红的色泽，具有博若莱葡萄酒一贯的颜色鲜艳的特点，但是要比其他由佳美葡萄酿造的葡萄酒的颜色更深。葡萄酒的外观澄清透亮，杯壁上酒泪留下的痕迹表明它含有较高浓度的酒精。

气味浓郁、直接、纯净。香气宜人，以水果香气为主，浓郁程度中等，具有典型的品种香气。让人联想到成熟的水果，尤其是被压碎的覆盆子的香气，并且隐约含有甘草的气息，这是单宁成分产生的香气。整体香气表现沉重，缺少一丝亮度。

入口的第一感受是具有明显的酒精感，温热，微甜，葡萄酒风味在口中的变化宜人，圆润的口感一直持续到结束，适宜的酸度和能够感受到的轻微气泡感赋予了葡萄酒清爽的口感。单宁具有轻微的苦味，也带来了紧实的口感。这款葡萄酒偏高的酒精度给人带来深刻的印象，尤其是入口时酒精带来的灼烧感，多亏适宜的酸度和单宁物质才使得葡萄酒风味达到平衡。口中香气依然是覆盆子的气息为主，但是更为浓郁，并且具有层次变化：比如由脂肪酸酯带来的皂味，还有甘草风味为主的木质味道背景。香气持久度中等，甚至不如葡萄酒口感表现得更为持久。

总的来说，这款博若莱村庄级葡萄酒拥有非常优秀的品质，尤其是它的酒体强劲结实且酒味醇厚，以及宜人的单宁风味共同构成了优秀的葡萄酒风味结构。不过，它在香气方面仍有些许欠缺。20分制下，得分为17分，评语为非常优秀。

在专业酒评领域，通过口述的评论方式最为常见。这种直接明了的评语通常会限制在一两句话之内。不过在发表酒评之前，需要等小组成员全部确定自己的品尝意见之后才可以交换自己的观点。经过小组讨论之后，品评人员之间应该能够达成一致，或者彼此做出让步。在品评过程中的所有言论都是被禁止的，以避免某些意见对品评人员的感官印象产生影响。

如果撰写的酒评需要在葡萄酒专业人士面前展示，或者在葡萄酒教学活动中使用，则应该拥有更为完整的文字描述。有些品质顶尖的葡萄酒，其酒体复杂多变，口感圆润饱满，具有某种令品评人员感兴趣的特色，甚至能够让他将其拥有的风味特征描述一刻钟的时间；对于葡萄酒产地风格、未来陈年期间的发展变化趋势评估等方面的描述，也是用于教学的葡萄酒酒评中的重要一环。

书面形式的酒评有助于固定思路，并要求品评人员尽最大可能选择清楚、精准的描述词汇。因此，我们会建议在某些练习场合品评人员在口述评论之后，最好还能够写一份书面报告，内容详细程度可以视品评目的而定。由专业人士撰写的酒评或者供出版使用的葡萄酒酒评自然会比个人笔记般的酒评显得正规、全面。我们在描述一款葡萄酒时，可以像上表所示的内容一样，酒评的篇幅可以用几个词，或者几行句子，甚至一页纸来描述。只有一行的酒评，虽然简洁有力，但太过于像是电报的风格，有时会使人产生误解；而一整页纸的酒评则会由于内容过于冗长，使人失去阅读的兴趣。

在撰写酒评或者品酒笔记时，应该将描述葡萄酒风格的内容限制在四到五行，这应作为一条守则来对待。按照感受到的风味的时间顺序，分别对葡萄酒风格特征进行描述，有利于记忆的展开。我们会从葡萄酒的外观和颜色开始描述，之后是香气、味道、持久度，最后再对整体做出评判。如以下案例所示，我们使用了多种描述方式，有简洁的，有详细的，每种描述方法都有自己所对应的格式。

一款葡萄酒，六名品酒师，六种描述结果

酿酒技术人员： 纯净，平衡，果香浓郁，酒体明显，酸度较低，但是结实的单宁感能够弥补酸味上的缺失。

酒窖管理人员： 比上一年份的葡萄酒的风味表现要好，良好的发酵管理控制有效地弥补了采收前的小雨所造成的负面影响。

葡萄酒经纪人： 经典风味，没有明显缺陷，品质优于同一类型的其他酒款。

侍酒师： 深宝石红色，酒液透明富有光泽，具有迷人的成熟的美乐葡萄所具有的香气，口感肥硕，搭配煎烤后的羊腿肉享用会更完美，但是要避免搭配普罗旺斯香料肋排这样香辛料过重的配餐。

美食专栏作家： 在烛火微光的映照下，葡萄酒反射出迷人的金黄色；浓郁的水果香气仿佛整个喉咙都沐浴在阳光下，黑樱桃、桑葚，以及陈皮梅、无花果酱的香气交融在一起；丝滑的单宁犹如雀屏一般，轻扫每一片味蕾，风味悠长。像往常一样，这个伟大的葡萄园再次克服困难年份的考验，酿造出令人羡慕的美酒。

葡萄酒爱好者或者消费者： 太棒啦，我要再买一些回家，还要再送一些给朋友。

每个人在品评结束后，通过自己对葡萄酒的热情，一定程度上表达了同样的意思，但是彼此都有不同的欣赏角度。因此，根据自己的需求、文化背景，以及谈话对象，采取恰当、合适的描述方式才是最好的葡萄酒酒评。

"勾勒出葡萄酒的形象"

拿破仑曾经说过："一幅优秀的画作胜过千言万语。"

我们可以使用和谐的色彩来代表葡萄酒所具有的风味。不同的颜色会因为我们的审美观不同而带来不同的欣赏感受。虽然我们对颜色的识别能力和机器相差甚远，但还是能够将其运用在识别葡萄酒上。使用作图的方式来表现葡萄酒的香气与味道非常具有可行性，利用三维模型，配合不同的颜色，能够形象地指出葡萄酒香气、味道的样子，以及其风味平衡状态的形态。

我们已经见过许多品酒师将他们所品尝的葡萄酒的风味变化通过图表的方式表现了出来。这也是一种非常有效的香气备忘方式，能够将其系统地展现在公众面前。曲线图、柱状图、直方图、气泡图、雷达图都是非常常用的表现方式。我们能够通过图表将描述葡萄酒不同品质特征的酒评以数量、比例的形式表现出来，从而便于其他人阅读观察。我们也同样能够了解到独立特征表现，以及品质差异比较等。通常选用来描述具有显著品质特点的葡萄酒的特性数量为3到6个，进行比较的葡萄酒数量也严格受限，这样得出来的图表才会更有效用。每一个特征都最好能代表葡萄酒的正面品质特点，彼此之间不会存在关联现象，也就是说表达的意思不能相像或相近。

举例说明，下面的图可以反映葡萄酒风味表现的结果。三种图都形象化地表示了三款葡萄酒风味上的六种表现类型。我们可以从A，B，C三个雷达图中清楚地找到它们的不同。这种表现方式相较语言、词汇具有更为精确、鲜明的逻辑关系，这是仅仅几个单词无法代替的；甚至还存在更为复杂、全面的图表形式，能够完全覆盖所有的描述词汇。

对于葡萄酒品评评审团而言，通常会使用平均数、中间数，甚至酒评中某项特点出现的频率来进行综合判断。如果酒评所描述的内容过于多样化，会导致选择出现困难，甚至结果也会变得过于随意，而失去参考价值。

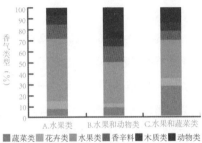

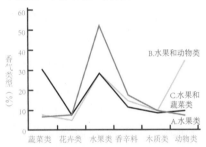

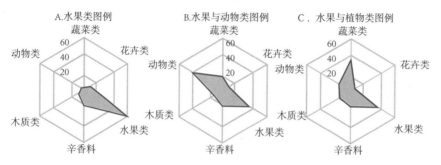

三种"水果类型香气"图例

味觉词汇的意象化

任何一种科学、技术、活动都有其专有术语，分别对应具体实物和理念。但是这些术语在生活中却逐渐变成莫名其妙、晦涩难懂的话语。一份好的酒评，如果在风味描述上十分详细，那么它所使用的词汇便不会简单。而人们只会用自己所理解的方式来看待这些好像很"普通"的词汇。

品酒师的语言可以是精确术语，专门用来表示具体的感受，比如甜味、酸味、苦味、乙酸乙酯的气味；还可以是模糊术语，但仍属于约定俗成的词汇，用来形容更为细腻的风味感受，以及风味的平衡，某种味道、气味的细节，或者对葡萄酒品质做出判断等。在第一种情形下，文字与术语之间的联系更为紧密，不容易出现偏差。

第二种情形下，品酒师需要将自己模糊的感官印象通过语言文字清楚地表达出来。正如我们在前文所看到的，当一些日常词汇被借用来描写葡萄酒风味时，其原本的意思都会发生改变，具有衍生或引申出来的意思；尤其是在对葡萄酒进行拟人或拟物形式描述的时候，

就好像葡萄酒的风味也成了有形的物质，或者获得了生命一样。

事实上，真正让非葡萄酒行业人士感到惊讶和好奇的是我们对葡萄酒风味描述的理想化方式，葡萄酒的风味就好像会附着于语言词汇上以有形的身体降生一般。对于外行人而言，很难理解为什么葡萄酒会具有几何图形结构，具有织物的质感，会有活泼的意象。在品酒师的语言里，会将葡萄酒的风格表现进行划分归类，它会有年轻的风貌，也会有衰老凋亡的时刻；会有优点，也同样会有缺点，甚至还会生病。还会用形容道德的词汇来进行点缀，比如诚实、高贵、友善、慷慨等。而关于葡萄酒风味是否讨喜，品质是否优劣的词汇则不会让人产生困惑，因为它们都是非常直接、常见的表述，好喝或者难喝，喜欢或者不喜欢，风味复杂还是缺乏滋味等这类词汇都有具体所指的意象，因此不会产生歧义。

关于葡萄酒"Beauté"（漂亮，美丽）这样的形容词，已经出现了许多约定俗成的描述词语可供使用。一款美酒可以被形容为才华横溢、英俊帅气、优美雅致、高贵不凡等。根据品酒者的热

情和品性，还会使用魅力不凡、优雅、娇媚、引人注目、出色非凡、别致、和蔼可亲、甚至一些略带夸张的词语，如奢华、美丽诱人、漂亮迷人、诱惑动人等。

和上述类型相近的，还有将葡萄酒套入社会阶级观念中的一种精英主义的表达方式，比如将品质顶尖的葡萄酒比作爵爷、领主等贵族的描述词汇。对属于列级名庄的葡萄酒，我们会将其描述为血统纯正、贵族、身份高贵、富有；对于品质普通的葡萄酒，我们则会使用平民的、举止粗鲁的、乡下人的、粗野的、卑微的、平庸的、粗俗的、贫贱的、常见的、标准的、普通的等这样的词来形容。甚至还存在中级庄（Cru Bourgeois）与农民酒庄（Cru paysans）这样的分类。如果一款葡萄酒口感结实厚重、香气浓郁，便会使用丰厚饱满（Rich）来形容，同时也表达了葡萄酒风味的复杂性。相反，如果将一款葡萄酒描述为平庸、贫瘠，那则说明它香气匮乏，酒体风味简单，缺乏变化。而一款风味精密有序的葡萄酒则代表了它甚至具有高于一些优秀葡萄酒的品质。

使用人体外形样貌来描述葡萄酒的风味形象也是被广泛采用的描述方法。我们会将葡萄酒和人的外貌特征联系起来，将其形容为肥胖、雄壮，或者相反，瘦骨嶙峋、缺乏肌肉等，还有阳刚以及对应的阴柔等。

还有不少使用人体形象来形容葡萄酒的例子，比如一款风格柔弱干瘪的葡萄酒会被形容为只有骨架，而一款肥硕的葡萄酒则会被形容为喂养得好。有些品评人员的想象力更为丰富，让我们不得不佩服，比如将葡萄酒形容为具有宽阔肩膀，魁梧结实，具有关节等。除此之外，还有许多衍生出来的描述方式，比如新酿的、轻盈的葡萄酒会被形容为年轻侍从；圆润顺滑、丰腴甜美的葡萄酒则会被形容为金发女郎；而颜色深沉，酒体厚重饱满、强劲刺激的则会被形容为棕发的忧郁男子。

使用年龄方面的概念来描述葡萄酒也是符合逻辑的，因为葡萄酒也是有生命的。陈年型的葡萄酒在历经多年之后，无论它的风味变化得快慢，它都会经历从年轻到年迈不同的生命阶段。首先便是新；紧接着年轻、年少；适饮年龄，我们称之为准备就绪，一切恰到好处。当葡萄酒失去青春、丧失原有的品质、开始衰老时，我们会说它变老了、衰退了、失去光彩、枯萎、凋亡、死亡等。

使用道德品行来形容葡萄酒肯定会有人觉得很可笑，但是，我们为什么不能将一款没有风味缺陷的葡萄酒形容为正直、坦率、干净、忠实、真诚、诚实、纯净、畅销、直接呢？不过说来也是有趣，这些词汇都是从葡萄酒相关的商业活动中演变出来的。

浓烈、醇厚是葡萄酒重要的品质之一，也可以用以下词汇进行描述：充满能量、健壮、强劲、享受安逸、刺激，甚至是有个性、有脾气、有激情等。相反，风味表现柔弱的葡萄酒则会被形容为软弱无力。

"讨喜的，让人喜欢的"描述方式则来自18世纪。相关的描述词汇也会具有那个时代的烙印，比如高尚、令人喜爱的、奉承迎合、美味可口、吸引人的、献殷勤的、魅力诱人、温顺、温柔动人、甜美可人、充满乐趣等。

还有一些形容有违做人处事基本规则的描述词汇也会被用来描述葡萄酒的风味缺陷，比如傲慢、高傲、华而不实、肆意妄为、反复无常、恶习难改、轻浮、小气、易怒、阴险、粗鲁、恶毒等。这类词汇数量众多，无法一一列举。有时我们也会形容一款葡萄酒的风格任性、飘忽不定，常常是指葡萄酒的稳定性不高，非常容易受到外界环境变化的影响，导致其口味也发生相应的变化。

还有一些前面遗漏的词汇需要补充。比如一些葡萄酒会被形容为阴险狡诈、卑鄙等，这种类型的葡萄酒在饮用的时候几乎感受不到酒精的强度，但是喝完之后会感到酒精上头，晕晕乎乎。而未经驯化的野酒则是用来形容带有野生葡萄味道的葡萄酒。还有一些描述词汇的意思较难理解，比如阴郁忧伤、聪明、充满灵性、感情丰富、机灵伶俐、生机勃勃等，使用时很难不出现误解。

将葡萄酒的质感比作织物的质地好像也是一件非常怪异的事情。比如之前提过的"Robe"（裙子，外衣），来指代葡萄酒的颜色。如果葡萄酒不够澄清，会被形容为有褶皱；如果葡萄酒酒体丰厚饱满，则会被形容为穿着得体、质地紧密等；如果葡萄酒酒体纤瘦，则会被形容为稀疏的织纹、纹路明显等。还有一些葡萄酒具有饱满柔顺、甜腻的口感，则会被形容为绸缎、丝绸、天鹅绒等；拉伯雷也曾经将这种类型的葡萄酒风味形容为塔夫绸一般的质感。如果形容为带蕾丝花边的葡萄酒，则是指它的质地细腻到无法感受的地步。还有葡萄酒会被形容为棉布质感，其风味通常厚重、平庸。

皮嘉索曾找到拉莫特（Lamothe）酒庄负责人和拉图（Latour）酒庄的某位合伙人之一在1821年的通信，内容是关于一位葡萄酒经纪人品尝1819年份的玛歌（Margaux）酒庄葡萄酒及拉图酒庄葡萄酒的记录："在确认酒质没有问题后，他将盛有玛歌葡萄酒的试酒碟递给了我，并说道：我的朋友，快来尝尝，这是卡西米尔短绒的质感。他在递过来第二只盛有拉图葡萄酒的试酒碟时跟我说道：这是漂亮的卢维埃呢绒的质感。"卡西米尔是用羊绒交错编制而成的布料，只能用来制作披肩，而不能制作大衣。

相似的具有画面感的描述方式还有上百种，具体的使用方法和品酒师在文学诗歌方面的造诣有很大关系。比如一款由成熟度极佳的葡萄所酿造的葡萄酒会被描述为太阳之酒、充满的阳光的葡萄酒、经过烈日灼烧的葡萄酒、南方葡萄酒、蕴藏火焰等。而风格清新凉爽、口感简单的葡萄酒则会具有"乡下的朴实无华的表象"。这是一种能够让人产生欢乐的葡萄酒，也会被形容为充满欢声笑语、快乐明媚、淘气、敏捷灵活、快活舒畅。当我们在品尝到一款风味复杂浓郁、酒体强劲的葡萄酒时，我们会将其描述为滚动着的风味、孔雀开屏般美丽，或者成百上千种味道充盈在口内，等等。

在任何葡萄酒品鉴场合里，我们都会遇到一些神奇的感受，会让我们联想到一些稀奇古怪的描述方式，甚至这些描述方式已经出现在我们这一章节所介绍的160多个词语当中。但是，对于这类词汇的使用，我们也有一个非常重要的建议，那就是过犹不及；并不是所有的葡萄酒都经得起辞藻的堆砌，滥用只会让你的听众觉得滑稽可笑。

品酒师的工作要求他们必须要对这些词汇进行学习，虽然他不能自己发明新的描述词汇，但是却可以利用引申的方式来扩充描述葡萄酒风味的词汇。对于品酒师常常遇到的找不到合适词汇，或者词不达意、表述拙劣的现象，皮埃尔·布彭对此这样说道：

"意象明确、表达出色、具有文采的诗意文字，必然会引起许多人的共鸣，但是外行人除了杯中的葡萄酒，只会记住一场优雅机智的即兴演说，葡萄酒品评结论应该避免出现过度华而不实的文字，而是要用真心实意的文字总结出有关葡萄酒风味的真相，并将其展示给自己的听众。"

为了避免讨论过多葡萄酒以外的东西，我们在此可以引用爱德华·萨里菲安（Edouard Zarifian）的解释，他是一名心理学家，同时也是一名非常优秀的葡萄酒鉴赏家，尤其是在香槟酒方面，有着非常深厚的研究。在他的理论观点中，所有的事物都会被分为三个面，第一个是真实面，第二个是象征面，第三个是想象面。葡萄酒的真实面，是它的酸味或者草莓气味等；象征面是节日庆祝、朋友聚会不可缺少的酒精饮料；想象面则是能够让我们联想到古希腊先贤的聚会、摄政王的聚会等。我们从一个现实的世界（酒精、单宁、酸度）迈入广袤的越发虚无缥缈的领域，接触越来越多的人、越来越多的隐秘的事情。我们可以想象一位第四代或者第五代酿酒家族的传人和一位化学家出身的酿酒师品评葡萄酒时的感受和行为会有什么差异？一位只喝过日本生产的清酒的日本人，一位严守清规、滴酒不沾的穆斯林，他们对于葡萄酒品尝方面又会有什么奇怪的想法呢？这些例子看似极端，但是我们身边难道不是真的存在这类人么？不存在两个完全相同的葡萄酒学习生涯，人与人之间存在着许多的不理解，也正是由于人们对这种现象的熟视无睹，才会产生那么多由于沟通不畅，导致彼此无法走上同一道路的悲伤故事。

要学会正确使用葡萄酒风味描述词，因为它们有助于我们认识葡萄酒、认识自我、理解葡萄酒，也理解自我，懂得欣赏葡萄酒，也从而明白如何自我品评。

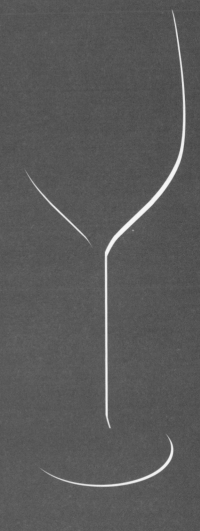

"在我们这里，人们生来就比其他地方的人生活得开心幸福；而在我看来，生在盛产美酒的地方的人才会幸福。"

——列奥纳多·达·芬奇（Léonard de Vinci）

第四章
酒杯中的乐趣

品质以及
葡萄酒质量

关于法语中"Qualité"这个词的具体意思，只需要翻开字典，我们便能找到不同形式的解释，比如品质、质量、素质、才能、优点等；也正因如此，法语中常常会因为它而产生误解。幸运的是，我们在葡萄酒品质管理方面已经有了长足的进步，但是围绕品质水平的争论却一直在持续，有些人坚持外在数据指标上的品质合格，有些人则会强调整体风味表现上的品质特征。另外，我们经常会在葡萄酒售卖场所发现价值差距数百欧元的葡萄酒，即使它们都来自同一葡萄酒产区，但是由于品质上的差异，使得价格也有了天壤之别。那么我们应该以什么样的方式来定义葡萄酒价值的高低优劣呢？而我们又能够从那么多品质优秀的葡萄酒中找出什么样的不同呢？

如何定义葡萄酒的品质

"品质是一种被人观察到的属性，而非自我认定。"

——法国农业部前部长皮萨尼
（Pisani）

"葡萄酒的品质会被人所感知认识，而无须自我证明。"

——勃艮第品酒师布彭

简单来说，葡萄酒的品质就是其所有良好风味的总和，而这些良好风味普遍地具备讨喜的属性特点。品质是人与葡萄酒相遇而产生的结果，葡萄酒所具有的风味特征与消费者的个人喜好、文化背景以及饮用环境相互碰撞，才赋予了葡萄酒品质一词实际意义。在以上对葡萄酒品质的定义中，饮用葡萄酒的人都是构成葡萄酒品质不可缺少的重要部分，葡萄酒的品质只因人而存在，通过人的判断、口味、喜好才应运而生。所以，葡萄酒消费者自身的素质水平决定了他所饮用的葡萄酒的品质，但是葡萄酒品质标准也存在客观的定义，并且受到消费大众的广泛认可，甚至经久不变。

1600年，奥利弗·德赛尔将气候、土壤、葡萄园定义为葡萄酒品质的三大基本要素，它们决定了葡萄酒的先天品质；而人的介入在一定程度上影响了葡萄酒的后天品质。然而值得注意的是，在农产品加工领域，并不存在完全由先天品质决定最终产品质量的情况。而自然条件只会对农产品的潜在品质有所影响。我们很难想象这些从先辈手上继承下来的葡萄园在最初开垦种植时期的样子，但是从新兴的葡萄酒酿造种植产区所经历的挫折与磨难，或可略知一二。选择合适的葡萄园产区时需要考虑气候、土壤等外在影响因素，这一过程完全需要依靠人类的智慧才能完成。也正是人们的辛勤劳作，才使得土壤保持了适宜葡萄生长的状态。不同的葡萄品种经历了数个世纪的人工选择，如今也都已找到了最适合自己生长的产区。所以我们说，优秀的葡萄植株、伟大的葡萄酒产区并不是从天上掉下来的馅饼，也不仅仅是自然的馈赠，还包含数千年以来，人类辛勤的劳作与智慧的结晶。

再者，葡萄酒的品质并不完全取决于葡萄果实的品质……在葡萄酒酿造过程中，对葡萄果实中的酸味物质、单宁，甚至香气成分的萃取也是重要的一环。在之后的酒精发酵、苹果酸乳酸发酵阶段，利用葡萄果实中所含有的物质，将其转化成为增进葡萄酒风味的次要产物。紧接着的熟成陈酿阶段，还会给予葡萄酒品质明显的提升，就像是通过教育来使得孩子成熟一样。葡萄酒的品质只有在人们付出刻苦钻研的精神与努力劳作的热情时，才会逐渐显现。葡萄酒和葡萄植株一样，并不能从狭义的角度将其理解为一种自然产物，它们都是一种人为介入的、经过悉心的呵护、照料、培育而成的人工产物。长年担任法国国家原产地命名监督管理局主席的罗伊男爵（Baron Le Roy）曾这样说道："品质永远都不会停止精益求精的步伐，因为那是人类所创造出来的产物。"

通常来讲，葡萄酒的品质表现取决于它们的饮用。葡萄酒的品质表现常常也会具有评估上的偏好评估，比如葡萄酒的味道不会有菊苣那么苦，不会像萝卜那样辛辣，不会像黄油那样油腻，当然大多数也不会像蜂蜜那样甜腻，但是人们依旧对于这些食物充满兴趣。那么是否存在一种饮料、食物、习惯能够愉悦我们的感官感受，或者给我们一种舒适的示范？葡萄酒早在数千年前便已经融入了我们的文化之中，是否也同时融入了西方地中海地区人们的文化中？从数百年前计起，是否也融入我们忠实的顾客英国人的文化中？或者数十年前便已融入远东地区人们的生活之中？最终我们只能如是说，葡萄酒的品质并不容易定义，有着太多不确定的因素，因为我们无法衡量究竟是什么样的人，在什么样的环境下，品尝了什么样的葡萄酒。

品质的根源

土壤

在大多数拥有葡萄酒种植历史的文明中，那些由于贫瘠、地势较差等原因导致不适宜种植稻谷、蔬菜等农作物的土地，都会用来种植葡萄树。罗马皇帝图密善（Domitien，公元51—96）就曾经下令铲除朗格多克地区适宜种植谷物农田的葡萄园。这种事情至今仍有发生，不过，也有许多国家和地区将地势平坦、土壤肥沃、容易耕作的土地重新改种酿酒葡萄。比如法国南部的朗格多克平原、意大利北部的波谷（Vallée du Pô）地带的冲积平原、安第斯山脉下的冲积平原，甚至智利境内某些原始森林这种从未经过开垦种植的土地，都出现了葡萄树的身影。土壤的状态、矿物质结构、化学组成成分，对葡萄的生产固然有着一定的影响；但是土壤气候环境的影响则显得更为重要，包括土壤温度、土壤含水量等。如果含水量过低，土壤则不足以养育葡萄，无论是枝叶的生长，还是葡萄果实的成熟度，都会受到影响。不过这种情况比较罕见，因为葡萄植株正常生长所需的降水量在每年200～400 mm，如果缺少降水会对葡萄果实的成熟度产生影响，这可以通过灌溉的方式加以解决。但是如果不加以干预，葡萄果实则会变得生青，出现草本植物的气息、尖酸刺激的口感，以及淡薄的色泽和稀薄的香气等缺陷。比如2005年位于西班牙卡斯蒂耶（Castille）葡萄酒产区的少数葡萄园由于干旱便出现了这种风格缺陷，即

使这片地区历来都是适合葡萄生长的产区。如果土壤湿度过高，土壤温度过低，会导致葡萄树徒长枝叶，并延长其生长期，增加葡萄患病的风险，成熟时间也会相应延迟。减少这种隐患的方式有很多，比如重新寻找排水性好的地区开垦种植，或者整理田地，人为制造坡度和排水渠来降低土壤含水量。葡萄园中的排水系统由来已久，历史缘由几乎无法考证，即使在今天，我们还能在许多顶级葡萄园的地下发现数百年前所埋下的陶土制成的排水管道。

　　土壤气候环境在葡萄酒酿造中所扮演的角色，一直到前些年才完全研究清楚。这主要归功于波尔多葡萄酒酿造技术研究所的G. 塞甘（G. Seguin），他通过研究17世纪梅多克产区的实际情形以及高卢-罗马诗人欧颂（Ausone）关于葡萄园的诗句，清楚地解释了古人是如何选择对葡萄种植最为有利的葡萄的。

葡萄树、葡萄酒以及风土

法语中的"Terroir"（风土），在翻译中常常会遇到困难，无论是英语、西班牙语还是德语都没有相对应的词，我们在这里按照约定俗成的习惯将其翻译为风土。

国际葡萄与葡萄酒组织在2010年给出了这样的定义："葡萄与葡萄酒的'风土'涉及某一特定空间，在这个空间内发展出的一系列知识——包含特定的种植葡萄品种及酿造葡萄酒的方式方法，与该地区的土壤特性、地形、气候、环境及生物多样性等的共同作用下，赋予了这个空间出产的葡萄酒产品与众不同的特质。"

在这种环境下种植的葡萄所酿造的葡

萄酒的风味，我们也称之为风土的味道、风味等。在过去，这样的形容方式通常是指葡萄酒具有负面的味觉感受，并且是较为严重的风味缺陷。科鲁迈拉（Columelle）也曾使用过这样的表达方式，用风土的缺陷来描述一款具有缺陷风味的葡萄酒。那时候的人们认为葡萄酒的味道缺陷主要来自土地，比如具有草本植物气味（如大蒜、洋葱、缬草等植物的气味），或是外界环境污染（如杂酚油味，常用来处理木桩、消毒防腐；或者沥青味，沥青道路铺设或者火灾等原因引起），以及酿酒工艺事故（"Brettannomyces"型酵母污染）等。现如今，风土是一种用来描述综合品质的产物，而不是用来形容某种品质或缺陷。数百年以来，大多数葡

萄园区的酿酒师们都已逐渐了解产区的风土表现，并能够通过葡萄酒的品质将其展现出来。通过以下对法国某些葡萄酒产区的详细描述范例的学习，有助于我们对其他葡萄酒产区的风土进行区分。

• 罗纳河谷产区，总共有21种不同的风土面貌，至少15种可变量，分布在3到11个层级。

• 位于奥德（Aude）省的利穆（Limoux）、科比埃（Corbière）、米内瓦（Minervois）产区，总共分为三个大组（地中海类型、过渡类型、大西洋类型），12种气候区域分别属于三种地形（山坡上部、山坡中部、冲积层）。

• 卢瓦尔河谷产区中的索米尔和莱昂（Layon）产区，这些葡萄园均属于北方葡萄园，法国国家农业研究所已对当地土壤、气候、葡萄品质及葡萄酒品质各个方面均有深入研究。

以上三个地区的葡萄园风土区域的分类，是由多种因素共同决定的，并且经由相应的葡萄酒酿造结果确认证实。我们将能够给予葡萄酒复杂风格的同一类型的葡萄园进行整理分类，通过多种参数共同验证，总结出以下几种显著标准。

• 母岩，地质学角度讲，这种物质并不能被人类改造，但它的重要性也相对有限，除了少数例外（比如夏布利产区的启莫里期地质学年代土壤构造）。

• 土壤及地下土层，是葡萄植株根系所生长的地方，土壤含水性以及矿物质含量会对葡萄植株的生长产生重要影响。

• 气候环境、温度、降雨量、日照时长共同决定了当地区域的气候条件，与纬度及海拔有关。整体气候环境通常会被细分为小气候、区域气候，这取决于地势走向、坡度、海拔、水域环境（海、河湾、湖泊等），植被覆盖情况（森林、草原等）等多方面因素。小气候环境会被人类活动所改变，以达到适应葡萄园可持续性发展的目的。我们根据不同葡萄植株的葡萄果实以及葡萄树枝叶生长对气候条件的要求，可以对当地小气候进行人工干预，比如温度上的改变、地形上的轻微改变，便足以延长日照时间，增加日积温。

• 土壤气候环境（温度、水分），这主要取决于气候环境条件，会被地势走向、坡度、植被覆盖率所影响。土壤温度这一概念的提出并不久远，但是它却非常重要，它对葡萄植株的根系活动有着重要的影响。

普遍做法：几乎所有葡萄园的种植条件都会被葡萄种植者进行不断改变以求完善，从土壤状况到小气候条件无一不涉及。

路易十四时期的大臣沃邦（Vauban，1633—1707）曾经说过："无论多优秀的风土条件，如果你不种，那么它与普通的土壤不会有什么不同。"这句至理名言流传至今，只因为它告诉了我们一个简单的道理，气候环境与土壤的差异只会通过葡萄砧木、藤蔓、果实展现出来，也就是说需要人的介入才会有意义。托马斯·杰斐逊（Thomas Jefferson），美国的第三任总统，曾在1782年参观侯伯王酒庄（Haut-Brion）的葡萄园时评价其葡萄园具有勃艮第气候下才有的现象。下面的示意图明确指出了参与葡萄种植的各个因素之间的关系。

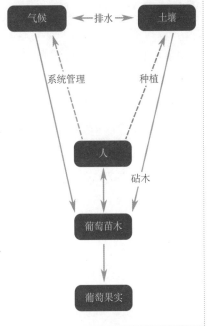

无论图表显示的内容有多复杂，它都明确地告诉了我们，风土所包含的内容并不仅仅是土壤，还有人类的辛勤劳作。现如今的每一个葡萄品种都是对土壤、气候及人类劳作的无声的回应。

总而言之，我们可以说风土是葡萄农与酿酒师与所有自然条件之间在互相合作、妥协之后，所实现的葡萄酒价值。当然，风土也和它的消费者、时间、空间有关。几个世纪以来，几乎所有新增的葡萄园的分布都是沿着河流，或者面朝大海，甚至铁路沿线；而且在全球化浪潮中，逐一适应经济的发展，或是传统，或是新潮，以满足不同文化背景的消费者的需求。今天，风土逐渐成为一个时尚词汇，对于葡萄酒，甚至其他农产品而言，这是一件好事，但是依然不够清晰，因此在具体的使用中也应该更为谨慎小心。

土壤主要是由石灰岩、砂砾、黏土等不同土壤组成，其结构条件也会对葡萄酒品质风格产生影响，经过长期的观察得知，几乎所有不同类型的土壤结构都具有酿造出品质卓越的葡萄酒的潜力；两块相邻的葡萄园理应生产相同品质的葡萄酒，但也有可能因为土壤结构不同而导致两者之间出现令人震惊的差异。比如位于圣埃美隆产区的欧颂酒庄所出产的石灰岩土壤风格的葡萄酒，而白马酒庄（Cheval Blanc）是砂砾土壤风格的葡萄酒，波美侯产区的柏图斯（Pétrus）则是黏土土壤风格的葡萄酒，三座酒庄之间的距离不过三四公里。还有位于波尔多左岸苏岱产区的滴金酒庄（Château d'Yquem），它的葡萄园的土壤结构非常多样，构成复杂。一株成年的葡萄树在地下的部分约占其总质量的一半，这也是为什么土壤结构在葡萄酒种植方面如此重要的原因。近年来的研究结果显示，在去掉人为干扰的因素之后，葡萄园的风土类型可以划分为十余种。所调查的产区仅在数平方公里的圣埃美隆产区、安茹产区、阿尔萨斯产区，利摩日产区（Limousin），罗纳河谷丘地。葡萄园土壤结构的多样性，很大程度上也造就了葡萄酒风格的多样性，并且从数世纪之前就已经被人们察觉和掌握。近年来农业领域的快速发展，卫星、GPS全球定位系统以及农业机械设备的信息自动化等在农业领域的应用，使得我们能够更加准确地掌握土壤结构多样化所带来的影响，不仅应用在葡萄酒领域，也包括谷物、油菜花等。

品种

P. 加雷（P. Galet）曾对葡萄品种数量进行统计指出，当今世界上存在着9000多种的葡萄品种，其中只有数百种有大范围种植，可谓种类非常丰富。有些葡萄产区则主要种植一种葡萄品种，并且在世界范围内都负有盛名，比如勃艮第的黑比诺和霞多丽葡萄品种，博若莱地区的佳美葡萄品种，孔得里约的维欧尼葡萄品种，或者以多种葡萄品种混合闻名的教皇新堡产区（Châteauneuf-du-Pape）会使用13种不同的葡萄品种。除了阿尔萨斯产区以外，大多数其他产区的葡萄酒几乎都不会直接将品种名称写在酒标上，甚至在旧时的法语商业贸易文件上也不会提及。过去这一二十年间，我们见证了许多单一葡萄品种及混合葡萄品种在新兴葡萄酒生产国的迅速发展，也有的在传统葡萄酒生产国的少数产区重见天日，比如法国的朗格多克和西班牙的卡斯蒂耶产区。通过葡萄品种来识别葡萄酒品质的方法，因为方便简单，在世界范围内迅速流行起来。消费者可以很容易认出赤霞珠葡萄品种的特性，而不是波尔多产区酒庄或地名，长相思霞多丽这样的品种也比桑塞尔（Sancerre）和夏布利这样的产区名更为耳熟能详。经验显示，这种区分方式对于那些品种特性显著甚至有些夸张的葡萄酒非常有利，比如赤霞珠的典型香气有青椒味，长相思的典型香气有黄杨木味，夏布利产区的霞多丽的典型香气有榛子味。而那些风味精致、酒体平衡，不会出现主导香气或缺陷的葡萄酒，则成为这种区分方式的牺牲品，优秀的葡萄酒反而得不到应有的重视。如果过度依赖葡萄酒品种的名称来识别葡萄酒的风味，反而会被混淆误导，比如同一品种的不同叫法。有些产区法规规定，混合调制的葡萄酒，如果有一个品种的比例超过50%，就可以表明这一品种的名称。很显然，里面最多可能会有49%的酒液来自其他品种，对于这样的葡萄品种，我们又怎么能够准确地品尝出它的品种特性呢？另外，不同产区具有的气候风格并不相同，即使同一品种也很难得到一致的风味特点。还有许多酿造工艺、陈年工艺的应用都会多多少少改变其最终风格。同一种葡萄品种最终所表现出来的风味特征会由于气候、管理方式、最终产量

的差异，而产生巨大的差异，比如丹娜葡萄品种在马迪朗产区和乌拉圭、佳美娜葡萄品种在智利和梅多克产区的风味表现几乎没有一点相似的地方。

葡萄品种赋予葡萄酒的强烈的性格特点，与当地的气候、土壤及人文等因素密不可分。我们在法国甚至法国以外的葡萄酒产区观察发现，那些率先使用单一品种酿制葡萄酒的生产商们很快便生产出具有当地风土特色的葡萄酒，从原来的品种酒转变成为具有当地特色风格的葡萄酒，重塑了当地传统葡萄种植的悠久历史，并发展出新的风格特点。比如西班牙里奥哈产区的丹魄及歌海娜葡萄品种，波尔多种植的赤霞珠、品丽珠以及美乐葡萄品种，还有只种植霞多丽及比诺（Pinot）系列葡萄的勃艮第产区，卢瓦河谷的品丽珠和诗南（Chenin）等经典葡萄组合。鲜食葡萄品种之间也会具有明显不同的味道，比如莎斯拉（Chasselas）、麝香葡萄，以及名为意大利亚（Italia）的葡萄品种的果实风味完全不同。在酒窖管理人员的品质管控下，葡萄品种的香气和风味特点会逐渐充分展现出来，形容浓郁的品种香气。因此，我们更应该尝试形形色色的葡萄品种所酿制成的葡萄酒，从而鼓励酿酒人员维持、并开发各个产区葡萄品种的多样性，而不要像现今某些产区打着国际葡萄品种的旗号，一方面人为强制干预减少当地特色葡萄品种的种植，另一方面引进国际上常见的葡萄进行种植，这种做法只能是自毁前程。现在世界上到处都种植有原产自法

国的葡萄品种，比如美乐、赤霞珠、黑比诺、西拉、长相思、霞多丽、雷司令、鸽笼白（Colombard）等。幸运的是，还是有许多新老葡萄园在坚持葡萄品种多样性这一理念，并将当地原有的葡萄品种进行发扬光大，比如教皇新堡产区法定的十三种葡萄品种。也有产区在尽力避免外来品种的入侵，比如里奥哈。也有一些产区准备将当地独有的葡萄品种发展成产区身份的象征，比如智利的佳美娜、乌拉圭的丹娜、南非的皮诺塔吉、奥地利的绿斐特丽娜（Grüner veltliner）、西班牙卢埃达（Rueda）产区的弗德乔（Verdejo）等。

我们会注意到，在植物界及动物界普遍出现的杂交现象在葡萄种植领域中却很少见到，也只有德国在1955年培育出来的杂交品种丹菲特（Dornfelder），以及南非在1922年培育出来的皮诺塔吉杂交品种能够用来酿造葡萄酒。杂交技术的广泛应用，也只有葡萄砧木这一个方向，并且地位几乎无法被取代，由欧洲种酿酒葡萄品种和美洲种葡萄杂交而成。1863年，欧洲地区的葡萄园大面积遭受根瘤蚜虫的侵害，正是这种杂交砧木的应用才将欧洲葡萄酒酿造业从死亡边缘拉了回来。也有一些其他杂交品种被用来酿造葡萄酒，但是由于数量稀少，几乎可以被忽略不计，只有在美国东海岸、秘鲁、拉圭等地有少量生产，主要供给当地人消费，其风味只能让欧洲的葡萄酒消费者感到难以下咽。或许还有一个葡萄杂交品种有广泛种植，在夏朗特地区培育出来的威代尔（Vidal）品种，似乎非常适合在加拿大、瑞典等地酿制冰酒，品质表现非常不错。

一些葡萄品种例子

赤霞珠：希腊波特卡拉斯（Porta carras）产区的会带有典型的树脂香气，葡萄牙瓜达卢佩山谷产区的是丁香香气，西班牙里奥哈产区的则带有甘草味，里昂地区会带有海湾沙滩的海藻味，朗格多克产区会有果梗气味，智利圣地亚哥附近的会有烟熏味，匈牙利北部埃格尔产区会带有炭火的气味（佩诺，1981），更不用说当它出现过熟或是不熟时所具有的典型的香瓜、青椒、胡椒，薄荷等气味。而在赤霞珠品种的诞生地，波尔多地区，其种植范围主要是在梅多克产区，而圣埃美隆地区的石灰石土壤结构是赤霞珠所不能接受的，这里只能是美乐的天堂。

- 美乐，适合这种葡萄品种生长的土壤通常是以黏土-石灰石，或者黏土为主。品丽珠则显得三心二意，什么样的土壤结构能够接受，通常在大陆性气候条件下会表现得更好。

- 长相思，香气复杂丰富并且细腻精致，如果气候过冷会出现草本植物的气味，过热会产生燧石的风味。在桑塞尔产区，我们会找到具有燧石风味的长相思以及石灰石风味的长相思。

- 黑比诺，长途运输比较容易丧失它细腻的品质。种植在山坡高处的黑比诺，通常会具有颜色深厚、单宁厚重、浓郁饱满等特点，但是不够细腻、优雅，不受专业人士喜爱，并且只有几十米高的山坡便会出现明显差异。在气候凉爽的区域，它的颜色会淡许多；而炎热的区域则会产生厚重的单宁，影响其香气的表达。

- 西拉，位于罗第丘（Côte Rôtie）产区的产量较低的葡萄园的这种葡萄通常会具有卓越的品质。在较为炎热的产区，且产量较高时会显得过于强烈，充满野性。

• 丹魄，具有非常多的名字，在西班牙种植普遍，是上里奥哈、杜埃罗河岸（Ribera del Duero）、托罗（Toro）等产区的骄傲。在气候过热、湿度过高的产区会失去原有的细腻，是西班牙输出国外的主要葡萄品种之一。歌海娜，原产自西班牙，在地中海地区广泛种植，属于风味饱满的类型；如果对于产量加以控制，能够得到更为优秀的品质。慕合怀特（Mourvèdre），又被称为莫纳斯特雷尔（Monastrell），同样原产自西班牙，表现欲过强，用邦多尔（Bandol）地区人的话说，它应该去看看大海。

• 霞多丽，在勃艮第、香槟地区的大陆性气候环境下，在石灰岩结构土壤上种植。由它酿造的葡萄酒的酒体平衡度令人称赞，在北方产区则会产生咬口感，南方地区则会产生浓郁饱满的口感和强劲酒体，但会失去品种的典型性，有点不像霞多丽。

• 雷司令，由莱茵河谷及摩泽尔产区的雷司令葡萄酿造的葡萄酒会具有平衡的口感及香气、细腻精致、优雅、清爽等特点。在气候较为炎热的地区，其香气会以玫瑰花香为主导，并且伴有汽油的味道，强烈刺激，如古龙水一般。

• 种植范围不广的品种，如丹娜，出自比利牛斯山脉马迪朗产区，由其酿造的葡萄酒口感会非常粗糙，而乌拉圭肥沃的黑土地则会让它的口感变得更为甜润、宜人，适宜生长在炎热的地带，尤其是秘鲁沙漠性质的葡萄园。

针对以上所举例子中的葡萄品种，其风味品质还可以继续补充，我们在这里只简明扼要地解释了这些品种所具有的特殊风格。除了之前提到的会影响葡萄酒品质的原则以外，还可以从文中总结出产量、含水量，甚至比较少见的石灰岩比例、岩石覆盖率等因素，都会对于葡萄酒品质风味产生重要影响。

总体来讲，葡萄品种好比是葡萄酒的父母。葡萄酒作为孩子，自然具有孩童才有的吵闹、不安分的小孩子脾气，以及自己的个性；但是它们骨子里遗传的那些基因，使得它们的风味并不会脱离葡萄果实本身的风味特征。

气候

葡萄的种植分布广泛，从北纬59°的瑞典首都斯德哥尔摩一直到南纬45°的新西兰，从海边平原到玻利维亚海拔2500～3000米的山谷地带，从年降雨量只有5毫米的秘鲁葡萄园到年降雨量1000～1200毫米的西班牙加利西亚、吉普斯夸（Guipuscoa）等。不过在靠近赤道的低纬度热带地区的发展并不理想，当地湿度过高，四季并不分明，高温多雨的天气无法给葡萄果实带来良好的成熟度。另外，某些地区则容易在春秋两季出现霜冻灾害，不过在加拿大和瑞士地区的防寒工作做得很好，通过埋土防寒的措施能够让葡萄植株安然度过寒冷的冬天。适合葡萄生长的产区还是非常多的，比如从德国，沿着地中海盆地、安第斯山脉、与其他大陆隔绝的澳大利亚、南非、加利福尼亚地区，一直到新西兰。不同的气候类型造就了不同风味的葡萄品种，并且每年的气候条件也会多多少少发生些许变化，而这对葡萄品质的影响也会通过葡萄酒直接体现出来。

葡萄种植酿造工艺

关于葡萄种植以及酿造工艺对于葡萄酒品质风格所产生的影响，仅仅通过数页篇幅的内容是无法详述清楚的。在葡萄种植到酿造的整个环节，种植者、酿酒师需要对当年的气候、土壤、发酵情况进行事无巨细的观察与学习。表面上是在酿造葡萄酒，而实质上是要通过酿造将该年份的葡萄果实所拥有的潜力全部挖掘出来。随着科学技术知识的发展，葡萄酒酿造工艺也有着显著的提升，许多创新技术的应用使得曾经"好"的处理方法也逐渐被淘汰。葡萄酒行业中，每天都有打破陈规的创新举措在提升葡萄酒的质量与品质，充满热情的酿酒师们在面对两难抉择的考验时所能够发挥的聪明才智、实践与理论相结合，才是引导他们走上成功之路的唯一办法。

葡萄种植与酿造所采用的工艺对葡萄酒品质的影响非常巨大，比如，有些品酒师能够通过葡萄酒的风味感受并猜测到所采取的某些酿造工艺。葡萄采收日期通常需要通过测量果实成熟度来决定；过早采收会产生植物的气味，比如青椒、黄杨木、芦笋味等；采收过晚则会出现过熟的味道，以及甜腻的果酱味。某些追求过熟果实的技术手段在近年来非常流行，我们希望这种现象只是昙花一现，因为它的流行会使得所有葡萄酒的风格统一化。利用过量的原生酵母进行酿造的工艺方法事实上会破坏葡萄酒的品质风味，它会给葡萄酒带来许多杂味，失去应有的纯净香气与口感。

那么如何利用橡木桶给葡萄酒增添风味呢？橡木桶作为储酒容器的使用方法大概可以追溯到法国人的祖先高卢人的年代，主要是为了便于和伊特鲁里亚人进行葡萄酒贸易，橡木桶在当时是作为储藏运输的容器而存在的，这一做法一直持续到20世纪末。根据我们所查阅的数十本出版刊物发现，在1970年以前，葡萄酒中的木质味道还是酿酒师极力想要消除的味道，可想而知在当时，它所代表的是葡萄酒味道的缺陷。在那个年代，所有人都在想方设法避免和清除这种味道，除了少数人会觉得无关紧要。今天，葡萄酒中的木质香气成了人人追捧的香气表现，以致世界上每年生产的橡木桶供不应求。如果为了获得橡木气味而只使用全新橡木桶的话，每年的产量完全不够消费者饮用。而且值得注意的是，那些顶级酒庄作为橡木桶生产商的主要顾客，早已经将品质优秀的新橡木桶买走。不过它们所酿造的葡萄酒所具有的木质香气并不明显，原因也很简单，他们的葡萄酒本身就具有的浓郁饱满的香气，这使得萃取出来的橡木味并不会成为葡萄酒香气的主导气味。即便那个曾经视这种木质气味为香气缺陷的时代离我们并不久远，但是依然无法阻挡它成为某些人眼中优秀葡萄酒品质的象征。这两种观点都不可取，并且一个比一个荒谬。就像教徒们在做礼拜时所说的那样，葡萄酒是由葡萄藤所结的果实、在人们的参与下酿制而成的，而不是橡木桶的功劳。诚然，橡木桶在品质卓越的葡萄酒熟成过程中起了一定的作用，但是我们也不能将这种上帝的恩赐归功于橡木的身上。

我们希望通过波尔多葡萄种植者兼记者的G. 马尔舒（G. Marchou）的文字对这一小节进行总结，他在文章中这样写道：

"法国的葡萄酒酿酒师们不应该因为某些人的品味以及某些经济学家对于葡萄酒消费市场分析研究走向的结论，而改变自己酿酒的初衷，并不需要为了迎合某人的口味，或者开拓新的葡萄酒市场而改变自己的葡萄酒酿造产区的风格。跟随这种潮流并不会带来任何好处。引领优秀品质风味的葡萄酒流行趋势的，不应该正是这些坚持自我个性的酿酒师吗？"

对此，我们还有什么好说的呢？

酿酒学

随着葡萄种植与酿造科学技术的大力发展，葡萄酒的质量与品质得到了很大的提升，而这一切的改变都是从1960年左右开始的，而1960年以前年份的波尔多葡萄酒，我们将其归类到旧时代的葡萄酒当中。许多人也会扪心自问，现在那些顶级的葡萄酒的风味品质是否会比20世纪初的同级别葡萄酒品质更好呢？或许它们会因为某些不好的年份而显得品质有些平庸和简单，但是与过去的葡萄酒品质相比较，其质量的提升也是非常显著的，况且更多品质低劣的葡萄酒早已消失在历史长河中，好比路易十四时代宫廷中那些身材高大的侍从，以今天的视角来看，高大这一形容词颇有滑稽的意味。科学技术

永远是酿酒工艺发展的基础，并不能独立存在，就像达·芬奇既是艺术家，也是一名伟大的工程师，耶胡迪·梅纽因（Yehudi Menuhin）不仅会演奏小提琴，也懂得维修乐器一样。

没有缺陷是一款品质优秀的葡萄酒所需要拥有的必要不充分条件。现今许多葡萄酒消费者无法接受酒液浑浊不清，或者出现气泡的现象，因此，相应的处理工艺也成为葡萄酒酿造过程中必不可少的一环。尽管对于大多数消费者而言，葡萄酒细微的品质改善和提高无法使其拥有正确的认识、感受，甚至让他们在品尝中感到无法适从，进而做出负面的评价，但是我们依然需要对那些能够增加葡萄酒风味品质的复杂度，以及改善葡萄酒风味平衡的创新工艺进行大力发展和推广，因为这才是葡萄酒行业可持续发展的唯一方法。

在葡萄酒领域中，我们常常会提到客观品质一词，其定义为葡萄酒从土地到餐桌的整个管理、酿造、储存流程是否符合酿造工艺中所规定的各项要求从而达到的标准品质；而主观品质则是指葡萄酒品尝时的感官分析判断，决定主观品质客观程度的因素则是品评人员自身所具有的葡萄酒品鉴能力。葡萄酒生产方面的法律法规只保证了葡萄酒的最低品质标准，是推动行业发展的基本要求，并为酿酒业提供相应的技术支持。葡萄酒的品质并不是要求其含有的某些物质组成成分的浓度达到某一指标，而是由所有组成成分之间所形成的复杂平衡关系而定。透过物理化学分析的方法

并不能破解葡萄酒具有迷人风味的秘密，甚至无法解释为什么普通葡萄酒与顶级葡萄酒拥有相似的构成成分，但是带给人的味觉感受却截然不同。不过，物化分析方法在控制葡萄酒风味结构缺陷方面起着不可替代的作用，它能够帮助酿酒师控制葡萄成熟度、管理酿酒工艺、监控葡萄酒储存状态等相关工艺流程，内容上包括限制葡萄果实含有的物质成分比例、控制萃取物浓度、预防感染变质、合理使用添加剂等。国际通行的标准质量管理体系，例如 ISO 9000 及其他质量标准管理办法，也同样运用在葡萄酒的品质管理中，并且根据感官分析品质要求对相关内容章程进行补充。感官分析作为传统的品控管理办法，与现代质量管理标准差别很大，两者在葡萄酒行业的应用中互为补充。过去的数十年以来，葡萄酒已经成为受到相关法规规定限制最多的日常饮品之一。

曾经有位葡萄种植管理人员这样说过："品质，源于人们所拥有的对美好事物不断进取、追求完美的精神。"葡萄酒品质的提高是酿酒师精心投入的结果，但同样也和葡萄酒爱好者品味的提升密不可分。品质优秀的葡萄酒提升了消费者品位、鉴赏葡萄酒的能力，反过来也推动了葡萄酒自身品质的发展进步。

关于年份

葡萄酒年份是指酿造该葡萄酒及酿造葡萄酒蒸馏酒基酒所使用的葡萄的采收年份。关于这一做法，具体可以追溯到1582年，罗马人也曾在葡萄酒上使用年份，只不过其含义更具有历史意义。葡萄酒的年份事实上就是葡萄酒初生的时间，它表明了一款葡萄酒的具体年龄，也给消费者的选择提供了关于风味、生产年代背景，酒体年轻或是已然陈年熟成等信息。它的含义与保存期限的定义毫不相同，而是消费者选择饮用的葡萄酒的最佳品质指标。分布在欧洲地区的葡萄园，每年所采收的葡萄品质也多有差异，这也是为什么年份能够作为第一印象，粗略评估一瓶葡萄酒的品质。每一个年份都有自己独特的风格特征、发展变化、名声以及价格评估依据，这也是为什么所有品质优秀的葡萄酒都会主动将自己的年份信息标识出来。我们常说年份对葡萄酒品质的影响要多于葡萄园的影响，同一年份，但是产自不同葡萄园区的葡萄酒相似风格的有很多，而同一葡萄园生产出来的不同年份的葡萄酒风味品质相较前者拥有更多的差异；并且，掌握年份特点要比掌握葡萄园区的风格特点要容易得多。有些葡萄酒，比如香槟、波特酒，它们只有在品质极佳的年份才会被标识在酒标上，也就是我们常说的年份香槟、年份波特酒。

葡萄酒所具有的年份风格特点可以说是当地气候变化的机缘巧合；从来没有两个具有一模一样的葡萄采收品质的年份，也不可能在不同年份制作出完全相同的葡萄酒。气候对葡萄果实品质有着决定性的影响，由于葡萄果实的成熟期在45天左右，在这段时间内，葡萄果实的品质及物质成分比例都会受到气候变化的影响而发生改变。成熟的葡萄果实最为脆弱，如果采收期间遇到天气变化，比如连绵阴雨，会破坏一整年来的努力。相反，在采收期间，如果是气候凉爽的葡萄产区，炎炎烈日能够带给葡萄果实极佳的成熟度；但如果是在气候炎热的地区，这种天气反而会给葡萄品质带来严重的损失。

在葡萄酒行业中，那些学识渊博的专业人士，精确掌握了不同年份所具有的气候特点，以及带给葡萄及葡萄酒品质风味的影响，常常让外行人士惊讶不已。一款葡萄酒的品质不能简单地依靠绝对的评分来决定，而是要和同一葡萄园不同年份的产品进行对比品评。对不同年份的葡萄酒品质进行排名的举措同样无法做到客观公平，因为这种比较方式是建立在不同陈年状态的葡萄酒之上，风味表现自然具有明显差异；举例而言，今天我们要将一款1995年的葡萄酒与同一酒庄、同一葡萄园所生产的1975年份、1970年份，甚至1961年份的葡萄酒进行对比，但是这些葡萄酒已经经历了多年的陈年熟成过程，不同时间的陈年过程造就了完全不同的风格特征，对此，我们要如何进行客观对比呢？许多人心里都十分清楚，这时候关于品质排名的争论是毫无意义的。只是对于这一共识，还需要时间的积累沉淀，才会被大家逐渐接受。有些特点鲜明的年份会从造就葡萄酒品质风格的葡萄园、产区及品种所带来的影响中脱颖

而出，刻上年份的烙印。年份优劣的评价也会根据产区的不同而有所变化，比如同一年份的梅多克产区与圣埃美隆产区，在本质上几乎不存在多大差异；但是在生产干白葡萄酒的格拉夫产区，以及生产甜酒的苏岱产区，即使地理位置非常近，同一年份却总是获得不同的评价；即使是法国境内的葡萄园，如果距离相差甚远，年份一词在这两个产区之间可能会代表两种截然相反的品质意味。每个人都有资格对年份发表自己的观点和看法，但是对于那些普遍受到专家与消费者认可的伟大年份，并不会因此产生争议。我们现在所认可的波尔多产区的最佳年份，也称之为荣誉年份，包含1945、1947、1949这样的独立年份，也有1928到1929、1961到1962、1975到1976这样的连续年份，甚至还有更为罕见的1988—1989—1990连续三年的绝佳年份。

将不同的葡萄酒年份以好和坏这两种绝对形式做简易分类的方式已经逐渐被淘汰，我们现在可以说："葡萄酒业已经不再存在坏的年份，只有遭遇困难的年份。"通过对采摘到的葡萄果实的筛选，配合现代化酿酒技术，使得我们能够从每一串葡萄中筛选出优质果粒，从而最大限度地获得品质卓越的葡萄酒。纵使如此，仍然还有许多葡萄酒爱好者仍然将自己的选酒思维局限在伟大年份、列级名庄之上。他们似乎完全不懂选酒的小聪明："小酒庄选大年份，大酒庄选小年份。"无论如何，年份最基础的意义在于，给予选酒人最佳的饮

用时间参考信息，越是普通简单的葡萄酒越是要及早饮用。

我们经常会遇到"世纪年份"这一表达方式，但是由于它出现的次数过于频繁，使得人们对这一称呼感到越发不屑。不过，对于每一代人而言，心中都会有一个绝佳的世纪年份。在我们这一代人的眼里，称得上波尔多的世纪年份只有一个，那就是1961年：完美气候与现代酿酒工艺的完美融合；以至于十几年后的1975年，也无法留下更令人印象深刻的记忆。至于1928、1929、1945年，所保留下来的葡萄酒已经是非常罕见，并且也不总是给人留下完全满意的印象。我们所从事的葡萄酒酿造学科，长久以来的任务就是与同时代的葡萄酒中可能出现的风味缺陷做斗争，也是所有酿酒人为之奋斗终生的主要工作。近些年来堪称世纪年份的还有1982、1985，甚至1990、2000年。不过2000年所具有的数字魅力（千禧年）更超过葡萄酒自身的品质。未来的葡萄酒品评人员还会用新时代的眼光和标准来评判我们现在的葡萄酒品质，能够与未来品质竞争的葡萄酒，只能是那些突破时间考验的世纪年份，这样才能够拥有自己的一席之地。到底谁能够成为21世纪的"世纪年份"葡萄酒，还有待时间来检验。

不同类型的质量

前文中提到的葡萄种植、葡萄酒酿造以及葡萄酒管理，都是成就葡萄酒品质的基本因素。但是何为品质？细腻优雅还是强劲结实？清新爽口还是成熟饱满？活泼鲜明还是甜润厚重？在葡萄酒领域里，完美主义的狂热信徒相比自由散漫、喜好分明的人，恐怕只能在这里收获失落和遗憾。理化分析测量、正确的判断能力、平衡的感官分析敏锐度，以及专注力都是引导我们发现品质真正身份的最适合的工具，同时也能够使我们从类型多样的品酒活动中获得丰富的乐趣，这是一场考验智力水平与感官敏锐度的精彩游戏。

葡萄酒品质

布拉纳（Branas）教授从事葡萄种植领域研究工作将近四十年，足迹遍布波尔多及蒙彼利埃（Montpellier）葡萄酒产区，他在1992年发表的论文中指出："构成葡萄酒的品质特点的因素有细腻、优雅、平衡，以及个性和产区特点。"我们可以将它作为"葡萄酒品质"定义的参考。简单来说，细腻和优雅的特点来自葡萄品种自身，这从遗传学角度上便存在细腻和粗糙之分。这是葡萄普遍具有的特点类别。个性和产区特点则来自风土，从狭义的角度理解便是土地，也是唯一能够通过人类活动使其不断改变的因素。

葡萄品种与风土之间的关系非常复杂，相关原理至今也没有完全研究清楚，主要成果还是依靠长期观察对规律性现象进行总结得来的。不管怎样，要想长久地获得高品质、具有强烈个性特点的葡萄果实，都需要遵循以下几项普遍控制原则：合理灌溉，疏花疏叶，平衡树势，控制产量。

上述定期的葡萄园管理控制原则内容由来已久，先后由福埃克斯（Foex）、维亚拉（Viala），布拉纳等人历经数百年，一片葡萄园接着一片葡萄园地对土壤、葡萄品种、砧木、土壤肥力、含水量等因素进行观察分析从而得出最终结论。正如著名的统计学家迈克思·里弗斯法国国家农业研究院波尔多分院葡萄种植研究站主席）于1975年所言："我们不会将嫁接过的赤霞珠葡萄品种种植在土壤酸化严重的环境中，我们只会培养感情。"乍看起来似乎有些复杂，实际上所表达的意思非常实在。

想要找到理想中的葡萄品种与风土的搭配组合是非常困难的，根据时期及区域的不同，存在着非常多的变化。在所有传统葡萄酒生产国，葡萄酒历史文化的基础无所不在，我们已经为每一个葡萄酒产区找到了其最适合的葡萄品种。随着全球贸易的扩张，葡萄园面积在这一百多年以来也有了长足的发展，比如在法国朗格多克及阿尔及利亚的大面积扩张；尤其是在根瘤蚜虫肆虐欧洲大面积的葡萄园之后，欧洲的葡萄园随着铁路的发展建设，也开始着手重建。大多数新兴葡萄酒生产国的葡萄园都是率先由欧洲移民建立的，而这一切都是出于对饮食文化及宗教信仰的需求。因此，对于土壤和气候的选择并不十分在意。葡萄品种与风土之间的平衡关系，不是一蹴而就的，需要长时间的观察与改进。那些古老的葡萄园自从数世纪之前就开始对自己的园区进行审视、自我完善，而这正是所有新葡萄园所缺乏的。当然，在对葡萄园的自然条件进行改善处理时，犯错是在所难免的，但是如果前人都因此故步自封，便不会有葡萄酒行业繁荣兴旺的今天。

正如波尔多葡萄酒酒商兼作家J.科瑞丝曼（J. Kressman）在书中所写："葡萄酒中蕴藏的历史总比其携带的地理信息要多。"

分析质量

理化分析在研究葡萄与葡萄酒生命机制方面逐渐显示出了它的高效性与实用性，作为量化指标，在葡萄种植及葡萄酒酿造方面提供了丰富的理论基础，尤其是在量化葡萄酒风味缺陷方面有着显著的成效。只不过在葡萄酒品质品评分析方面，理化分析技术无能为力；在葡萄酒骨架结构、组成成分以及外观方面，现代理化分析技术是研究这些内容的首选，而这在过去是几乎无法办到的事情。理化分析技术向我们展示了过去一个世纪以来葡萄酒结构出现的重大变化，如果研究内容更为细致，也完全足以揭示过去五十年来的变化趋势。以下数据来自波尔多葡萄酒学院。在20世纪，波尔多地区红葡萄酒的酒精含量平均升高了30%，而总酸度平均降低了33%，挥发酸（陈年老酒的主要风味缺陷来源）降低了56%；而单宁物质的含量先经历了一段时间的下降，一直到1960年，其含量又重新迅速升高。让我们将时间追溯到更远一些，在1855年，梅多克与苏岱产区列级酒庄的葡萄酒排名中，红葡萄酒所具有的酒精度数基本上不会超过8度到9度，能达到10度的已经非常罕见。现如今，这种度数的葡萄酒在葡萄酒市场上早已消失。可能会让许多依然持有怀旧复古情结的消费者感到惊讶，1939年以前法国生产的大多数声名显赫的红葡萄酒如今已经不再适合饮用，甚至包含1950年到1955年之间的红葡萄酒。这些年份久远的伟大年份的葡萄酒，普遍具有酒精度过低、酸度过高并且含有过量挥发酸等特点，以现在的标准来看，已经失去了饮用的价值。

这些年来，许多同一类型的不同风格葡萄酒的主要物质构成含量逐渐有了趋同的趋势。通过对过去二十年到三十年间的葡萄酒质量的观察，我们发现尽管全世界的葡萄品种、气候、种植管理方法、酿酒工艺、味觉感受种类非常多样，然而所酿制的葡萄酒却统一向结构丰硕饱满、风味集中浓郁以及较低酸度的特点发展。也有尝试发展地方特色葡萄酒品质风味的例子，不过也只有少数成功地坚持下来了。最近的调查显示，酒精浓度降低的葡萄酒开始逐渐以不同形式受到大家欢迎。

食品卫生质量

葡萄酒作为一种健康饮品已经存在上千年，而这种认识要远远早于巴斯德在证明"葡萄酒是最为健康卫生的酒精饮料"之前。现如今，这句话已经铸成巨大字符，镶嵌在阿根廷最大的葡萄酒酒窖外墙上。葡萄酒中绝对不会含有任何致病细菌，也不会含有超标的重金属；相反，我们却能够在许多地区

的饮用水中发现这些致病因子。在新约圣经中，一位好心的撒玛利亚人使用葡萄酒来治疗严重的创伤。更为近代的有阿尔诺·德维伦纽夫（Arnaud de Villeneuve，1238—1311），国王以及教皇的御医，使用泡有植物的葡萄酒作为药物，治疗忧郁症、便秘、肝脏疾病及健忘等疾病。直到1960年，波尔多医药学院院长麦斯凯利（J. Masquelier）证实葡萄酒对预防心脑血管疾病有着非常显著的效果。还有著名的"法国悖论"（French Paradox），法国人的饮食习惯理应使其成为心血管疾病高发的人群，但事实却正好相反，原因则是由于日常饮用葡萄酒的习惯降低了患病的风险。这一结论经过许多国家的研究学者，以及柏杜（L. Perdue）等人的论证之后，葡萄酒的饮用开始广泛流行。葡萄酒本身既不是食物，也不是不可代替的药物，但是它却有着类似药品疗效的作用，鉴于它的使用年代，相比现代食疗概念要超前许多。葡萄酒还能够平衡膳食，除了讨喜的品质风格特征以外，还能够让人充满活力，甚至还可以用来壮胆，在战场上提升军队士气等。最后我们要强调的是，葡萄酒和其他所有食物一样，酒液中含有的某些自然产生的物质或某些添加剂都有可能造成健康隐患，但是在食品安全标准的控制下，含量极低，不会产生实质性的危害。不过"过量饮酒有害健康"可不是开玩笑的。

行政管理的质量

政府对于葡萄酒品质的管理早

在古罗马时代便已出现，老普利尼（Pline l'Ancien）将葡萄园分为五种不同类型，外加一种其他类型，并成为税收管理基础的典范。今天，欧盟的葡萄酒产量占全世界总量的60%～65%，其质量管理体系主要分为三个级别：特定产区优质酒（Vins de Qualité Produits dans les Régions Déterminées, VQPRD），原产地地理标识（Indication Géographiques, IGP），以及其他餐酒（Vins de Table, VdT）。在这套分级制度下，还可以细分出266种不同类别的葡萄酒，由六种不同语言组成，具体内容由欧盟2002年5月4日所通过的L.118/30号法案规定。另外，欧盟法案同样也将各地其他不同工艺技术所酿制的葡萄酒考虑在内，比如德国的"Eiswein"冰酒、"Trockenbeerenauslese"粒选贵腐葡萄酒、葡萄牙的"Tawny Porto"陈年波特酒、法国的"Vin de paille"麦秆酒、意大利的"Amarone"葡萄干酿制葡萄酒，以及西班牙的"Amontillado"雪莉酒。

欧盟以外的大多数传统葡萄酒生产国及新兴的葡萄酒生产国都相继推行了类似的管理规范体系，数以千计的产区获得认证，涵盖了上万家酒庄、酒厂以及其他品牌。这种质量管理规范体系的主要目的是保证葡萄酒产品的可追溯性，建立严格的生产管理体系，保障产区内葡萄酒的品质风格。

有些人对我们说，世界上的葡萄酒分类体系太多、太复杂了。我想他们恐怕忘了这个世界上还存在着动辄上百种样式风格的手机、款式多变的汽车型号，也不见大家对此有多抱怨。葡萄酒不同的类型名称多是围绕着三到四种主要类别衍生出来，其条理清晰，理论依据充分，结构明显，是传统葡萄酒生产国经过漫长历史而逐渐形成的分类方法。新兴葡萄酒生产国也顺势而为，仿照传统重新构建了类似的行政管理分类体系。每个国家的政治经济体系结构都具有很大差异，但是好奇的人总能发现，越是复杂、详细的行政法规，越是能够满足、激发消费者的多元化需求。

经济与种植方面的质量

全球葡萄酒市场每年的消费总额在1000欧元左右，平摊到每瓶葡萄酒上平均价值为3欧元。葡萄酒生产也是一项市场经济活动，这个话题虽然背离我们这本书的初衷，但是葡萄酒市场对葡萄酒风味的影响却从未停歇。追求品质自然会导致成本的升高，而这又会影响最终的销售情况。自从罗马时代以来，葡萄酒产业的发展存续便一直遭遇不同的危机，从供应过剩到供货匮乏的情况时有发生，罗马皇帝图密善就曾经下令铲除葡萄园改种谷物，直到新皇普罗布斯（Probus）登台，又重新开始鼓励葡萄种。葡萄酒产业在历史的浪涛中起起伏伏，一直艰难维系到今天。葡萄酒爱好者可能并不了解这些细节，但是这些动荡对于葡萄酒产业的巨大转变却是真实存在的，在每一次灾难过后，葡萄酒业总能重新找到生机。铁路的发展使得法国南部的葡萄园曾经消失过一段时间，并改变了南部人们的生活方式，但是曾经的法国殖民地，一些北非国家葡萄酒产业的飞速发展又重新填补了这片空白。1956年冬季的霜冻危害，极具毁灭性，也改变了曾经的葡萄酒产区风貌。还有在过去的40年内，波尔多酒农、酒庄、酒厂、城堡的数量从原先的4万左右减少到现如今的1万，而整个波尔多产区的葡萄种植面积则一直在9万～12万公顷之间浮动。拥有同样种植面积的智利，也拥有相同数量的葡萄酒种植酿造从业人员，但是却仅仅拥有300到400个酒庄、酒厂，其中只有五十余家具庞大规模。两大葡萄酒产区在产区结构之间的差异，用经济学家的视角来看，已经明显地指出了世界葡萄酒业的发展变化趋势，以及葡萄酒品质风格之间所具有的差异。

葡萄酒容器

事实上，我们对葡萄酒品质的感知在一定程度上取决于葡萄酒容器。布满灰尘的酒瓶、使用蜡封封口的酒瓶、瓶肚缠有草绳的意大利长颈大肚酒瓶、用铁丝封口的酒瓶，还有易拉罐、盒中袋（Bag in Box）等各种形式的葡萄酒容器会在品尝之前便给予人不同的品质感受。从数年前开始，葡萄酒容器便有了快速、新奇的发展，有塑料的，有金属的；有的外形坚硬，有的则柔软能随意改变。大多数葡萄酒容器从技术层面来讲都能够将葡萄酒保存数月甚至数年；因此，它们完全满足成为盛装葡萄酒容器的所有要求。

酒标

酒标，是我们可以从葡萄酒上获取的第一手信息，其内容通常包含该酒款所涉及的经济、文化甚至采用的酿酒工艺等。除此之外，还须包含六种强制性规定的信息，例如，葡萄酒原产地名称、装瓶者、酒精度、容量、产品批次编号等；还常常会出现年份及生产商的名称、品牌，各种有助于识别葡萄酒类别的信息，甚至是能够代表酒庄或是葡萄园的图片或标志也属于经常出现的信息之一。背标透露的信息则会更为详细，通常是酿造方面的具体实施情况，以及相应葡萄酒的风味品评描述。酒标就如同葡萄酒的身份证，它拥有关于葡萄酒的所有基本信息。常常会有人对葡萄酒酒标上的文字投入过多的精力，只在乎它是否具有名气，而忽略了瓶中的葡萄酒所带来的乐趣，难免有些本末倒置。

葡萄酒的分级

葡萄酒分级是一种典型的法式作风，尤其是在波尔多地区，当地的葡萄园分级制度对于葡萄酒名声的影响极为重要。最著名的分级制度要数1855年梅多克与苏岱葡萄酒产区的分级（其中的红颜容位于格拉夫产区）。这份官方制定的酒庄分级制度名单是在1647年以来所出现的34份非正式分级名单及各个酒庄葡萄酒在市场上的销售价格等的基础上，经过综合考虑修订而来的。这份分级名单除了少数个别的改动以外，其他内容原封不变维持到了今天。

格拉夫葡萄酒产区分级制度的制

定完成于 1959 年，名单中包含了 16 家列级酒庄，只对红、白葡萄酒进行区分；有的酒庄两者兼有，有的则只有其中之一获此评级，列级酒庄之间并无等级差别。

圣埃美隆列级酒庄分级制度确立于 1955 年，与上述分级制度的不同之处在于，圣埃美隆产区酒庄分级每隔十年便会重新审核评估一次，并在 1986 年、1996 年、2006 年，以及作为例外的 2012 年，对该名单包含的成员总共进行了四次改动。具体的评级审核内容超过十余项，包括葡萄园不动产，达到要求品质的葡萄园面积及酿酒设施等。

另外在梅多克产区还有其他类别的分级制度，比如梅多克中级庄分级制度（Classment des Crus Bourgeois du Médoc）设立于 2003 年，以及 2005 年制定的梅多克艺术家酒庄评级（Classment des Crus Artisans du Médoc），同样是每十年重新评一次。（注：中级庄产区评级制度于 2009 年进行了更改，变为年审制，只有获得评级的该年份葡萄酒才能拥有中级庄的标识。）

普罗旺斯产区从 1955 年起，也拥有了 10 家列级酒庄。

这类分级制度的制定者是人，难以避免会在品评评级中产生疏漏，甚至吹毛求疵的严苛要求。多年的经验表明，评级制度对于葡萄酒品质的提升有着明显的助推作用，有些已经获得评级的酒庄为了能够长期保有这一名衔，从而在葡萄酒品质方面更会精益求精；而有些希望获得该评级的酒庄则会为达到这一目标而不懈努力，从各方面对自己的产品品质进行提升。通过对葡萄酒产品进行区域划分，制定相应的酿造标准、规章制度，并对其反复审核，为生产品质卓越的产品提供了可靠的制度框架，相比传统作坊式、随心所欲、毫无组织结构的生产模式而言，这种方式使得葡萄酒产业的发展走上了可持续性发展的道路。

葡萄酒价格

影响葡萄酒价格的因素很多，比如产品质量、稀有程度、陈年时间、名誉声望、所属的葡萄酒产区、历史文化背景、机遇巧合（比如葡萄酒品质特性某方面具有特殊吸引力等）、促销方式、销售者的人格魅力、销售场合背景（比如拍卖场所）等。每个产品都会拥有自己的定价策略，根据短期或是长期目标的不同，价格也常常会出现变动。另外，葡萄酒的报价体系会根据销售环境背景的不同，出现极大的差异，比如散装葡萄酒有自己的一套价格体系，超市的促销活动也会有相应的定价机制，餐饮酒店中所出售的葡萄酒又会含有服务价格，而具有历史价值的葡萄酒在进行拍卖时的定价方式又是另一回事。因此，如果我们仔细观察市场上所销售的葡萄酒，会发现有时明明是两家紧邻的酒庄，但是其产品的销售价格却有云泥之别。另外，由于葡萄酒自身具有农产品属性，世界上许多葡萄酒生产国都会制定相应的农产品或原材料补贴政策，用以扶持第一产业健康持续地发展。因

此，葡萄酒最终的价格中，只有一部分
与葡萄酒的品质有关。

世界上销售的静止型葡萄酒，包括
法国生产的葡萄酒，以每瓶容量750mL
的为例，平均销售价格在3～5欧元，
低于这个价格的葡萄酒的销售总量几乎
占据了葡萄酒市场销售总量的75%，仅
仅只有5%左右的葡萄酒的销售价格会
高于8～10欧元。而在葡萄酒专营店
中，我们可以看到葡萄酒的销售价格区
间非常广，从低于1欧元的，到数百欧
元甚至上千欧元一瓶的葡萄酒应有尽
有。我们在这里似乎偏离了葡萄酒风味
的话题，但是事实上，对于大多数消费
者而言，关于葡萄酒品尝的话题都会由
下面这个回答而结束："这个价格，我
到底是买，还是不买呢？"

葡萄酒的名气

所有与品质有关的因素综合起来才
成就了一款葡萄酒如今的名气。与许多
人所具有的观念正好相反，葡萄酒产区
及品牌并不会成就一款葡萄酒的名声；
而是葡萄酒的名气与价格成就了葡萄酒
产区，以及它值得信赖的品牌。

许多新晋的具有原产地命名标识的
产区，由于缺乏葡萄酒文化积淀，尽管
有官方的分级制度，其产品在销售情况
与价格制定方面并没有显著提升。相
反，西班牙的DO葡萄酒产区分级下的
杜埃罗河岸产区，却获得了极大的成
功。该产区的历史并不久远，审核评定
于1992年。但是由于该产区拥有酿造
品质顶尖葡萄酒的历史可以一直追溯到
18世纪，并且将这一优秀传统保留至

今，这里的葡萄园在原产地命名标识的
助力下重获新生。

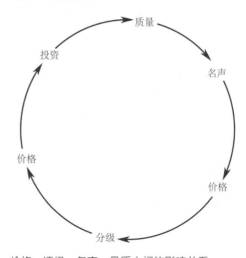

价格、评级、名声、品质之间的影响关系

近二三十年间评定的新的AOC葡萄
酒产区，吸收了近代以来的一系列葡萄
酒相关法律法规政策的有益内容，成为
具有强大约束力的生产指导方针。但是
也只有那些扎根于当地，不但拥有历
史、名声，还具备产品特色，以及值得
信赖的品质等条件的酿酒企业，才能获
得良好的发展。而那些忽视当地葡萄酒
法律法规，无法适应现代酿酒技术发展
的葡萄酒企业，则无一例外濒临破产，
走向消亡。为了达到成功的目的，人为
创造或是对其他AOC产区进行简单复制
的方式，即使未来得以获得成功，但产
品仍旧缺乏特色，所拥有的市场潜力及
市场忠诚度也是有限的；长此以往，终
究还是要面临发展的瓶颈。

然而我们还要对具有悠久历史传统
资历的AOC葡萄园提出警示，不能沉醉
于现有的美好风景中而忘记初心，葡萄
酒传统酿造工艺需要传承，现代工艺更
需要接续。不过好在他们中的大多数都

懂得这个道理，成为葡萄种植及葡萄酒酿造等方面创新工艺实用化的领头羊，例如波尔多瓶的使用、苹果酸乳酸发酵的推广普及以及酿酒酵母选育等。这些技术研究均来自在各个地区设立的法国国家农业研究中心，一旦在实验室中证实某项创新技术理论具有可行性，葡萄酒生产商们便立刻通过实践验证是否适合当地的酿造传统及葡萄酒品质、个性等，对于不合适自身发展的创新工艺会立即舍弃，或是对现有葡萄酒市场欣赏葡萄酒的风格特征进行研究分析，寻找适合自己发展的道路。在这场知识创新的竞赛中，他们知道时间的紧迫性。

宗教

葡萄酒或酒精饮料与宗教之间的联系由来已久，并且涉及面非常大、情况复杂，稍有不慎便会引起一场严肃的争论。酒神狄俄尼索斯（Dionysos）和诺亚（Noé）可以被认为是所有欧洲葡萄酒神话的奠基人。虽然是老生常谈，但是与葡萄及葡萄酒相关的神话故事主要还是与犹太教与天主教相关，葡萄或葡萄酒这类词汇在圣经中出现的次数不低于600次。葡萄酒被宗教赋予了具体的象征角色，这对葡萄种植在地中海地区的传播，乃至在新兴葡萄酒生产国的推广普及，有着重要的推动作用。伊斯兰教教义则较为复杂，葡萄或葡萄酒这类词在古兰经中仅仅出现过5次。土耳其也有葡萄园种植，不过多是作为鲜食葡萄或葡萄干食用。伊拉克、阿富汗、伊朗也曾经有过大面积种植葡萄的经历，不过现在已经完全消失。古兰经禁止大地上出现过量的葡萄酒，就像禁止赌博一样，但是它们将葡萄酒的乐趣保留在了天堂，那里有一条葡萄酒河，美味无比。伊斯兰习俗也会根据不同时期、不同地点而拥有较大的差异，有些地方会完全禁止饮酒；而有些地方则完全放开，不仅饮用葡萄酒，还将其写在诗歌中。东方的宗教或哲学系统，比如印度教、佛教、道教、儒家学说等，在古代并没有机会与我们的葡萄酒接触，只是对酒精饮料的饮用习惯有所训诫，强调饮酒须有节制。

关于"Cru"的概念

每一片"Cru"都通过整合自己各个方面的优秀品质，并将其融汇成为一瓶葡萄酒。农业监察长乔治·希洛雷（Georges Siloret）对于法语中"Cru"一词的来源提出了自己的观点："我们从法语中获得的'Cru'这个古老的单词，就好像是我们在河岸边捡到的一块鹅卵石，它来自遥远河流上游的一块巨大坚硬的岩石，沿着河岸一路冲刷而来，期间经历了无数次的破碎、打磨，机缘巧合下才有了今天的样貌，而对其进行雕琢的则是曾经使用过它的人们、发展变化的语言学、科学、行政及司法法规手段等。"

在法语中，单词"Cru"是"Croître"（生长，增加）的过去分词形式，或者更准确地说，其最早期的形式为"Croistre"。单词"Cru"在最早时期的拼写方法为16世纪的"Creu"，中间经历了"Crû"的写法之后，才有了现在的形式。对于葡萄酒消费者而言，最为感兴趣的应该是"Cru"一词究竟是什么意思。广义上来讲，意味着葡萄酒从土地到餐桌的整个生产过程，因此涵盖的内容非常复杂，包括一系列的葡萄园种植方面的工作、葡萄酒酿造以及葡萄酒销售。因此，"Cru"和"Terroir"一样，无法通过一两个词语来对其做准确解释，在意大利语、德语、英语中都无法找到对应的能够进行直译的词汇，即便是西班牙官方定义的"Vinos de pago"中的"Pago"一词，在含义上也不能与"Cru"划上完全的等号。

在不同的产区或者时代背景下，"Cru"也具有多种含义。有时会指代一片葡萄园区域，比如"Le cru Juliénas"则代表了博若莱产区下的一片特级葡萄园产区；有时则会代表葡萄种植酿造场所，比如波尔多地区的"Château"（酒庄，城堡）；再或者是一个商业品牌，比如香槟产区便是如此。在波尔多地区，"Cru"则包含了以上提到的三种含义，扎根于波尔多特定面积的地理位置，并与原产地保护标识紧密相连；酒庄作为生产单位也同时负责葡萄酒的销售工作，并致力于名誉的维护和建立；同时也是一个贸易品牌。

构成"Cru"一词的基本要素有以下具体内容：地理位置、土壤结构、气候条件、葡萄品种、相应的种植酿造技术、具备资质的从业人员、品质特色及其稳定性、名声、价格。自从1955年起，对圣埃美隆产区列级名庄的分级评定，以及梅多克产区中级庄的分级评定（2004），便完全按照上述条件进行一一核实认定，任何一种因素的缺失，都会造成最终评定的失利。

葡萄酒的风格和类型

全世界每年消费的葡萄酒超过300亿瓶，如此庞大的葡萄酒数量在种类与风格上也具有多样性。为了方便区分，我们在这里对其分类进行阐述。简单来说，葡萄酒的类型属于按照技术类别划分，好比乐器中有铜管乐器与弦乐器之分；葡萄酒的风格则以喜好兴趣进行划分，比如音乐中所包含的巴洛克风格、罗曼蒂克主义风格、爵士乐、说唱等。

葡萄酒的类型

● 产自葡萄园的葡萄，除了可以用来酿造葡萄酒以外，还有鲜食葡萄、葡萄干、葡萄醪、葡萄汁等不同类别。忽略葡萄酒以外的产物不计，我们根据不同条件对葡萄酒进行划分归类。

● 行政类别划分，涉及原产地及原产国等内容，比如欧洲餐酒级别（Vin de table de l'Union européenne）；圣埃美隆的特级AOC葡萄酒（Saint-Emilion grand cru），一级列级酒庄葡萄酒（Premier grand cru classé）等。

● 颜色：主要划分类别有白、桃红、红、浅红；如果在此基础上继续细分，还存在有琥珀色、金黄色、瓦红色、金色、禾秆色、宝石红色、鹧鸪眼色、朱红色、暗红色、暗沉色、苍白色，或者在外观方面通常有富有光泽、活泼鲜亮、陈年葡萄酒酒色等。

● 含糖量：干型、半干型、半甜型、甜型等。

● 二氧化碳含量：静止型葡萄酒、微起泡酒、半起泡酒、起泡酒、加气型起泡酒等。

● 葡萄果实状态：过熟型、贵腐霉菌侵染类型、晚收型、逐粒精选贵腐、精选葡萄、逐粒精选葡萄、自然凝缩葡萄干、麦秆酒、冰酒。

● 酿造工艺：放血法、自流汁工艺、多重萃取工艺（浸渍过程中提高果皮果渣比例）。

● 特殊酿造工艺：酒泥陈酿（Elevage sur lie）；还原性环境下的陈酿工艺（Sous voile/fleur/jaune），代表葡萄酒有汝拉萨瓦地区的黄酒、葡萄牙波特酒、西班牙雪莉酒等；热浸渍法；橡木桶陈酿；希腊的松香味葡萄酒（Retsina）酿造法；意大利古老的戈维尔诺（Governo）酿造法；陈年酿造工艺；意大利的基督眼泪（Lacrima Christi），以及犹大之血（Sang de Judas）酿造工艺；德国的圣母之乳（Liebfraümilch）半甜型葡萄酒酿造工艺；传统古典工艺；德奥葡萄酒地区的 Erste Wahl（第一选择）酿造工艺等。

● 酒精添加：强化型葡萄酒、天然甜葡萄酒、利口酒。

上面列举的葡萄酒类型并不足以代表世界上存在的所有葡萄酒，它象征着世界葡萄酒种类的多样性。其中一些专有名词我们并没有做详细解释，对于葡萄酒爱好者而言可能会比较难以理解。同时，葡萄酒种类的多样性也向我们展示了葡萄酒自身并不是一种标准化的产物，它具有自己的风格特点，就像人与人之间总是存在差异一样。与其说殚精竭虑地去生产适合所有人口味的葡萄酒，不如发挥葡萄酒种类多样性的特点，使得每一个人都能发现适合自己口味的葡萄酒，就像艺术作品、文化书籍会在某种场合下遇到懂得欣赏自己的某个人一样，葡萄酒与葡萄酒爱好者之间也会存在那样一个美好的相遇。

在日常生活中，较为常见的葡萄酒类型有干红葡萄酒（新酿类型或者陈年类型）、半干型桃红酒等。我们所消费的葡萄酒类型中，绝大多数都属于干型，或者含有非常少量糖分的葡萄酒，主要以干红、干白以及少量桃红葡萄酒为主。其他类型则更具有地方消费特点，数量稀少，较为罕见。

以下几种具有鲜明特点的葡萄酒类型，我们会对其详加描述。

利口酒和天然甜葡萄酒

几乎所有的葡萄酒产区都会涉及以下类型，在当地会有更具特色的名称，种类极为丰富多样，比如西班牙的卡塔赫纳（Carthagène）、香槟产区的果子酒（Ratafia）、汝拉地区的麦文酒（Macvin）、夏朗德地区出产的皮诺甜酒，加斯科涅地区的福乐克酒等等。欧盟官方法律法规的框架下，这一类型的葡萄酒都被归类为利口酒。天然甜葡萄酒则主要为位于法国南部的一些指定产区所生产的葡萄酒类型，比如里韦萨特产区、巴纽尔斯产区、莫利产区，以及种类繁多的麝香葡萄酒等，当然还有希腊的萨摩斯岛特级园也生产这种类型的葡萄酒。这些类型葡萄酒的含糖量变化区间也非常广，在 0 ～ 200g/L，甚至含更多糖分。同时酒精含量也相对较高，在 15 ～ 20 度之间，这通常是在添加酒精或者葡萄酒蒸馏酒之后所达到的度数。我们也常常会将这种类型的葡萄酒称为加强型葡萄酒，西班牙语为"Generosos"。向正在发酵的葡萄醪添加酒精的酿造工艺被称为终止发酵；而向未发酵的葡萄汁中添加酒精或是葡萄酒蒸馏酒的方式获得的葡萄酒则被称为混成葡萄酒，比如加斯科涅地区的福乐克酒，夏朗德地区出产的皮诺甜酒。

这种类型的葡萄酒根据陈年目的不同，也拥有着多样的陈年方式，比如在不锈钢储酒罐中陈年、大型橡木桶陈年、标准橡木桶陈年等；根据陈年环境的不同，也有无氧环境（例如巴纽尔斯）和有氧环境（例如欧罗索雪莉酒、茶色波特酒）的区分，酒液表面发展形成酵母薄膜的菲诺雪莉酒，曼萨尼亚雪莉酒，以及提前装瓶（例如Rimatge、vintage等）或是延迟装瓶（例如LBV、colheita、reserva等）。还有一些葡萄酒会采用一种名为索莱拉（Solera）的熟化系统，由多组橡木桶组成，并将其分成多个层级，每一层级按照葡萄酒陈年年龄而进行划分，完全熟成可以灌装出售的层级被称为最高层级。当其中的酒液被取出时，则由上一层较为年轻的葡萄酒进行添加补充，并依次类推。层级数量根据酒庄工艺指导而定，通常最多能够拥有14层。因此，这种类型的葡萄酒的年份并不具有实际意义，但有时候也会使用索莱拉系统建立的年份作为该款葡萄酒的指导年份。比如有一款著名的雪莉酒，名为Solera 1847，意为熟成系统建立于1847年。这款葡萄酒中会含有少量的1847年酿制的葡萄酒，或者用微量来形容也不为过。

另外，我们有时会看到"Vin cuit"（煮过的葡萄酒风味）的表达方式，尤其是在A.都德（A. Daudet）的《磨坊书简》（*Lettres de mon moulin*）一书出频繁出现，常常会用在某些类型的葡萄酒上，但是这种表达方式毫无疑问是错误的。只有少数在接近50℃的闷热环境中历经数月熟化的马德拉葡萄酒、意大利的马沙拉葡萄酒，（如果有必要的话还需要进行烧煮，）以及一些由太阳炙热晒干、自然凝缩的葡萄所酿成的安达卢西亚（Andalousie）葡萄酒，才会有这样的风味［还有少数雪利酒、蒙蒂利亚（Montilla）葡萄酒，由佩德罗 - 希梅内斯葡萄品种酿制的马拉加香葡萄酒（Malaga）等］。

除了由麝香葡萄酿制的天然甜葡萄酒以外，其他类型的利口酒或是天然甜葡萄酒在法国并不常见。

起泡葡萄酒

所有类型的葡萄酒都会含有来自发酵过程所产生的二氧化碳。根据饮用时所含有的二氧化碳浓度的不同，我们将其分为静止型葡萄酒、微起泡酒、半起泡酒、起泡酒。

静止型葡萄酒的划分标准为二氧化碳浓度含量低于1g/L，已经足以对味蕾产生刺激、扎口的感官感受，并且能够通过肉眼观察到有气泡产生。微起泡酒所含有的起泡则清晰可见，风味上具有典型的扎口特点；但是要注意，这和过量挥发酸所产生的刺激口感完全相同，常见的有加亚克微起泡酒（Gaillac perlé）、西班牙巴斯克产区的查科丽微起泡酒（Txakoli）、意大利蓝布鲁斯科微起泡酒等。起泡酒则包含了法国的香槟、克雷芒（Crémants）、西班牙的卡瓦（Cava）、德国的塞克特（Sekt），以及其他起泡酒等。这类起泡酒所含有的二氧化碳浓度都非常高，普遍在3～6bar左右，主要由二次发酵工艺获得。若是隶属于VQPRD系统外的气泡酒，则也可以直接通过加压的方式添加二氧化碳气体。这种类型的葡萄酒通常以白色和桃红色居多，极少有红色起泡酒。根据含糖量划分，干型意味着含糖量在15g/L以下，半干型在16～40g/L之间，半甜类型则在41～80g/L之间，甜型则在80g/L浓度以上。

起泡酒的品尝与其他类型的葡萄酒品尝方式基本一致，但也存在少数特别需要注意的地方。比如起泡酒在倾倒时所出现的大量气泡，甚至泡沫的现象，尤其是香槟酒，这和其他类型的普通酒所营造的画面完全不同。因此，非常适合在盛大节日或庆祝场合进行饮用。但是不要忘记，起泡酒也属于葡萄酒酒精饮料，过量饮用也会对身体产生危害。起泡酒每年产量约为20亿瓶，主要生产国家有法国、德国、西班牙、意大利、俄罗斯和美国。意大利每年出口的起泡酒占世界总量的40%，而法国和西班牙分别只占25%及20%。

烈酒

在提及葡萄酒时，不能不让人联想到它重要的衍生产物：烈酒和葡萄醋。

大多数用来制作各种烈酒的葡萄酒都是经由蒸馏工艺获得的。烈酒的种类主要分为三大类别。首先是葡萄烈酒（Les eaux-de-vie de raisin），主要来源于对葡萄新鲜果渣的快速蒸馏处理工艺，酒渣中是否含有葡萄酒视工艺而定，所使用的葡萄品种也通常是具有

浓郁香气的类型，比如希腊的齐普罗酒和齐科迪亚酒、黑山的Lozavatcha烈酒、意大利的Acquavite d'uva烈酒等；陈酿也可以选择是否使用橡木桶，偶尔会使用茴香来增加风味，比如希腊的茴香烈酒（Ouzo）、土耳其的拉克酒（Raki）等。其次是果渣烈酒（Les eaux-de-vie de marc），通常是对青贮后二次发酵的葡萄果渣进行蒸馏得来的，这种类型的烈酒会因此获得一种令人向往的香气，常见的产区有勃艮第、香槟、萨瓦及朗格多克；在意大利被称为Grappa葡萄牙被称为Bagaceira，西班牙则被称作Orujo或者Aguardiente。最后则是葡萄酒蒸馏烈酒（Les eaux-de-vie de vin），又被称为精酿白兰地，通常由新酿葡萄酒进行蒸馏获得，分为一次蒸馏（比如雅文邑地区的柱式蒸馏器）而成或二次蒸馏（例如干邑地区的夏朗德蒸馏器，也被称为壶式蒸馏器）而成。"Brandy"（白兰地）一词在西班牙更为常见；秘鲁的皮斯科，或是智利人使用的具有浓郁香气类型的葡萄品种比如麝香葡萄，或是香气较淡的酷斑妲（Quebranta）葡萄品种蒸馏而来的烈酒，也同样被称为皮斯科酒；新伽呢，等同于玻利维亚人的皮斯科酒，不过在法国很少能够见到这种烈酒。

葡萄酒醋

葡萄酒中醋酸菌大量生长繁殖之后，会变成葡萄酒醋，也就是所谓的"味道尖酸、刺激的葡萄酒"。在葡萄酒醋中，醋酸菌所合成的物质中除了醋

酸，还有适量的乙酸乙酯物质及其他挥发性物质。葡萄酒醋通常分为两种，一种是含有一定酒精，香气薄弱的，常常被用来保存、腌制不同的蔬菜，比如醋渍小黄瓜、洋葱等；另一种葡萄酒醋则具有浓郁的香气表现，滋味也十分丰富，通常作为调味品出现在厨房。真正的意大利香脂醋，则是来自莫代纳（Modène）、雷乔艾米利亚（Reggio d'Emllie）产区，由浓缩的葡萄醪经过熬煮之后，放在小型橡木桶中进行陈年；所使用的橡木桶种类也非常多样，经过数年甚至数十年的陈年之后，才会逐渐成形。

葡萄酒风格

葡萄酒的风格，与其他事物相似的是，对于葡萄酒爱好者而言，并不存在一个准确的定义。人们对葡萄酒风格的认识，起着决定性作用的往往是其口味与知识背景，并能够根据葡萄种植者或者酿酒师所做的建议而自己灵活调整。根据世界葡萄酒风格多样的特点，其气候条件可以分为以下几类。

地中海气候，冬季气候温和多雨，夏天炎热干燥。这种类型的气候主要分布在整个地中海地区，包括西班牙、意大利、法国、马格利布、希腊、黎巴嫩、以色列以及阿根廷、智利、南非、澳大利亚东南部、加利福尼亚大部分沿海地区等。还有曾经的葡萄种植发源地——高加索以南地区，即现如今的格鲁吉亚、亚美尼亚、阿塞拜疆等国。在气候最为干燥的情况下，夏季需要频繁对葡萄园进行灌溉，除非是遇到了水源紧缺，或是水费昂贵的情况。这里的葡萄成熟度通常非常不错，偶尔会提前成熟。因此，也往往导致葡萄酒风味变得粗糙，缺乏丰富的香气表现，酒精含量也相对较高，口感厚重。对于地中海气候下的葡萄园而言，主要面临的风险则是采摘时期提前到来的秋雨；还有太平洋的厄尔尼诺现象，会对南美产区造成严重影响。另外，我们发现在地中海地区，随着海拔的升高，所遭受到的气候变暖现象会更为严重。E. 勒罗伊·拉杜里（E. Leroy Ladurie）在1983年出版的关于葡萄采摘日期的研究《1000年以来的气候变化》（*Histoire du climat depuis l' an mil*），以及法国国家农业研究院第戎分院于2003年所做的研究调查，成为我们研究了解全球气候变化的珍贵材料。葡萄种植人员从几个世纪以前就开始对每年的葡萄采收时间进行记录，并建立了相应的可追溯体系，便于我们根据当年葡萄的生长周期及采收时间去了解该年份的气候状况。

葡萄酒风格与气候

• 地中海气候风格的葡萄酒通常会具有较高的酒精含量及结实厚重的单宁，自然酸度较低，香气风格多以香辛料类型为主，并会带有地中海沿岸森林的气味，以及煮过的水果气味。

• 大陆性气候风格的葡萄酒则更具有个性化，偶尔显得坚实强壮，通常会表现出细腻的口感与宜人的酸度，较大的日夜温差有利于葡萄酒产生更为丰富浓郁的香气风格。如果能够有幸在九月初拜访堂吉诃德的故乡拉曼查，便能深切地感受到大陆性气候明显的日夜温差。

• 海洋性气候风格的葡萄酒种类丰富、变化多样，风味表现更为新鲜清爽、优雅精致，很少出现浓郁饱满的类型。

大陆性气候，距离大海较远，通常海拔在几百米左右，冬季气候寒冷，甚至需要采用相应的防寒措施；夏季气候炎热干燥，有利于保障葡萄果实的品质，如果夏季过于凉爽，则会导致葡萄成熟度不足。这种气候的葡萄酒产区主要有勃艮第、莱茵河谷一带的阿尔萨斯产区、奥地利，甚至是西班牙的卡斯蒂耶产区。在海拔较高的地方，季节转换更为明显，常常会出现霜冻的危害。

海洋性气候的主要特征为降雨量较高，甚至夏天也是一样，并且降雨量分布极不规律，不同年份的葡萄酒品质差异也因此较为显著。该气候所涉及的葡萄园产区包括法国的西南产区、伊比利亚半岛的加利西亚产区、乌拉圭的拉普拉塔河（Rio de la Plate）谷地葡萄酒产区、新西兰各个岛屿，以及智利南部葡萄园产区。

除了上述三种基本气候类型以外，还存在介于三者之间的各种气候类型，种类极为多样，或多或少地混杂了不同的气候特征，并对葡萄酒的风格产生相应的影响。我们还可以从三种主要气候类型的葡萄酒产区所处的地理环境再进行细分，比如河流风格葡萄酒、海岸线风格葡萄酒、山谷风格葡萄酒、平原风格葡萄酒、山区风格葡萄酒、高原风格葡萄酒、山麓风格葡萄酒等。这些地理条件与不同的气候类型互相影响，从而产生了更为复杂的气候条件。我们常说，品尝识别出一款葡萄酒

所具有的产区气候类型并不是一件难事，而要判断它的年份则必须先了解该产区的风格特点。相比较起来，反而是判断产区与葡萄酒所使用的主要葡萄品种则会显得更为困难。过去二三十年以来，全球气候变化使得许多葡萄酒产区原有的产区-气候组合类型也发生了改变，并对当地的葡萄酒风格产生了相应的影响。以北半球而言，气候的变化有利于以往被认为只适合在南方种植的葡萄品种向北扩张，许多葡萄品种也出现了过熟现象，这种变化有利于提升葡萄酒风味的饱满丰厚、强劲等风格特征，但是却缺少了以往的细腻、优雅。这种从外向内的改变不可避免地也使得葡萄酒的风格不得不做出回应，这种被动性的回应并不能称为葡萄酒品质提升的方法：如果只依靠日积温的升高便能够生产出品质卓越的葡萄酒，那么这一现象应该早被前人所观察、认识，并应用到实际的葡萄酒种植酿造中了。

现如今，在不同类型的葡萄园中，避免葡萄过度成熟逐渐成为各个葡萄园区需要面临的一大问题，而解决这一问题则需要从葡萄园管理方面进行改变。

除了气候影响因素以外，还存在其他影响葡萄酒风味的因素。葡萄酒酿酒工艺的运用，在影响葡萄酒风味复杂度及纯净度上也起着至关重要的作用。例如在具体酿酒实践中，酿酒师会根据对所要酿造的葡萄酒酒体丰厚饱满程度、陈年方式、适饮时间，甚至是熟成变化

等未来葡萄酒品质条件要求的不同，采取合适的酿造工艺。

同一葡萄产区或葡萄园区所生产的不同风格的葡萄酒，常常会成为人们争论不休的话题。如何才能够在既尊重葡萄酒风格的前提下，还能保留其产区标准特色？这一难题成了同一类型葡萄酒所不可避免的问题，反倒是对葡萄酒风格多样性的忠实拥趸而言，这无疑是一件值得庆贺的事。然而，我们所要面临的巨大问题，首先便是同一类型葡萄酒在不同年份之间、不同葡萄园之间所存在的风格差异，使得我们无法对其做出精确定义。关于葡萄酒产区感官分析典型性特征类别的研究工作已经做了非常多，在对葡萄酒风格进行定义时，仍然会遇到类似划分类型所对应的产区规模问题的困难，比如是将整个风格定义为法国葡萄酒，还是卢瓦尔河产区，抑或是卢瓦尔河产区下的索米尔-尚皮尼小产区，又或者是该产区下的某一片葡萄园区？接下来便是从这些差异中选择一款标准的、不含有任何负面评价的葡萄酒；就好比是绘画作品，我们是否会对达·芬奇《蒙娜·丽莎》的精美复制品产生比原作更为积极的热情呢？换句话说，致力于酿造一款适合所有人的葡萄酒，或者说一款能够满足所有人喜好的葡萄酒，真的合适么？

通过对以上影响葡萄酒品质风格的因素进行整理，可以使得每一位消费者对自己所喜欢的葡萄酒的类型和风格做出确切的定义。在了解葡萄酒多样风格的同时，也便于葡萄酒爱好者在探索适合自己风格的葡萄酒的道路上获得更多的良好体验，从而避免葡萄酒品评的弯路。

葡萄酒类型与风格的再认识

在销售领域中，各行各业都存在专业人士，无论是实用的家具，还是艺术品，他们都能够对其来源、材质、所使用的技术工艺等做出判断识别。那么葡萄酒行业是否也存在这样的人士呢？他们是否真的具备识别葡萄酒风味的能力呢？这些问题并不存在唯一的答案，但是我们能够提供一些方向，供大家思考。

大多数类型的葡萄酒在进行品评时都需要进行详细的描述。我们下面给出的例子仅供参考，但是也能够给读者反思的空间。

陈年型葡萄酒。M. 阿斯纳尔（M. Aznar）以及他的研究团队在2006年的研究中指出，西班牙北部产区所生产的Crizanza和Reserva级别的葡萄酒所具有的典型风格特点只用10个左右的描述词汇便可以完整概括，其中有5个涉及水果类型，另外7个类型则是关于香辛料及焦香类。S. 朗格卢瓦（S. Langlois）在2012年的研究指出，由勃艮第及波尔多的葡萄酒专家组成的团队在对陈年型（意味着会随着时间的推移，葡萄酒品质会逐渐变得更好）红葡萄酒的品评中发现，它们所具有的共同风格特点为活泼鲜艳的色泽、木质香气、烘焙类香气、香草及梅子干香气，以及酒体含有的较高涩度和较低酸度。

白葡萄酒和红葡萄酒。莫罗特和他

的研究团队在对将近三千个左右的香气词语的研究中发现，关于白葡萄酒气味描述的词汇，其中70%涉及白色水果、水果干及柑橘；而在红葡萄酒中，只有68%的词汇与红色水果有关。

桃红葡萄酒。普罗旺斯葡萄酒行业协会在2012年的文件中将当地桃红葡萄酒所涉及的香气词语进行总结，共计12个，其中9个与水果有关，包含橙子、柠檬、柚子、草莓、覆盆子、桑葚、樱桃、香瓜、香蕉。

梅多克与圣埃美隆产区的葡萄酒。

根据2012年出版的《阿歇特葡萄酒指南》（Le Guide Hachette des vins）对梅多克及圣埃美隆产区下20个款葡萄酒风格的描述词，经过统计之后大概在500个左右，我们将其重组分类，最终形成6个组别，具体如下图所示。我们可以发现，这两个隶属于波尔多的葡萄酒产区在葡萄酒风格上的差异并不大。每一个产区所生产出来的每一瓶酒都有它独特的性格，但是如果只考虑其主要的风格特征，那么我们会发现它们之间还是非常接近的。

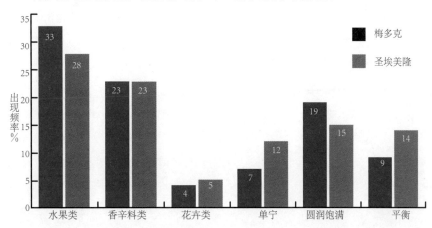

二十款梅多克及圣埃美隆产区的特级葡萄酒风格的品评描述词分别在六种主要风味类别中出现的频率

红葡萄酒。莫罗特和布罗谢在2004年的研究中，邀请了10位葡萄酒品评人员，让他们对18款红葡萄酒的原产地进行品评识别。正确结果的数量在0到10个左右，平均每位品评人员的正确识别结果为5款。其中，罗纳河谷产区的葡萄酒识别正确率在20%，勃艮第产区葡萄酒的正确率在53%。

除了以上观察结果以外，还有很多其他文献资料也指出，品评葡萄酒时，用来描述其风格特点的词语数量并不是没有限制的；同时，同一产区的葡萄酒风格和类型也是多变的。每一个葡萄酒产区都会具有自己整体宏观的名片，但是葡萄园与葡萄园之间所存在的巨大变数也造就了它们各自独特的魅力。

现今的葡萄酒世界还并没有走到一个风格统一甚至克隆化的地步，并不是一切葡萄酒风格都能够预先被定义。这也是让我能够依旧充满热情地对待每一瓶葡萄酒的原因，它们所代表的是我追寻未知风味的乐趣。

> "一款伟大的葡萄酒并不是某个人的作品，它是所有优秀、伟大、可靠的传统汇聚而成的人文结晶。在那小小的酒瓶中，拥有着上千年的历史积淀。"
>
> ——保罗·克劳戴尔（Paul Claudel）

学会品味

渴

我们将渴定义为一种内在的对于饮水需求的感受。我们的身体，超过一半的体重由水构成，约占身体重量的50%～60%。我们每天都在失去水分，根据每个人体重的不同、活动量的不同，以及所处环境的温度不同，人体每天所失去的水分大约在2～3L，特殊情况下甚至更多。为了满足人体代谢的需求，我们需要每天饮用、吸收同等体积的水。

渴通常会被形容为口干舌燥的感受，从而产生了喝水的需求。这时，我们会不自觉地用舌头抹过嘴唇，喉头出现苦味，唾液变得黏稠，但这些现象并不是只有口渴时才会产生，因为还有其他原因同样能够让人出现口干舌燥的现象，比如疾病、简单的情绪变化等。缺乏唾液也并不总是代表着口渴。事实上，渴也具有多种类型，从生理上的渴到贪恋美食层面的渴，均代表了不同的目的需求，而我们饮用也是为了满足不同类型的生理和心理需求。在极端情况下，比如沙漠里或是大海上迷失方向的旅人，由于持续缺少饮用水，而产生难以忍受的痛苦，这也是我们所要谈到的

第一种类型的渴。

生理层面的渴每天都会出现，它帮助人们平衡身体内部所需水分，并提醒人们及时进行补充。渴感是由于人体内环境渗透压增高导致的，下丘脑则是渗透压的感受器和调节中枢。当渗透压升高时，也就是血浆浓度升高时，下丘脑会感受到刺激，然后经传入神经到达大脑皮层，由大脑皮层产生渴感。这种生理机制的运作主要涉及两种内分泌系统：肾上腺内分泌系统及相对更为重要的脑垂体后叶内分泌系统。后者会释放出能够控制器官组织中水分循环的激素，而这也是肾脏的功能之一。至于口渴刺激产生后，对于所需要的水的分量，则由腭部黏膜及胃部黏膜与摄入的水分接触后才能决定。我们喝水的目的主要是为了人体血液中的水分含量达到平衡，而不是将胃部填满，因此不会喝到肚胀才会停止。美食家萨瓦兰（Brillat-Savarin）将这种不会引起疼痛感受的口渴称之为隐形口渴，或者习惯性口渴，这种口渴已经使我们养成了日常生活中的饮水习惯。在普通人的生活中，人们通常不会等到口渴的时候才

会去喝水，而是根据生活习惯去喝水，并且大多数人的饮水时间都较为固定，就好像是为了提前满足将要出现的口渴感受一样。这种饮水习惯就像拉伯雷在他的作品中总结的一样：

"在口渴感受还没出现之前就要开始饮水，这样便不用忍受口渴的折磨。"

饮食层面的口渴通常会伴随人们的整个就餐过程。诚然，有些人在用餐时从来不喝任何饮料，不过，这些人通常也不会在就餐时只吃面包，所吃的食物也含有较多汤汁，像是汤、粥、炖肉等。大多数人在就餐的时候还是会选择搭配饮料一起，这样做能够浸透、湿润原本干燥的食物，降低原本食物的硬度或是浓度，便于将食物吞咽入胃中。饮食摄入的食物和水分之间通常会存在一定比例，食物越多、越干稠，需要饮用的水分也就越多，这也是出于人类的本能。

如果我们仔细观察，会发现许多人在咽下眼前餐盘中的最后一口食物后，或者准备品尝下一盘菜品，换一种口味时，会习惯性地喝些饮料。这种行为仿佛是为了满足某种生理需要，从而进行漱口。因此，我们也曾经提及漱口性质的渴这一特殊说法，通常在食用蒜味较重，或是过咸、过于辛辣的食物之后，都会出现这种性质的口渴。胡椒和辣椒在与口腔黏膜接触之后，会引起灼热烧烫的刺激感觉，此时饮下一杯清爽的饮料可以立刻缓解这种刺痛感受。法语中的动词"Désaltérer"，具有解渴的意思，但它指的不是真正意义上需要饮水达到血液水分浓度平衡的口渴，而是要通过饮用清爽饮料来缓解口腔黏膜的灼热刺激感所产生的渴。懂得喝酒的人会知道在饮酒时搭配什么样的菜品，能够促使他喝下更多的饮料。类似的还有那些会让人产生不良味觉感受的滋味，比如苦味、涩味，也会让我们产生饮用的冲动，就好像要急着洗刷口腔中的不良滋味一样。

渴，并不仅仅是一种生理需求或是清理口腔的条件反射。它也是一种对愉悦的满足感的需求，就好比水与人身体接触时所产生的宜人感受，与人们冲凉、泡澡所带来的满足感一样。我们在饮用饮料时，口腔和喉头会产生清凉舒爽的感受；经过吞咽，所带有的宜人香气和味道，仿佛流经了整个身体。这种贪恋美食层面的渴的需求并不会对所有类型的饮料都产生同样的效果。它对于饮料风味表现的要求是非常苛刻的。有时候我们会总想喝些其他东西，但并不是什么都可以，除了普通的水以外，最好是某些具有吸引力的饮料。这时候，我们只会选择能够满足我们内心欲望的饮料。这种类型的渴并不是出于生理上的需求，更多的原因是人的"矫揉造作"，想要满足心理上愉悦的目的，通常由后天的习惯或是爱好逐渐养成。我们也将这种类型的渴称为"奢侈类型的渴"，对于葡萄酒需求的渴便可以归类到这一类型，因为葡萄酒本身并不是解决生理口渴的饮料，大量饮用只会对身体健康造成隐患。如果我们向消费者建议每天饮用两瓶葡萄酒，这样每天摄入的酒精量会达到120～140g，如此高酒精度的葡萄酒不但不会解渴，相反由于酒精的作用会导致身体对水分的需求升高，出现越喝越渴的现象。我们在对小白鼠的实验中也同样印证了这一点，对两只小白鼠提供饮用水，其中一份含有酒精，多次重复实验的结果显示，含有酒精的饮用水消耗量总是最快，虽然酒精的味道也会吸引小白鼠饮用，但是实验所产生的最终结果主要还是因为酒精的摄入导致小白鼠身体对水分的需求量升高。就好像用酒精灭火一般，想要通过酒精来解渴，只会适得其反。

葡萄酒成分

从下表中可以看到，葡萄酒所含有的卡路里相当可观，在干型葡萄酒中，通常为600～800kcal/L，如果葡萄酒含有的糖分越多，其热量也自然越高，具体如下表所示。如果每天饮用的总量经过平摊，经过人体完整的新陈代谢之后，葡萄酒的热量并不会成为一个重要的问题，除非是一次性饮入大量的葡萄酒这种喝酒而非品酒的行为，才会产生较为严重的负面影响。毫无疑问，合理、有节制地饮用葡萄酒，是酒瘾人士最好的解毒剂。

	热量kcal/g	热量kJ/g	含量（g/L）	kcal/L
乙醇	7	29.3	80～100	560～700
糖类	4	16.7	微量～80/100	0～400
多元醇	2.4	10.0	0.5～10	1.2～100
有机酸	3	12.5	2～8	6～24
蛋白质	4	16.7	0.5～2	2～8
脂肪	9	37.6	微量	微量
纤维	0	0	微量	微量

注：1kcal=4.18kJ

现实生活中，葡萄酒的真正任务是满足饮食层面的渴。从事葡萄园工作的人们的餐桌上总是有葡萄酒的身影，它们的目的是为了配餐，就像是对美食的补充，一种液体的调味品。饮用葡萄酒在我们看来就是为了追求享受美食的满足感，而不是其他类型的需求。我们甚至可以认为，它是所有美食必不可少的风味补充，虽然这仅仅代表了那部分像我一样的葡萄酒爱好者的想法，但是我仍要说，没有葡萄酒搭配的美食就算不上是真正的美食。白葡萄酒清新爽口的酸度，红葡萄酒丝滑柔软的口感，它们复杂细腻、精致优雅的香气与美食的风味互相融合，彼此达到协调，让人不得不沉醉在美食与美酒共同营造的美梦中，就算是品质顶级的葡萄酒，也只有在美食的陪衬下，才能完整地展现自己的风貌。

用葡萄酒满足自己贪婪的美食层面的需求，也同样能够从葡萄酒的不同风味中找到乐趣，是值得鼓励推荐的饮用需求。今天，我们可以在世界各地购买到不同种类的葡萄酒，在某些葡萄酒消费大国甚至能够找到比在伦敦、巴黎、马德里等那些葡萄酒生产大国所拥有的产品种类更多的葡萄酒。由于消费者的多元化，有些特殊类型的葡萄酒也应运而生，比如某些起泡酒、超甜型葡萄酒、加强型葡萄酒、甜品型葡萄酒。另外，越来越多的葡萄酒是在用餐以外的环境被消费掉，不再局限于场合和环境。相较于传统配餐饮用的餐酒而言，如今葡萄酒品质的提升，也使得它有资格出现在单独品尝的环境中。曾经颇为时尚的咖啡馆、小酒馆里提供的专为饮用的葡萄酒也逐渐消失了，取而代之的是一些新口味的白葡萄酒或者红葡萄酒，成了新的开胃酒。相比烈酒的高酒精度和刺激口感而言，葡萄酒作为开胃酒则显得更为合适。西班牙地区的葡萄酒消费场合则似乎引领了如今的时尚，无论是葡萄酒酒吧，还是"Bar à tapas"（西班牙小吃酒吧），相比正式传统的晚宴、节日的饮用场合，更显得随心自在。

葡萄酒与健康

自古以来就有许多酗酒成性的人将自己人生的失败归罪于酒精饮料的危害，此可谓滑天下之大稽。这些人将合理饮酒和酒精滥用混为一谈，企图为自己的失败寻找开脱的借口。现今社会，这类人士反而有增无减。因此，我们有必要在这里区分饮酒和酗酒之间的区别。葡萄酒含有酒精，和所有饮料一样，过量饮用都会产生健康隐患。通过对世界各个国家和地区人们的健康状况的观察发现，合理、有节制地饮用酒精饮料与当地人民的患病及死亡率之间并不存在任何联系。相反，我们在这里并不是妄下结论，相关统计资料显示，没有长期饮用葡萄酒习惯地区的人们，其健康状况反而不如具有饮用葡萄酒习惯的人群。

白藜芦醇与健康

白藜芦醇一种多酚类物质，具有多种结构形式，包括葡萄树在内的许多植物都能够生成白藜芦醇，尤其是当葡萄树在生长环境较为恶劣的情况下，含量会更为丰富。白藜芦醇可以帮助葡萄树木抵抗霜霉病及灰霉病的侵染。在酿造过程中，葡萄皮中的白藜芦醇物质会被萃取出来，成为葡萄酒组成成分的一部分。该物质除了能够降低患心脑血管疾病的概率，还具有抗癌、消炎、杀菌等保健功效。

葡萄酒中以游离态形式存在的白藜芦醇主要有顺式白藜芦醇和反式白藜芦醇之分，后者在葡萄酒中的含量更为丰富，还有少量的白藜芦醇二聚体，以及化合态下的正式白藜芦醇糖苷和反式白藜芦醇糖苷。这些物质在红葡萄酒中，尤其是经过浸渍发酵的葡萄酒，其含量相较于白葡萄酒要高出许多，另外，不同葡萄品种之间也会存在差异，比如黑比诺葡萄酒中的白藜芦醇含量通常特别丰富。

美国学者刘易斯·佩德（Lewis Perdue）在1992年描述"法国悖论"现象时，明确地指出好的葡萄酒饮用习惯可以有效降低心脑血管疾病发生的概率。

他的观察研究再一次论证了三十年前由法国医药学家麦斯凯利及营养学家J. 特穆里尔（J. Trémolière）等人提出来的解释。许多关于流行病学的深入研究都将这种现象解释为葡萄酒中的酒精及其他组成物质共同作用的影响，其中就包括S.雷诺（S. Renaud）教授的研究成果。我们在这里并无必要深入探讨该话题，只需要知道多酚类物质在酒精协同作用下，能够发挥重要的功效。今天，我们已经清楚地了解到每天饮用两到四杯（大约200～400mL）葡萄酒有益于身体健康。葡萄酒中含有的所有酚类物质中，以白藜芦醇的效果最为显著。

通过抽血化验或是呼出的气体可以得知人体血液中的确切酒精浓度，以便于判断是否出现酒精过量的风险。血液酒精浓度一方面取决于摄入的酒精量，另一方面也和个体的酒精分解消化能力有关。血液中的高酒精含量会对人体生理机能产生影响，良好的饮酒习惯可以减少这类情况的发生，并且能够预防我们触犯相关法规。饮用低酒精度的饮料时，酒精会被身体内的水分稀释，可以显著减少人体血液吸收酒精的速率。另外，在用餐同时饮用葡萄酒也能缓解酒精的吸收，小肠是人体吸收酒精的主要器官，几乎有70%～80%的酒精都是在这里被人体吸收，而食物可以有效地延长酒精达到小肠的时间，从而延缓并分散血液中酒精浓度的峰值。男女性别差异会导致酒精分解速率的不同，男性血液中的酒精浓度每小时会下降0.14 g/L左右，而女性则为0.17g/L。在饮用酒精饮料之前，事先摄入一些含有丰富糖类或是脂肪的食物可以达到抑制酒精吸收的效果。比如面包和黄油，或是面包配肥鹅肝，都是非常适合的选择。如果是要饮用伏特加、清酒等烈酒，可以先食用一些油脂含量高的食物，不但可以延缓酒精的吸收，还会对口腔黏膜形成保护，避免酒精产生刺痛感。

对以上内容进行简单总结之后，我们会发现，只要掌握正确的饮酒方法，便能够减缓酒精所带来的负面效应。具体方法如下。

在饮用之前：

● 吃一些面包、黄油之类的食物；

● 喝一些水。

以品评为目的的饮用：

● 每一口酒需保持在5～10mL左右的量；

● 当酒液在口腔中保留5～15秒之后便要吐掉，这样可以将酒液摄入量降低到2～5mL；

● 避免重复品尝。

就餐时饮用酒精饮料：

● 首先是遵守上述注意事项；

● 避免饮酒过快，或是空腹饮用烈酒；

● 在饮用葡萄酒时，应该避免与其他酒类饮料共同饮用。

如果有过饮酒行为，需要经过充足的休息，直到血液中的酒精浓度下降到规定范围以内，才能开车。

酗酒

酗酒的危害很多，其直接作用体现在人身上的是酒后的怪诞行为，潜在的无法观察到的是对人体健康的整体危害。酗酒，也就是我们所说的酒精成瘾症。

酗酒这一现象几乎完全不会成为葡萄酒爱好者、酿酒师、酒农这类人群的隐忧，因为他们是最不会酗酒、最懂得合理节制饮酒的人群。他们似乎天生对酗酒行为免疫，生活在离葡萄酒最近的环境中，却不为所动。他们知道如何发现葡萄酒的魅力，懂酒之后才会懂得保护自己。酒精成瘾的风险会长期存在于每一个饮酒人的身上，需要我们对其加以了解，做好防范。在葡萄酒的世界中，反对酗酒行为已经成为迫在眉睫的事情。简单地依靠禁酒令来阻止酗酒行为，已经被证明是完全行不通的（美国20世纪20年代曾颁布过禁酒令），最好的方式是对人民的饮酒习惯进行引导，通过宣传过量饮酒的危害等信息，提高人民自身的健康意识。在生理学家及心理学家的帮助下，许多曾经酗酒的人逐渐戒掉了这种坏的饮酒习惯，重新回归到正常的生活当中，这类人群也为我们戒除酒瘾提供了相当多的参考案例。这项工作比过去显得更为紧要，现今人均消费葡萄酒及其他酒精饮料的量远比过去高出许多。资料显示，居住在城市的年轻人的酗酒现象要远比其居住在乡下的父母一辈更为严重，而这仅仅过了几十年，一代人的时间。过去，人们的饮酒习惯较为节制，日常饮用的餐酒所含有的酒精含量也较低，而如今，过量饮酒已不稀奇，大量的酒精饮料都以高浓度的酒精度数著称。比如西班牙文化中的"Botellón"（对瓶吹），盎格鲁-撒克逊文化中的"Binge Drinking"（狂饮），所含的意思想必也不用我多加解释了。

血液酒精浓度的计算

我们可以利用网络上的一些相应的免费公益软件来对血液内的酒精浓度进行评估计算，如下表所示：

摄入酒精量	30	克
饮用时长	1	小时
饮酒人体重	80	千克
饮酒人性别		男人 女人
血液酒精浓度	0.54	克每升
血液酒精浓度降低至0.5克每升所需时长	0.3	小时
血液酒精浓度降低为0所需时长	3.6	小时

我们也可使用下列公式进行简单估算：

血液酒精浓度（g/L）=[饮酒量（L）×酒精度×8]/[体重（kg）×系数K]

（男性：系数K=0.71，女性：系数K=0.61）

举例说明：

1.餐桌上，一名体重70kg的男性，饮用了200mL酒精度为12度的葡萄酒，那么：血液酒精浓度=（0.2×12×8）/（70×0.71）=0.38g/L

2.在葡萄酒品评活动中，一位男性品酒师，体重80kg，一共品尝了12款葡萄酒，按照2mL每瓶的摄入量，以及平均12度的酒精度数计算，可以得知：酒精摄入量=0.002×12×12×8=2.3克，血液酒精浓度=2.3/（80×0.71）=0.04g/L

用来测试血液酒精浓度的方法还有很多，比如具有精准刻度的酒精测试仪。在法国，如果血液酒精浓度大于等于0.5g/L，便会触犯酒驾的最低门槛，受到相应法律的惩罚。

此外，日常少量饮用的葡萄酒已经清楚地为我们展示了它的无害性，甚至还有许多正面效果，比如著名的"法国悖论"。我们对此没有必要进行毫无结果的论战，试着回想数千年以来，葡萄酒所拥有的不同含义，承载着无数的职能，一直延续至今日。在时局动荡的年代，葡萄酒是人们对生活充满热爱的表现，是生活饮食的一部分，是财富、名誉、权利的象征，甚至被用来消除饮用水中的细菌，治疗伤口，当作美容产品、药物、兴奋剂以及财政收入来源……葡萄酒在地中海文明，甚至广义上的整个西方文明中，拥有着不可磨灭的印记，甚至要远比阿兹台克人的巧克力、安第斯山脉人民的可可、印度人的槟榔、亚洲各种的茶叶，具有更为深刻的文化情结。

在不同文明、宗教、文学等领域中都有关于葡萄酒饮用文化的阐述说明，多数是对酗酒行为的批判，我们在这里并不是想要通过引经据典来证实葡萄酒饮用文化的深厚内涵，而是想借用翻阅文献时偶尔看到的一些富有内涵、引人深思的句子，用来警示拥有不良饮酒习惯的人们。

"快停下吧，主人，别再喝（葡萄）酒了！只有在饿的时候吃、渴的时候喝，才是最好的选择。"

——亚述帝国［公元前1000年，引自法国历史学家J. 蒲德侯（J. Bottéro）在研究中发现的一段来自亚述帝国的对话］

"若非智者贤人，怎会懂得饮酒。"

——奥马尔·哈亚姆（Omar khayyam），波斯诗人，公元11世纪

"在我看来，酗酒是所有粗鄙野蛮的行为中，最不能让人忍受的。"

——蒙田（《随笔集》，1488）

"与其迅速匆忙地品酒，还不如选择放弃。"

——米歇尔·赛尔（《五感》，1985）

朋友之间的品鉴

在法国及许多葡萄酒生产国，我们饮用葡萄酒的场合大多数都是在餐桌上，除此之外，还有将焦点集中在葡萄酒上，汇集三五好友的葡萄酒品评。与其他品评葡萄酒一样，适宜的品尝环境是品评活动的基础，关于这部分内容我们在之前的专业性品评章节中已经有过详细介绍。朋友之间的葡萄酒品评活动，除了能够让每位成员学会更好地欣赏葡萄酒品质以外，更在于学会分享酒杯中的乐趣。

因此，此类品尝活动的结果往往会以达成共识告终，注意力也不会仅仅停留在品尝葡萄酒上，还具有一定的社交性质。

环境的基本要求

场地温度。避免场地温度超过20℃。如果有空调设备，应该避免产生过多的噪声。

光线。光线过于充足会导致眼花，

色彩也会过于鲜明，使得对葡萄酒外观的判断出现失真；如果光线不足，则会导致葡萄酒的颜色光泽无法完整呈现出来，这种情况多出现在餐厅及酒窖中。所以，适宜的照明强度需要谨慎选择。

气味。环境中的气味总是无法避免的，但是我们应该将其控制在合理的状态下。烟草燃烧后的气味、浓烈的香水气味、具有明显气味特征的花卉等，都是要避免出现的，即使是从厨房飘出来的诱人气味也同样不能接受。

参与人数。朋友之间的葡萄酒品评活动通常会聚集许多人。多年的葡萄酒品评经验表明：独乐乐不如众乐乐。因此，推杯换盏的声音在这种场合下是不可避免的。人数最好是在12人以上，这样的品评结果会具有参考性，也会将品酒会的气氛推向高潮。这种品评活动虽然并不强制大家做任何关于葡萄酒的点评，但是也欢迎每一位想要表达自己看法的品酒人士与大家分享他的心得体会。

最重要的一点：10到20秒的安静时刻

每位品评人员都应该在品酒时间段保持最基本的缄默，尊重每一个人的品酒环境。数十秒的沉默时间便于每一位葡萄酒品尝人员集中精力，尽最大可能去感受葡萄酒带来的风味体验。不过，令人完全不能心神安宁地去品尝葡萄酒的环境很少出现，因为在大多数情况下，我们都能够从葡萄酒中获取一定信息。

酒杯。一款合适的酒杯对葡萄酒价值体现的作用是不可估量的。如果葡萄酒品评活动所涉及的酒数量较多，最好的方式便是为每一款葡萄酒都准备一只酒杯。我们也可以全程都使用一只杯子，不过需要对葡萄酒品评顺序事先加以安排，以避免在品尝过程中出现较大的误差。

侍酒

每个人都知道如何打开一瓶葡萄酒。从去除葡萄酒瓶口的酒帽开始，使用酒刀沿着瓶口突出玻璃的下沿进行环形切割，再别入刀口，将酒帽完整挑出，这时，酒塞便完全展现在我们的面前了。在取出酒塞之前要拿一块干净的织物或是纸巾将瓶口擦拭干净，这个时候，便是使用酒刀正式开瓶的时刻了。一款好的酒刀能够让开瓶过程变得顺利许多，常见的酒刀有一级杠杆和二级杠杆之分，具体作用在于开瓶时所需要提拉的动作次数不同。香槟瓶的开启方式则完全不同，并不需要酒刀，整个过程只须用手即可。首先将酒帽撕扯去掉，拧开铁丝，去掉金属盖，一手握住瓶口上的软木塞，并施加一定的力气，另一只手则缓缓转动瓶身，瓶中的气压会将软木塞自行向外推出，按住软木塞的手则需要利用气压的力量慢慢将瓶塞取出，避免酒液喷溅、酒塞伤人。香槟刀曾经是战场上好战分子所使用的开瓶刀具，现在已经很少使用，多以一种表演性质的形式出现。

醒酒

对葡萄酒进行滗清的操作，也就是

指将澄清葡萄酒与其沉淀物分开的操作，又被称为醒酒、换瓶等。这项操作流程很是常见，并且由来已久。但是，什么时候我们要对葡萄酒进行滗清操作呢？以下三条规则可供参考。

第一条：相对其他两条容易判断掌握，当葡萄酒瓶底部出现沉淀时，我们可以选择滗清操作。因此，没有沉淀的葡萄酒是可以直接进入侍酒流程的。

第二条：如果有必要进行滗清时，需要将这一步骤放在最后进行，通常是在上桌之前，或者说在侍酒之前，切忌过早对葡萄酒进行滗清。

第三条：当某些葡萄酒存在风味缺陷时，会使用醒酒器，一种长颈大肚玻璃瓶，便于酒液大面积和空气接触。醒酒对葡萄酒的影响并不总是正面的。这类容器对葡萄酒的影响过于粗暴、剧烈，会对葡萄酒风味产生较为明显的改变。

因此有人开玩笑地说，针对这种现象最好的处理办法便是准备两份葡萄酒，一瓶用来品尝，判断其是否需要换瓶醒酒；另一瓶用来喝，根据对第一瓶观察、品尝后的结果来决定是否要在换瓶醒酒之后再喝。

因此，要谨慎判断一瓶葡萄酒是否需要醒酒。事实上，许多葡萄酒都是不需要醒酒的，尤其是以去除葡萄酒沉淀为目的的换瓶，也逐渐失去了必要性。只有在少数其风味处于封闭状态的葡萄酒才有必要醒酒，这些葡萄酒的主要特点是酒体结实厚重、属于新酒。对于风格精致细腻、但是脆弱的陈年老酒而言，醒酒流程很有可能会将它"杀死"。所以，除了少数情况以外，只需要将其倒入醒酒器中，等待几十分钟后便可饮用。对于有风味缺陷的葡萄酒而言，醒酒的过程有可能会使其风味重新变得讨人喜欢。使用醒酒器侍酒，既没有酒塞，也没有标签，有时会给人一种品评品质卓越的葡萄酒的感觉。

许多葡萄酒在开瓶品尝之后，放置数小时，甚至数天，仍然能够品尝到它的风味，偶尔甚至还能够得到很好的感官享受。葡萄酒在开瓶之后，它的香气的确是存在变化的，但是我们仍然有可能闻到它的某些特别个性。风味变化过快或者过慢都是葡萄酒不正常的表现，意味着这款葡萄酒在酿造过程出现了问题。

更为具体的葡萄酒品评问题

多少款葡萄酒？

首先，朋友之间葡萄酒品评的首要目的是为了享受葡萄酒所带来的乐趣。因此，准备20、30，甚至50款葡萄酒是不符合逻辑的，因为这样数量的葡萄酒品评通常是针对专业品评团队的。当然，仅仅一款葡萄酒也是缺乏诚意的，没有对比，品评结果也会变得不完整。根据品评时间安排、参与人员的经验、葡萄酒的类型等因素，可以具体决定所要准备的葡萄酒数量，通常以每个系列三四款，最多六款为宜，数量越多，对品评人员能力的要求也就越高。

品酒的顺序该怎么安排？

这个问题回答起来较为困难。要对品评的葡萄酒顺序进行安排，首先需要了解所有葡萄酒的信息。侍酒顺序的不同会对品评人员的品尝判断能力产生极为严重的影响。在同一种类、同一风格的葡萄酒品评活动中，葡萄酒品评顺序的影响极为有限。如果品评的葡萄酒类型风格极为不同，通常会按照酒精度、含糖量、单宁强度，从低到高进行一次品尝。如果所要品尝的葡萄酒年份差异较大，则通常会从酿制时间最近的葡萄酒开始。这只是一个简单的排序方式，也会出现失灵的时候。有些陈年葡萄酒风味迷人，但是酒体可能略显轻盈，并且随着时间发展，会逐渐显露疲态。还存在一种分类方法能够较为中肯地确定品评的顺序：我们将所有已知风格的葡萄酒一次性提供给每位参与品评的人员，并要求品评人员快速品尝一遍之后，根据自己的第一感受对葡萄酒重新进行组合排序，完成新的排序之后再进行完整的品尝、描述、判断等品尝流程。这个排序系统被称为"Napping"，由于品评前的准备工作颇为繁重，因此并不常见。在这样的品评活动中，如果品评参与人员能够具备同一级别的葡萄酒知识，这对于葡萄酒品尝活动的顺利开展有着极大的好处。

是否带有酒标或标签？

待品尝的葡萄酒如果带有完整的酒标，比如产区、年份、品种等信息，会对所有参与品评人员的判断产生影响。在带有酒标的品评活动中，如果出现了大家都不认识的酒标的情况，会增加葡萄酒品评的复杂度，通常是要避免发生这种情况，或者在品评活动开始前做好相应信息的补充。在没有任何酒标或指示的品评活动，比如盲品，品评人员很有可能会迷失自我，导致在对葡萄酒品尝之前产生心理暗示，而这是最不应该做的事情，这种担心反而是自设障碍。因此，对于朋友之间的葡萄酒品尝活动而言，这并不是一个好的建议。我们在这里给出一个标签提示的框架，通常列举的是不完整的信息，比如，避免在标签上出现类似"酒庄X，2008，特殊工艺陈酿"这样的词语，而是以"干白、新酿、朱朗松产区"这样的信息为宜。

最佳的侍酒温度？

我们在前文中对侍酒温度有过详细的解释说明，因此在这里只做简单说明。品评环境的温度与葡萄酒的侍酒温度之间的温差会对葡萄酒最终的品尝温度造成影响，因此两者之间的温差要在合理的范围之内。当葡萄酒倒入酒杯时，其温度变化会非常迅速，并逐渐接近室温。常言道："每瓶葡萄酒都有自己的适饮温度，每位品尝人员也有自己习惯饮用的温度。"这样的话在实际应用中过于狡猾，并不可取。对于大多数的葡萄酒而言，侍酒温度普遍在 10 ～ 20℃之间。温度在 8 ～ 12℃时，主要面向的是以香气为主要风格特点的葡萄酒类型，比如白葡萄酒、桃红葡萄酒，新酿或是酒体轻盈的红葡萄酒等。温度在 15 ～ 18℃以上，则主要面向的是传统红葡萄酒，具有充足的单宁、口感结实厚重等特点，甚至是一些利口酒也适宜在这个温度区间饮用。我们也可以使用具有调节温度的储酒柜，这能够有效提升葡萄酒品尝活动的组织效率。

倒入酒杯的葡萄酒容量？

朋友之间的葡萄酒品尝活动，无论是否准备合理饮用葡萄酒，每只酒杯所倒入的葡萄酒的量都应该只占酒杯总体积的三分之一或四分之一。过满则影响摇晃酒杯，太少则无法释放出足够的香气。只有往合适的酒杯倒入适量的葡萄酒，才会产生适宜浓度的葡萄酒香气。通常每瓶葡萄酒可以分出10杯品评用的葡萄酒，平均每杯在70～80mL之间。如果使用的酒杯较小，便足以分成12～15份。如果只有一位侍酒人员，对于葡萄酒品评而言是一个好消息，因为每位品评人员都会得到几乎相同体积的葡萄酒。相反，如果每位品评人员都是自己负责侍酒，品评活动会显得过于自由，而产生不必要的问题。

是否选择咽下？

这一问题的答案备受争论，可以具体视情况而定。但是像保持口腔一直处于"干净"状态等对葡萄酒品尝大有益处的行为，通常都是经过一致同意的，所有参与品评的人员为此准备的工作也大体相似。较为简单的方式是用水漱口，或者是用同一类型、但是品质表现较为平庸的葡萄酒进行漱口。我们也可以嚼一两块无味无香的面包，通常会配有黄油，或是肥鹅肝等（也就是糖类和脂类，不过这种形容方式过于技术化）。这样既可以保持良好的唾液分泌及胃部活动状态，同时葡萄酒中的酒精物质也不会过快地进入小肠，被血液吸收，从而使人感到微醺。虽然进入血液的酒精总量不会改变，但是由于吸收时间的延长，有效地降低了酒精浓度，在人体新陈代谢的作用下，血液酒精浓度的最高值也会因此降低下来。

一个优秀的品鉴者

前文已经提过，几乎每一个人都具备观察、嗅闻、品尝葡萄酒的能力。难点在于如何将自己的感受通过语言或文字顺利地表达出来，这不仅需要有一定的葡萄酒学习基础，还需要具备丰富的嗅觉味觉体验。本书的主要目的在于帮助葡萄酒爱好者人群掌握正确地品评葡萄酒的方法，因为我们的嗅觉记忆总是短暂、健忘的，需要有规律地对自己的嗅觉认知进行唤醒。因此，葡萄酒品鉴工作内容的学习也是永无止境的。进入这一行业，除了简单的知识培训以外，如果想要掌握品尝能力并有所发展，则必须要像钢琴家或者运动员那样，每日不间断地重复练习，才能臻至完美的地步。要做到这一点，朋友之间的葡萄酒品尝活动会是最合适且最有效的练习方式。朋友之间能够互相帮助、互相监督，坏的品评习惯也可以因此被改正，品评判断的结果也可以就此讨论，互助提升。另外，一个优秀的品评人员需要保持良好的身体健康状况，鼻腔和口腔都不应该有任何隐疾，并且做到充足的休息；还要重复强调的是，对于葡萄酒的兴趣、动力，以及在品评葡萄酒时所需要的短短数十秒的高度集中的注意力。

观察，嗅闻，品尝

观察。葡萄酒在酒杯中静止状态下的观察，包括观察颜色、光泽、以及它的澄清度等。通过轻微地晃动，观察不同溶液厚度下的葡萄酒的外观表现。仅此而已，整个过程只需要五到十秒。之后根据我们所观察到的表象，记录下是否有沉淀、澄清度、颜色强度、色泽变化等特点，尤其要记录下不正常或是出人意料的外观表现。

嗅闻。首先是当葡萄酒在酒杯中呈现静止状态时，我们将鼻子伸入酒杯，缓缓地吸入酒液上方的气体。之后将酒杯缓缓地摇晃，再次进行嗅闻，感受葡萄酒连续展现出来的不同香气。如果有必要，整个过程可以重复进行。对葡萄酒复杂的香气表现进行描述时可以简单地围绕以下几个思路进行：是否具有香气缺陷，香气是否纯净，香气表现强烈或清淡，是否细腻、优雅、令人愉悦，等等。

葡萄酒品评领域本身具有一定的主观性，与品评人员的性格特点、风味偏好有着密不可分的联系。多年以来的葡萄酒品尝经验表明，在相同条件下，品评葡萄酒时所代入的主观印象，与品评人员是否受过专业培训并无多大联系，然而我们仍须对此保持谨慎的态度。

感受葡萄酒的香气，除了嗅闻以外，还可以通过品尝来补充感受香气的整体表现。首先，嗅闻的最基本内容是识别判断葡萄酒的主导香气，即在嗅闻过程中直接、强烈的香气感受。葡萄酒的香气特征同时受到葡萄酒的类型与风

格的影响。我们在嗅闻葡萄酒香气时，还需要注意具体香气随时间的变化，这种差异变化往往仅需数秒就足够明显了。其次便是对次要香气的感知，整个识别过程从与接触葡萄酒开始，中间香气的变化，一直到品评过程结束之后，存在于口腔及鼻腔中的尾味香气，从头到尾都需要保持嗅觉感官处于活跃的状态。无论什么情况，我们需要先抓住香气最为简单、基础的特点，使其能够更容易地被所有人理解，之后再尝试找出香气表现存在的具体差异，并详加描述。因此，我们在嗅闻结束之后，最好的表达方式便是先辨别香气类型，比如将其描述为水果类香气，尽管在具体香气识别上，这个答案有些模糊，但是也好于"完全成熟的野生草莓香气"这样详尽的描述，因为不同草莓品种之间的香气并不相同，这样详尽的描述方式常常会引发争议。

品尝。喝下一小口酒，大约 5～8mL。用舌头将口腔中的酒液缓缓搅动，之后慢慢加强搅动的力度，使酒液沾满口腔中的任意一个角落，同时吸入一定量的空气（注意不要发出太大的声音）。葡萄酒在口腔温度的作用下会逐渐升温。葡萄酒在口腔中的味觉感受顺序大致是甜味、酸味、苦味，最后是涩味。酒液含在口中的时间通常在 8～10 秒钟左右，超过这个时间则会出现味蕾与味觉神经疲劳现象，选择咽下或是吐掉都可以，各有利弊，取决于个人的决定。虽说两种处理方式都差不多，但是咽下的方式可以延长葡萄酒带

来的愉悦感觉，不过也会产生摄入过量酒精的风险。

在任何情况下，嘴唇都是要紧闭的。在结束品尝前，吸入少量空气与葡萄酒挥发出来的气体混合之后，使其进入鼻腔，也就是经过后鼻咽道，以便对口中香气进行感知识别。如果品尝结束后仍无法确定判断，可以对同一款葡萄酒重新进行品尝，不过这会导致味蕾以及味觉神经产生疲劳感，因此须谨慎决定。另外，口腔中分泌的唾液量及其组成成分也会对葡萄酒风味的感知产生影响。

葡萄酒味觉上的感知通常也只能保持10秒左右的时间，或者说对于所有酒类的品尝都须控制在30秒以内。不过要在30秒钟的时间内保持高度专注，忽略外界环境的干扰，全身心忘我地投入，难度还是比较大的。葡萄酒的品尝，首先是要找到葡萄酒平衡的风味表现，如果某种味觉感受（比如酸度、单宁强度、甜度、二氧化碳、酒精等）在葡萄酒风味中占据主导位置，或者明显强于这款葡萄酒所应该具有的典型风格，则须将其记录下来。对于任何葡萄酒而言，其风味表现的"长度"，也就是将葡萄酒咽下或吐出之后，在口腔中留下的风味感受持续的时间长度，是葡萄酒风格特征的重要指标之一。除了少数例外，大多数风味表现持久的葡萄酒都会被称为"Grand vin"（品质顶级的葡萄酒）。不过这里的"Grand vin"主要是和风味较长的特点联系在一起，与传统的"Grand vin"含义虽然相似，但是仍存在些许差异。这样的评定方式对于风格轻盈的葡萄酒明显不公平，会导致浓郁强劲风格逐渐代替清新淡雅的风格，只会使得葡萄酒风味出现更为严重的同质化现象。

表达。英国国王爱德华七世（Edouard VII）曾经说过："品尝葡萄酒不仅要观察它的外观，嗅闻它的香气，品尝它的风味，还要讨论它的整体表现。"不过，为什么我们要表达葡萄酒风味的感受呢？

首先是为了自己，我们强迫自己要用最为清晰明确的词汇来描述感受到的葡萄酒风味，并将每一个内容一一核实，这有助于记忆，同时对日后的回顾复习也有所帮助。文字形式的表达方式最为完整，能够用简洁明了的词汇将风味特征汇总、记录下来，只有到这时，整个品评活动才能算作完美收官。

我们在前文中关于描述葡萄酒风味的词汇的探讨已经非常详细，在此不再赘述。葡萄酒品尝可以说是一项通过眼睛、鼻子和嘴巴等感觉器官开展的智力活动。我们所使用的葡萄酒风味描述词汇是感官感受、文化背景，甚至自身素养等综合因素的直接反映。这也是为什么每个人都会有自己的观点和偏好，不过也正是这些不同才使得朋友间的葡萄酒品尝活动具有更多的吸引力。这些描述的根本区别在于，对应到葡萄酒风味上会有明显体现，比如葡萄酒风味强度方面，包含颜色强度、酸度等，对应到品质，是否符合个人或整体的风味偏好；对应到愉悦感，则完全与个人风格特点有关。

风味描述的差异性

描述葡萄酒风味时，不能完全囿于我们所提供的风味描述词汇，而是要尽可能地展开个人丰富的想象力，寻找富有诗意的句子。但是有一点不能忽略，那就是所使用的词汇应易于理解，最起码是朋友之间能够互相明白的。

当朋友之间的举行一场葡萄酒品尝活动时，如果选用的葡萄酒、邀请来的客人以及当时的形式背景能够完美契合，聚会的愉悦、快乐会通过酒杯传递给每一位在场人员。

我们所处的葡萄酒品评视角与酿酒师、采购商及专业卖家完全不同，他们需要客观地判断评价一款葡萄酒的品质，有时最终结果会与他们的喜好相差甚远。这一点在我们购买葡萄酒时会体现得非常明显，让我们明白这完全是两个世界的品评理念。事实上，"这款酒我喜欢"才是绝大多数消费者愿意掏腰包的唯一理由。而市面上存在的许多物美价廉的葡萄酒，则是面向以重视葡萄酒内容而非其品牌或名声等外在因素的葡萄酒爱好者为代表的消费人群。不过，我们应该铭记，酒标也是葡萄酒历史文化强有力的代表，同样能够展现葡萄酒的个性，并且使得消费者在葡萄酒文化消费方面获得愉悦、满足。

我们要将"这款酒单宁感很强""这款酒风味很好""这款酒我喜欢"这三种表达方式完全区别来看。如果将这三种表达方式完全等同于优秀葡萄酒品质的特点，那么所有人都将选择同一类型的葡萄酒，这对葡萄酒风格的多样性是严重的破坏。而且，我们倡议禁止品评过程中公开的表达方式，比如"这款葡萄酒风味很棒／很差劲，你觉得怎么样呢？"这种话语会不可避免地使听者产生思想包袱，先入为主的观念会剥夺他们个人享受葡萄酒的乐趣。在实际应用中，葡萄酒风味的表达会分为两个部分：先是对葡萄酒整体风格的评价，然后是详细的解释说明。

评分。我们是否可以像在学校给学生评分一样给葡萄酒打分呢？我们在前文中对于评分系统有过具体解释说明，虽然本身存在很多缺陷，但是也能作为一个分数标记，以便大家区别。在朋友之间的葡萄酒品评聚会上，给葡萄酒打分是一项乐趣，并且能够留下简单的品尝评价印记。不过很可惜，这种方式无法精确地表达出每个人的品评观点。

整体表现评价。埃米耶·佩诺教授在1981年出版的《整体评价》（*Appréciation global*）一书中这样写道："如果要对一款葡萄酒的整体风味进行评价打分，我们应该避免产生直接给出数值这样的想法，而是要先给予合理的评语。"所以，关于葡萄酒整体表现的评语有以下表达方式，并且评语级别数量通常为偶数。"非常好、好、普通、及格"或是"非常喜欢、喜欢、一般、不喜欢"这两种评语方式则较为常见适用。

解释说明。我们会使用已经明确含义并且有限数量的词汇来对葡萄酒典型风味进行描述，就像优秀的教师一样，授课时总能简洁明了、一语中的。这个名单的品评词汇数量总共只有62个，我们通过观察发现，优秀的品酒师通常会使用6～7个词来描述葡萄酒的风味，而葡萄酒类型、年份等因素并不会对其产生任何影响。如有必要，可以再根据这份记录表进行补充说明。

值得注意的是，每一个描述词都应该只与一种感官感受有关。形式简单，但是内容从不简单。

如果出现了风味缺陷，则必须将其记录下来，并且不能用"Net"（纯净）、"Franc"（纯粹）这样的词汇描述。

对于葡萄酒风味描述的过程应该以整体表现评价开始，例如"非常喜欢、喜欢、普通、不喜欢"。

接下来，我们便按顺序对葡萄酒的外观、香气、味道三方面的风格特点进行描述，着重于主导风格特征的描述。在品评相同产地及年份的葡萄酒时，整个流程的速度会加快，完全没有必要对同一特征进行重复描述，比如陈年的梅多克葡萄酒，普遍具有瓦红色的外观，刚酿造出来的密斯卡岱品种的葡萄酒外观也多是浅黄绿色。

葡萄酒香气表现特征的复杂性使得我们的描述能够较为详尽，但是要做到真实、朴素、简单，尽量将描述词限制在几个清晰明了的类别中，便于所有人阅读和理解。像新酿类型香气，或陈酿类型香气的表达方式反而会过于模糊。在感官分析中，通常会要求对葡萄酒香气及味道进行详细全面的描述，不过这主要针对经过专业培训的品评委员会成员，这与之前所提到的以愉悦为目的的品评的性质完全不同。

味觉特征总是要围绕着味觉平衡及

酒体和谐的理念进行描述，并且嗅闻、识别葡萄酒风味总会显得比表达、描述来得容易。比如，有谁能够真正将法国圣米歇尔山（Mont Saint-Michel）、韦尔东大峡谷（Gorges du Verdon）、冰川之海（Mer de Glace）这些著名景点的特点描述出来呢？对于葡萄酒而言，是同样的道理。在描述风味时，还需要考虑葡萄酒结构及酒体强劲程度，以及葡萄酒风味的发展状况。

最后，也是最基础的，例如葡萄酒是否有缺陷，酒体是否平衡，或者是否拥有某些占据主导地位的宜人表现……但是"葡萄酒是否具有个性，还是它的表现完全中立，难以识别？它是否具有能够识别的典型特征，还是我们要将它称为无国籍的葡萄酒？"以上内容便是关于一款好酒与一款伟大葡萄酒之间的主要差别了，或者说，是好酒与我喜欢的葡萄酒的差别，影响它的除了类型与风格，自然还包括它的价格了！

实用性方面

葡萄酒品评记录表。在朋友之间的葡萄酒品尝活动中，记录表可以作为葡萄酒品尝的引导指南、备忘纪要，或者作为日后继续学习的笔记。品评记录表的形式越简单越好。越是复杂、内容多样的记录表，越是容易局限人的思维，人为地对感官感受结果加以禁锢，并且导致品评人员在还没有开始正式品评之前就通过表中的内容提示，在脑海中构建出一定的风格特征。这种类型的记录表明显不适合葡萄酒品评活动。如下表所示的品评记录表，其风格便显得简单明了许多。

时间：	31/12/2010	地点	聚餐
葡萄酒类型：	干红	价格	15欧元
葡萄酒品牌：	BodegaXXX Rioja Gran Reserva		1995
总体印象："我……"			
绝对不喜欢	喜欢	非常喜欢	挚爱
风格特点：（外观，香气，风味，平衡度，强劲度，风格，适饮时间）			
细节*：			
我会购买：			
绝不	可能	会购买	必须收藏

*简单必要的基础信息。

便于朋友之间的葡萄酒品评活动使用的记录表

葡萄酒排名。我们通常会很喜欢对同系列葡萄酒的品质进行排名，即使是排名结果并没有任何商业用途，我们也依然乐此不疲。在对葡萄酒进行排名时，可以使用相同的、简便的排名方法，不过要注意每位品评人员的感官灵敏度。我们从一些优秀的葡萄酒赛事所使用的排名规则中获取基本原则方面的知识，并加以简化，得到以下内容。首先是能够进行排名的葡萄酒范围，只有同一系列的葡萄酒能够进行排名，限制条件包括产地、年份、价格等。其次，在品尝之前要指出葡萄酒所具有的大致特点，理想的方式是选举出一名不参与品尝的组织人员来做此项工作。为了提升最终结果的可信度，所有参与竞赛的葡萄酒都应该放置于完全中立的环境中。严格来讲，每位品评人员品评葡萄酒的顺序也应该打乱，因为在打分时，前一款品尝过的葡萄酒的分数会对后一款的打分产生严重的影响。但是由于这样做会加重组织方的工作负担，所以在品评赛事中很少见。葡萄酒的最终排名会根据整体表现评语或是评分制（比如二十分制）来决定，毕竟具体的葡萄酒风味描述评语之间不存在明显的可比性。如果不是这种排序方法，那么组织如此之多的品评人员则会显得毫无意义。

临时组成的品评小组如何确定葡萄酒最终的整体表现评语（或评分）呢？计算平均数的方法最常使用，但也最常出现争议。因此，在避免出现更复杂的计算方法前提下，我们通常会建议使用中位数计算方法，也就是说将评分总数平分成两部分的方法，这种计算方法的最终结果也代表了大多数品评人员的评判结果。

比如，现有一系列整体表现评语，五位品评人员给出了以下结果，"及格、普通、非常好、非常好、非常好"，尽管有两位评委给出了较低的评价，但是最终的评语仍然是"非常好"。在这里，我们可以说有五分之二的评委"不喜欢"这款葡萄酒，这是他们的个人选择，我们对于这种选择既不忽视，也不鼓励；然而整个品评小组的最终结果"非常喜欢"也是事实。

识别葡萄酒。如果想要识别一款葡萄酒的风味表现，首先必须对其有所了解，也就是说至少有过一次品尝经历，如果可能的话，这次品尝经历最好发生在近期，并且是在相似的环境下和相近的时间段。不过在许多情况下，我们并不是在识别一款葡萄酒，而是在"猜测"一款葡萄酒。这就变成了聚会时人们所玩的一场有趣的社交游戏，只会使我们从葡萄酒品尝的注意力中跳脱出来。据相关观察表明，对大量不同类型（产地、年份、种类等）葡萄酒进行识别是非常困难，同样也是非常罕见的。因此，那些颇有经验、老道狡猾的品酒师会偷偷跟你说：想要在葡萄酒盲品中非常坚定地识别出一款葡萄酒的风味信息，只有一种最为有效的方法，那就是事先看到葡萄酒酒标或者酒塞！

识别葡萄酒的"风格"。 在品尝完葡萄酒之后，通常需要确定该款葡萄酒的风格，也就是对其原产地、生产工艺、年份等信息的判断识别。虽然世界上的葡萄酒风格成千上万，但是我们依然能够从中总结出几种常见的重要风格，并找到它们之间所存在的联系。

买还是不买？ 品评结束之后，是否购买的问题通常会接踵而来。我们会为什么样的场合选择哪种类型的葡萄酒呢？日常餐酒、周末家庭聚会用酒、老友之间的酒、生日宴会用酒？无论哪一种情况，我们都希望能够选到合适场合的葡萄酒，当然也要符合我们的预算。虽然没有一个标准的答案，但是我们依然无法避免这个话题，那就是酒杯中的乐趣还是蛮昂贵的！无论什么情况，选择购买的理由和标准只有一条，那便是目的：有些人是为了使朋友高兴；有些人是为了享受瓶中的葡萄酒，或是满足于酒标带来的档次，或是两者兼有；还有些人是为了体现葡萄酒的价值，将其用来配餐……

致全体品酒师

想要成为一名优秀的品酒师，便要能够在最需要的时刻找到葡萄酒中的趣味所在。为此，必须要遵守几项基本条件：保持身体健康，充满激情，对葡萄酒事业保持热情，并且愿意为此投入到工作的状态，最大可能地集中注意力去品尝葡萄酒的风味。这项"工作"通常只需要分别对每一款葡萄酒保持十来秒的注意力即可。好的记忆能力能够帮助品评人员积累并整理感官感受到的视觉、嗅觉、味觉等多方面的信息元素，这些信息不仅仅来源于葡萄酒，还包括日常生活中所遇到的一切事物。脑海中需要回想以前感受到的风味信息、过去擅长的表达方式、常用的简单形象的词汇，再将其与现实联系在一起，按照风味感受的时间顺序，准确表达自己的感官印象。独立的精神在葡萄酒品尝领域里也是一条非常重要的品质，因为每个人都不可避免地会从旁人处接触到一些感官品评的信息，选择跟随他人的想法还是选择将其忘记，这完全取决于一个人独立思考的能力。葡萄酒品评结束后的信息交换总是能够提升一个人的葡萄酒知识水平及品评能力。一个优秀的品酒师从来都不会在品评时表现得过于简单、清晰、谨慎。就像著名的西班牙斗牛士安东尼奥（Antoñete）所说："自我开始斗牛之前，没有人懂得如何斗牛。"

选酒

品酒之前所要做的首要事情便是选酒，那么具体如何选呢？除了担心卖家所出售的产品是否具有合法性以外，所有的购买者都能够按照以下几条惯例选到最为合适的葡萄酒，只须使个人需求与一款或几款葡萄酒的特点相吻合即可。

买方个人简介

● 买给谁：买给自己，还是家庭？还是买来送礼，送给什么样的人？

● 饮用背景：家庭用餐，朋友用餐，双人情侣、朋友间的开胃酒，招待用酒？

● 何种用处：饮用、展示，还是再次出售？有些葡萄酒产品具有投资理财产品的属性，很容易找到相关案例佐证，但是就像其他理财产品一样，不但需要掌握深厚的葡萄酒知识，还需要一定的运气。

● 何时饮用：晚餐、度假饮用、婚宴，还是庆祝小宝宝的降生？

● 什么价位：根据具体预算而定，自己饮用和送礼之间通常会具有较大差别。

葡萄酒简介

许多葡萄酒销售商都会做调查问卷，从涉及的问题多多少少都能看出商家的用心程度，具体问题会包含个人情况，以及喜欢的葡萄酒类型等，主要涉及两个研究角度，技术层面与感情层面。比如会向消费者提出二选一的问题：传统还是创新，讨喜风格还是高雅风格，普通还是名牌，细腻还是强劲，强烈还是柔和，浓郁还是轻盈，果香还是木质香气，粗糙还是柔顺等。除了单一风格比对之外，还会有复合风格的比对，比如，果香浓郁，酒体轻盈／果香浓郁，酒体丰满／香气浓郁，酒体柔顺／香气浓郁，酒体丰厚……商家还会因此推断消费者的爱好特点，比如属于"追求强劲风格葡萄酒的探索者"或是"完美主义，但仍期待找到惊喜的乐观青年"，等等。有时也会从技术层面挑选一个问题进行详细描述，偶尔也会出现十几个类似的问题，不过这往往会让调查问卷失去可读性。问题总是无法全部列举完的，从中挑选一些主要问题，内容上可以做得更为精致一些，不过要尽量做到便于回答。

对于所有待选葡萄酒，我们用 1～4 的数字对其不同风格特点进行打分，1代表最低，4代表最高。同时，根据每项风格特点制定出相应的打分内容，这一评分代表了想要挑选购买的葡萄酒的风格特征。之后再将两者进行一一对比，理想中的葡萄酒类型便是两者分差最小的那一款，因为分数完美契合的情况的确很少出现。如果两者之间平均分差大于1，则代表了购买者的选择与该款葡萄酒风格类型具有明显差异。具体示例如下，我们总结了7种葡萄酒风格特点，以及对购买起决定性因素的价格作为评分内容。

不同产区的葡萄酒								
葡萄酒	价格	果香	品种	酸度	单宁	木质香气	陈年状态	强劲程度
博若莱	1	4	4	3	1	1	1	2
勃艮第	3	2	1	2	2	2	2	2
马迪朗	2	1	3	2	4	2	2	4
波美侯	4	1	2	1	3	3	3	3
波尔多	1	3	2	2	2	1	1	2
教皇新堡	3	2	1	2	3	2	3	4
里奥哈珍藏	3	1	1	3	3	4	4	3
1号选择	1	3	3	2	1	1	1	2
2号选择	4	1	1	1	2	3	3	3
3号选择	2	2	2	2	2	2	2	2

葡萄酒风味特征可视化图示：我们可以从图中观察到1号选择与博若莱葡萄酒的风格特征具有的一致性

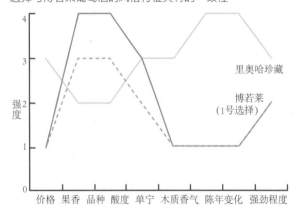

与选择标准相符的葡萄酒产品			
购买意向编号			
葡萄酒	1号	2号	3号
博若莱	0.7	2.1	1.3
勃艮第	1.1	0.8	0.4
马迪朗	1.6	1.3	1.2
波美侯	1.6	0.5	0.9
波尔多	0.5	1.5	0.7
教皇新堡	1.6	0.8	1.0
里奥哈珍藏	2.1	1.0	1.4

需要注意的是，图表中对葡萄酒风格特征的打分结果不具有广泛代表性，只与当前展示的葡萄酒有关，不能代表整个产区的葡萄酒风格特征，具体案例还须具体对待。

比较第一个表格的数据可以发现，博若莱葡萄酒与波尔多葡萄酒与1号选择中的风格特点要求极为相近，里奥哈珍藏葡萄酒则完全不符，不过可以将其作为替补放在2号选择中；并且能够看出，博若莱葡萄酒完全不符合2号选择的要求。最后一个表格能够让我们直观地看到每款葡萄酒与选择需求之间的关系（数值越小越匹配）。比如在2号选择中，最为接近的选项是波美侯产区的葡萄酒。

上述购买葡萄酒的挑选方法适用于所有购买行为。消费者可以在向实体店或是电商咨询购买意见之前，通过自查的方式，了解不同朋友对不同风格葡萄酒风味的喜好，从而做出最佳的选择。

品评结束后的总结

"我喜欢这款葡萄酒","我不喜欢这款葡萄酒"。为了落实最终选择的正确性,我们需要借助之前那份简单的调查问卷。试着回想一下,葡萄酒的主要风格特征是否与预期相同,并向自己提出以下问题。

● 我是为自己品酒,还是为其他人?我是否为品酒准备好了高度集中的专注力?我是否处于良好的品评状态?

● 葡萄酒的风格表现是否正常?香气是否纯净,没有明显缺陷?主要香气是什么?次要香气时什么?

● 葡萄酒在口中的风味是否平衡?哪种味道占据主导地位?

● 尾味是否宜人?是否悠长?

● 对葡萄酒整体表现的评价是什么?是否需要和朋友分享自己的品评感受?

● 我是否要购买这款葡萄酒?购买后的饮用场合是什么?如何配餐?

这也是我们常说的,若要做出最佳选择,必须先用知识武装自己。掌握的知识越多,能够从葡萄酒中发现的乐趣也就越多,这便是葡萄酒的哲学。关于葡萄酒的思想理论,我们能够一直追溯到两千五百年前的古希腊,自那时起,人们便总是将它与智慧、道德联系在一起。每个人都拥有自己独特的葡萄酒风味偏好,我们不仅要尊重彼此之间的不同,还要学会和他人分享自己的感受。无论是对这份选择的坚定还是妥协,都应该受到欣赏和重视,因为"品味成就智慧"(米歇尔·塞尔1985)。

葡萄酒与配餐

每位葡萄酒爱好者都应该掌握葡萄酒配餐的基本规则。合理的搭配能够彰显葡萄酒的品质与风味,实现它完整的价值。懂得如何在一份菜单中安排恰当的葡萄酒,是餐饮艺术的一个重要组成部分。在配餐领域里,如果没有掌握搭配的要领,错误的食物则无法配得上一瓶美酒。葡萄酒与美食搭配的种类多样,关于这类话题的著作也是不计其数,多以葡萄酒指南及食谱的形式出版。对于酿酒师而言,这个话题似乎有些超出了专业范围,有时并不能给予一个绝对合理的答案。因此,在不考虑个人习惯与爱好的前提下,我们希望利用这些篇幅,将葡萄酒在饮食搭配中的基本原则解释清楚。

人们在用餐时,总是会出于本能去寻找味觉之间的平衡,具体表现在吃的食物与喝的饮料的搭配上。食物与饮料引起的味觉感受常常互相交织在一起,各有特色,不能出现完全相反的刺激,或是互相中和的现象;而是应该呈现一致的感官刺激,促进彼此的风味,突出品质优点。葡萄酒配餐应该兼顾三方面的一致性:风味强度、风味类型、风味品质。风味饱满强劲的葡萄酒与清淡素雅的食物并不协调;相反,如果一款滋味平淡、风味短浅的葡萄酒出现在食物美味可口、香甜浓郁的餐桌上,再好的美味佳肴也会失色不少。不过,如果食物的口味过于厚重，一款风味简单、清新爽口的葡萄酒反而能够解除口中油腻、燥热的感觉。

选择合适的食物与饮料来构建协调的香气与味道表现并不难，只须兼顾上述简单原则，结果便会不言而喻。只是有时仍会发现有些人会使用食品工业生产的带有浓郁香精口味的饮料来搭配精致讲究的珍馐美食，不免让人诧异。毕竟简单的搭配原则并不难掌握。通常，一道口味厚重、粗犷的菜品能够搭配各类性质的具备清凉解渴功能的葡萄酒，然而一款细腻优雅的葡萄酒便不适合出现在这样的场合，会导致其风味无法完整地表现出来。同样的道理，一道烹饪讲究、菜品精美的美食，如果搭配上风格壮硕、口感坚硬粗糙的葡萄酒，也会因此失去光彩。

如果我们对前文提到的风味强度、风味类型以及风味品质三方面和谐表现的基本原则进行深入分析，便可以得到以下三种搭配条件：相似的风味表现，互相交织、彼此融合的风味表现，单一品质的风味表现。除此之外，也会出现某些反例，风味上会出现互补或是明显反差的搭配方式，同样能够收获非常好的效果。有些具有创新精神的厨师或者美食评论家便会利用这一特性，常常故意去犯曾被公认的饮食大忌，甚至与人们对传统饮食习惯的尊重背道而驰，以期能够有所成功。如果这种创新能够有一个好的结果，我们要向这些富有勇气的

改革家报以热烈的掌声。毕竟从来都没有尝试过的事情，谁也不知道会不会成功。不过，不要忘记过犹不及的教训。这样的尝试是好事，但如果只想靠出其不意制胜，即使成功也不会长久。世界上的葡萄酒种类纷繁多样，也正因如此，我们才能不用担心无法找到合适的葡萄酒用来搭配我们的食物，甚至还会有多种葡萄酒可供选择。不过也有少数例外，比如当菜品中使用了葡萄酒醋作为调味品时，不论是雪莉酒醋还是意大利香酒醋，不管搭配什么类型的葡萄酒都只会显得格格不入。所以，当菜单中出现了拌有葡萄酒醋的沙拉时，尽量避免搭配葡萄酒。

即使是添加瑞士格鲁耶尔奶酪，再搭配一些核桃仁，也仍旧无法帮助含有葡萄酒醋的沙拉和葡萄酒进行配合。还有一些含有酒醋的巧克力，尤其是巧克力慕斯，在搭配葡萄酒时也是困难重重。尽管巧克力与巴纽尔斯及莫里产区的天然甜葡萄酒本身就很搭配，但是在酒醋的作用下，一切美好都会丧失殆尽。不过，价格昂贵的意大利葡萄酒香醋（Aceto Balsamico）以其酸甜圆润的口感、丰富浓郁的香气表现，已经足以将任何美食的风味展现得淋漓尽致了。

我们认为，白葡萄酒在餐桌上的地位通常是由人们的心理作用和生理需求共同决定的。其之所以能够成为人们喜爱的饮品，以下品质特点功不可没：较浅的颜色，与葡萄果实相似的香气，口

味清淡同时还能解渴，清新爽口的酸度；如果还含有一定残糖，则会出现口感圆润、甜腻讨喜等风味特征；再加上白葡萄酒常常需要冰镇之后才能饮用，也为它的魅力增色不少。另外，白葡萄酒由于其柔顺、清爽的口感，以及浓郁芳香的香气表现，也成为一种不需要佐餐、单独饮用也能获得丰富体验的葡萄酒类型之一。

通常来说，白葡萄酒适合搭配颜色较浅的食物。许多人可能会忽略饮食色彩心理学的作用，但是它对饮食行为的影响非常明显。比如，白肉（禽类、内脏、鱼肉、海鲜等食材），白色或金黄色酱料的食物都会搭配白葡萄酒。视觉上颜色协调的搭配会给味觉方面建立和谐平衡的基础。另外，白葡萄酒通常会具有浓郁的香气表现，并且主要以果香为主，结构轻盈、口感清爽等特点使其更适合搭配风味细腻的菜品，而不是口味浓厚的类型。白葡萄酒尤其适合搭配海鲜类的食物，海鲜的咸味能够突显白葡萄酒的味道；而白葡萄酒同时也能缓和海鲜过咸的风味。不同类型的海鲜也需要搭配不同风格的白葡萄酒，我们按照配餐的不同分别给这类白葡萄酒起名为"贝壳葡萄酒酒""虾蟹葡萄酒""海鱼葡萄酒"。顾名思义，分别搭配贝壳类、鲜虾海蟹，以及鱼类的白葡萄酒。适宜贝壳类海鲜的葡萄酒通常酸度最高，口感刺激明显，多为新酿的白葡萄酒；适宜虾蟹的白葡萄酒会稍显圆润，略微陈年；而适宜鱼肉的白葡萄酒的风味则会显得圆润饱满、细腻优

雅、酸度适中，并且具备一定年份。比较常见的经典搭配有以下几种：法国卢瓦尔河地区的密斯卡岱-塞维曼尼产区（Muscadet de Sèvre-et-Marine）或者波尔多地区两海之间产区的白葡萄酒，搭配一打绿色克莱尔（Claire）生蚝；一杯阿蒙蒂亚或者菲诺雪莉酒配上圣路卡德巴拉梅（San Lucar de Barrameda）的龙虾；佩萨克-雷奥良产区的拉维伊红颜容（Laville-haut-brion）酒庄或者勃艮第地区巴塔-蒙哈榭（Bâtard-montrachet）特级产区所生产的干白葡萄酒，搭配法式黄油炸比目鱼等。由于白葡萄酒能够缓和咸味，具有生津止渴的作用，因此在搭配辛辣的食物、香肠火腿、烹饪过得绿色蔬菜、新鲜的奶酪、脂肪含量高的奶酪，以及山羊奶酪等食物方面具有很不错的效果。红葡萄酒反而完全不适合，葡萄酒的风味会被这些物质的气味完全破坏掉。不过，在味觉感受方面，话不能说死，干白葡萄酒有时候也能被其他类型葡萄酒代替，比如桃红葡萄酒、风格轻盈的红葡萄酒等，也就是说，新酿且单宁含量较低的红葡萄酒，也需要像白葡萄酒一样冰镇后饮用。

白葡萄酒除了干型以外，还有甜型葡萄酒；尽管这些年来，法国人似乎快逐渐忘记了这种类型葡萄酒的存在，甚至在葡萄酒品评赛事上占的比重也越来越少。甜白葡萄酒根据含糖量的不同，可以分为半干、半甜、甜型、超甜型。甜型葡萄酒所受到的忽略常常体现在酒店或餐厅的菜单上，

这种甜味的酒液似乎并不受餐饮老板的喜爱，或是放在菜单的角落，或是压根就没有机会出现在菜谱中。口感圆润柔和、甜美可口的白葡萄酒适合所有甜润的菜品，比如鸡肉酥、脆皮香煎小牛胸肉、法式炖牛脑、里昂肉饺、贝夏梅尔（béchamel）调味酱汁、复杂精致的鱼肉料理及禽肉料理，还有蓝纹奶酪等。而陈年的超甜白葡萄酒类型，比如巴萨克（Barsac）、巴纽尔斯、莫利等产区的产品，配餐时的最好的搭配则是鲜橙鸭或樱桃鸭，以及其他酸甜酱料口味的主菜，才会形成完美的搭配风格。肥鹅肝搭配贵腐葡萄酒这样的经典组合作为前餐，早已被世界人民知晓。完美的风味搭配，足以掀起味觉享受的高潮。但是我们曾经尝试过将蓝纹奶酪与超甜白葡萄酒进行搭配，或者使用其他气味强烈的奶酪，也能产生强烈对比，以及和谐的风味表现。口感圆润丰厚，甚至甜腻的超甜白葡萄酒在搭配辛辣刺激的食物时，往往会有更为甜润、柔顺的口感表现，而这是许多干型葡萄酒办不到的事情。

红葡萄酒的风味构成较为复杂多样，并且酒体也相对白葡萄酒更为饱满厚重，因此在搭配菜肴时，需要尽可能选择油脂丰盛、口味浓郁的类型。根据前面提到的饮食色彩心理学，我们知道，红葡萄酒由于其颜色较深，搭配红肉食材、红棕色酱料，甚至红酒制作的酱汁时，其风味也会有

更好的表现效果。不过，由于红葡萄酒中的单宁物质较为特殊，其具有的苦味和涩味往往会对食物的风味产生重要的影响。因此，我们在这里根据单宁含量的不同将红葡萄酒分为两个类别：酒体轻盈的红葡萄酒，其单宁指数在30到35之间；酒体坚实厚重的红葡萄酒，单宁指数在40到50，甚至更高。葡萄酒中的单宁物质可以与肉类食物中的蛋白质发生反应，能够使得单宁原本具有的苦味减少，甚至消失。熬制的肉汤、咀嚼时产生的汁液，以及硬质或半硬质奶酪中都含有丰富的蛋白质。不过，优质的红葡萄酒并不总是能够和发酵过的、气味浓烈的奶酪形成完美的风味搭配，比如卡蒙贝尔（Camembert）奶酪、洛克福（Roquefort）奶酪及其他风味多样的特别的山羊奶酪，相比下来，搭配白葡萄酒时更能够体现它们的品质价值。比较常见的适合搭配的白葡萄酒有卢瓦尔河地区桑塞尔产区的长相思葡萄酒，当地所产的夏维诺山羊（Crottins de Chavignol）奶酪便常常用它来搭配，风味表现堪称完美。而品质顶尖的红葡萄酒配餐范围往往较为狭小，只有合适的食物才能体现它的价值，并不一定会与奶酪之间形成良好的化学反应。我们常常会听见有人说三个月前觉得风味表现非常棒的葡萄酒，现在品尝起来会感觉却不如之前的表现。在谈论这些话题的时候，人们往往不会提及之前饮用葡萄酒时的配餐是什么，并不一定是

葡萄酒的风味品质出现了问题。年份较近的红葡萄酒，或是陈酿多年的老酒，都比较适合搭配较为鲜嫩的肉质，比如小牛肉、羊羔肉，以及家禽，或是野禽；而单宁感较为强劲的葡萄酒则更适合颜色更深的红肉，比如牛肉、绵羊肉、大型野味，或者野鸽、山鹬等野禽。葡萄酒的水果香气、香辛料气味、松露等植物的香味能够与这些肉类的风味互相融合，使滋味变得更为和谐、丰富。不过，红葡萄酒无法和鱼类搭配，两者之间常常会产生浓重的腥味。我们只有在红酒作为菜品酱料的时候，才会将其与鱼类搭配，比如波尔多的七鳃鳗、水手鱼，以及许多新式餐厅制作的红酒洋葱烧鱼等菜品，我们会搭配口感丰腴的新酿红葡萄酒，甚至有人建议将制作酱料的葡萄酒直接拿来配菜会更为合适。红葡萄酒中的单宁物质需要尽量避免与具有明显咸味或是甜味的食物搭配，这些风味只会加强单宁的坚硬口感及苦味表现。

没有人能阻止我们对新颖饮食搭配方式的追求，但是这并不代表可以违反生理常识，强行将完全不能相容的味道混搭在一起。红葡萄酒中的单宁物质在遇到鱼肉中的蛋白质时，会产生强烈的金属味；油腌沙丁鱼在遇到超甜白葡萄酒时则会产生奇妙的化学反应，提升彼此的风味。

在用餐的过程中，人体感官灵敏度会随着时间的延长而逐渐下降，感官功能会逐渐开始变得迟钝，这也是为什么有必要事先安排好侍酒顺序的主要原因。葡萄酒的饮用顺序通常会从酒体最为轻盈、新鲜的葡萄酒开始，以壮硕饱满、陈酿香气浓郁的葡萄酒作为结束。所以，我们会看到最先饮用的常常是白葡萄酒，最后饮用的是酒体厚重结实的红葡萄酒。在安排葡萄酒的饮用顺序时，我们还需要注意不要将品质最好的葡萄酒排得太过靠前，用侍酒师的话来说就是起得太高，这只会使后面的葡萄酒显得相形见绌。常见的做法是在这款品质顶尖的葡萄酒之前安插一款能够体现其风味特征的葡萄酒，用以彰显它的卓越品质。最后，和我们平常的行为完全相反，我们会建议在菜品上桌之后再给客人斟上葡萄酒，在正式开始用餐之后，才开始饮用葡萄酒。这些细节在葡萄酒饮用中会起到非常重要的作用，因为在喝酒前便开始用餐才能保证每一口葡萄酒都能与食物之间产生化学反应，彼此展现出丰富的风味特色，使得葡萄酒能在宾客心目中留下完美的印象。

葡萄酒品质越是顶尖，我们在选择配餐时也越是需要谨慎小心，甚至有必要完全按照侍酒礼仪来做。对于品质普通的酒，我们无需那么多的讲究；但是遇到伟大年份且颇有名气的葡萄酒时，便需要我们打起十二分精神来面对。组织宴会的主人须提前向客人打好招呼，让宾客们也能为此刻做好万全的准备。这是葡萄酒侍酒的礼节，也是享受生活之道。一场准备完善的宴会能让与会人员事后还能时常回想起食物与酒的完美表现。宴会准备的重头戏便是如何构建食物与酒搭配的艺术，目的是让两者风味相得益彰，彼此实现对方的存在价值。常见的选择顺序是先决定菜品，再依据菜品挑选合适的葡萄酒，不过先选葡萄酒再搭配菜品也并无不妥。

葡萄酒与食物的搭配需要丰富的经验阅历作为指导，只有多多练习才能成为行家里手。在日常饮食中，我们只须在做饭之前问问自己，是按照想喝的葡萄酒来烹饪合适的菜肴，还是要按照想吃的食物来选择合适的葡萄酒，日积月累便足以掌握其中的精髓。即使是在餐厅用餐，我们也可以用同样的方式来引导自己。不过可惜的是，能够坚持这样做的很少。我们只有像这样不断地问自己，每次用餐结束后都能够总结经验，才能有机会在餐桌上享受到完美的味觉盛宴。

总结

虽然内容上我们已经没有什么能够补充的，但是我们仍希望以下几个要点能够起到解释说明的作用。

- 合理的配餐通常能够达成和谐、宜人的风味。
- 这种和谐的风味表现的感受强度与葡萄酒及菜品的风格类型有关，比如精致优雅，或是朴素简单等。
- 这种和谐通常体现在同一类型风味的强化或者风味之间形成强烈的对比。葡萄酒可以强化或补偿菜品的风味，但是要避免产生过于强烈、粗鲁的特点。比如，精致细腻的葡萄酒搭配一道浓郁油腻、辛辣的菜肴便会显得极不协调。

- 这种和谐风味是基于生理感官机能上的一般反应，因此不同的人群之间会出现一定差异，所以也与个人的喜好有关。
- 白酒配白肉，红酒配红肉这项原则是习惯上的分类方法，并不是强制性的，可以有所变通。

搭配在一起的葡萄酒和食物，只要能够让消费者满意，便是好的组合。夏日来临，乡下田野间的一顿野餐，此时一瓶清爽宜人的桃红"小酒"要比传统意义上的"大酒"（红葡萄酒）合适得多。

正确的饮酒观

凡是对人类酒精饮料历史有过的了解的人都会知道，它们具有一个普遍的特点，便是来源于不同类型的农作物。当人类社会从采集文明迈入农耕文明时，随着经济形式发生的变化，相应的技术也开始出现，人们对农产品的加工也随之产生，酿酒业也因此诞生，无一例外，每一个人类社会文明的发展都经历了这样的阶段。曾经有一位著名的微生物学家指出，名为"Saccharomyces cervisiae"的发酵酵母是人类最早用来进行酿酒活动的酵母菌种，称得上是人类最古老也是最好的朋友。大约是在8000 ~ 10000年前，世界各地的人类部落逐渐步入新石器时代，宣告了农耕文明的正式到来，酒精发酵饮料也随之纷纷出现，从草原上蒙古人民的马奶酒到非洲的棕榈啤酒；从南美安第斯山脉的玉米酒到奥尔梅克文明与阿兹特克文明的龙舌兰酒，当然还有美索不达米亚人民及埃及人饮用的葡萄酒，这是我们现代葡萄酒的祖先。

在酒精饮料出现之前，也就是人类社会的旧石器时代，那时的人们已经能够识别出哪些植物会含有能够让人感到兴奋、刺激、麻醉、甚至幻觉，并且会通过焚烧、吸食、咀嚼，或是浸泡萃取的方式来体验这种迷幻的作用。这种长期以来对镇定、迷幻效果的需求，一直存在于现实的人类社会中，并成为人类精神生活无法割舍的一部分。

发酵过的食品常常能够保存较长时间。然而，人们最初对水果、谷物进行发酵的目的并不是用来保存食物，也不是为了给予这些食物更多的风味特色。而且，如果没有习惯这种味道，第一次尝试的人根本不会喜欢它们的味道，更何况是非必需的食物。事实上，人们主动酿造酒精饮料的目的就是为了寻求兴奋刺激，寻求醉酒带来的昏天黑地的眩晕感受。在酒精的作用下产生惬意的满足感，人们往往会有灵魂与肉体分离的感受，在原始人类的意识里，醉酒的行为被赋予了神圣的意义。没有节日，便失去了纵酒狂欢的乐趣；凡是重要的事情都需要在有酒的场合下才能顺利解决，似乎已成为人类的共识。饮酒的方式，在古人看来也是男人身体健壮、英勇坚强的象征。

后来，随着一神论的兴起，酒醉行为失去了原本的宗教功能，葡萄酒文化也逐渐发展成型。人们认为葡萄酒能够带给人智慧及欢乐；它能激发人们的思维，使人变得健谈、有趣。葡萄酒的社交功能在历史上留下了许多传奇故事，而独饮的行为常常会被认为是奇怪或是悲伤的事情。法国思想家卢梭（Jean-Jacques Rousseau）曾经用宽容的口吻来描述喜欢饮酒的人：

"他们常常口若悬河、热情友好、坦诚直爽；他们拥有着世界上所有美好的品德，正直、公平、忠诚、勇敢、诚实。"

奥利弗·德赛尔，比卢梭生活的时代提前两百年，他对葡萄酒的描述则显得更为实际，更为谨慎：

"小酌怡情，能够让对生活感到无望的心重新复活，展现活力；可是，大饮伤身，纵酒狂欢只能让人日渐颓废，走向死亡；相反，只有有节制地饮用，才能免受酒精的奴役。"

事实上，人类花费了很长时间才学会了如何有节制的饮酒。而且不可否认的是，人们对于醉酒狂欢行为的颂赞从来没有消失过。尽管在葡萄酒爱好者中，酗酒的问题很少出现，但是对于酗酒的问题，我们并不能就这样放任其发展。

我们将通过以下三个方面来阐述葡萄酒与人之间的关系。

首先，葡萄酒能够带给人感官上愉悦的满足感。希望每一位读者都能够从本书中获得更好的认识和享受葡萄酒乐趣的知识。

其次，葡萄酒在生理、营养以及医疗等方面的效用。特穆里尔曾经说过，葡萄酒中的酒精既是一种食物，也同样具有潜在的危害；能够带给人健康，也能危害人的健康；能够彰显一个人的本性，也能扭曲一个人的人格。葡萄酒并不是稀释后的酒精溶液那么简单，除了含有一定量的酒精以外，它还拥有许多其他有益物质。

最后，则是与葡萄酒有关的心理、社会及文化方面。葡萄酒是一种具有象征意义的酒精饮料，从拉丁民族的饮用历史开始，直到基督徒将其作为宗教信仰的一部分，葡萄酒展现出了它丰富的文化内涵，并且成为西方文明重要的组成部分。

由于葡萄酒的饮用文化已经深深地渗透入每一个人的血液中，成为繁文缛节中的一部分。因此，懂得饮酒现已经成为懂得做人的重要组成部分，甚至要比懂得饮食更为重要。或许是因为饮酒可能会造成酒精滥用的严重现象，而食物滥用则不会显得那么严重。当人吃饱以后通常都会停止进食，然而酒醉的人只会说"我还能喝"。人们饮酒的主要目的是追求感官上的享受，所以要学会掌控自己，合理饮酒，否则只会南辕北辙。

关于葡萄酒饮用的艺术，有两条规则需要遵守：那便是分寸与品位。具体而言便是"喝得少，但是要喝得好"或者"喝得少，才能有理智去长时间地享受"。只有少数品质优秀的葡

萄酒才能够达到上述要求。如果葡萄酒能够说话，那么它传达的第一信息肯定是规劝大家有节制地饮酒。优秀的葡萄酒能够教会人们文明地饮用葡萄酒、品评葡萄酒的方式，从而也学会做人的方式。

近年来的一篇关于法国年轻大学生饮酒观的心理学研究文章使我们感触良多。从社会角度来看，葡萄酒的形象十分复杂多样，但整体上是正面的，承载着浓厚的象征意义，是法国人餐桌文化、美食文化的重要组成部分，并且这种对葡萄酒乐观精神的传承延续从未有过间断。法国人消费葡萄酒的年龄相对来说比较晚，通常在20岁到25岁之间，并且只有在特殊意义的日子里才会和家人一起饮用。葡萄酒与其他在外和朋友一起饮用的酒精饮料相比，它并不是用来寻求酒醉目的的饮料。在法国人的眼中，葡萄酒是较为特殊的酒精饮品，属于私人生活圈子的饮品，与家庭的关系密切，代表了典型的法国人的价值观。大约有80% ～ 89%的法国人对于葡萄酒风味的认知、品评及分享葡萄酒的乐趣，都是从自己的家庭成员身上习得的，尤其是在家庭聚餐的时候。这种社会文化现象在波尔多地区尤为显著。葡萄酒在这里所代表的是世代传承的文化桥梁，构建了法国家庭的文化传承，是社会文化的一个缩影。从这篇文章中我们还找到了一段关于葡萄酒心理学方面的内容：

"对于小女孩而言，提到葡萄酒便会联想到自己想要亲近的父亲的形

象；而对于小男孩而言，葡萄酒会让他联想起父亲的形象，并会期望自己成为那样的人。葡萄酒会让人联想起一种富有男子气概的形象。而葡萄酒酒窖就像是一个宽广的世界，父亲在这个世界的辛勤工作获得的成果（葡萄酒）与母亲在厨房工作烹饪得来的精美佳肴搭配，创造了家的味道。而选择的葡萄酒则象征了对父亲形象永恒的追求。历经世代变迁，葡萄酒在变，父亲的形象也在变。"

以上结论和葡萄酒行业人士日常所讨论关注的内容完全不同，毕竟业内人士每天讨论的都是葡萄酒专业性质的问题，比如单宁含量、包装、价格……然而，研究人员从这些对年轻人的调查中所观察发现的信息清晰地指出了新一代消费者对待葡萄酒的看法。这些年轻的消费者在今天或许无足轻重，但是明天或许便会成为一名睿智的客户。我们的确对这些年轻的消费者对葡萄酒的认知感到震惊，在他们的眼里，葡萄酒所承载的正面形象与家庭观念紧密相连，并且将法国人的文化、精神串联起来。葡萄酒所具有的特殊身份地位，在法国人的心目中是独一无二、不可替代的。与法国传统历史紧密相连的葡萄酒，并不仅仅局限于葡萄种植区域，还涉及所有拥有葡萄酒饮用习惯的法国人。它所具有的分享快乐的能力，也使其与酒精滥用的行为拉开了明显的差距。

这项研究报告向我们展开描述了的葡萄酒市场的一角，但是却足以引起我们对葡萄酒世界多元化的思考。从高加索地区开始，葡萄植株向整个世界扩张着自己的脚步，经过智利与阿根廷境内的阿空加瓜（Aconcagua）山脉，从南半球的新西兰的小山丘直到北半球的富士山下，葡萄园几乎遍布全球各个角落。葡萄酒爱好者也因此更为多样：自从数千年前便有了饮用葡萄酒传统的地中海地区的人们；而美国人、中国人对葡萄酒的饮用历史或许只有数十年。受限于历史、地理、文化等因素的影响，现代葡萄酒消费者的口味喜好也因此呈现多元化，而葡萄酒的风格更是多样。不过，无论葡萄酒如何发展，都不能掩盖其基础理念："享受"。每位酿酒人都尝试酿造出能让人感到快乐的佳酿；每位葡萄酒爱好者也希望能够从复杂多样的葡萄酒种类中找到与其人生经历、文化背景、传统习惯相符的风味特点，享受葡萄酒带来的乐趣。人类的生理与心理机制功能都是相同的，除了少数特点极端的葡萄酒以外，人们对品味享受的追寻总是存在许多共同点。每一位葡萄酒爱好者都应该去尝试认识、了解形形色色、风格不一的葡萄酒，学会如何欣赏、品评它们的不同，并将获得的感受分享给自己身边的人。葡萄酒品鉴活动看似简单，外行人往往会认为是一件稀松平常的事情，但事实上，它却集科学、艺术与愉悦于一身。法国神经生物学家让-皮埃尔·尚偌（Jean-Pierre Changeux）曾经这样说过：

"科学无法做到完全理性，就像艺术不总是能够带来快乐一样；现实中更是不存在没有快乐的科学，也不存在缺失理性的艺术。"

以上研究的内容多是以较为新颖的角度出发的科研成果，对于那些真正喜欢葡萄酒的朋友而言，定能获益匪浅。

关于享受饮酒带来的快乐的观点，可以追溯到古希腊时代，柏拉图与他的宾客们在宴会上的睿智言论，被收集于《会饮篇》（*Banquet*），并一直警醒着世人："饮酒就是为了享受它所带来的快乐……但是享乐之余还须注意切勿滥饮，以免产生健康隐患。"

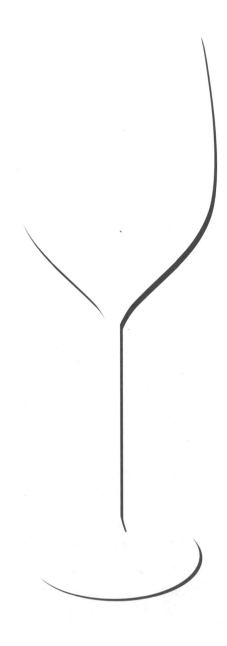